선박 도면 그리기

SmartSketch

\- SM3D Series Ⅰ -

권영철 저

본 교재는 Intergraph사의 도면작성용 CAD인 SmartSketch를 처음 접하는 수강생을 대상으로 대학이나 일반 교육기관에서 실시하는 교육에 적합하도록 작성하였다. 따라서 본 교재의 내용은 SmartSketch의 기능 중에서 도면을 그리는데 필요한 가장 기본적인 내용을 정리하였다.

설명은 실제 작업한 화면의 이미지를 작업 순서대로 상세하게 설명하여 학습자 스스로도 익힐 수 있도록 하였다. 그리고 주요 기능에 대해서는 학습평가를 할 수 있도록 실습문제도 추가하였다.

SmartSketch는 Intergraph사의 플랜트전용 CAD인 SP3D(SmartPlant 3D)나 선박전용 CAD인 SM3D(SmartMarine 3D)에서 일부 기능을 제외하고 Shape2D라는 이름으로 사용하고 있다. 따라서 SP3D나 SM3D의 사용법을 배우려는 사람은 본 교재의 내용을 필수적으로 알아야 할 것이다.

본 교재의 내용은 다음과 같이 구성되어 있다.

제1장에서는 SmartSketch를 설치한 후 기본적으로 알아야 할 내용인 프로그램의 기동과 종료, 파일 열기 및 닫기, 도면의 확대/축소/이동 등 도면과 창을 다루는 방법을 설명하였다. 그리고 도면색상 지정, 저장 위치 지정, 단위 지정 등 기본 환경설정에 대해서도 설명하였다.

제2장에서는 본 교재의 핵심 내용인 도면작성(그리기)에 대하여 설명을 하였다. SmartSketch의 대표적 특징인 관계점 표시(Relationship Indicators) 기능과 정렬선 표시(Alignment Indicators) 기능 및 도면상의 좌표 값을 직접 지정할 수 있는 PinPoint 기능을 사용하여 편리하면서도 쉽게 작업하는 과정을 상세하게 설명하였다. 그리고 작성한 도면에 치수를 작성하는 방법과 주석문을 작성하는 방법도 설명하였다. 그 외에 3D 도면인 Isometric Drawing을 작성하는 내용도 설명하였다.

제3장은 작성된 도면을 수정하는 내용과 특수 기능에 대하여 설명하였다. 작성된 도면애 대하여 각 요소(Element)의 속성 변경, 크기 및 위치를 수정하는 방법과 요소의 복사, 정렬, 확대/축소, 그룹 묶기 등을 설명하였다. SmartSketch의 또 다른 특징인 서로 연결된 요소 간의 연결정보를 유지하는 기능인 Relationship 지정 기능에 대해서도 설명하였다.

제4장에서는 시스템에 등록된 심벌을 사용하여 도면을 작성하는 방법과 요소와 심벌 사이의 연결선 작성법, 작업자의 취향이나 작업환경에 맞게 작업도구막대(Toolbar) 및 메뉴를 편집하는 방법 등을 설명하였다. 그리고 작성된 도면을 인쇄하는 방법도 설명하였다.

SmartSketch

부록에서는 SmartSketch에서 표시되는 커서(Cursor)와 단축키(Hot Key)의 종류 및 작업도구를 정리하여 설명하였다.

끝으로 본 교재 개발에 Software 및 관련 자료를 지원해 주신 (주)Intergraph Korea의 이진호 이사님과 자문을 해주신 조세영, 이상헌 부장님, 성완경 과장님 그리고 교재의 내용을 감수해주신 (주)삼성중공업의 김현호 부장님께 진심으로 감사드립니다.

SmartSketch 시작하기

SmartSketch

도면 그리기

SmartSketch

3 CHAPTER 편집하기

01

SmartSketch 시작하기

1.1 프로그램 기동/종료

1.1.1 프로그램 기동

SmartSketch가 정상적으로 설치되면 [그림 1.1]과 같이 윈도우 시작 메뉴에 자동으로 등록되며, **[시작〉프로그램〉Intergraph SmartSketch〉SmartSketch]** 메뉴를 선택하면 프로그램이 기동된다.

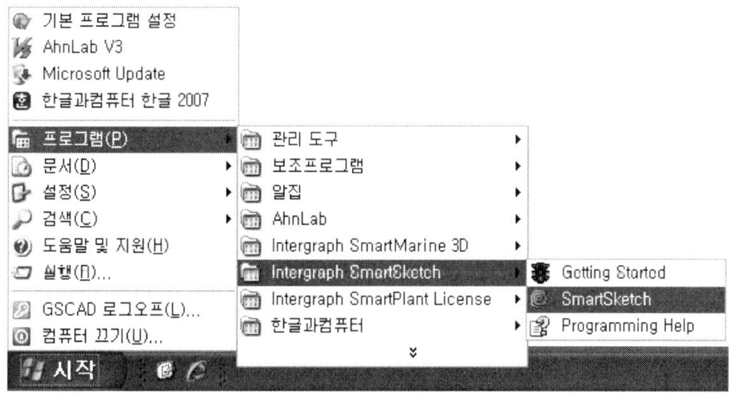

그림 1.13 : SmartSketch 기동 메뉴

1.1.2 작업창

SmartSketch가 기동이 되면 [그림 1.2]와 같은 작업창이 나타난다.

각 도구막대(Toolbar)의 위치는 일반 윈도우 응용 프로그램의 도구막대와 같은 방법으로 다룰 수 있다.

예를 들면 도구막대를 드래그(Drag)하여 작업창의 상하좌우 가장자리나 작업도면 내 임의(Floating) 위치로 배치할 수 있다.

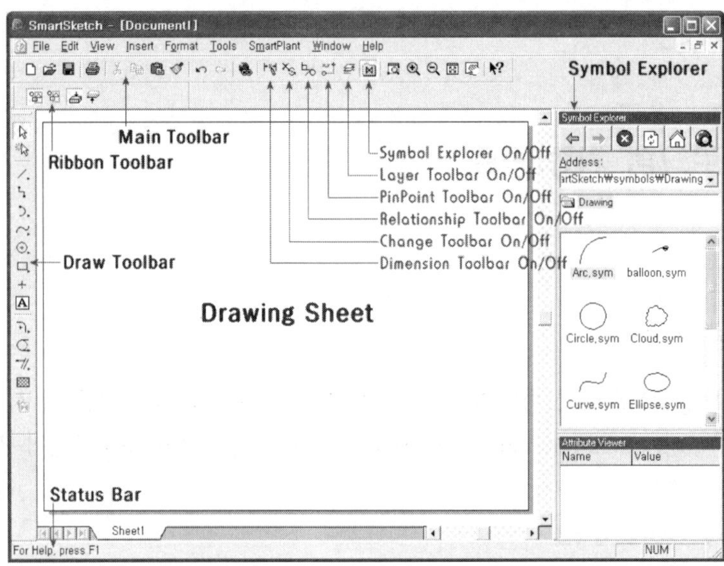

그림 1.2 : SmartSketch 작업창

도구막대	설명
주 도구막대(Main toolbar)	주 작업도구로서 새 도면 작성에서부터 도면다루기 도구까지 도면작업에 필요한 기본적인 작업도구가 있다.
리본-바(Ribbon toolbar)	SmartSketch의 대표적 특징 중 하나로 각 작업도구를 선택하였을 때 선택한 작업도구에 필요한 선택사항(Option)을 입력 또는 작업할 수 있는 도구가 나타난다. 이 도구막대의 내용은 선택한 작업도구에 따라 그 내용이 다르게 나타난다.
그리기 도구막대(Draw toolbar)	그리기 작업에 필요한 작업도구를 모아 놓은 도구막대
상태 표시 막대(Status Bar)	현재의 작업 상태나 다음에 작업할 지시 사항 등이 표시된다.
치수 도구막대(Dimension toolbar)	치수 도구막대를 표시하거나 감추기
수정 도구막대(Change toolbar)	수정 도구막대를 표시하거나 감추기
연결관계 도구막대(Relationship toolbar)	연결관계 도구막대를 표시하거나 감추기
핀 포인터 도구막대(Pinpoint toolbar)	핀 포인터 도구막대를 표시하거나 감추기
레이어 도구막대(Layer toolbar)	레이어 도구막대를 표시하거나 감추기
Symbol Explorer	Symbol Explorer 창을 표시하거나 감추기

1.1.3 작업창 다루기

SmartSketch의 창 다루기는 윈도우 창 다루기와 같다.

예를 들면, 창의 경계선에서 드래그하면 창의 크기를 조정할 수 있다. 타이틀-바 우측에 있는 **[최소화]** 버튼은 작업창이 최소화되어 감추어지며, **[닫기]** 버튼은 작업창을 닫고 종료한다.

커서(Cursor)의 모양은 선택한 작업도구 또는 작업 내용에 따라 다양한 모양을 가진다. 커서의 모양에 대해서는 [부록 A-1]에 설명하였다.

그리고 도면 그리기를 편리하게 작업하기위하여 마우스의 기능을 최대한 사용하고 있으며, 키보드 사용도 병행하여 사용할 수 있도록 되어있다.

예를 들면, 일반 윈도우 응용 프로그램에서 마우스의 오른쪽 버튼은 단축메뉴(Short-cut menu)를 보여주나 SmartSketch에서는 단축메뉴 보기 이외에 작업의 상태에 따라 작업완료 또는 작업취소 등에도 사용된다.

마우스 사용법과 단축키(Hot key)에 대해서는 [부록 A-2] 및 [부록 A-3]에 설명하였다.

1.1.4 프로그램 종료

SmartSketch 프로그램의 종료도 다른 윈도우 응용 프로그램과 동일한 방법으로 작업을 종료할 수 있다.

[그림 1.3-1]에서 **[File>Close]**, **[File>Exit]** 메뉴나 타이틀-바의 우측에 있는 아이콘을 선택하면 창 닫기 또는 작업종료를 할 수 있다.

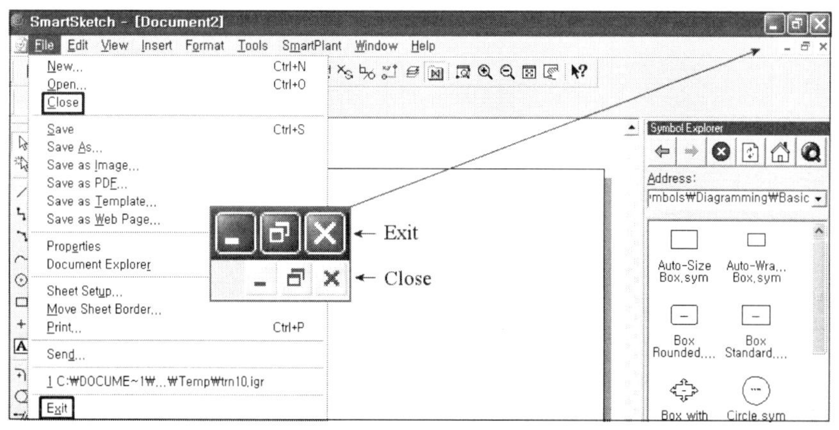

그림 1.3-1 : 프로그램 종료 메뉴

• Close : 현재 작업 중인 도면을 닫는다. 그러나 SmartSketch 창은 유지하여 다른 도면작업을 계속 할 수 있다.

• Exit : SmartSketch 프로그램을 종료한다. 현재 작업 중인 도면을 저장하지 않았을 경우에는 [그림 1.3-2]와 같은 메시지 창이 나타난다. 작업 중인 도면을 저장하고 종료할 경우에는 **[Yes]**를, 저장하지 않고 종료할 경우에는 **[No]**를 선택하면 된다. 만일 종료 자체를 취소할 경우(현 상태를 유지하면서 작업을 계속할 경우)에는 **[Cancel]**을 선택하면 된다.

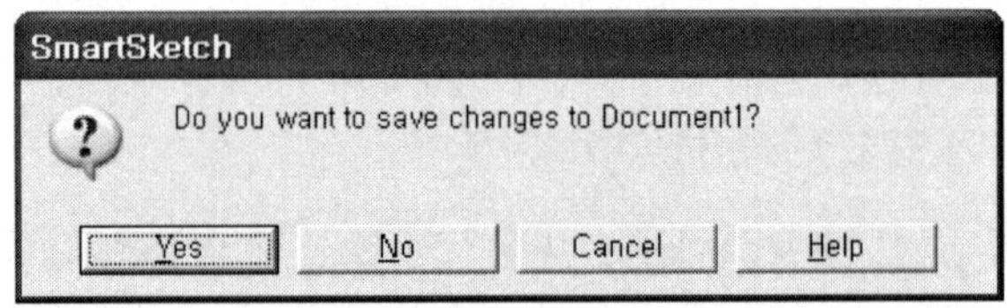

그림 1.3-2 : 파일 저장 확인 메시지 창

1.2 도면 파일 다루기

1.2.1 새 도면 작성

문서작업이나 도면작업을 하는 경우에 작업하기 전에 먼저 작업용지(출력용지)를 지정하여야 한다.

예를 들면 문서작성용 아래한글 프로그램도 새 문서 작업을 하는 경우 용지의 크기(A4, B5 등)와 용지와 본문 사이의 여백 등을 지정한 다음 내용을 작성한다.

마찬가지로 SmartSketch도 먼저 도면의 크기와 형식(여백, 테두리 기타 문서정보 등)을 지정하여야 한다.

(1) 등록된 도면 양식 열기

새 도면 작업 때마다 크기나 여백 등을 지정하는 번거로움을 줄이기 위하여 미리 용지의 크기와 형식을 등록시켜 두고 새 도면 작업 때는 등록된 도면형식을 지정하여 사용하고 있다. 이와 같이 등록된 도면 형식을 Template[1]라 한다.

새 도면을 여는 방법은 3가지 방법이 있다.

① 단축 아이콘을 선택 : Main

② 메뉴를 선택 : [File>New] 메뉴

③ 단축키 사용 : Ctrl+N

3가지 방법 중 어느 한 가지를 선택하면 [그림 1.4-1]과 같은 창이 나타나며, 원하는 Template를 선택하면 해당 양식이 작업창에 출력된다. 이 창에서 원하는 양식을 지정하면 된다.

1) Template 파일의 위치는 SmartSketch 설치 폴더(C:\Program Files\SmartSketch) 아래 Template 폴더를 사용하며, 파일의 확장자는 *.igr을 사용한다(참고 : SM3D에서 사용하는 Shape2D에서는 "*.sha"를 사용).

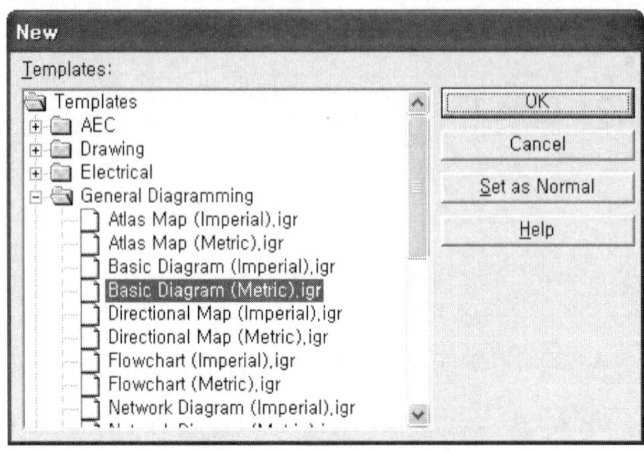

그림 1.4-1 : Template 읽기 창

만일 [그림 1.4-1]의 창에서 양식을 선택한 후 [Set as Normal] 버튼을 클릭하면 기본양식으로 지정되며, 프로그램을 기동할 때마다 처음 열리는 양식이 된다.

(2) 사용자가 직접 지정하기

현재 사용하고 있는 양식을 사용자가 직접 지정하여 변경할 수 있다.[2)]

SmartSketch의 도면양식은 작업시트(Working Sheet)와 배경시트(Background Sheet)로 구성되어 있다.

작업시트는 도면작업을 하는 영역을 말하며, 배경시트는 모든 도면에 공통으로 사용될 내용(테두리, 도면명칭 등)을 작성하는 영역을 말한다.[3)]

① [그림 1.4-2]에서 [File>Sheet Setup] 메뉴를 선택하면 [그림 1.4-3]과 같은 Sheet Setup 창이 나타난다.

② [그림 1.4-3]과 같이 [Size and Scale] 탭에서는 도면용지의 크기와 방향, 도면의 축척비(Drawing scale) 및 도면용지 크기를 지정하는(Sheet size에서 Custom을 선택한 경우) 단위(Units)와 소수점 자리수(Precision)를 지정한다.

③ [그림 1.4-4]와 같이 [Background] 탭에서는 등록된 배경시트를 선택한다. 만일 배경시트를 사용하지 않을 경우에는 공백(Blank)을 선택하면 된다.

---

2) 프로그램을 처음 기동하거나 새 도면 열기를 하면 등록된 양식 중 하나를 선택하여야 한다. 따라서 사용자가 직접 지정하려면 일단 등록된 양식 중 임의로 하나를 지정한 후 수정하여야 한다.

3) 배경시트 내용은 [View>Background Sheets] 메뉴를 선택하면 작업창이 현재 등록되어 있는 배경시트로 바뀐다(작업창의 하단에 종류별 탭을 선택하면 해당 배경시트를 수정할 수 있다.).

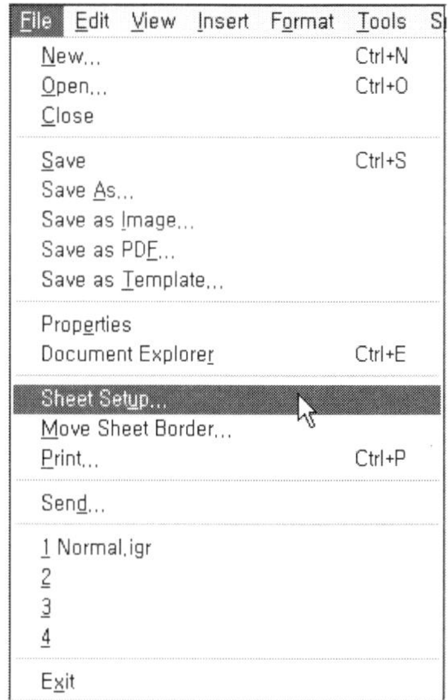

그림 1.4-2 : Sheet Setup 메뉴

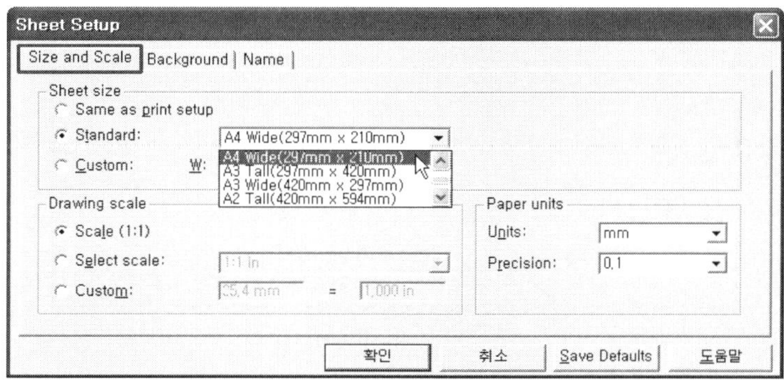

그림 1.4-3 : Sheet Setup 창의 Size and Scale 탭

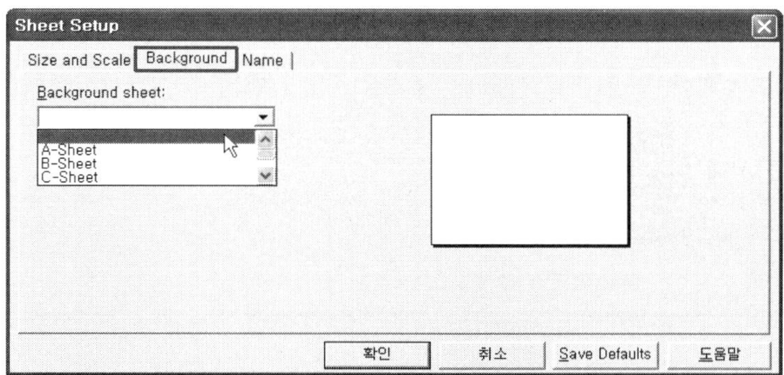

그림 1.4-4 : Sheet Setup 창의 Background 탭

1.2.2 기존 도면 읽기

기 작성하여 저장된 도면을 수정하기 위하여 읽기를 하는 경우를 말하며, 역시 3가지 방법이 있다.

① 단축 아이콘을 선택 :

② 메뉴를 선택 : [File〉Open] 메뉴

③ 단축키 사용 : Ctrl+O

3가지 방법 중 어느 한 가지를 선택하면 [그림 1.5]와 같은 창이 나타나며, 읽어 올 도면의 위치와 파일을 선택하면 작업창에 출력한다.

SmartSketch 도면 파일의 확장자는 *.igr[4] 이다.

그림 1.5 : 파일 열기 창

1.2.3 도면 저장

작성한 도면(또는 수정한 도면) 저장하기는 다음의 3가지 방법 중 하나를 선택하면 된다.

① 단축 아이콘을 선택 :

② 메뉴를 선택 : [File〉Save] 메뉴

③ 단축키 사용 : Ctrl+S

4) SmartSketch에서는 Bentley사의 MicroStation용 *.dgn 형식과 Autodesk사의 AutoCAD용 *.dwg 및 *.dxf 형식도 지원한다.

1.2.4 복수 개의 도면 동시 작업

2개 이상의 도면을 동시에 열어 작업하는 방법을 말하며, 복수 개의 작업창으로 작업하는 방법과 하나의 작업창에 복수 개의 작업 Sheet로 작업하는 2가지 방법이 있다.[5)]

(1) 복수 개의 작업창으로 작업하는 방법

복수 개의 도면을 서로 다른 이름으로 저장하여 관리하는 경우에 사용하는 방법으로, 작업 창의 배치는 [Cascade], [Tile Horizontally] 및 [Tile Vertically]의 3가지 방법이 있다.

주 메뉴의 [Window] 메뉴를 선택하면 [그림 1.6-1]과 같이 창 정렬 메뉴가 나타난다.

이 메뉴 중 원하는 메뉴를 선택하면 [그림 1.6-2]부터 [그림 1.6-4]와 같이 창이 정렬된다.

물론 각 창에 대한 제어(최소화, 최대화, 닫기 및 크기변경, 위치이동 등)도 적용된다.

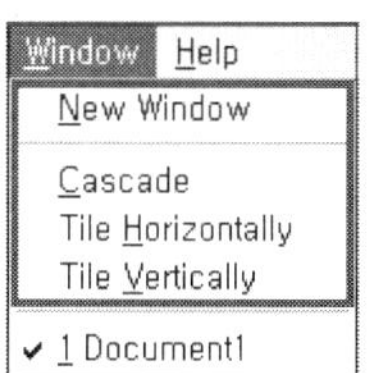

그림 1.6-1 : 창 정리 메뉴

메뉴	설명
New Window	작업창 중에서 현재 선택된 창을 새로운 창으로 확대한다.
Cascade	작업창을 순차적으로 배치한다.
Tile Horizontally	작업창을 수평으로 확장한다(창은 수직으로 배치됨).
Tile Vertically	작업창을 수직으로 확장한다(창은 수평으로 배치됨).

5) 작업창이란 하나의 도면 파일에 대한 작업 공간을 말하며, 작업창이 여러 개란 결과적으로 파일을 여러 개로 작업한다는 것이다. 반면 복수 개의 시트 작업은 하나의 파일에 모든 정보를 저장하여 작업한다는 것이다. 따라서 파일을 따로 관리할 것인가? 아니면 하나의 파일로 관리할 것인가? 에 따라 작업 방법을 결정하여야 한다.

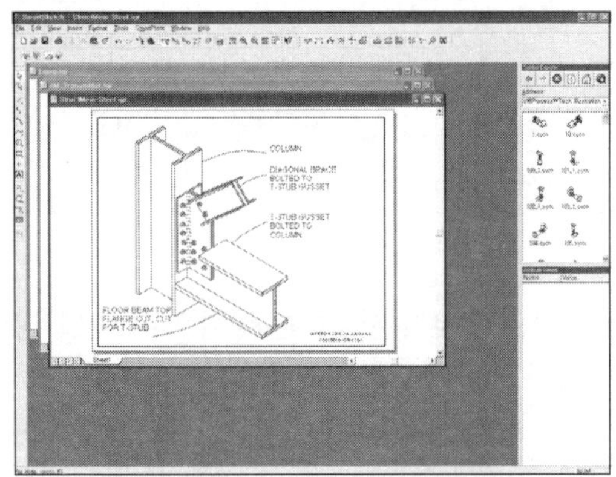

그림 1.6-2 : Cascade 정렬 예

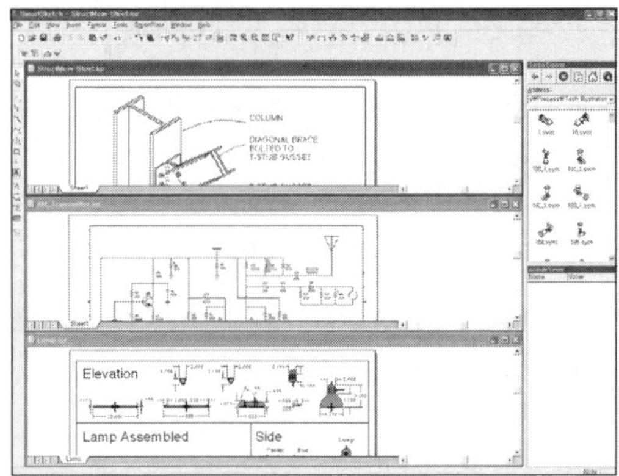

그림 1.6-3 : Tile Horizontally 정렬 예

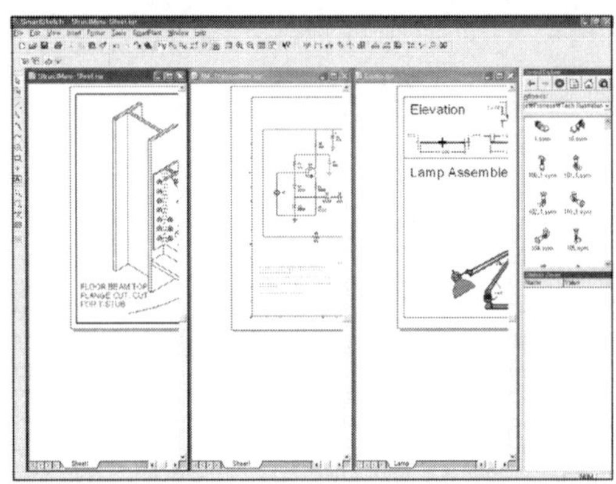

그림 1.6-4 : Tile Vertically 정렬 예

(2) 복수 개의 작업시트(Sheet)로 작업하는 방법

하나의 파일에 복수 개의 도면을 동시에 저장하여 관리하는 경우에 사용하는 방법으로, Excel 등과 같이 도면 하단에 있는 탭을 사용한다.

작업창의 하단에 있는 시트 탭에서 마우스의 오른쪽 버튼을 클릭하면 [그림 1.7]과 같이 팝업 메뉴(Pop-up menu)가 나타난다.

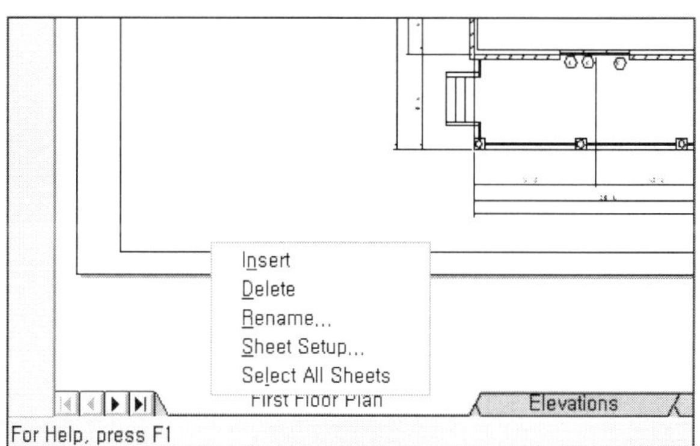

그림 1.7 : 시트 관리용 팝업 메뉴

메뉴	설명
Insert	새로운 작업 Sheet 생성
Delete	선택한 작업 Sheet 삭제
Rename	선택한 작업 Sheet의 이름 변경
Sheet Setup	선택한 작업 Sheet의 형식(용지 크기, 축척, 배경 등) 변경
Select All Sheets	모든 작업 Sheet의 내용이 동시에 작업창에 표시

1.3 기본 환경 설정

1.3.1 도면 색상 지정

작업도면의 배경색과 선택범위의 요소색, 비활성화 메뉴나 요소의 색을 지정한다.

[그림 1.8-1]에서 [Options] 메뉴를 선택한 후 나타나는 창에서 [Colors] 탭을 선택하면 [그림 1.8-2]와 같은 창이 나타난다.

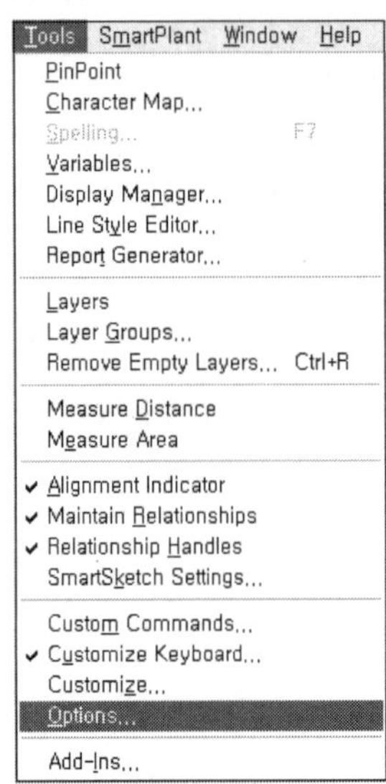

그림 1.8-1 : Options 메뉴

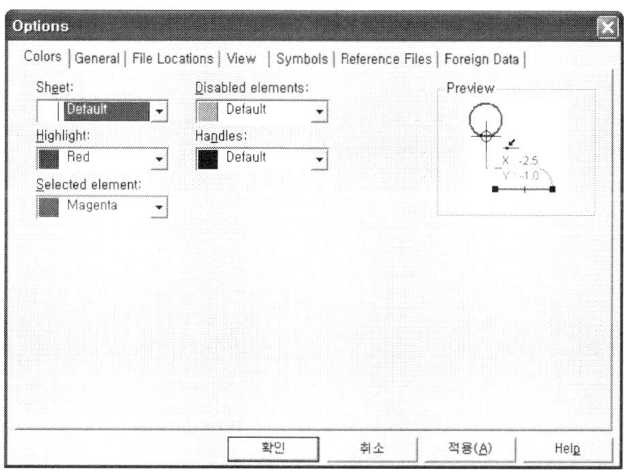

그림 1.8-2 : Options 창의 Colors 탭

항목	설명
Sheet	도면의 배경색
Highlight	현재 커서의 위치를 중심으로 선택 범위 안에 있는 요소의 색(선택된 상태는 아님)
Selected element	선택된 요소의 색
Disabled elements	사용할 수 없는 메뉴나 도구의 색
Handles	선택된 요소의 연결점 등 Handle의 색

기본적(Default)으로 지정할 수 있는 색상의 종류는 [그림 1.8-3]과 같이 20가지가 있으며, 그 외 색상은 사용자 지정으로 추가할 수 있다.

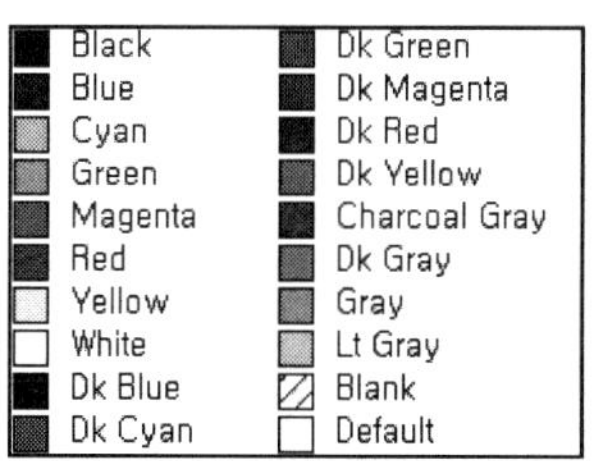

그림 1.8-3 : 기본 색상 표

1.3.2 되돌리기(Undo) 단계 지정

도면작업 중 직전의 상태로 되돌리기(Ctrl+Z) 기능은 작업자 입장에서는 편리한 기능이나 컴퓨터 입장에서는 모든 정보를 기억(저장)하고 있어야 하므로 많은 메모리가 필요하며 또한 처리 속도도 늦어지는 요인이 된다.

따라서 SmartSketch에서는 그 단계를 지정하여 제한하고 있다.

주 메뉴에서 [Tools>Options] 메뉴를 선택한 후 나타나는 창에서 [General] 탭을 선택하면 [그림 1.9]와 같은 창이 나타난다.

되돌리기 단계는 [Undo steps]란의 수치를 지정하면 된다. 물론 값이 클수록 메모리 사용량이 커진다.

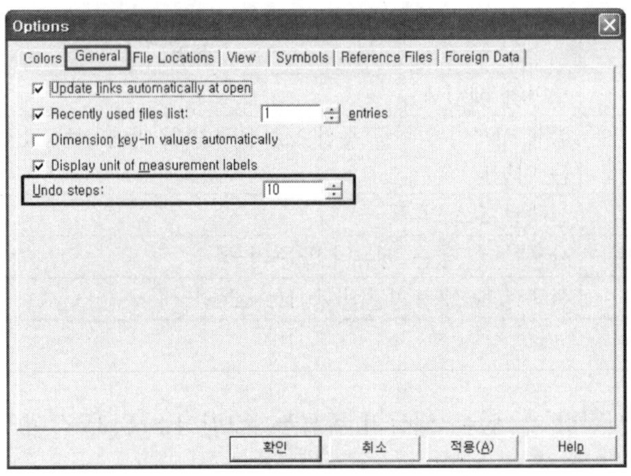

그림 1.9 : Options 창의 General 탭

항목	설명
Update links automatically at open	도면을 처음 열 때 그 도면에 연결된 모든 정보를 자동으로 읽어 갱신
Recently used files list	File 메뉴의 하단에 최근에 작업한 파일명을 출력할 개수
Dimension key-in values automatically	지정된 길이의 도형을 그릴 때(예를 들면 사각형을 그릴 때 폭, 높이 및 각도를 지정하여 그릴 때) 작업과 동시에 치수선을 표시
Display unit of measurement labels	치수 입력란에 치수 단위를 표시
Undo steps	되돌리기(Undo) 단계 지정

1.3.3 도면의 저장 위치 지정

일반적으로 동일한 프로젝트에 작성되는 도면은 같은 폴더에 저장하여 사용하는 것이 편리하다.

이를 위하여 SmartSketch에서는 도면의 저장 위치를 미리 지정함으로서 열기 또는 저장할 때마다 경로(폴더)를 지정하는 번거로움을 간소화 시켰다.

주 메뉴에서 [Tools>Options] 메뉴를 선택한 후 나타나는 창에서 [File Locations] 탭을 선택하면 [그림 1.10]과 같은 창이 나타난다.

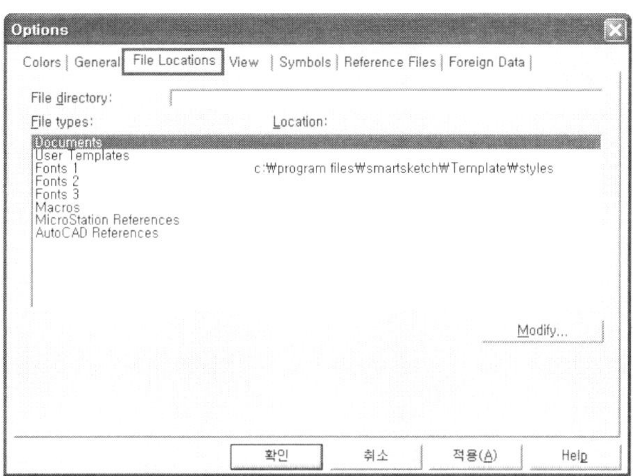

그림 1.10 : Options 창의 File locations 탭

항목	설명
Documents	작업 도면 위치(경로+폴더) 지정
User Templates	Template 파일 위치 지정
Font 1, 2, 3	기본 SmartSketch 폰트 이외 추가할 폰트 위치 지정
Macros	SmartSketch용 Macro 파일 위치 지정
MicroStation References	Bentley사의 MicroStation용 도면 위치 지정
AutoCAD References	Autodesk사의 AutoCAD용 도면 위치 지정

위치 지정 방법은 [File types]란의 내용을 선택한 후 [Modify] 버튼을 클릭하면 해당 파일의 위치(경로와 폴더)를 지정할 수 있다.

물론 작업 후 **[확인]** 또는 **[적용]** 버튼을 클릭하여야 한다.

만일 **[취소]** 버튼을 클릭하면 등록된 내용을 무시하고 기존의 정보를 유지한다.

1.3.4 그리드선 표시 및 그리드선 맞추기 설정

도면에 여러 개의 도형을 작성하거나 도형을 정리할 때 편리하게 맞추는 방법으로 그리드(Grid) 선을 이용한다.

주 메뉴에서 **[Tools>Options]** 메뉴를 선택한 후 나타나는 창에서 **[View]** 탭을 선택하면 [그림 1.11]과 같은 창이 나타난다.

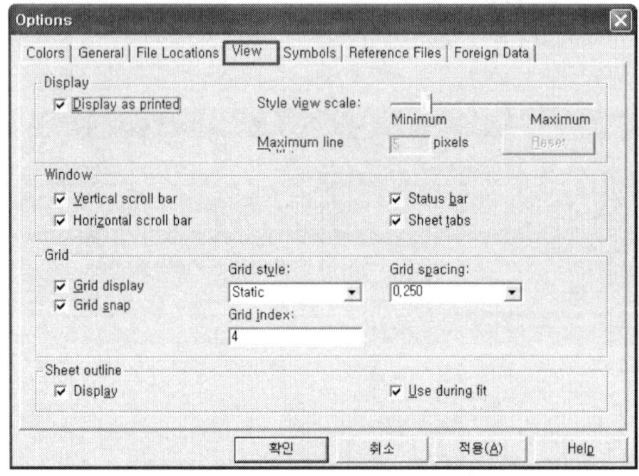

그림 1.11 : Options 창의 View 탭

항목		설명
Display	Display as printed	프린터로 출력될 형태로 화면에 표시
	Style view scale	선의 두께 비율을 지정. 단, "Display as printed"를 지정하지 않았을 경우에만 적용
	Maximum line width	선의 최대 두께를 지정. 단, "Display as printed"를 지정하지 않았을 경우에만 적용
Window	Vertical scroll bar	수직 스크롤 막대를 표시
	Horizontal scroll bar	수평 스크롤 막대를 표시
	Status bar	상태막대를 표시
	Sheet tabs	작업시트의 시트 탭을 표시
Grid	Grid display	그리드선 표시
	Grid snap	이동하는 도형을 인접한 그리드 선에 자동 맞춤
	Grid style	그리드선 종류
	Grid spacing	그리드선 간의 간격
	Grid index	주 그리드선(주로 실선)과 부 그리드선(주로 점선)의 간격(즉, 지정한 수치만큼 주 그리드선이 표시 됨)
Sheet outline	Display	작업시트의 외곽선 표시
	Use during fit	**[Fit]** 도구를 사용할 때 작업시트의 외곽선을 창의 크기에 맞출 것인가 아니면 도면 내용을 창의 크기에 맞출 것인가를 지정

1.3.5 도면 자동 저장 설정

복잡한 도면작업을 하다보면 작업 도중 작업자의 실수나 또는 컴퓨터 장애 등의 이유로 작업한 내용을 일시에 잃어버리는 경우가 발생한다. 이러한 경우를 대비하여 SmartSketch에서는 일정한 주기로 작업 중인 내용이 자동으로 저장되는 기능을 제공하고 있다.

처음 설치한 상태의 메뉴에는 자동저장([Autosave]) 메뉴가 감추기 상태로 되어 있어 보이지 않는다. 따라서 이 메뉴를 사용하기 위해서는 먼저 메뉴를 불러내어야 한다.

(1) 자동저장 메뉴 불러내기

[그림 1.12-1]에서 [Add-Ins] 메뉴를 선택하면 [그림 1.12-2]의 창이 나타나며, 이 창의 내용 중 [Autosave]를 선택하면 [그림 1.12-3]과 같이 새로운 메뉴가 추가되어 나타난다.

그림 1.12-1 : Add-Ins 메뉴

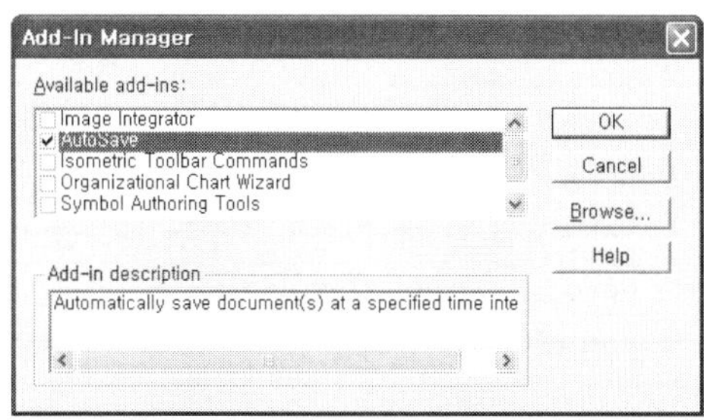

그림 1.12-2 : Add-Ins 관리 창

그림 1.12-3 : 추가된 메뉴([Autosave])

(2) 자동저장 설정

[그림 1.12-3] 창에서 추가된 [Autosave] 메뉴를 선택하면 [그림 1.12-4] 창이 나타난다. 이 창에서 자동저장 설정 값을 지정하면 된다.

그림 1.12-4 : 자동저장 설정 창

항목	설명
Save automatically every	지정한 값(분 단위) 마다 자동으로 저장
Prompt before saving	자동저장하기 전 “Save changes in <문서명>?”의 메시지를 출력
Save backup	자동저장 할 때 기존의 저장된 내용을 백업
Save active document only	현재 작업 중인 도면만 저장
Save all open documents	열려진 모든 도면을 저장

1.3.6 단위 지정

SmartSketch에서 적용하는 단위는 3가지가 있다.

첫 번째는 도면양식(용지의 규격)을 지정할 때 사용하는 단위다. 즉 양식의 크기와 여백 등을 지정할 때 적용되는 단위를 말한다.

두 번째는 도면을 그릴 때 적용되는 단위다. 즉, 이 단위로 도면이 그려진다.

세 번째는 치수를 작성할 때 적용되는 단위다. 작성된 도면에 치수를 작성할 때 이 단위로 작성된다.

예를 들면 mm로 지정한 A4(210mm × 297mm) 양식에 inch 단위로 선을 그린 후 그 선분의 길이 치수를 다시 mm로 표시할 수 있다.

(1) 도면 양식 단위 지정

[그림 1.13-1]과 같이 [File>Sheet Setup] 메뉴를 불러내면 [그림 1.13-2]의 창이 나타난다.

단위 지정은 [Paper units]란에 지정하나 실제 적용은 [Custom]을 지정할 때 적용된다.

만일 [Same as print setup]이나 [Standard]를 선택하면 지정한 단위는 무시된다.

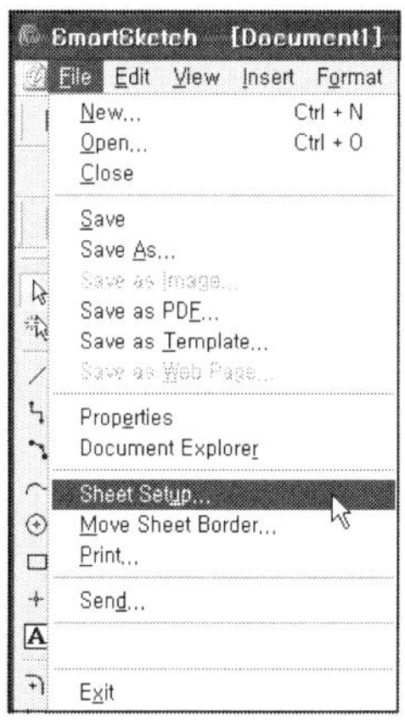

그림 1.13-1 : 도면양식 설정 메뉴

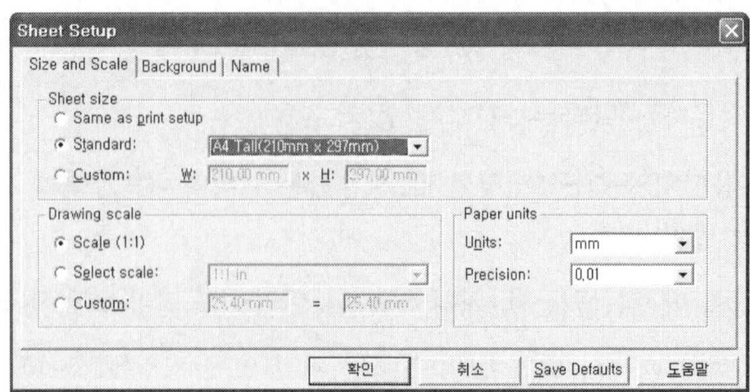

그림 1.13-2 : 도면양식 설정 창

항목		설명
Sheet size	Same as print setup	현재 연결되어 있는 기본 프린터의 용지와 같은 용지
	Standard	등록된 양식 중 선택
	Custom	직접 입력한 크기의 용지
Drawing scale	Scale(1:1)	용지의 크기를 기준으로 도면의 크기가 같도록 작성(예를 들면 A4 용지에 100mm 선을 그리면 용지의 약 1/2 정도가 되도록 그려지며, 출력하여도 같은 크기로 출력됨)
	Select scale	등록된 축척비 중 하나를 선택. 축척비 값이 클수록 확대된 그림으로 작성(예를 들면 A4 용지에 축척비를 5:1로 지정하고 10mm의 선을 그리면 용지의 약 1/4 정도가 되도록 그려지나 치수는 10으로 표시됨)
	Custom	직접 축척비 값을 입력
Paper unit	Units	용지의 단위를 선택
	Precision	수치의 소수점 이하 자리수를 선택

(2) 도면 작성 단위 지정

[그림 1.14-1]과 같이 [File>Properties] 메뉴를 선택하거나 작업창의 Popup 메뉴(마우스 오른쪽 버튼 클릭)에서 [Properties] 메뉴를 선택하면 [그림 1.14-2]의 창이 나타난다.

이 창의 [Units] 탭에서 길이, 각도, 면적의 단위와 소수점 이하 자리수를 지정할 수 있다.

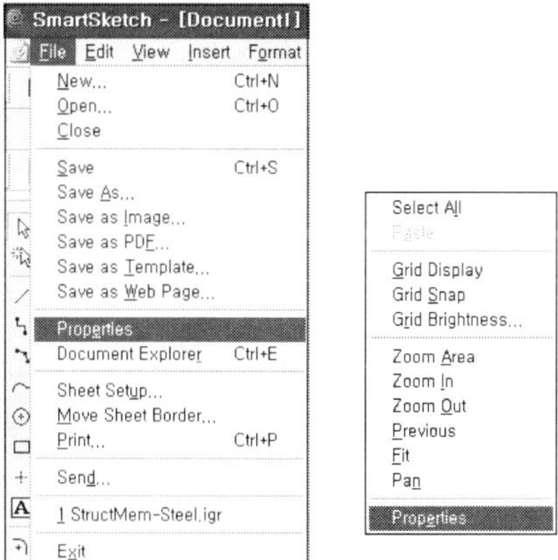

그림 1.14-1 : 도면 속성 설정 메뉴

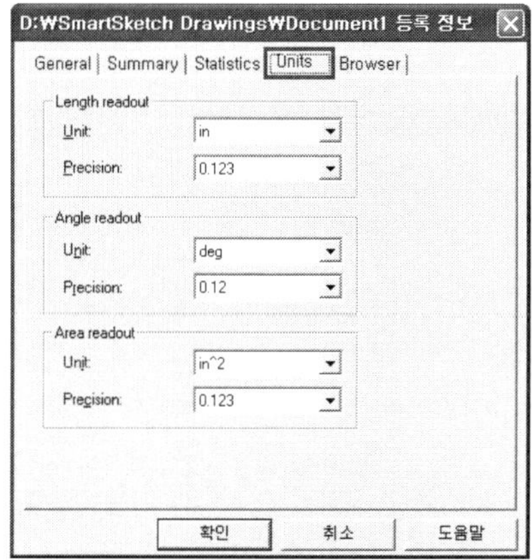

그림 1.14-2 : 작성 단위 지정 창

항목		설명
Length readout	Unit	길이 단위
	Precision	길이 수치의 소수점 이하 자릿수
Angle readout	Unit	각도 단위
	Precision	각도 수치의 소수점 이하 자릿수
Area readout	Unit	면적 단위
	Precision	면적 수치의 소수점 이하 자릿수

(3) 치수 단위 지정

도면에 치수를 작성할 때 치수의 단위를 지정하는 것을 말한다.

예를 들면 도면을 그릴 때는 inch 단위로 작성하였지만 치수는 mm 단위로 표시할 수 있다.

만일 하나의 도면을 서로 다른 나라에서 사용하는 경우에 inch 및 mm 등 2가지의 단위를 동시에 표시할 수도 있다.

[그림 1.15-1]에서 **[Format>Dimension]** 메뉴를 선택하여 출력되는 창에서 **[Unit]** 탭을 선택하면 [그림 1.15-2]의 창이 나타난다.

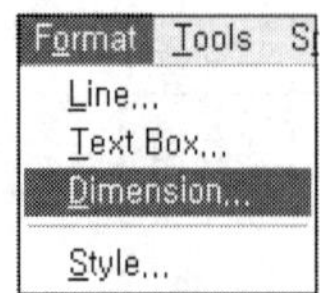

그림 1.15-1 : 치수단위 설정 메뉴

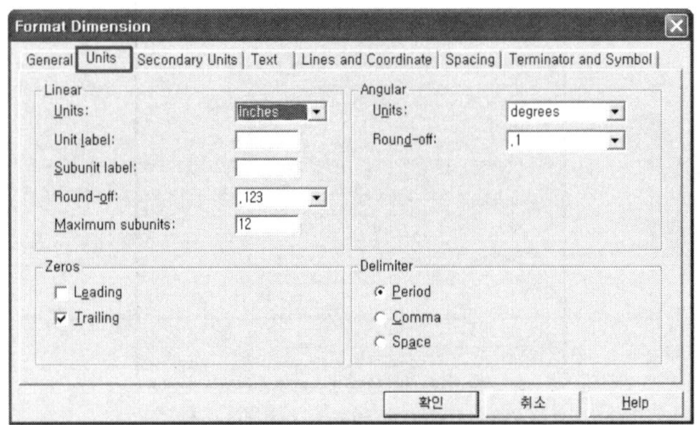

그림 1.15-2 : 주 치수단위 지정 창

항목		설명
Linear	Units	선분(곡선 포함)의 치수 단위 지정
	Unit label	주 치수 수치와 함께 표시할 문자를 지정 예를 들면 "in"을 입력하면 치수의 수치 뒤에 "in"이 같이 표시된다.
	Subunit label	부 치수 수치와 함께 표시할 문자를 지정 예를 들면 "2ft 3in"로 표시하는 경우 주 치수문자를 "ft"로, 부 치수문자를 "in"로 지정하면 된다.
	Round-off	선분 치수의 소수점 이하 자리수를 지정
	Maximum subunits	부 치수를 표기하는 경우에 부 치수의 최댓값을 지정
Angular	Units	각도의 치수 단위를 지정
	Round-off	각도 치수의 소수점 이하 자리수를 지정

Zeros	Leading	수치가 0보다 작을 경우 소수점 앞의 0 표시 여부 지정 예를 들면 수치 값이 0.369인 경우 "0.369"로 표기하거나 아니면 ".369"로 표기할 수 있다.
	Trailing	지정한 소수점 이하 자리에 0 표시 여부 지정 예를 들면 수치 값이 1.36이고 소수점 이하 자리를 ".1234"로 지정하면 "1.3600"으로 표기된다.
Delimiter	Period	소수점 문자를 점(".")으로 표시
	Comma	소수점 문자를 쉼표(",")로 표시
	Space	소수점 문자를 공백(" ")으로 표시

[그림 1.15-3]은 동일한 선분에 서로 다른 속성을 지정하여 작성한 치수의 예이다.

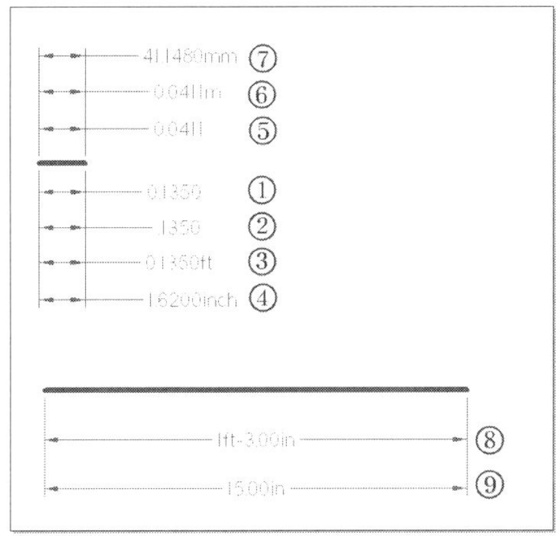

그림 1.15-3 : 치수 작성 예

지정한 속성	①	②	③	④	⑤	⑥	⑦	⑧	⑨
Units	ft	ft	ft	inch	m	m	mm	ft-in	ft-in
Unit Label			ft	inch		m	mm	ft	ft
Subunit label								in	in
Round-off	.1234	.1234	.1234	.1234	.1234	.1234	.1234	.12	.12
Maximum subunits	12	12	12	12	12	12	12	12	20
Leading	√		√	√	√	√	√	√	√
Trailing	√	√	√	√	√	√	√	√	√

√ 는 해당 속성을 선택한 것을 의미함

1.3.7 2중 치수 지정

도면에 치수를 작성할 때 2가지의 단위를 동시에 표시하는 것을 말한다.

[그림 1.15-2]의 창에서 **[Secondary Units]** 탭을 선택하면 [그림 1.16-1]의 창이 나타난다.

지정 항목은 앞 절에서 설명한 내용과 같으나 2번째 치수를 표시하기 위해서는 반드시 하단에 있는 [Dual unit display]를 선택하여야 한다.

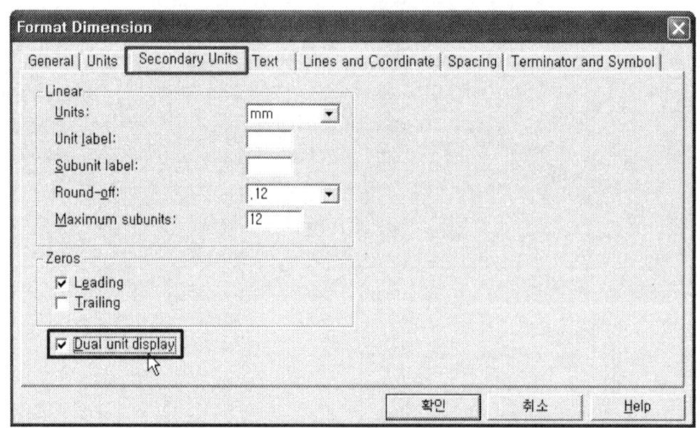

그림 1.16-1 : 부 치수단위 지정 창

[그림 1.16-2]는 inch와 mm로 2중 치수를 작성한 예이다.

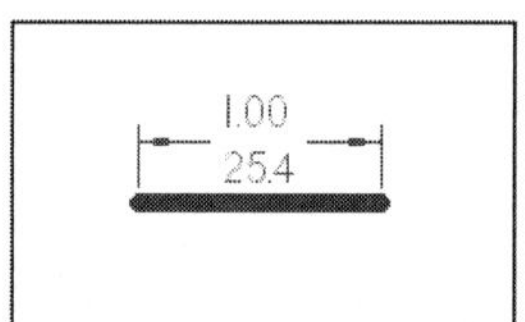

그림 1.16-2 : 2중 치수 작성 예

1.4 작업도구 다루기

SmartSketch의 작업도구의 종류와 용도는 [부록 A-4]에 설명되어 있다.

1.4.1 도구막대(Toolbar) 불러내기

(1) 방법 1 : 메뉴로 불러내기

[그림 1.17-1]과 같이 [View>Toolbars] 메뉴를 선택하면 [그림 1.17-2] 창이 나타나며, 이 창에서 필요한 도구를 선택하면 된다.

선택하는 방법은 [그림 1.17-2]의 [Toolbars]란에서 해당 도구를 클릭하면 사각형에 "X"가 표시되며, 다시 클릭하면 "X"가 사라진다. "X" 표시가 된 도구가 선택(화면에 표시)된 도구이다.

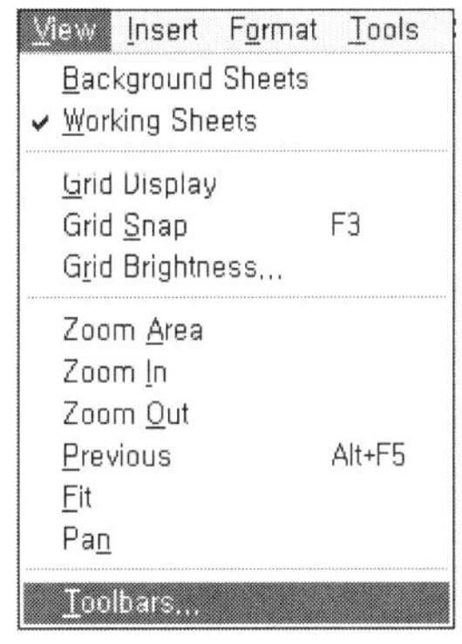

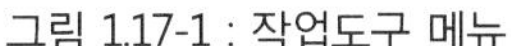
그림 1.17-1 : 작업도구 메뉴

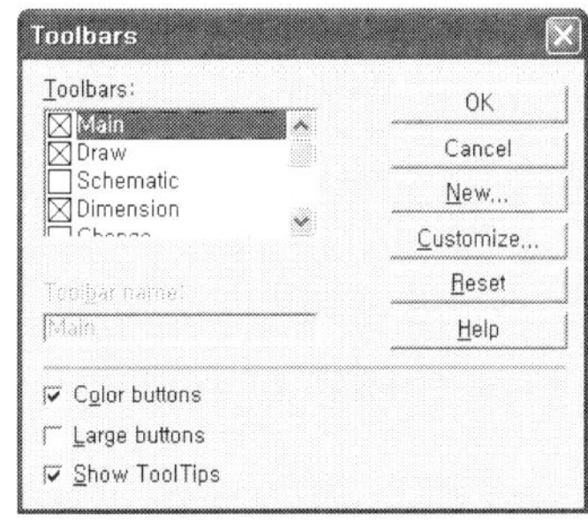

그림 1.17-2 : 작업도구 지정 창

(2) 방법 2 : 단축 아이콘으로 불러내기

자주 사용되는 도구는 [그림 1.18]과 같이 주 도구막대(Main Toolbar)에 단축 아이콘으로 등록되어 있으며, 이 아이콘을 클릭하면 해당 도구가 표시/감추기 된다.

그림 1.18 : 주 도구막대의 단축 아이콘

아이콘	설명
	Dimension Toolbar On/Off
	Change Toolbar On/Off
	Relationship Toolbar On/Off
	Pinpoint Toolbar On/Off
	Layer Toolbar On/Off
	Symbol Explorer On/Off

1.4.2 리본-바(Ribbon-bar)

SmartSketch의 특징 중 하나로, 각 작업 도구에 필요한 옵션이나 추가 기능을 하나로 묶어 리본-바라는 이름으로 관리하고 있다.

예를 들면 직선을 그릴 때 길이 값을 입력하는 난, 각도를 지정하는 난, 선의 색상이나 종류를 지정하는 난 등의 내용을 하나의 도구막대에 표시하였다.

따라서 리본-바의 내용은 선택한 도구의 종류에 따라 서로 다른 내용이 표시된다.

[그림 1.19]는 각 도구에 따른 리본-바를 나타내고 있다.

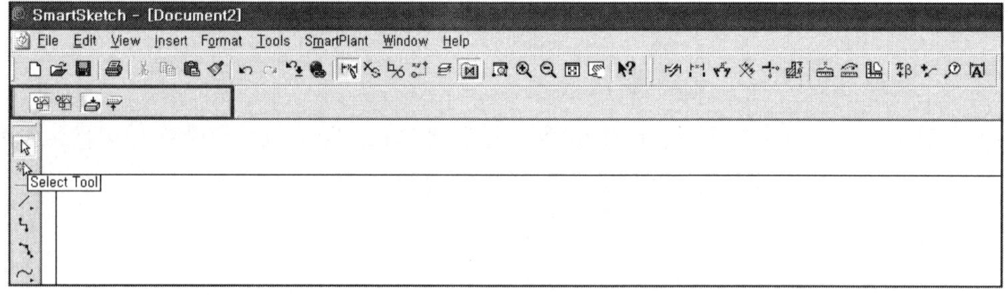

그림 1.19-1 : 선택도구(Select)의 리본-바

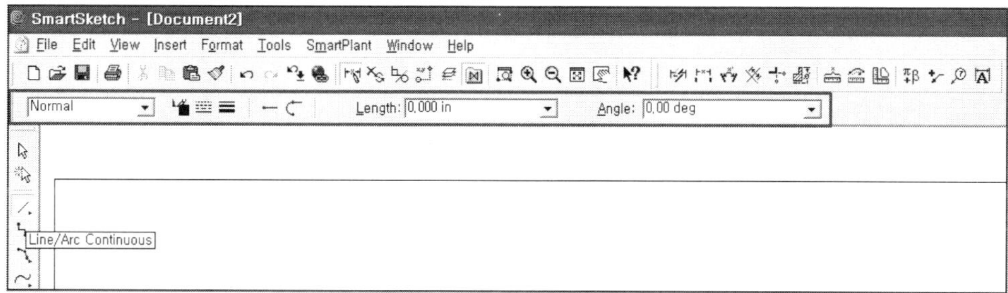

그림 1.19-2 : 직선-호 그리기(Line/Arc) 도구의 리본-바

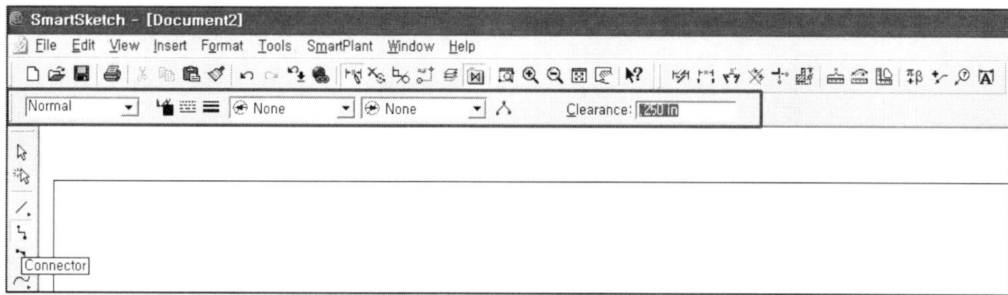

그림 1.19-3 : 연결(Connector) 도구의 리본-바

1.5 도면 다루기

도면의 특정부분을 확대하거나 축소 또는 확대된 도면에서 다른 위치의 내용을 보기 위한 이동 등 도면작업에 부수적으로 도면을 다루는 도구가 필요하며, SmartSketch에서는 [그림 1.20]과 같이 주 도구막대에 단축 아이콘으로 등록되어 있다.

그림 1.20 : 주 도구막대의 도면다루기 아이콘

1.5.1 도면 확대(Zoom In)

(1) 방법 1 : 마우스 사용

마우스 가운데 있는 휠(wheel)을 앞으로 굴리면 현재 커서가 있는 점을 기준으로 도면이 확대된다.

(2) 방법 2 : (Zoom Area) 도구 사용

이 도구를 선택한 후 확대할 부분을 사각형 형태로 영역을 지정(사각형의 대각선 양 끝점을 클릭)하면 지정한 부분이 전체의 화면이 되도록 확대된다.

(3) 방법 3 : (Zoom In) 도구 사용

이 도구를 선택하면 커서의 모양이 돋보기 형태로 바뀌며, 마우스의 왼쪽 버튼을 클릭할 때마다 클릭할 때의 커서 위치를 기준으로 확대된다.

다른 방법은 마우스의 왼쪽 버튼을 클릭한(계속 누르고 있는) 상태에서 커서를 이동하면 클릭한 점으로부터 이동 거리에 비례하여 확대된다.

1.5.2 도면 축소(Zoom Out)

(1) 방법 1 : 마우스 사용

마우스의 가운데 있는 휠(wheel)을 뒤로 굴리면 커서가 있는 점을 기준으로 도면이 축소된다.

(2) 방법 2 : (Zoom Out) 도구 사용

이 도구를 선택한 후 마우스의 왼쪽 버튼을 클릭할 때마다 도면이 축소된다.

다른 방법은 마우스의 왼쪽 버튼을 클릭한(계속 누르고 있는) 상태에서 커서를 이동하면 클릭한 점으로부터 이동 거리에 비례하여 축소된다.

1.5.3 창 맞추기(Fit) :

이 도구를 클릭하면 현재 크기에 관계없이 도면 전체의 내용이 창의 크기에 가장 알맞은 크기로 확대(또는 축소) 된다.

만일 도면양식 외부에 작성된 내용이 있다면 그 영역까지를 포함한다.

1.5.4 위치 이동(Pan) :

이 도구를 선택하면 커서의 모양이 손 모양으로 바뀌며, 도면의 임의의 지점에서 드래그하면 도면도 같이 이동된다.

1.5.5 PickQuick 사용법

한 점에 2개 이상의 요소가 중첩되어 있는 경우 그 중 특정한 요소를 마우스로 지정하여 선택하기는 사실 불가능하다.

이런 경우를 위하여 SmartSketch에서는 PickQuick 기법을 도입하였다.

PickQuick이란 한 점에 2개 이상의 요소가 중첩되어 있을 때 각 요소와 1대 1로 대응하는 번호표(Number table)를 보여주고 이 번호표 중 하나를 지정하면 대응하는 요소를 선택하는 방법을 말한다.

[그림 1.21-1]과 같이 커서가 위치한 곳에 2개의 요소(원과 직선)가 중복되어 있는 경우 커서를 위치한 다음 조금 기다리면(2-3초) PickQuick point([그림 1.21-1]에서 ∞ 모양의 아이콘)가 나타날 때 마우스의 왼쪽 버튼을 클릭하면 [그림 1.21-2]와 같이 PickQuick 번호표가 나타난다.

커서를 번호표 중 하나에 위치하면 [그림 1.21-2] 또는 [그림 1.21-3]과 같이 해당 번호와 대응하는 요소가 색상이 바뀐다. 물론 번호를 선택하면 해당하는 요소가 선택된다.

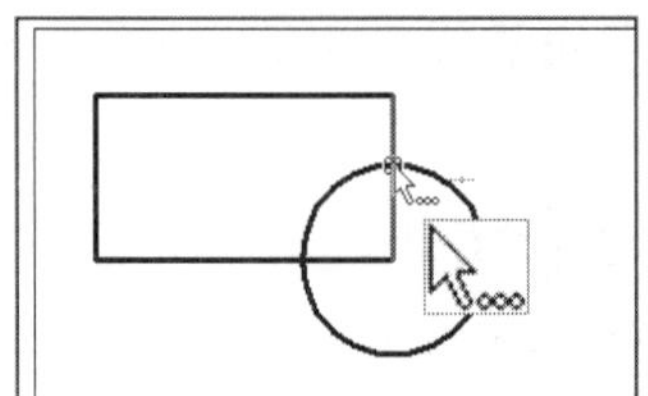

그림 1.21-1 : PickQuick point

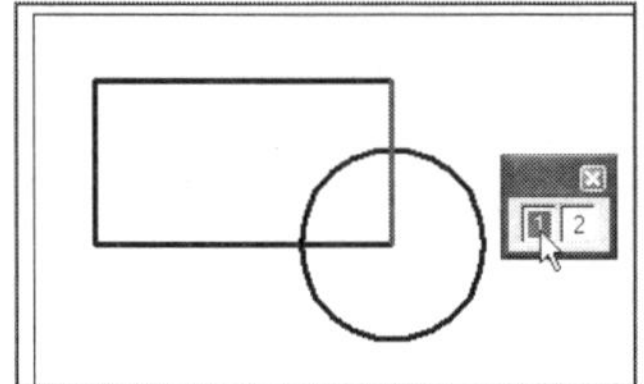

그림 1.21-2 : 번호표 대응 요소 1

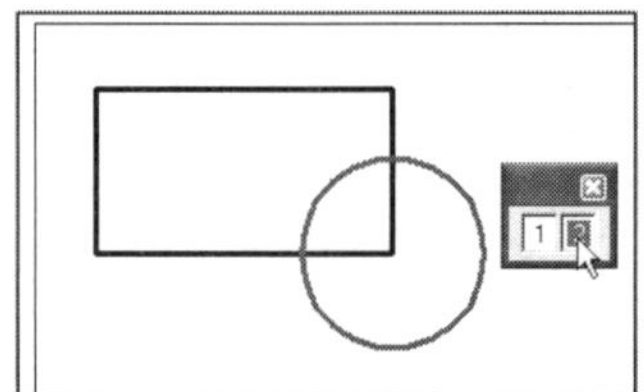

그림 1.21-3 : 번호표 대응 요소 2

02

도면 그리기

2.1 작업환경 설정

2.1.1 커서 설정(Cursor Zone)

SmartSketch에서 도면을 그릴 때 보다 편리하게 작업하기위하여 제공하는 기능 중 하나로, 커서를 중심으로 일정한 영역 안의 도면 정보를 읽어 그 위치와 내용을 심벌(symbol)로 표시해 주는 기능이 있다.

예를 들면 현재 커서를 중심으로 선분의 끝점, 중점 또는 호(Arc)와의 접점 등이 있는 경우에 이 점들을 찾아 표시하고, 커서가 그 점과 정확하게 일치하지 않아도 그 점을 선택한 것과 같이 동작한다.

이때 커서를 중심으로 조사하는 영역(zone)의 크기가 지정되어 있어야 하며, 기본(Default) 값을 가진다.

(1) Locate Zone

커서의 끝점을 중심으로 자동으로 특별한 점(또는 점이 속한 요소)을 찾아주는 영역을 Locate zone[1])이라 하며 원으로 표시된다.

크기의 지정은 [그림 2.1-1]에서 [Tools>SmartSketch Settings] 메뉴를 선택한 후 나타나는 창에서 [Cursor] 탭을 선택하면 [그림 2.1-2]의 창이 나타나며, 이 창에서 지정할 수 있다.

[그림 2.1-2]는 Locate zone의 크기를 3으로 지정한 것이며, [그림 2.1-3]은 12로 지정한 것이다.

1) Locate zone 값은 원의 반지름에 해당하며 3~12 사이의 값을 지정할 수 있다.

그림 2.1-1 : 커서 속성 설정 메뉴

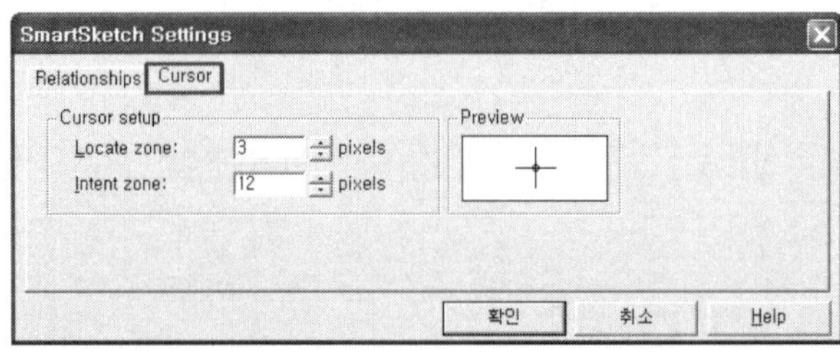

그림 2.1-2 : 커서의 Locate zone(크기 3)

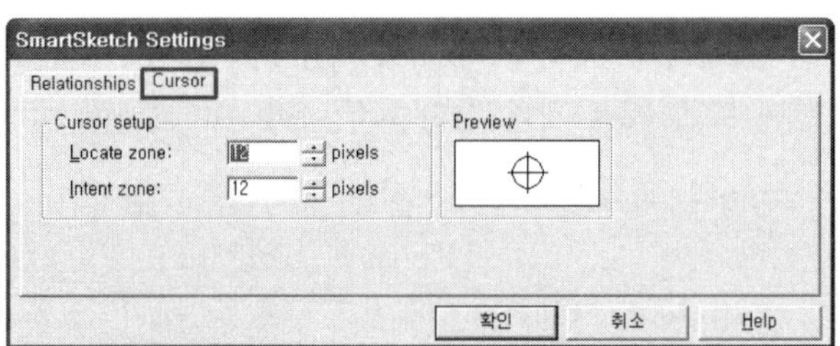

그림 2.1-3 : 커서의 Locate zone(크기 12)

(2) Intent Zone

SmartSketch에서 지원하는 기능 중 호(Arc)나 원(Circle)을 그릴 때 마우스로 쉽게 작업할 수 있도록 시작점과 현재 커서가 위치하는 점을 지나는 호를 그려주는 기능이 있다.

예를 들면 호(Arc)를 그릴 때 [그림 2.2]와 같이 시작점을 중심으로 4분면의 4가지 형태의 호를 그릴 수 있다.

만일 작업자가 호 그리기 작업을 하다가 원하는 형태의 호가 아닌 경우(의도하는 사분면의 호가 아닌 경우)에 처음부터 새로 그리지 않고 직전의 시작점으로 커서를 이동하여 다시 그릴 수 있다.

이때 커서가 시작점의 일정 영역 안으로 이동하면 시작점으로 인식하는데 이 영역을 Intent Zone[2)]이라 하며, "X"가 있는 원으로 표시된다.

[그림 2.2]에서 중앙의 작은 원 영역이 Intent Zone에 해당하며, 그 크기는 [그림 2.1-2] 창에서 지정할 수 있다.

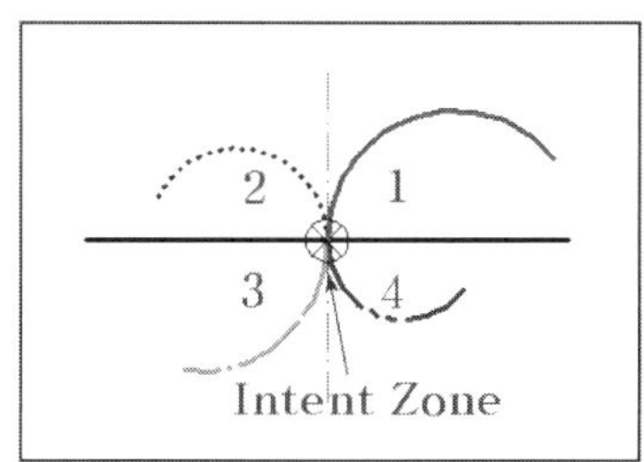

그림 2.2 : Intent zone

2.1.2 관계점 표시 설정(Relationship Indicators)

도면을 그릴 때 보다 편리하게 작업하기위하여 제공하는 기능 중 하나로, 커서의 Locate Zone 안에 있는 선(또는 호)의 점 중에서 특정한 의미가 있는 점들에 대해서 심벌 형태로 표시해주는 기능이 있으며, 이런 점들을 관계(Relationship)점[3)]이라 한다.

예를 들면 선분의 끝점 또는 중점, 다른 선분과의 접점 또는 수직점, 원의 중심점 등이 이에 해당한다.

관계점 표시(Relationship Indicator)란 관계점을 표시한 심벌을 말하며, 작업자가 필요에 따라 표시 여부를 지정할 수 있다.

관계점 표시 설정은 [그림 2.1-1]에서 **[Tools>SmartSketch Settings]** 메뉴를 선택한 후 나타나는 창에서 **[Relationships]** 탭을 선택하면 [그림 2.3-1] 창이 나타나며, 이 창에서 원하는 관계점을 선택하면 된다.

2) Intent zone 값은 원의 반지름에 해당하며 3~12 사이의 값을 지정할 수 있다.

3) 선(호)은 연속된 점들의 집합이며, 위치와 길이 정보를 가진다. 따라서 선에 포함된 무한개의 점 중에는 끝점, 중점, 접점 등과 같이 특별한 의미가 있는 점들이 있다.

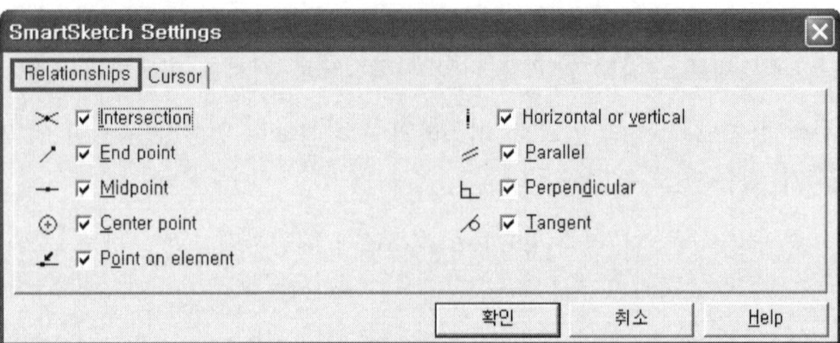

그림 2.3-1 : 관계점 표시 설정 창

번호	관계점		설명
①		Intersection	2개 이상의 선이 서로 교차하는 점
②		End point	선분(호)의 끝점
③		Midpoint	선분(호)의 중점
④		Center point	원(호)의 중심점
⑤		Point on element	선(호) 상의 점 중 커서와 가장 가까운 점
Ⓐ		Horizontal	작업 중인 선이 도면에 수평일 때
Ⓑ		Vertical	작업 중인 선이 도면에 수직일 때
Ⓒ		Parallel	작업 중인 선이 다른 선과 평행일 때
Ⓓ		Perpendicular	작업 중인 선이 다른 선과 직각일 때
Ⓔ		Tangent	작업 중인 선이 호(원)에 접할 때

[그림 2.3-2]는 관계점이 실제 도면에 표시된 예이다.

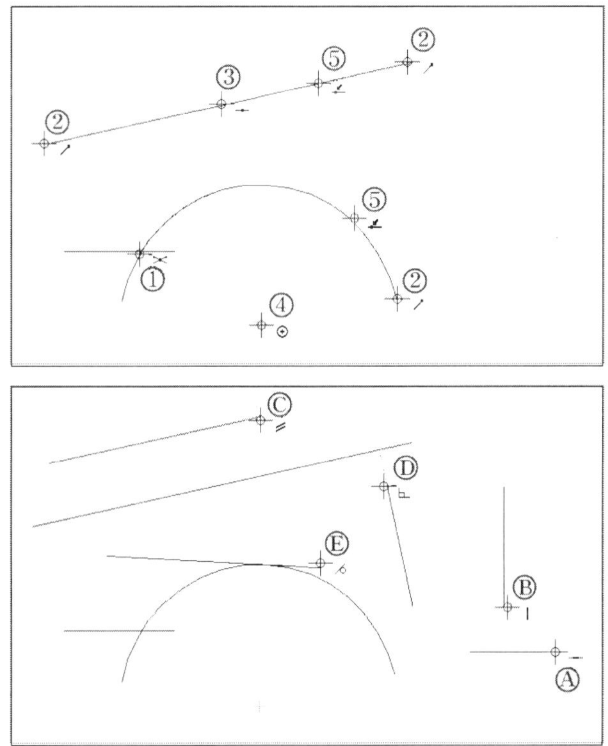

그림 2.3-2 : 관계점의 종류

2.1.3 정렬선 표시 지정(Alignment Indicators)

도면을 그릴 때 편리하게 작업하기위하여 제공하는 기능 중 또 다른 하나로, 작업 중인 커서의 현재 위치가 다른 도형과 상관관계 위치[4]일 때 그 관계를 점선으로 표시해 주며, 이 선을 정렬선이라 한다.

[그림 2.4-1]에서 [Tools>Alignment Indicator] 메뉴를 선택하면 정렬선 표시가 지정된다. [그림 2.4-2]는 정렬선이 표시된 예이다.

4) 상관관계 위치 : 연장선이 다른 선분(호)의 끝점, 중점, 중심점 또는 수평, 수직, 평행 등을 이루는 것을 말한다.

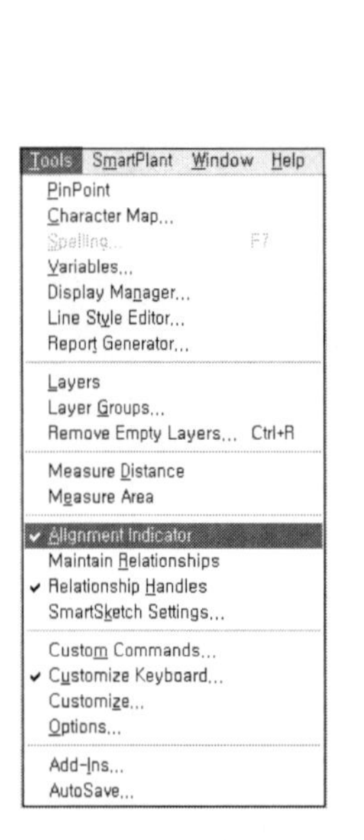

그림 2.4-1 : 정렬선 표시 지정 메뉴

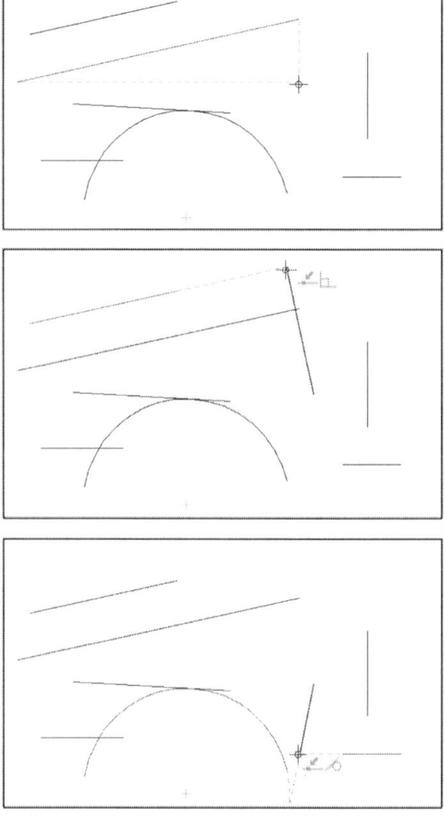

그림 2.4-2 : 정렬선 표시 예

[그림 2.4-2]의 (예1)은 현재 커서 위치가 기존의 선분 양 끝점과 서로 만나는(수평 및 수직으로 교차) 점을 나타내고 있다.

[그림 2.4-2]의 (예2)는 작업 중인 선분의 현재 커서 위치가 기존의 선분의 연장선상의 점이면서 동시에 직각으로 만나는 점을 나타내고 있다.

[그림 2.4-2]의 (예3)은 작업 중인 선분의 현재 커서 위치가 기존의 직선과 연장선상의 점이면서 동시에 연장하였을 때 호에 접하는 위치임을 나타내고 있다.

2.1.4 확장도구

SmartSketch에서는 작업도구를 효과적으로 배치하기 위하여 같은 성격의 도구를 하나의 그룹으로 묶고, 화면에 표시는 그 중 대표(또는 현재 선택한 도구) 도구 하나만 표시하였다.

이와 같이 그룹도구인 경우 대표도구 외 나머지 도구는 확장도구[5] 형태로 선택할 수 있도록 하였다.

예를 들면 [그림 2.5]에서 직선/호(Line/Arc) 그리기 도구를 2초 이상 클릭하고 있으면 그 오른쪽에 나머지 도구가 확장되어 나타난다.

만일 확장된 도구 중 하나를 선택하면 선택한 도구가 대표도구[6]로 바뀌어 표시된다.

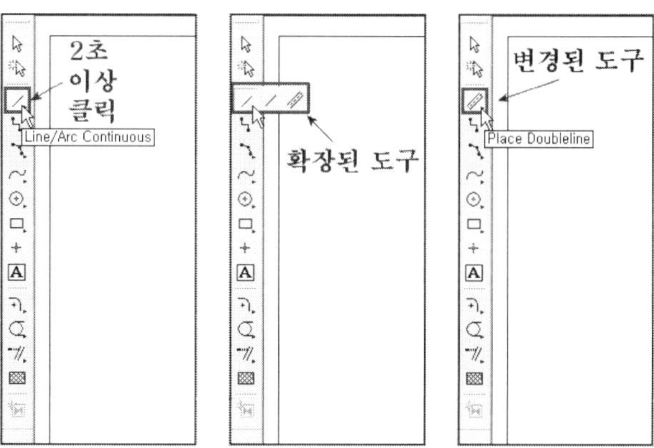

그림 2.5 : 확장도구의 예

2.1.5 작업 완료

SmartSketch에서는 마우스의 왼쪽 버튼과 오른쪽 버튼을 윈도우의 기본 기능과 다르게 사용한다.

마우스 버튼의 용도

구분	용도
왼쪽 버튼	▸ **도구나 객체를 선택할 때 사용**. Shift key를 누르고 있는 상태면 추가하여 선택된다. 만일 선택된 객체를 다시 클릭하면 선택이 해제된다. ▸ **그리기 작업 중 위치를 지정할 때 사용**. 만일 한 작업이 완료된 경우에는 앞에 작업한 작업을 반복하여 다시 시작된다(예를 들면 사각형 그리기에서 사각형이 완성되는 점을 지정하면 하나의 사각형이 완성되면서 다시 새로운 사각형 그리기가 시작된다.).
오른쪽 버튼	▸ **그리기 작업을 완료할 때 사용**. 만일 그리기 작업이 완료 상태가 아닌 경우에는 작업 취소가 된다(예를 들면 사각형 그리기에서 사각형이 완성되는 점을 지정하기 전에 오른쪽 버튼을 클릭하면 사각형 그리기가 취소된다.). ▸ **Popup 메뉴 불러내기**. 그리기 작업 중이 아닌 경우에는 커서가 위치한 곳과 관련된 popup 메뉴가 표식된다.

5) 확장도구 : 그룹도구 아이콘은 우측 아래에 화살촉 모양이 표시되어 있으며, 아이콘을 클릭한 상태로 2~3초 지나면 우측으로 그룹 도구 아이콘이 확장되어 표시된다.

6) 대표도구 : 그룹도구인 경우에 화면에는 그룹도구 중 하나만 표시되는데 이 작업도구를 대표도구라 한다. 가장 최근에 사용한 도구가 대표도구로 표시된다.

그리기 작업의 완료란 하나의 요소를 완성하고 다음 새 작업을 시작하는 것을 말하며 작업의 내용에 따라 자동으로 완료되는 경우와 작업자가 완료를 하여야 되는 경우가 있다.

예를 들면 사각형 그리기 작업은 시작점을 지정한 후 한 번의 길이를 지정하고 나머지 변을 지정하면 바로 작업이 완료된다.

반면에 직선/호 그리기 작업은 시작점을 지정하고 끝점을 지정하면 일단 하나의 선분이 그려지나 끝점에서 계속하여 연속된 선분 그리기 상태를 유지한다. 이런 경우에 마우스의 오른쪽 버튼을 클릭하거나 Esc 키를 누르거나 아니면 다른 도구를 선택하면 직전까지의 작업이 완료된다.

2.2 2D 그리기

2.2.1 선택하기(Select)

SmartSketch의 도면은 단일요소(Single Element)와 그룹요소(Group of Elements)로 구성된다.

예를 들면 선분은 단일요소에 해당하나 사각형은 4변의 단일요소들로 구성할 수도 있고 아니면 4변 전체를 하나의 단일요소로 구성할 수도 있다.

[그림 2.6-1]은 선 그리기로 작성한 사각형으로서 4개의 선분인 단일요소로 구성된 4각형에 해당한다.

반면에 [그림 2.6-2]는 사각형 그리기로 작성한 사각형으로서 전체가 하나의 요소로 된 사각형에 해당한다.

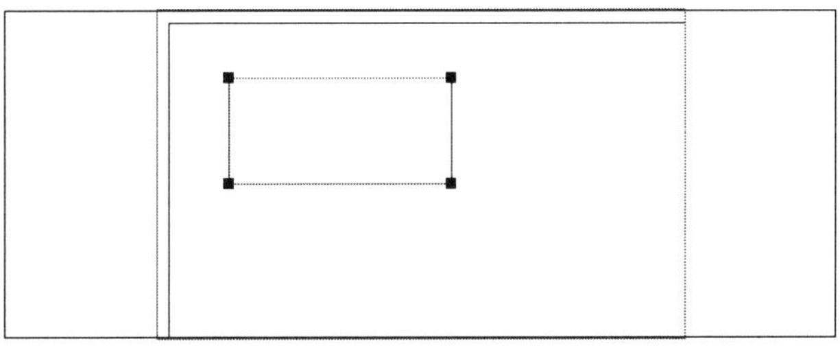

그림 2.6-1 : 선 그리기로 작성한 사각형

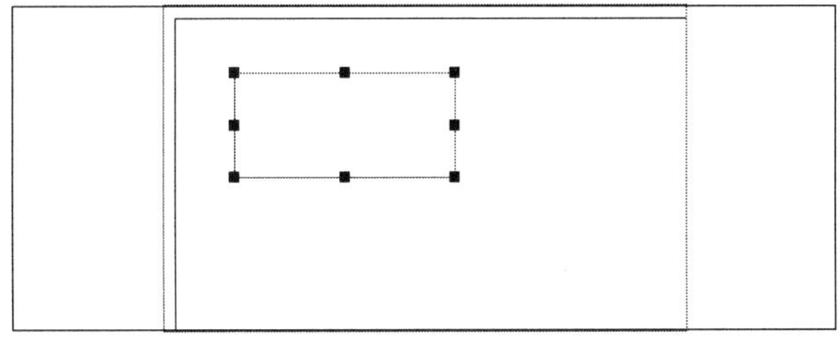

그림 2.6-2 : 사각형 그리기로 작성한 사각형

그리고 복수 개의 단일요소를 하나의 그룹으로 묶을 수 있다. 이때 그룹으로 묶은 요소는 전체가 하나의 단일요소와 같이 취급된다.[7]

7) 그룹으로 묶는 방법은 본 교재 제3장 3.5.9절에 설명하였다.

(1) 단일 요소 선택 :

작성된 도면의 요소 중 하나를 지정하여 선택하는 작업을 말한다. 선택 단위는 하나의 단일요소 또는 하나의 그룹요소다.

[그림 2.7]과 같이 [Select Tool] 도구를 선택한 다음 커서를 이동하면 선택 범위 안의 요소는 색상이 밝게(Highlight - 적색) 바뀐다.8)

선택은 마우스의 왼쪽 버튼을 클릭하면 된다. 선택된 요소는 자홍색(Magenta)으로 바뀐다.

만일 그룹요소인 경우에는 포함된 요소의 최외각 사각형 형태로 표시되며, 포함된 요소 전체가 선택된다.

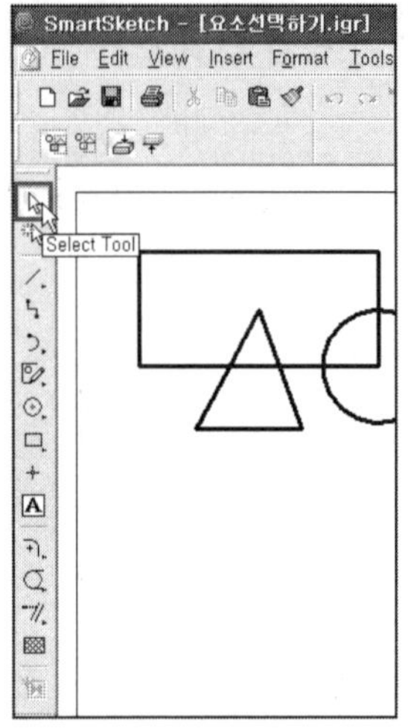

그림 2.7-1 : 선택 작업도구

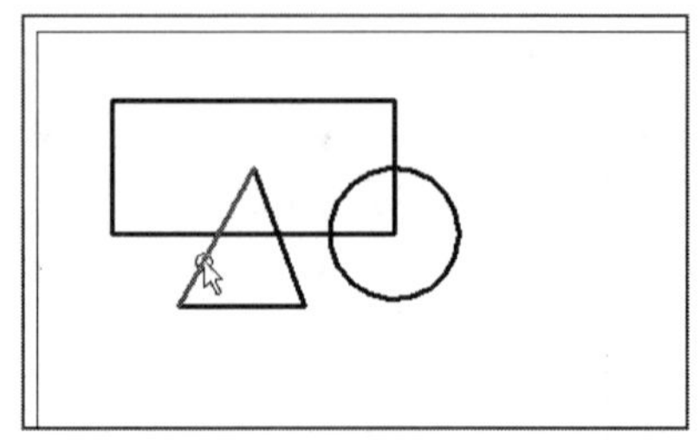
그림 2.7-2 : 선택할 요소 지정 상태

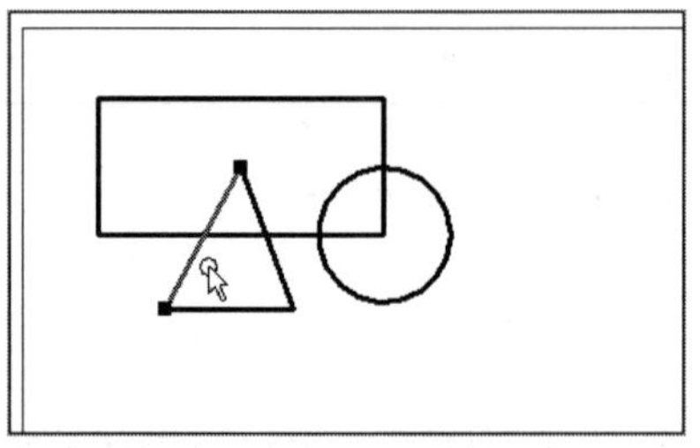
그림 2.7-3 : 선택된 상태

8) 2.1.1절의 Locate zone 참조

(2) 복수 개의 요소 선택

작성된 도면의 요소 중 복수 개의 요소를 동시에 선택하는 작업을 말하며, 도면의 형태나 작업자의 취향에 따라 여러 가지 방법으로 선택할 수 있다.

사각 영역 지정 선택 – 1(Inside Option 사용) :

사각형 형태로 구역을 지정하면 구역 안의 모든 요소가 동시에 선택되는 방법을 말한다. 단, 사각 영역 안에 완전히 포함된 요소만 선택된다(일부분만 포한된 요소는 제외).

① [그림 2.7-1]에서 [Select Tool] 도구를 선택한 다음

② [그림 2.8-1]의 리본-바에서 [Inside] 옵션을 선택하고

③ [그림 2.8-2]와 같이 드래그 기법으로 사각영역을 지정하면 [그림 2.8-3]과 같이 사각형 영역 안의 요소 모두가 선택된다. 단, 영역 안에 완전히 포함된 요소만 선택된다.

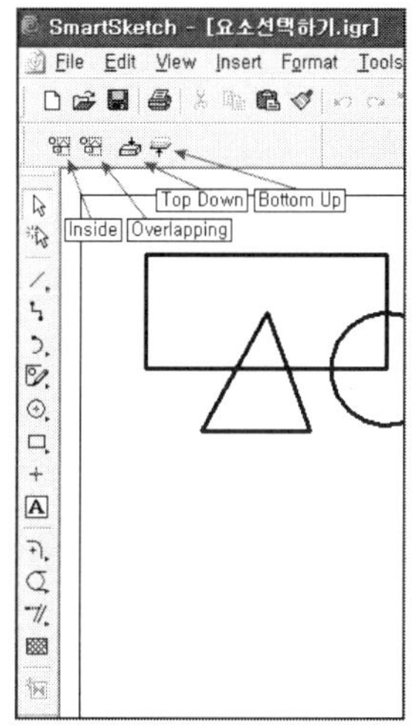

그림 2.8-1 : 선택도구의 리본-바

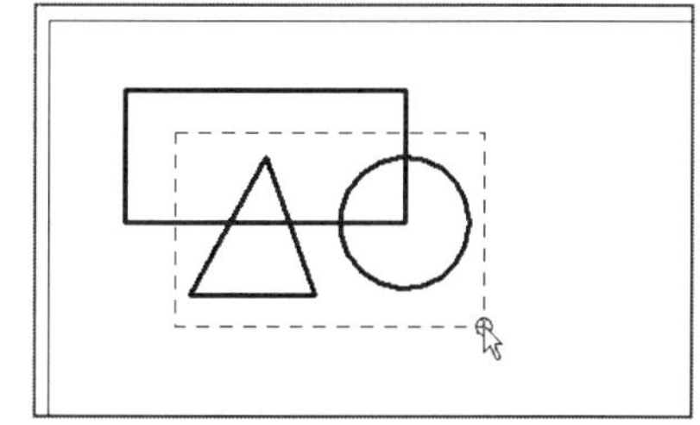

그림 2.8-2 : 영역 지정

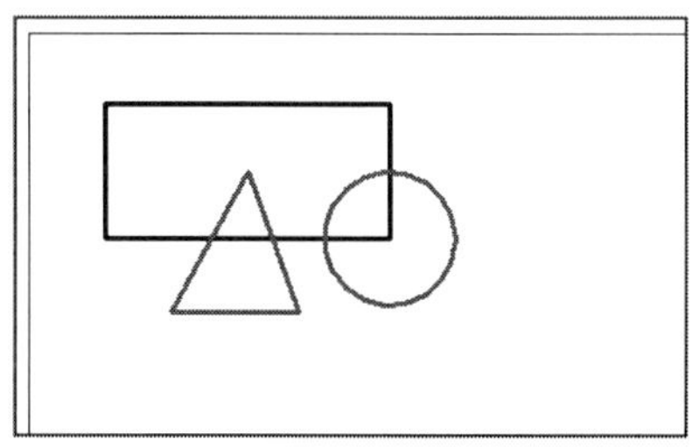

그림 2.8-3 : 작업결과

사각 영역 지정 선택 – 2(Overlapping Option 사용) :

사각형 형태로 구역을 지정하면 구역 안의 모든 요소뿐 아니라 일부분만 포함된 요소도 모두 선택된다.

① [그림 2.8-1]의 리본-바에서 **[Overlapping]** 옵션을 선택한 후

② [그림 2.9-1]과 같이 영역을 지정하면 [그림 2.9-2]와 같이 영역 안 뿐 아니라 경계선 상의 요소까지 모두 선택된다.

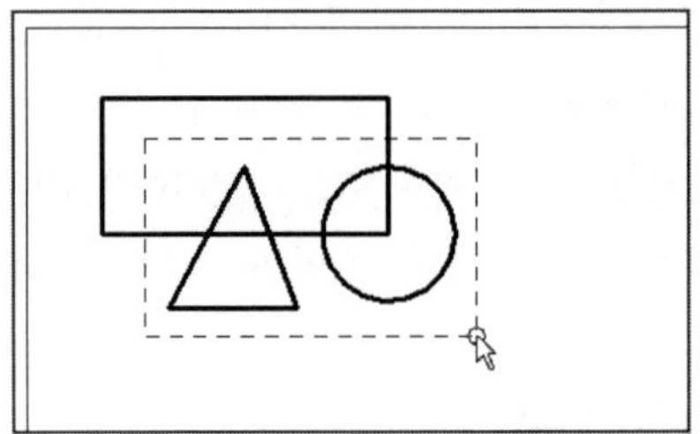

그림 2.9-1 : 영역 지정

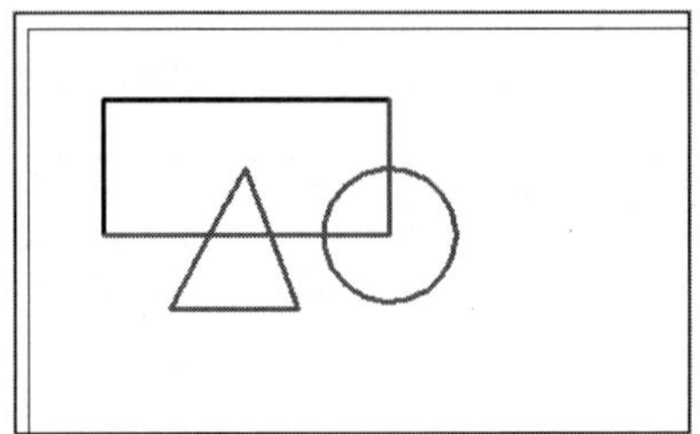

그림 2.9-2 : 작업결과

다각형 영역 지정 선택 :

영역을 사각형 형태가 아닌 다각형 형태(특정한 부분을 제외 또는 포함할 경우)로 지정하여 선택하는 작업을 말한다.

① [그림 2.10-1]에서 [Polygon Fence Locate] 도구의 리본-바에서 [Polygon] 옵션을 선택한 후

② [그림 2.10-2]와 같이 각 번호에 해당하는 위치에 커서를 이동한 다음 클릭하고, 최종 마우스의 오른쪽 버튼을 클릭하면 다각형 형태의 영역 안에 있는 요소만 선택된다.

③ 만일 리본-바의 [Rectangle] 옵션을 선택하면 "사각 영역 지정"과 동일하다.

④ 또한 [Inside], [Overlapping] 옵션은 전 절에서 설명한 내용과 동일하다.

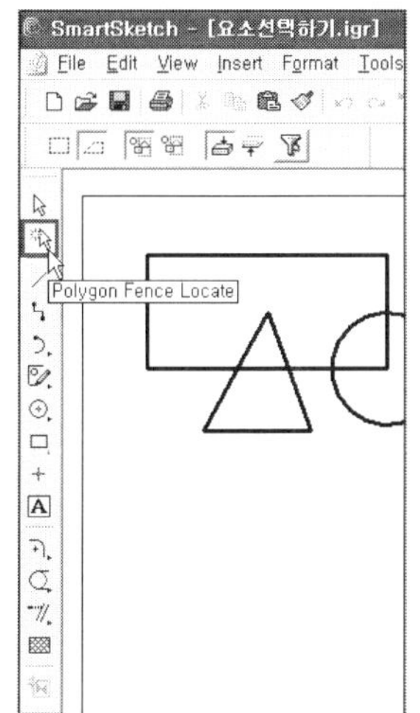

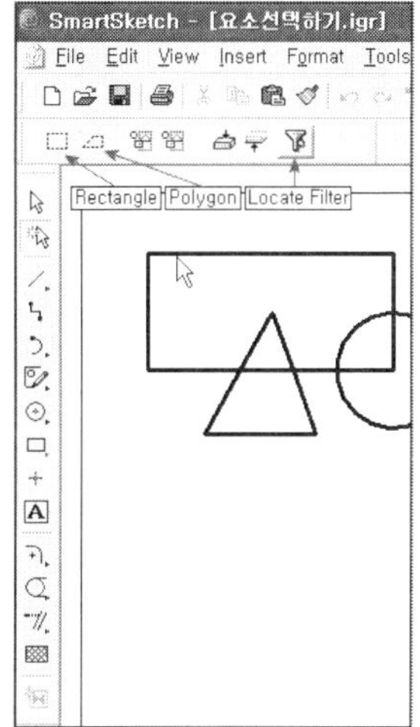

그림 2.10-1 : 다각영역 선택도구 및 리본-바

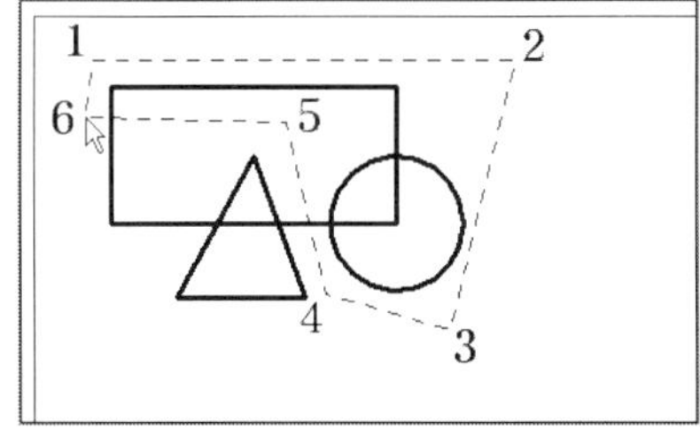

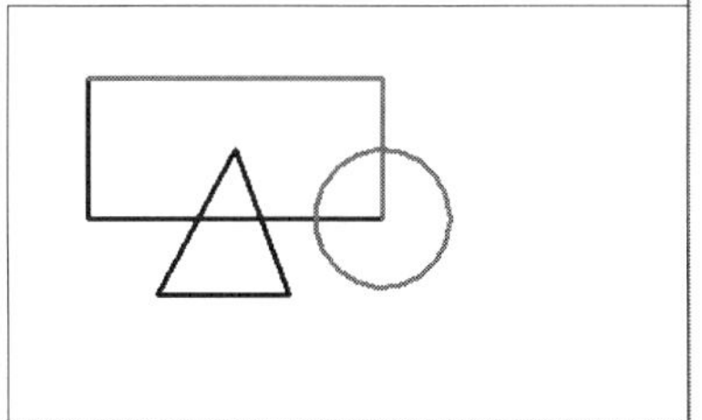

그림 2.10-2 : 다각영역 선택 예

Shift(또는 Ctrl) 키를 조합하여 선택 :

키보드의 Shift 키 또는 Ctrl 키를 누르고 있는 상태에서 마우스로 요소를 선택하면 키를 누르고 있는 동안 선택한 요소 모두가 누적되어 선택된다. 만일 선택된 요소를 다시 선택하면 취소된다.

[그림 2.11]은 Shift(또는 Ctrl) 키를 누르고 있는 상태에서 마우스로 요소를 선택한 결과이다.

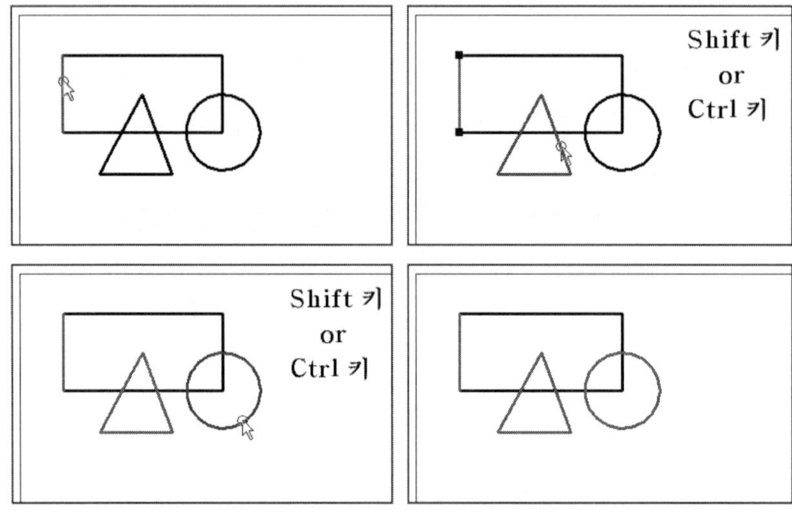

그림 2.11 : Shift(또는 Ctrl) 키를 누른 상태로 선택한 경우

그룹요소의 개체 선택 :

개별요소가 그룹으로 묶여 있는 경우 그룹 전체를 선택할 수도 또는 각 개체를 선택할 수도 있다.

[그림 2.12]의 삼각형은 3개의 변을 개별요소로 그린 다음 전체를 하나의 그룹으로 묶어 놓은 상태이다.

① 먼저 [그림 2.8-1]의 리본-바에서 [Top Down] 옵션을 선택한 후 삼각형의 한 변을 선택하면 [그림 2.12-1]과 같이 묶여진 그룹 전체(3각형 3변 모두)가 선택된다.

② 반면에 리본-바에서 [Bottom Up] 옵션을 선택한 후 한 변을 선택하면 [그림 2.12-2]와 같이 지정한 변만 선택된다.

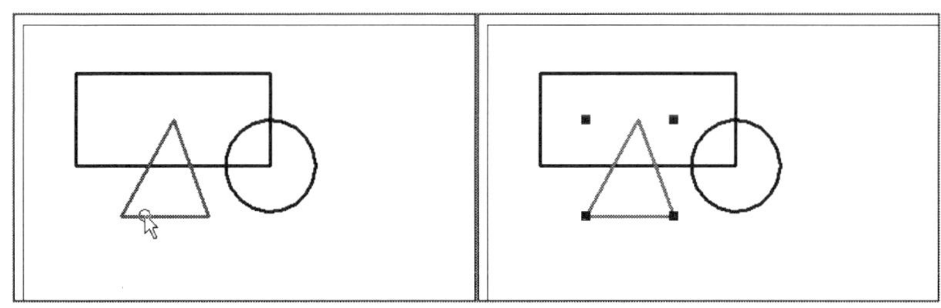

그림 2.12-1 : 그룹요소의 선택

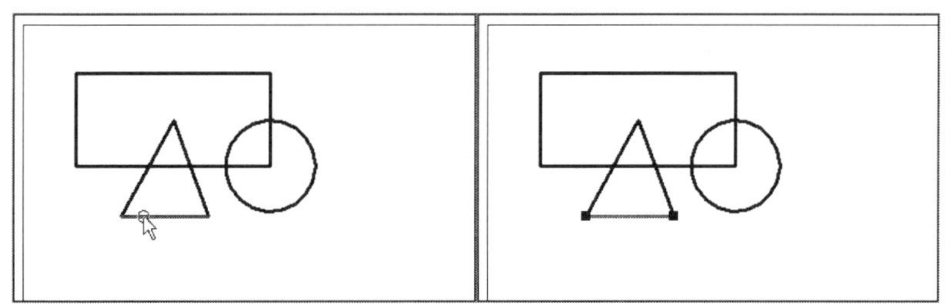

그림 2.12-2 : 그룹요소의 개별요소 선택

결과적으로 [Top Down] 옵션은 그룹으로 묶여진 전체를 하나의 요소로 취급하며, [Bottom Up] 옵션은 그룹의 개별요소를 각각 따로 취급한다.9)

9) 원(호)이나 사각형 그리기 도구로 작성한 원 또는 사각형은 하나의 요소로 작성된 것으로, 그룹요소에 해당하지 않는다.

필터를 사용하여 선택 :

지정한 영역 안에서도 특정한 형태의 요소만 포함(또는 제외)하여 선택하는 작업을 말한다.

[그림 2.13-1]에서 [Polygon Fence Locate] 도구의 [Locate Filter] 옵션을 선택하면 요소지정 창이 나타난다. 이 창에서 선택할 요소의 종류를 지정하면 영역 안의 요소 중 지정한 요소만 선택된다.

예를 들면 Circle, Curve 및 Rectangle만 선택한 후 영역을 지정하면 [그림 2.13-2]와 같이 지정한 3가지 종류의 요소만 선택된다.

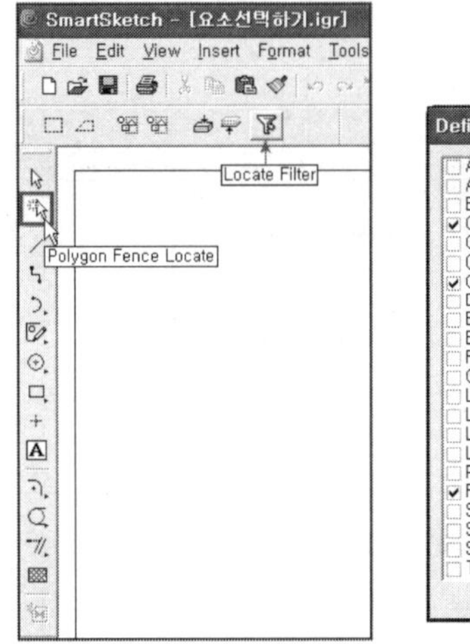

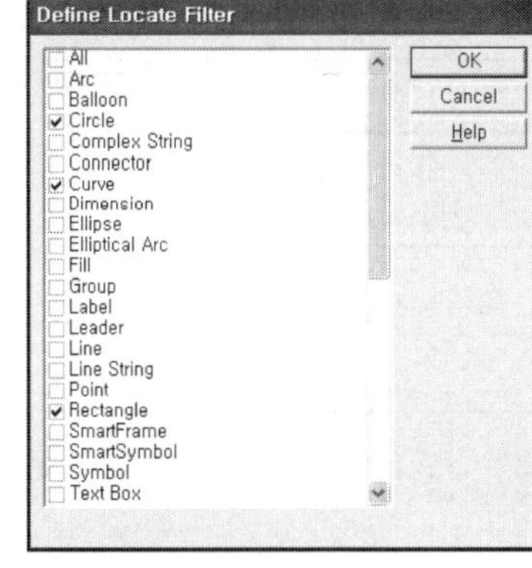

그림 2.13-1 : 리본-바의 "Locate Filter" 옵션

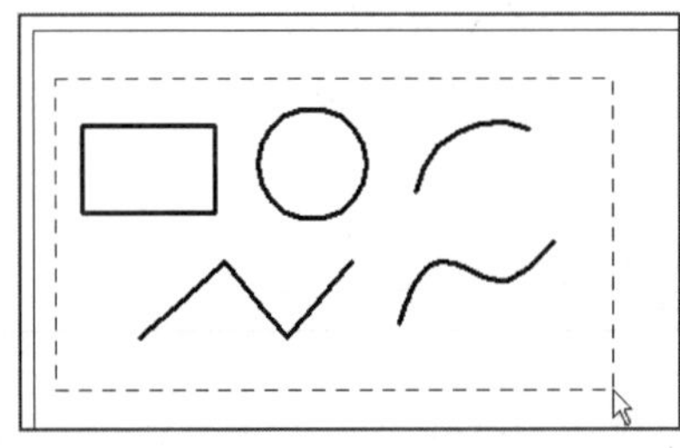

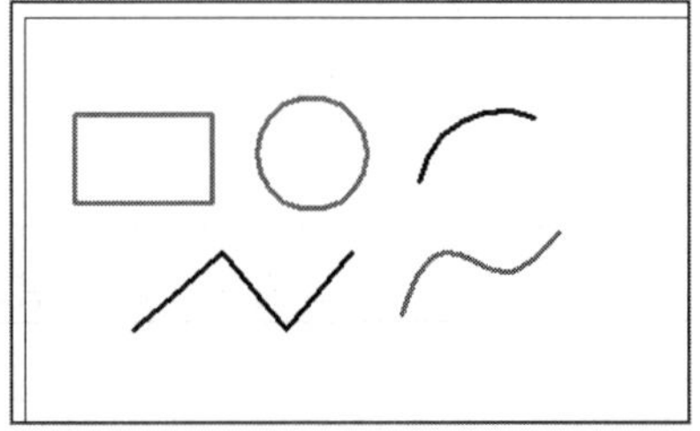

그림 2.13-2 : Filter 옵션을 사용한 선택의 예

2.2.2 점 그리기(Point) :

도면에 특정한 위치를 표시하기 위한 점을 작성하는 작업을 말한다.[10)]

10) 원칙적으로 점은 위치정보만 가지며 크기는 없다. 그러나 작업자가 식별을 용이하게 하기 위하여 크기(선 굵기로)를 지정할 수 있도록 되어있다.

(1) 임의의 위치에 작성하기

① [그림 2.14-1]과 같이 [Point] 도구를 선택한 다음

② 점의 크기를 지정하기 위하여 [그림 2.14-2]와 같이 굵기를 2mm로 지정하고,

③ [그림 2.14-3]과 같이 커서의 위치를 이동한 다음 클릭하면 [그림 2.14-4]와 같이 지름이 2mm인 점이 그려진다. 단, 비록 굵기는 2mm이나 위치 정보만 가진다.

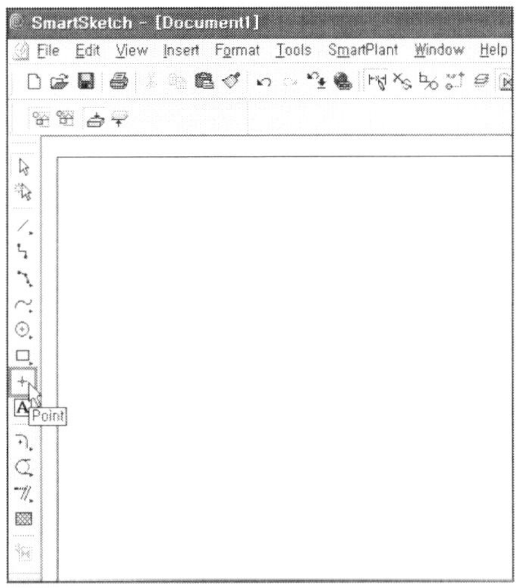

그림 2.14-1 : 점 작업도구

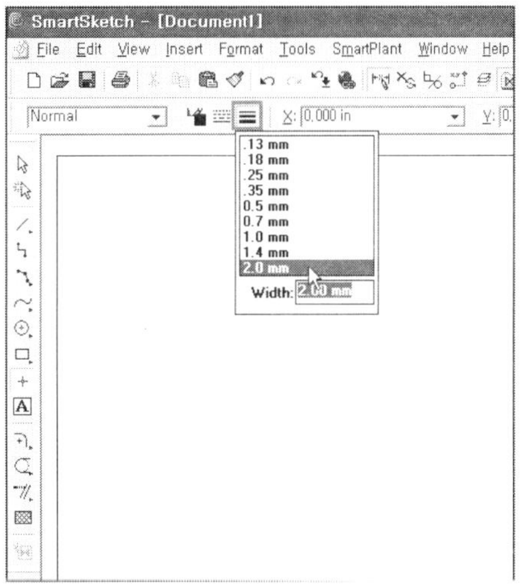

그림 2.14-2 : 굵기 지정

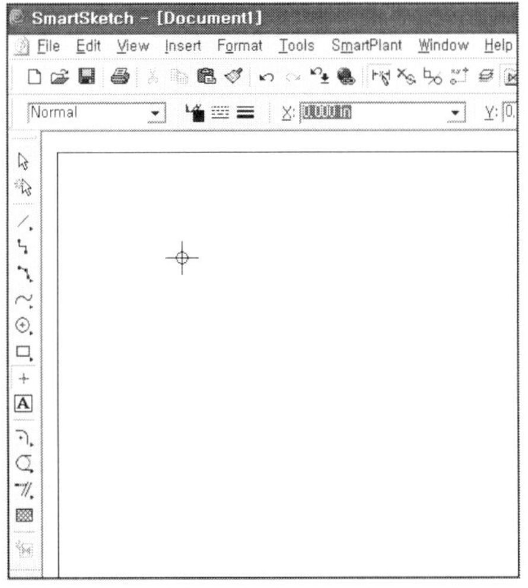

그림 2.14-3 : (임의)위치 지정

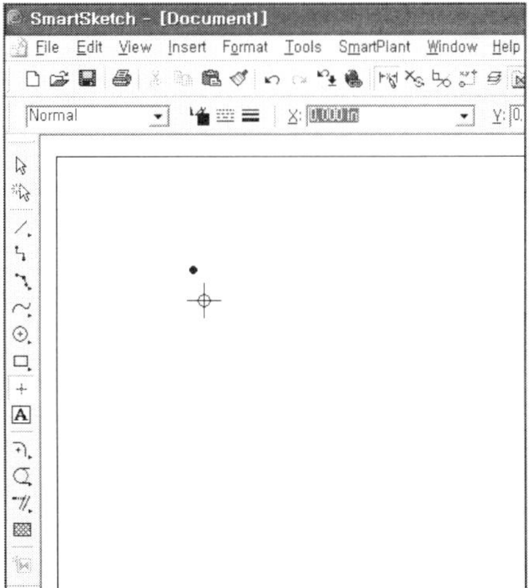

그림 2.14-4 : 작업결과

(2) 좌표값을 입력하여 작성하기

점의 위치를 좌표값을 직접 입력하여 정확한 위치를 지정할 수 있다.11)

① [그림 2.15]와 같이 리본-바의 좌표 입력란에 값을 직접 입력하면 된다.

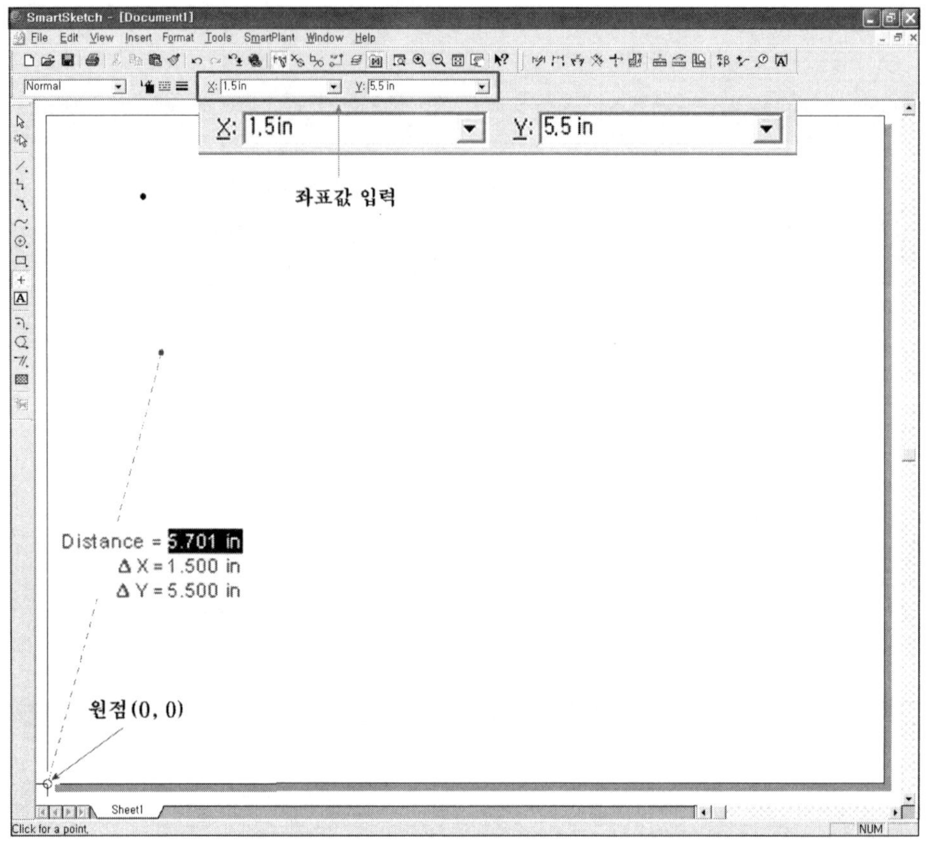

그림 2.15 : 도면의 원점(0,0)과 좌표값 입력란

11) 도면의 원점(0,0)은 양식의 좌측 하단 가장자리이다.

2.2.3 직선/호 그리기(Line/Arc)

이 도구는 직선과 호를 연속하여 그리는 경우에 사용한다. 이 도구로 그린 선분과 호는 각각 독립된 요소로 만들어진다.

(1) 직선 그리기 : ⁄

① [그림 2.16-1]과 같이 [Line/Arc] 도구를 선택한 다음

② [그림 2.16-2]와 같이 시작점을 클릭한 후

③ [그림 2.16-3]과 같이 첫 선분의 끝점에서 클릭하면 시작점 사이에 직선이 그어진다.

만일 연속하여 직선을 그릴 경우

④ [그림 2.16-4]와 같이 커서를 이동하면 직전의 클릭한 점 사이에 연속적으로 직선이 그어진다.

작업을 종료하려면

⑤ [그림 2.16-5]에서 오른쪽 버튼을 클릭하면

⑥ [그림 2.16-6]과 같이 직선그리기 작업이 종료된다.

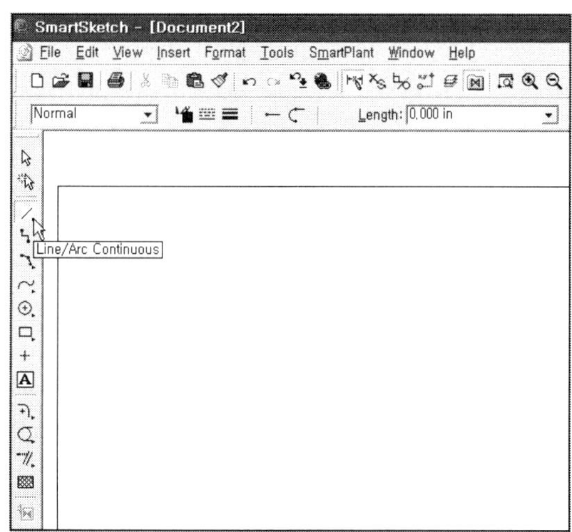

그림 2.16-1 : 직선/호 작업도구

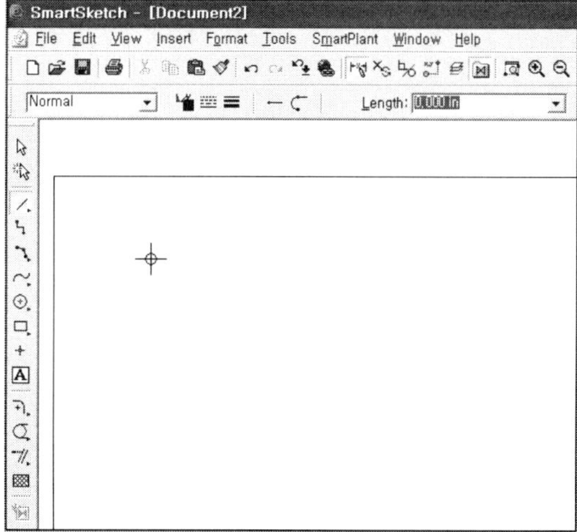

그림 2.16-2 : 시작점 지정

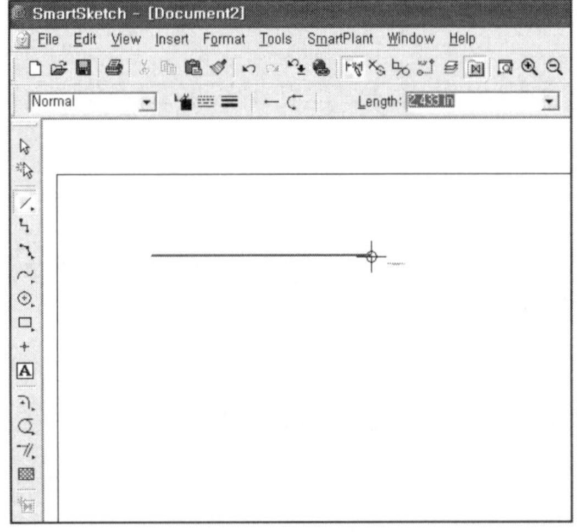

그림 2.16-3 : 첫 번째 선분의 끝점 지정

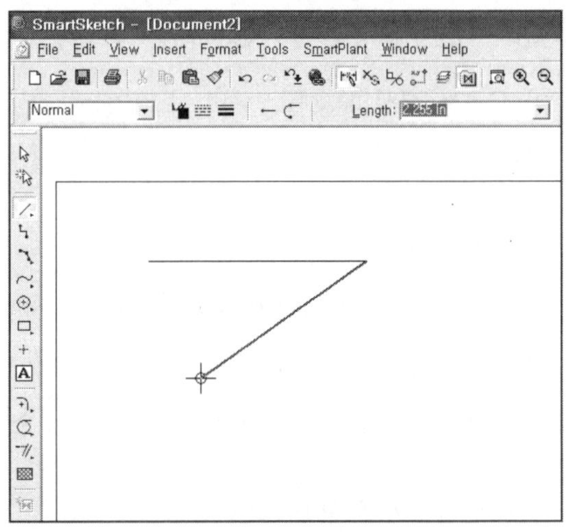

그림 2.16-4 : 두 번째 선분의 끝점 지정

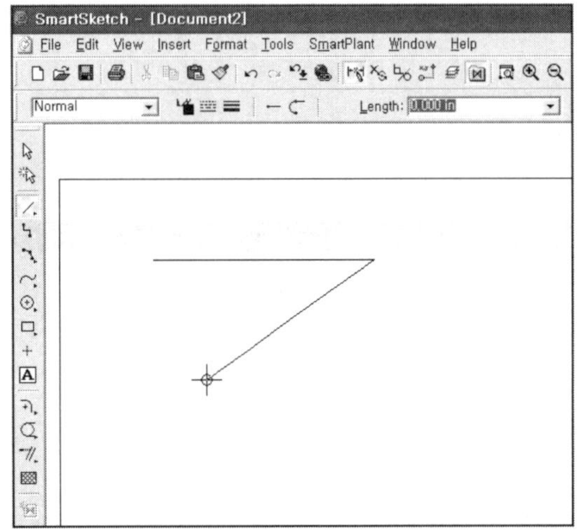

그림 2.16-5 : 작업 완료(오른쪽 버튼)

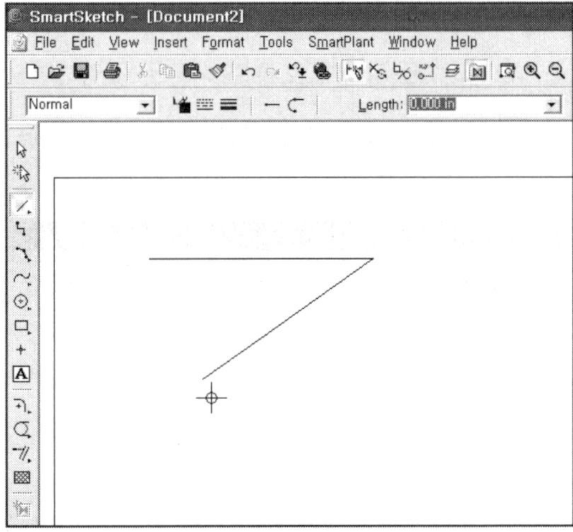

그림 2.16-6 : 작업결과

(2) 직선과 연속된 호 그리기 :

① [그림 2.17-1]에서 리본-바에 있는 [Arc] 아이콘을 클릭한 후

② [그림 2.17-2]와 같이 호의 시작점을 선분의 끝점을 지정하면 [그림 2.17-3]과 같이 Intent Zone이 표시된다(만일 선분을 그리는 도중이면 바로 Intent Zone이 표시된다.).

③ [그림 2.17-3]은 정렬선을 이용하여 대각선의 양 끝점과 일치하는 위치에서 클릭하여 호를 그린 것이다.

④ 하나의 호 그리기 작업을 완료하면 자동으로 직선 그리기 상태로 돌아가며, [그림 2.17-4]와 같이 계속하여 직선을 그을 수 있다. 만일 계속하여 호를 그리는 경우에는 다시 [Arc] 아이콘을 선택한 후 작업을 하여야 한다.

⑤ 그리기 작업을 종료하려면 [그림 2.17-4]에서 선분의 끝점을 지정(왼쪽 버튼 클릭)한 후 오른쪽 버튼을 클릭하면 [그림 2.17-5]와 같이 직선과 연속된 호를 그릴 수 있다.

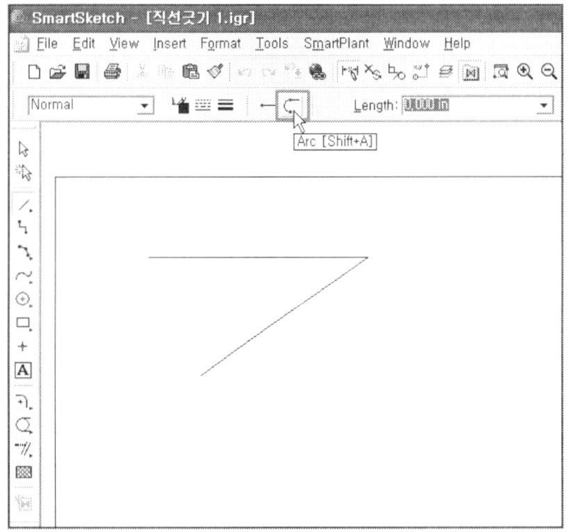

그림 2.17-1 : 호 그리기 아이콘

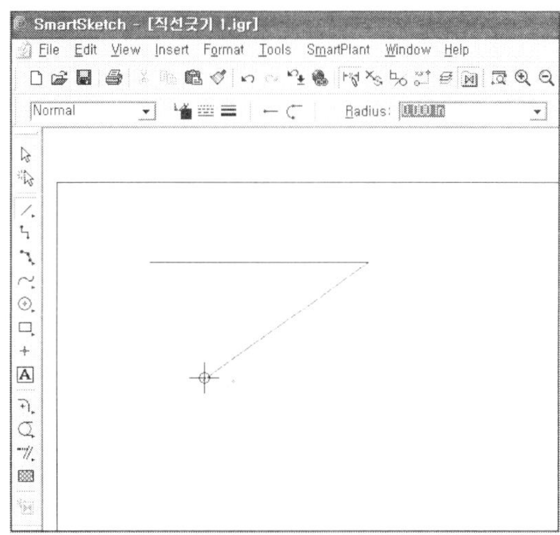

그림 2.17-2 : 호의 시작점

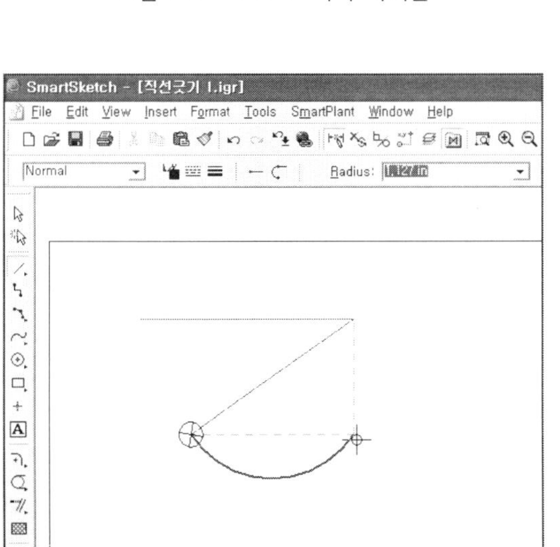

그림 2.17-3 : 호의 끝점

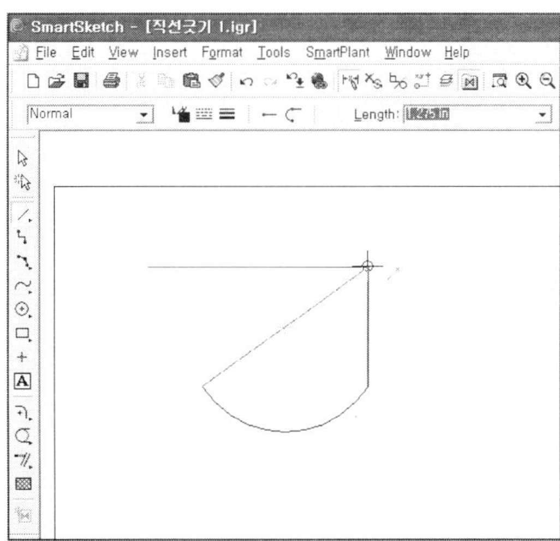

그림 2.17-4 : 직선의 끝점

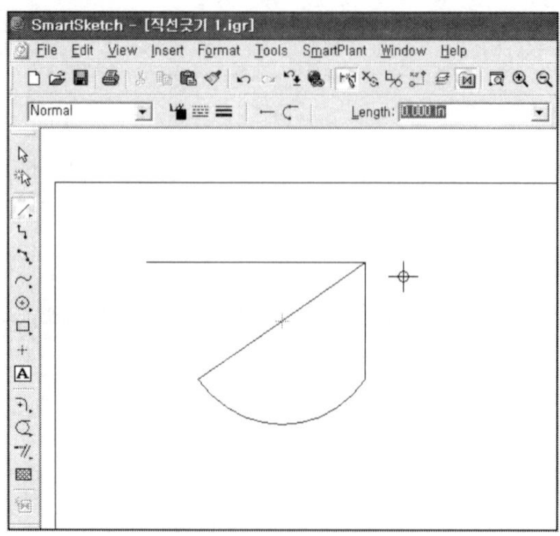

그림 2.17-5 : 작업결과

(3) 치수값을 지정하여 그리기 :

정확한 값의 크기를 갖는 도형을 그리는 방법은 리본-바에 있는 치수 입력란을 이용하면 된다.

[직선 그리기]

① **[Line/Arc]** 도구를 선택한 후 [그림 2.18-1]에서 처음 시작점을 지정하고

② [그림 2.18-2]와 같이 **[Length]**란에 60(길이를 60mm로 그리는 경우)을 입력한 후

③ [그림 2.18-3]과 같이 선분이 수평이 되도록 끝점을 지정하면 60mm 길이의 수평선이 그려진다.

[특정 각으로 기울어진 선분 그리기]

④ [그림 2.18-4]와 같이 **[Length]**를 60으로, **[Angle]**을 -150°로 입력하면 바로 해당 선분이 그려진다.

[호 그리기]

⑤ [그림 2.18-5]에서 옵션 도구를 **[Arc]**로 변경한 후

⑥ [그림 2.18-6]과 같이 **[Radius]** 값을 30으로 입력하고

⑦ [그림 2.18-7]과 같이 정렬선을 이용하여 끝점을 지정하면

⑧ 최종 [그림 2.18-8]과 같이 특정한 길이 또는 각의 값을 가지는 도형을 그릴 수 있다.

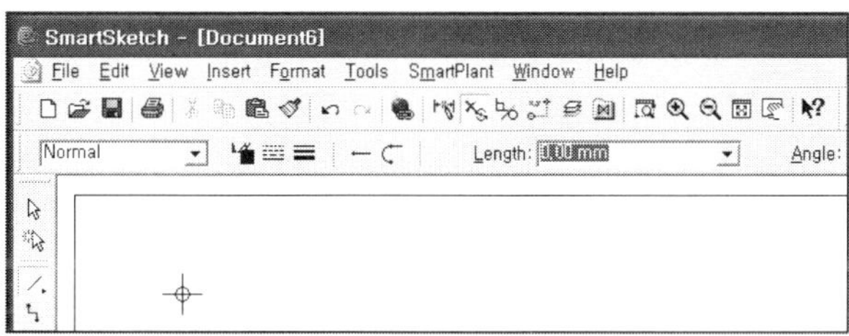

그림 2.18-1 : 선분의 시작점 지정

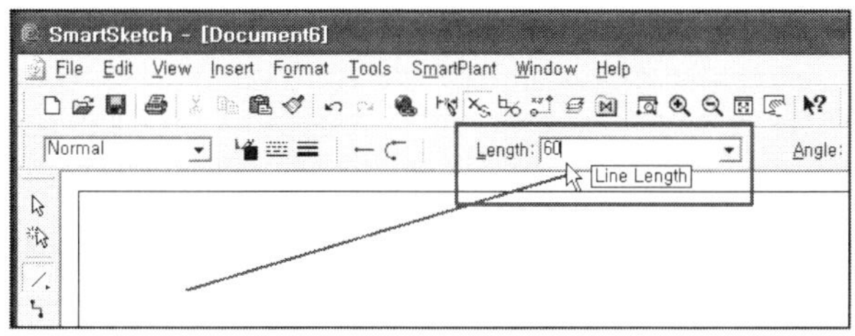

그림 2.18-2 : 길이를 입력

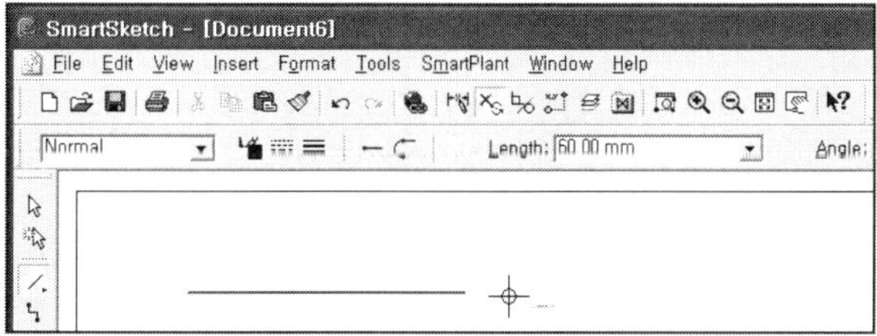

그림 2.18-3 : 끝점의 위치(방향)를 지정

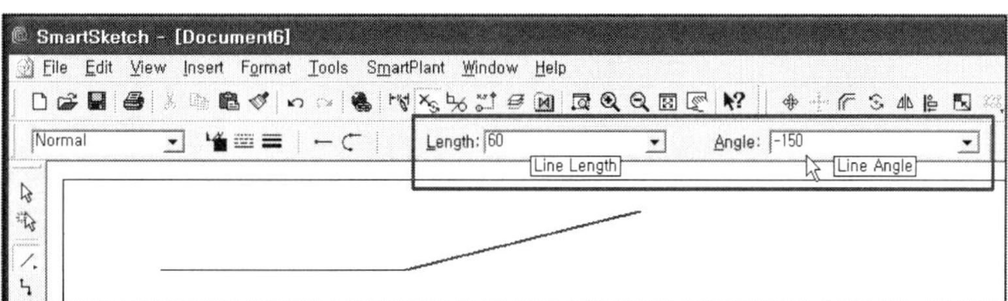

그림 2.18-4 : 선분의 길이 및 각을 동시에 입력

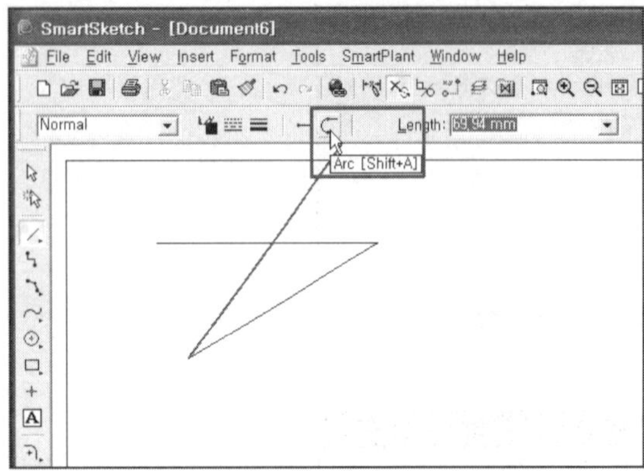

그림 2.18-5 : 호 그리기 아이콘

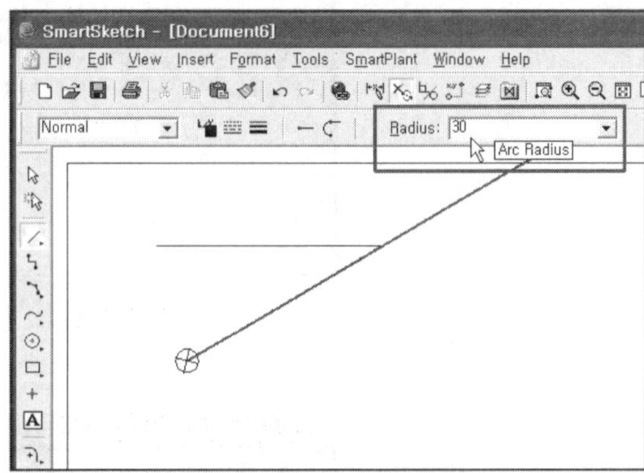

그림 2.18-6 : 반지름 입력

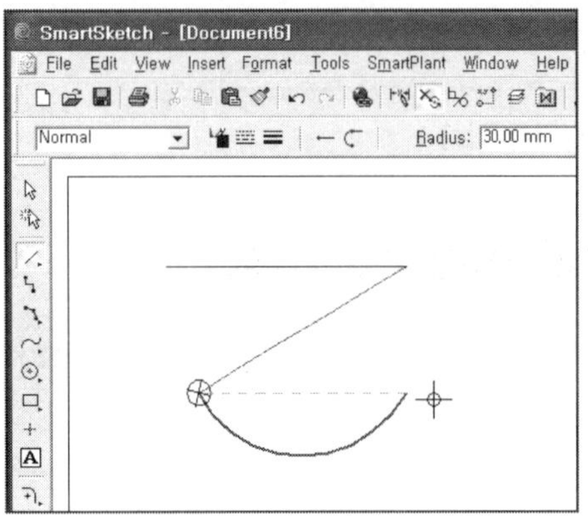

그림 2.18-7 : 호의 끝점 지정

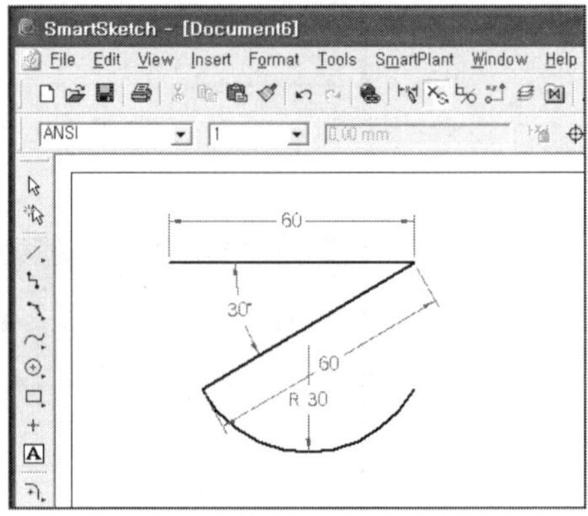

그림 2.18-8 : 작업결과

실습 1

직선 그리기

다음 도면을 직선/호(Line/Arc) 도구를 사용하여 A4(Wide) 양식에 작도하시오.

【참고 사항】

1. 치수 단위는 mm임
2. 선분의 길이 및 각도는 리본-바의 입력란에 수치를 직접 입력하여 작성
3. 기타 위치는 정렬선을 이용하여 작성(쇄선은 참조할 정렬선을 나타냄)

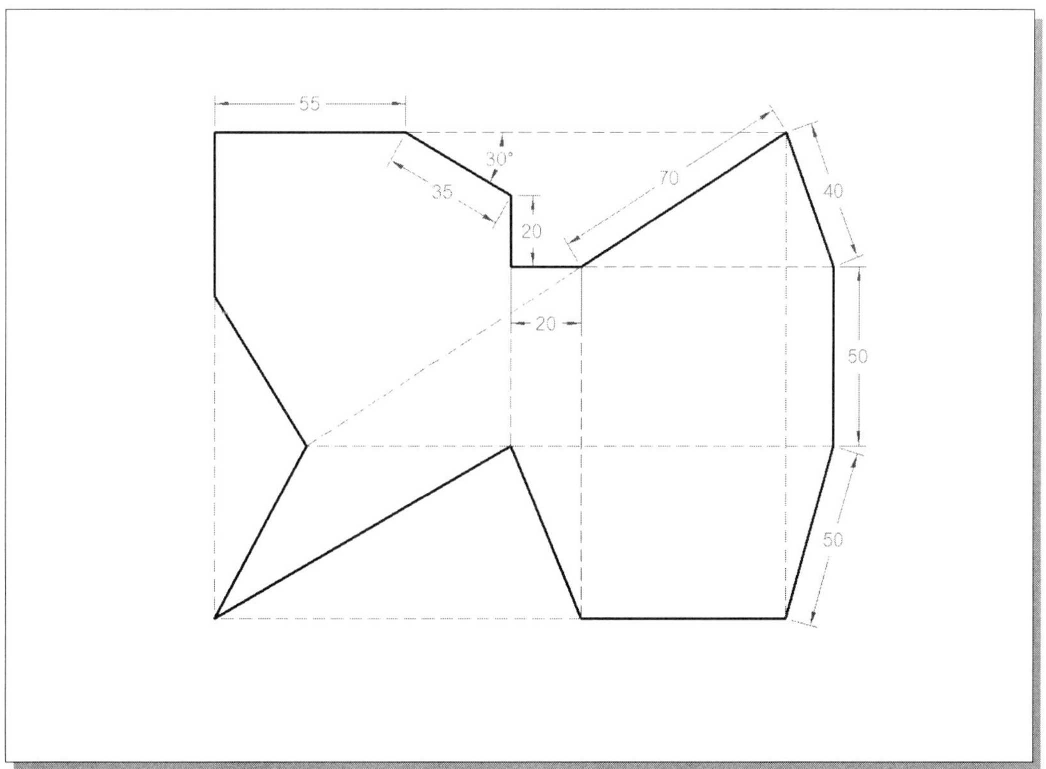

실습 2 직선-호 그리기

다음 도면을 직선/호(Line/Arc) 도구를 사용하여 A4(Wide) 양식에 작도하시오.

【참고 사항】

1. 치수 단위는 mm임
2. 선분 길이 또는 호의 반경은 리본-바의 입력란에 수치를 직접 입력하여 작성
3. 곡선 부분은 원의 1/4 및 1/2임
4. 기타 위치는 정렬선을 이용하여 작성(쇄선은 참조할 정렬선을 나타냄)

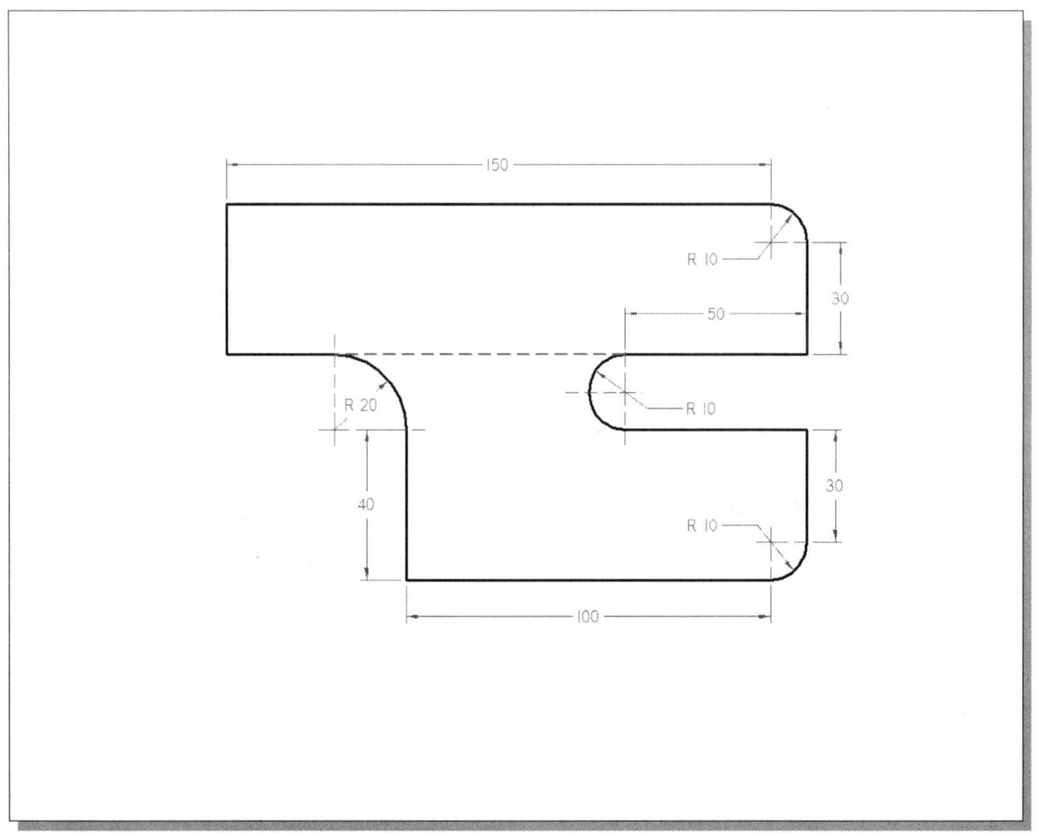

2.2.4 2중선 그리기(Double Line) :

이 도구는 커서 위치의 선을 기준으로 양쪽으로 일정한 간격을 띄워 작업선과 평행한 선을 동시에 그린다. 이때 평행선이 그려지는 위치는 옵션의 선택에 따라 작업선의 왼쪽, 오른쪽 및 양쪽의 3가지 형태로 그릴 수 있다.12)

① [그림 2.19-1]에서 [Line/Arc]의 확장도구 중 [Place Doubleline]을 선택한 후

② [그림 2.19-2] 창에서 리본-바의 [Left Primary Line] 아이콘을 선택한다(기준선 왼쪽 그리기).

③ [그림 2.19-3]과 같이 리본-바의 [Thickness]란에 2중선의 폭(뚜께)을 입력한다.

④ [그림 2.19-4]와 같이 시작점 지정하고 커서를 아래쪽으로 이동하면 [그림 2.19-5]와 같이 입력한 폭만큼 떨어진 평행선이 기준선 왼쪽에 동시에 그려진다.

⑤ [그림 2.19-6] 및 [그림 2.19-7]과 같이 그리면 평행선도 자동으로 그려진다.

⑥ [그림 2.19-7]에서 마우스의 오른쪽 버튼을 클릭하면 [그림 2.19-8]과 같은 2중선이 완성된다.

⑦ 만일 [그림 2.19-2]에서 [Right Primary Line]을 선택하면 작업선의 오른쪽에, [Center Primary Line]을 선택하면 작업선을 기준으로 양쪽에 평행선이 그려진다. 양쪽 평행선인 경우에는 작업선을 기준으로 입력한 폭의 1/2씩 띄워서(전체 폭이 같게) 그려진다.

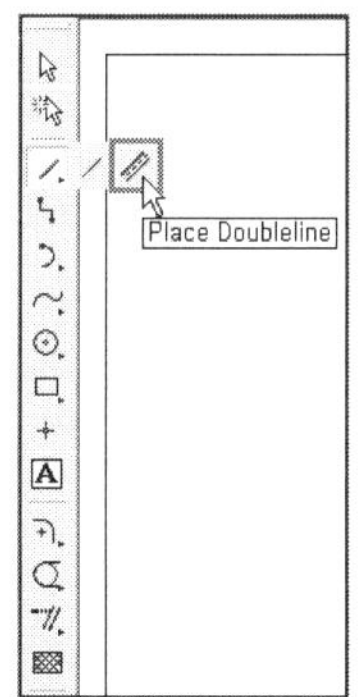

그림 2.19-1 : 2중선 작업도구

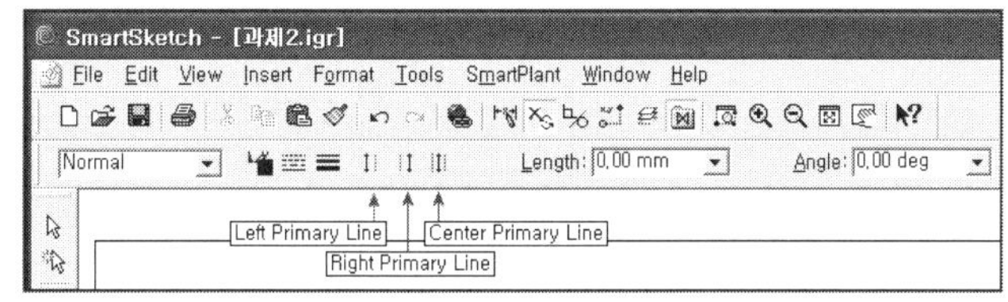

그림 2.19-2 : 2중선 작업도구 옵션 아이콘

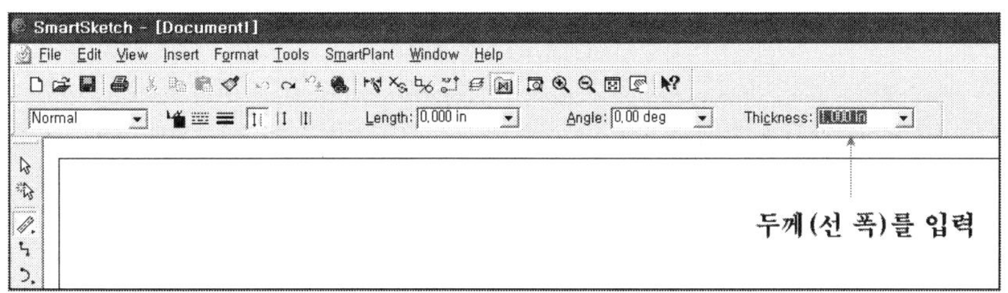

그림 2.19-3 : 선 폭(선 간격) 지정

12) 2중선은 사각형 형태의 폐곡선으로 그려지나 각각 독립 요소로 구성된다.

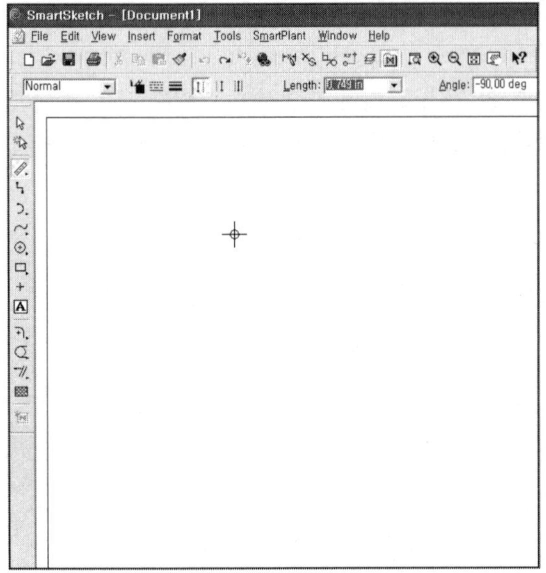

그림 2.19-4 : 시작점 지정

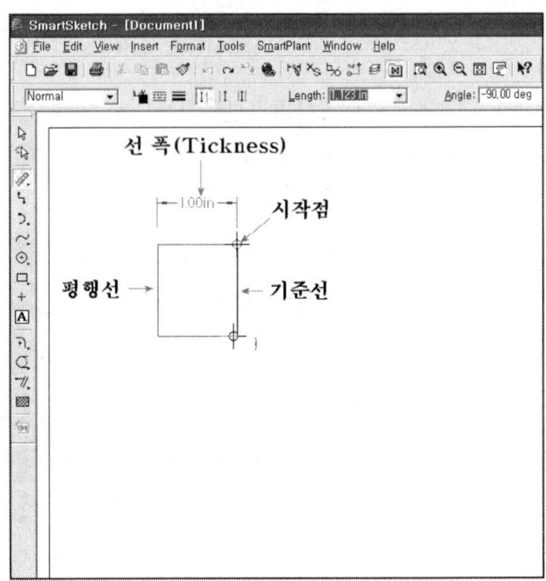

그림 2.19-5 : 첫 번째 선분 끝점 지정

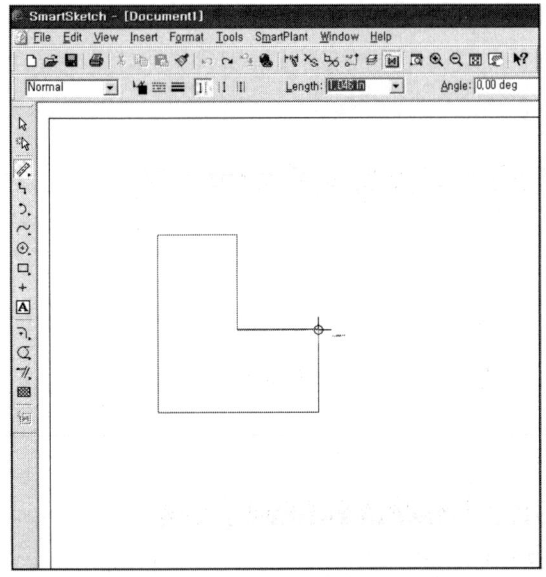

그림 2.19-6 : 두 번째 선분 끝점 지정

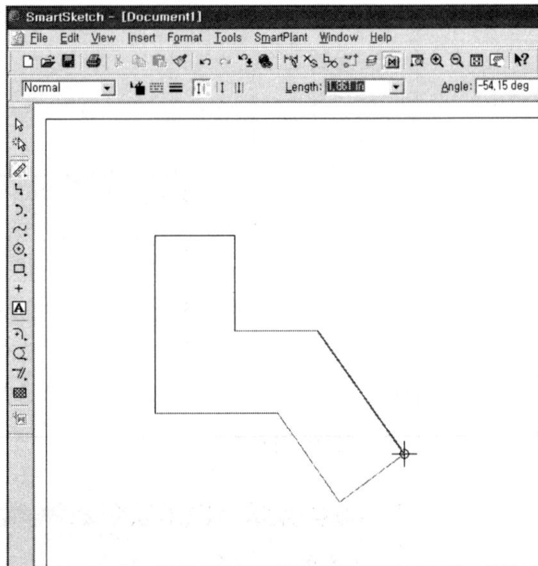

그림 2.19-7 : 3번째 선분 끝점 지정

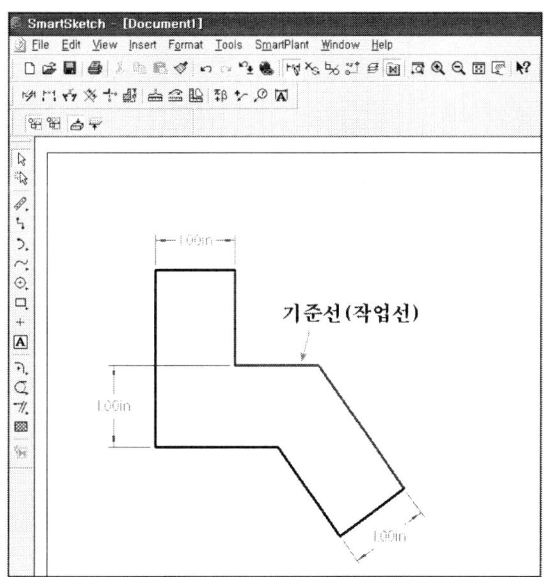
SmartSketch - [Document1]
File Edit View Insert Format Tools SmartPlant Window Help
1.00in
기준선(작업선)
1.00in
1.00in

그림 2.19-8 : 작업결과

실습 3

2중선 그리기

다음 도면을 확장도구 중 2중선 그리기(Double Line) 도구를 사용하여 A4(Wide) 양식에 작도하시오.

【참고 사항】

1. 치수 단위는 mm임(소수점 이하 1자리)
2. 선분의 길이 및 각도는 리본-바의 입력란에 수치를 직접 입력하여 작성
3. 쇄선은 작업선(기준선)을 표시함

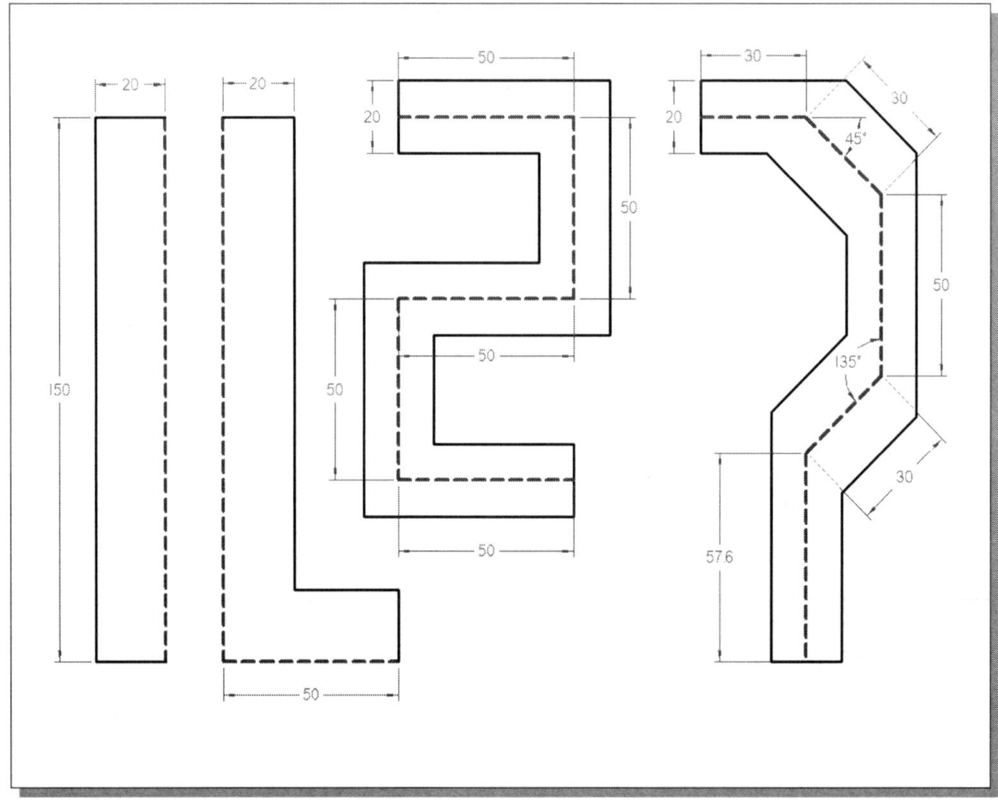

2.2.5 호 그리기(Arc)

이 도구는 원의 일부분에 해당하는 호를 그리는데 사용하며, 3가지 작업도구가 있다.

(1) 선분과 접선 또는 수직으로 만나는 호 :

호의 시작점이 선분 상인 경우에는 선분에 접하거나(Tangent) 직각으로(Perpendicular) 시작하는 호를 그린다. 만일 시작점이 임의의 점인 경우에는 시작점과 두 번째 지정한 점을 동시에 통과하는 호를 그린다.

① [그림 2.20-1]에서 **[Tangent Arc]** 작업도구를 선택한 다음

② [그림 2.20-2]에서 호의 시작점으로 선분의 끝을 선택하면 Intent Zone이 표시된다. 계속하여 [그림 2.20-3]과 같이 선분과 평행하게(수평으로) 이동한 다음 위로 이동하면 선분과 연결된 호의 시작점이 선분에 접하는 호가 그려진다.

③ 만일 [그림 2.20-5]와 같이 커서를 Intent Zone에서 선분과 수직으로 이동한 다음 [그림 2.20-6]과 같이 이동하면 호의 시작점이 선분과 직각으로 시작하는 호가 그려진다.

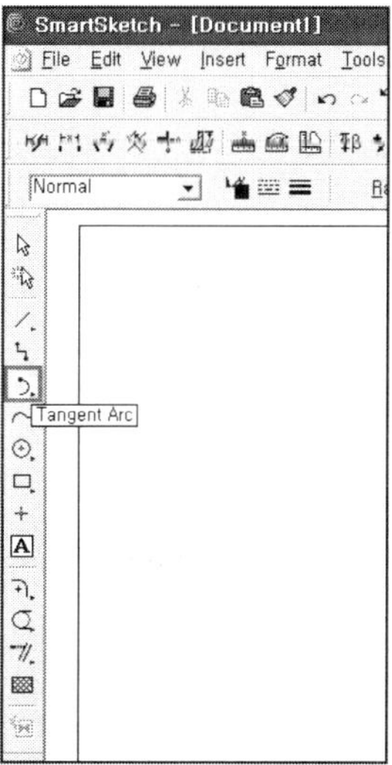

그림 2.20-1 : 호 작업도구

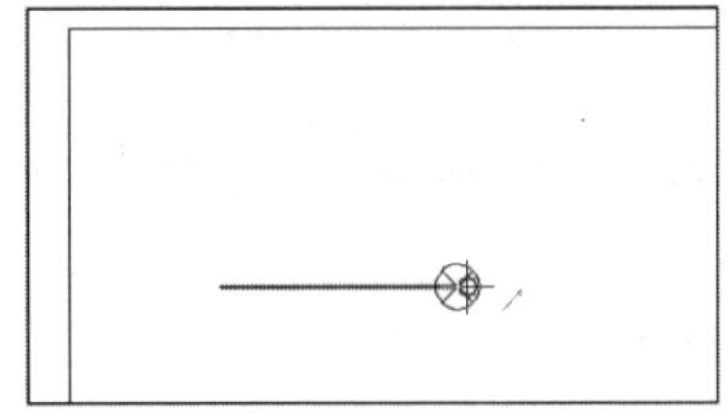

그림 2.20-2 : 호의 시작점 지정(선분 끝점)

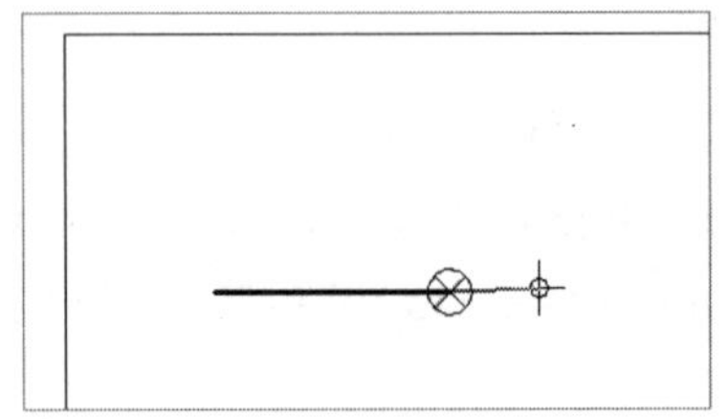

그림 2.20-3 : Intent zone에서 수평으로 이동

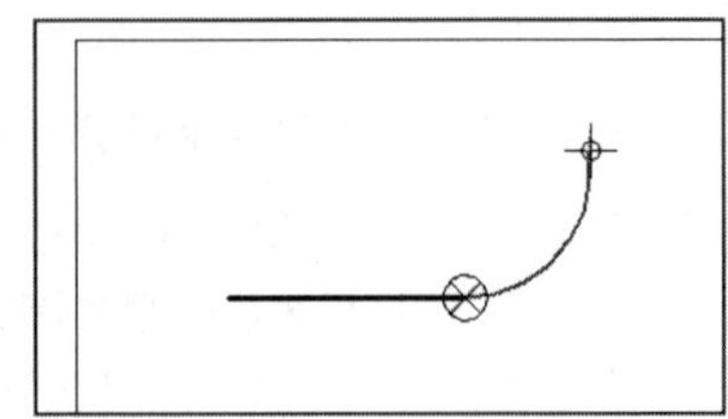

그림 2.20-4 : 작업결과 1

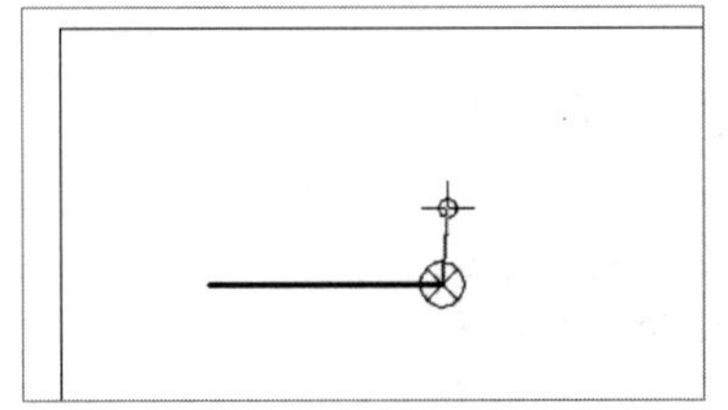

그림 2.20-5 : Intent zone에서 수직으로 이동

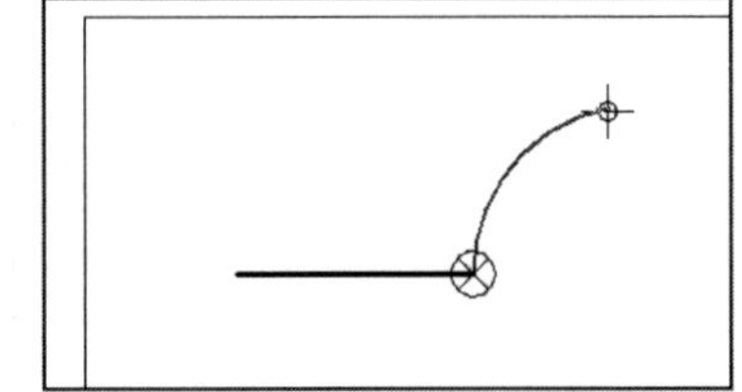

그림 2.20-6 : 작업결과 2

(2) 3점을 지나는 호 :

동일 직선상이 아닌 3개의 점을 동시에 지나는 원(호)은 하나만 존재한다.

이 도구는 3개의 점(위치)을 지정하면 3점을 동시에 통과하는 호를 그리는 도구이다.

① [그림 2.21-1]과 같이 확장도구[13] 중에서 [Arc by 3 Points]를 선택한 다음

② [그림 2.21-2]와 같이 첫 번째 점을 선분의 끝점을 선택한다.

③ 계속하여 [그림 2.21-3] 및 [그림 2.21-4]와 같이 나머지 2점을 지정하면 [그림 2.21-5]와 같이 3점을 순차적으로 통과하는 호가 그려진다.

13) 교재 2.1.4 확장도구 참조

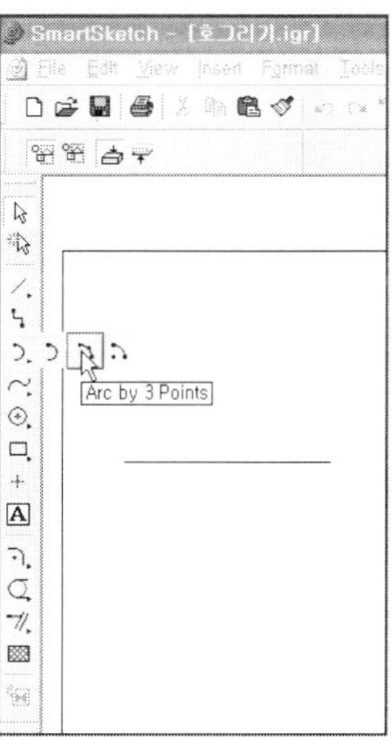

그림 2.21-1 : 3점 호 작업도구

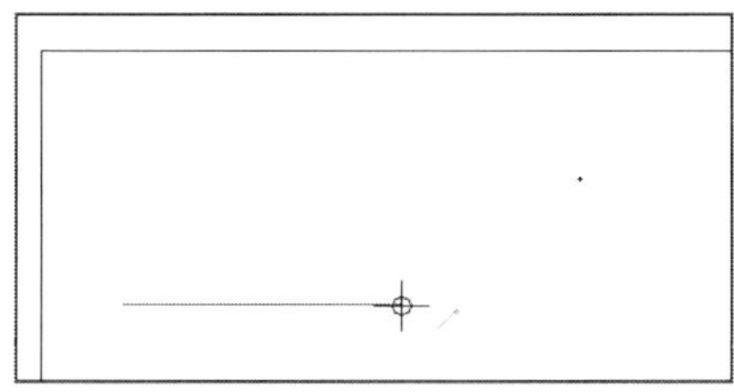

그림 2.21-2 : 첫 번째 점 지정

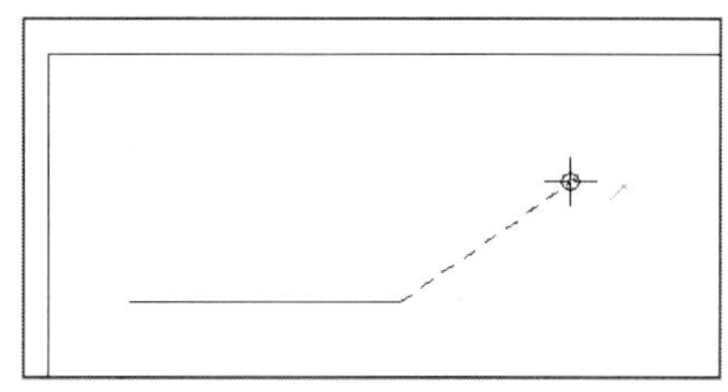

그림 2.21-3 : 두 번째 점 지정

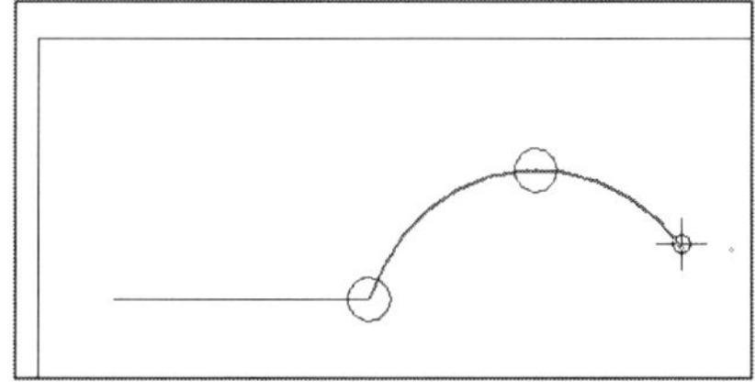

그림 2.21-4 : 세 번째 점 지정

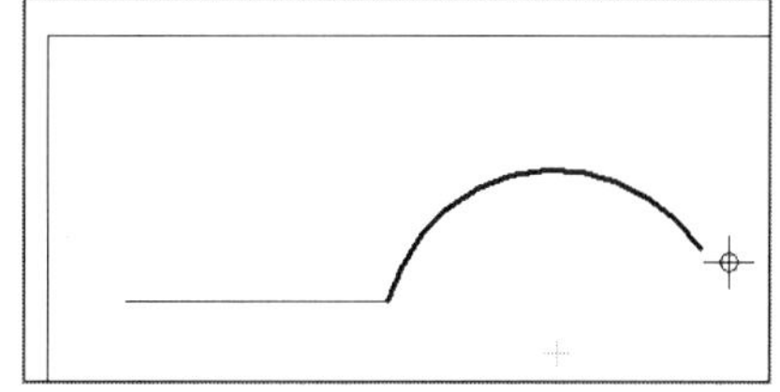

그림 2.21-5 : 작업결과

(3) 중심점과 양 끝점을 만나는 호 :

이 도구는 호의 중심점 위치를 지정한 후 호의 양 끝점을 지정하여 호를 그리는 도구이다.

① [그림 2.22-1]에서 [Arc by Center Point] 도구를 선택한 다음

② [그림 2.22-2]에서 호의 중심점으로 선분의 끝점으로 지정하고

③ [그림 2.22-3]에서 호의 한쪽 끝점에 해당하는 점을 지정하면 일단 호의 중심점과 반경(중심점과 한

점 사이의 거리)이 정해진다.

④ [그림 2.22-4]와 같이 호의 나머지 끝점을 지정하면 [그림 2.22-5]와 같은 호가 그려진다.

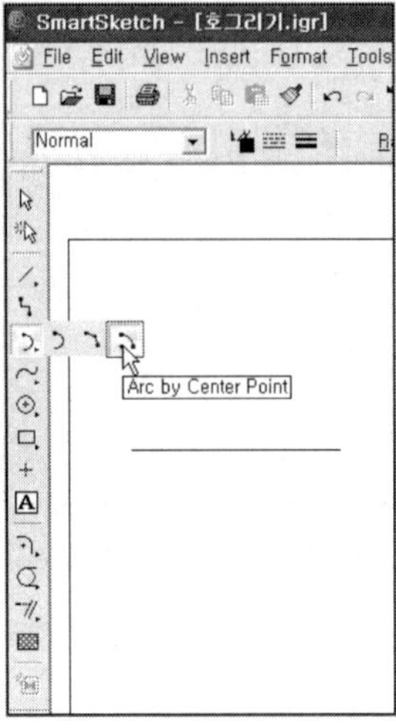

그림 2.22-1 : 작업도구

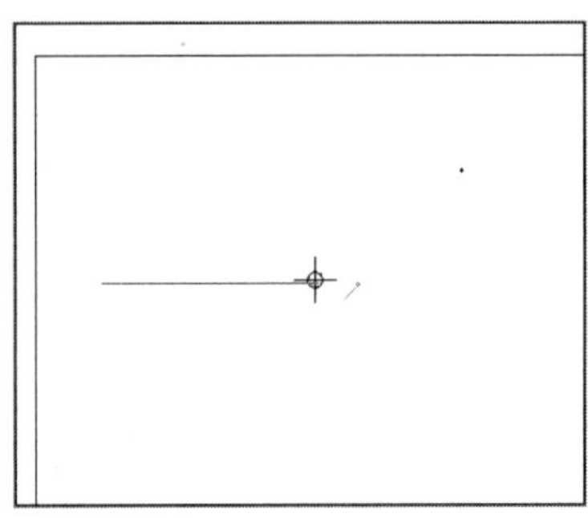

그림 2.22-2 : 중심점 지정

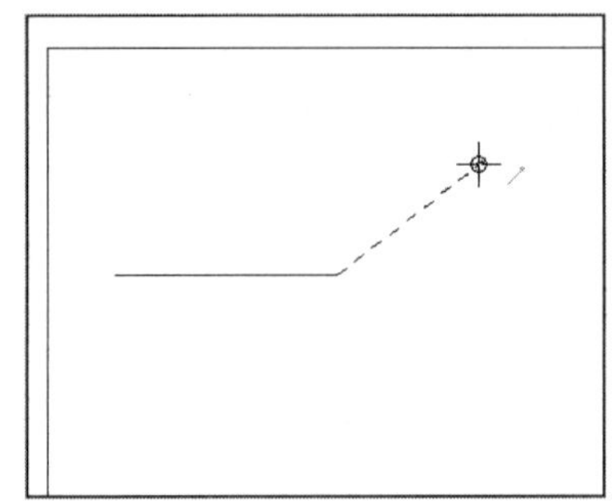

그림 2.22-3 : 시작점 지정

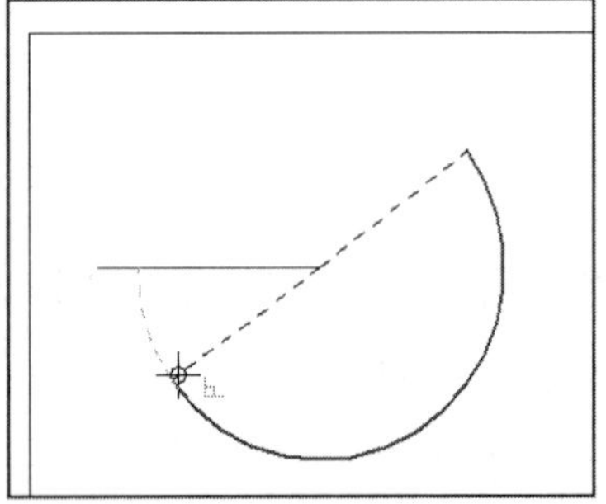

그림 2.22-4 : 끝점 지정

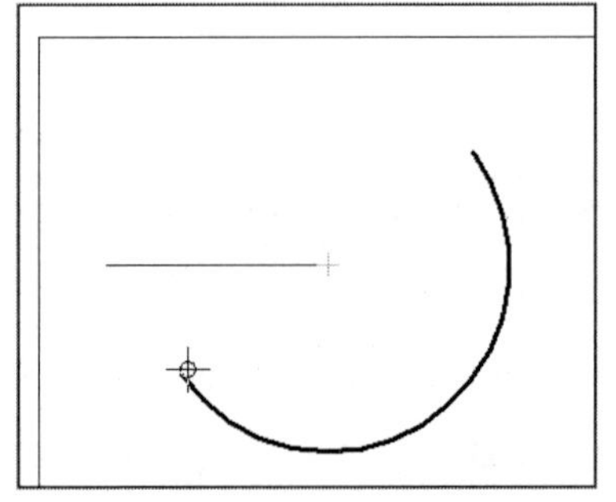

그림 2.22-5 : 작업결과

❶ 만일 [그림 2.22-6]과 같이 중심점과 한 점을 지정한 후 Intent Zone에서 마우스의 커서를 위로 이동하여

❷ [그림 2.22-7]과 같이 나머지 한 점을 지정하면 [그림 2.22-8]과 같은 호를 그릴 수 있다.

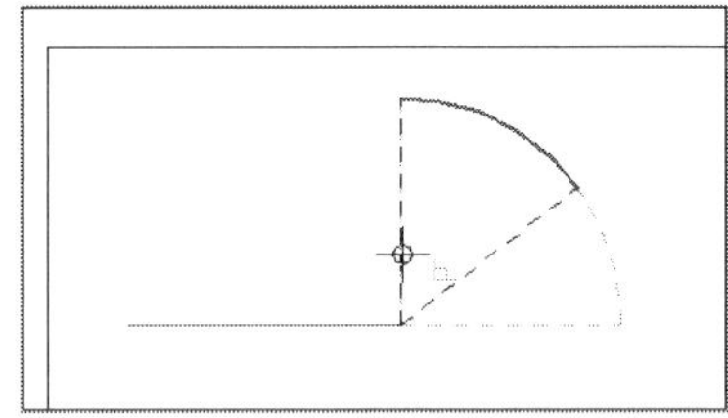

그림 2.22-6 : 위쪽 발향으로 이동

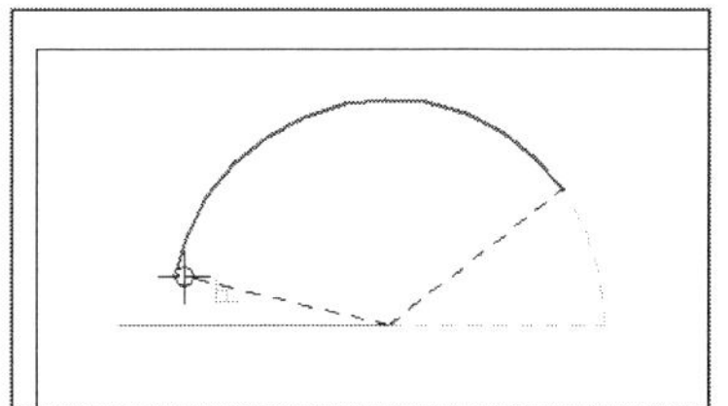

그림 2.22-7 : 끝점 지정

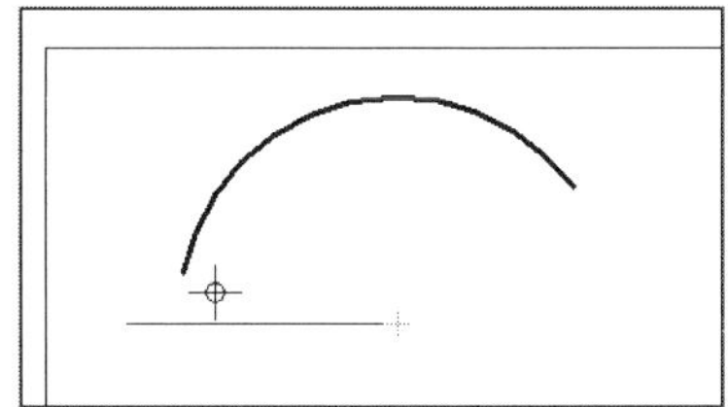

그림 2.22-8 : 작업결과

실습 4 직선-호, 원 그리기 1

다음 도면을 직선/호(Line/Arc) 및 원(Circle) 그리기 도구를 사용하여 A4(Wide) 양식에 작도하시오.

【참고 사항】

1. 치수 단위는 mm임
2. 원의 위치는 정렬선(선분의 중점 또는 끝점)을 활용하여 작성
3. 중심선(1점 쇄선) 및 쇄선은 리본-바의 Line-Type 옵션에서 지정하여 수정할 수 있음
4. 사각형 모퉁이의 호는 원의 1/4임

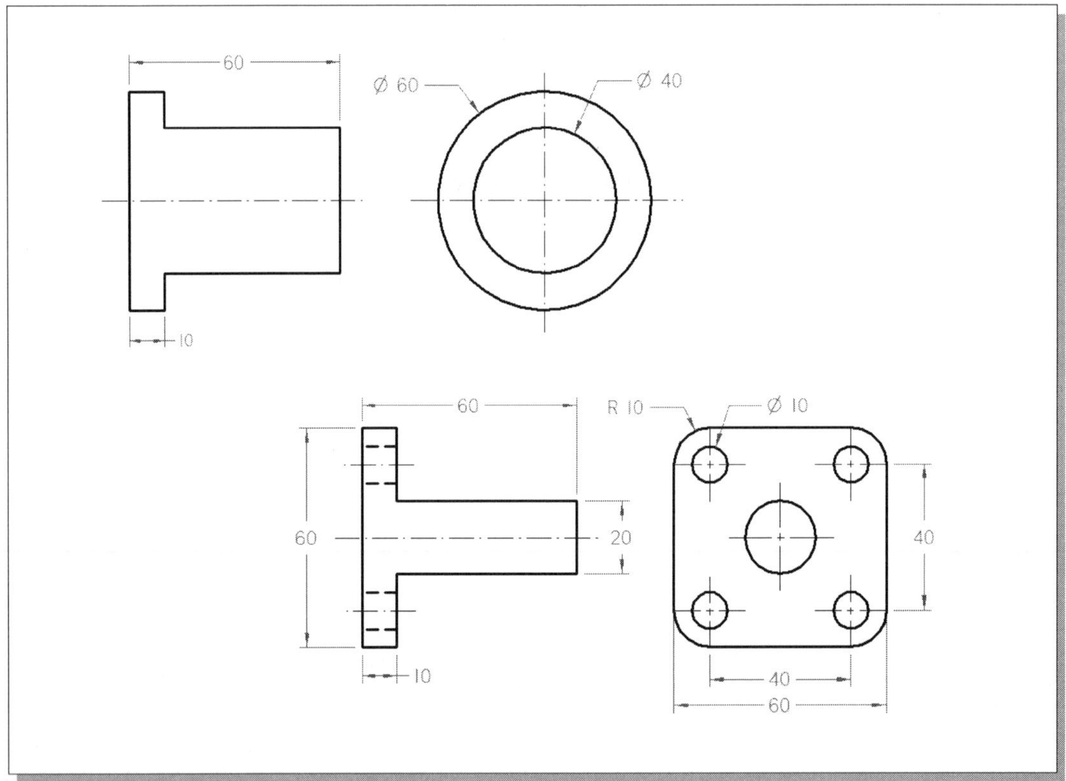

실습 5

직선-호, 원 그리기 2

다음 도면을 직선/호(Line/Arc), 호(Arc) 및 원(Circle) 그리기 도구를 사용하여 A4(Wide) 양식에 작도하시오.

【참고 사항】

1. 치수 단위는 mm임
2. 원 및 호의 위치 지정은 외곽 선분을 해당 길이만큼 분할하여 작성한 후 정렬선을 이용하여 작성 (좌측 하단 확대도면 참조)
3. 중심선(1점 쇄선)은 리본-바의 Line-Type 옵션에서 지정하여 수정할 수 있음
4. 사각형 모퉁이의 호는 원의 1/4임

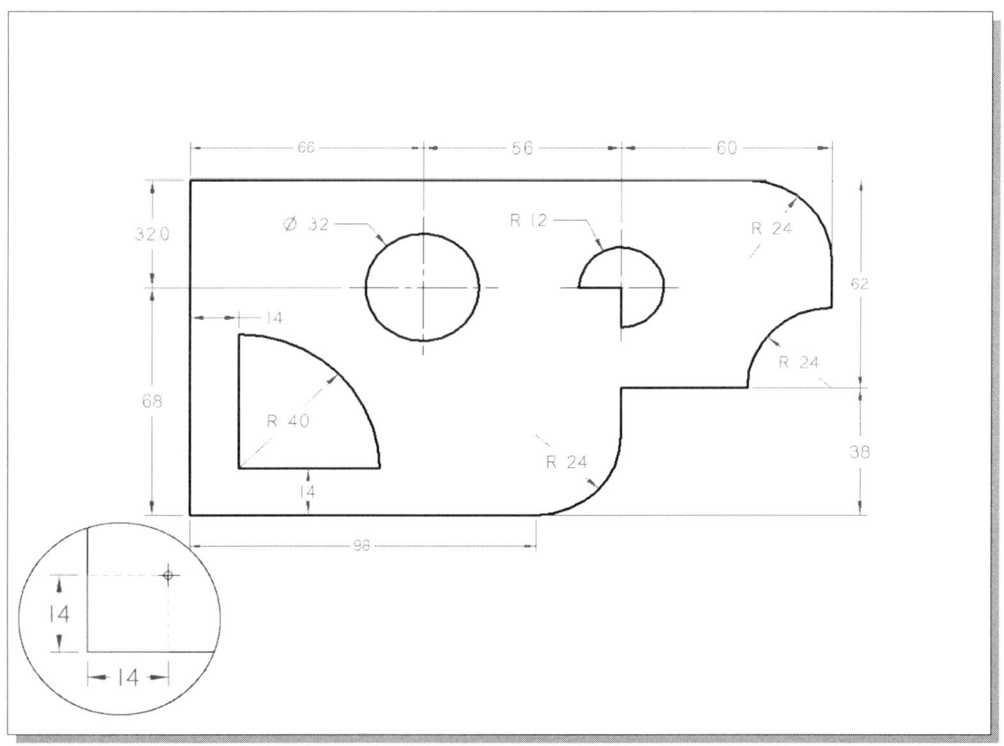

2.2.6 원/타원 그리기(Circle/Ellipse)

(1) 중심점 지정 원 그리기 :

① [그림 2.23-1]에서 [Circle by Center Point] 도구를 선택한 다음

② [그림 2.23-2]에서 원의 중심점 위치를 지정하면

③ [그림 2.23-3]과 같이 마우스의 커서를 따라 다니는(커서를 이동하면 원의 크기도 자동으로 바뀐다) 원이 그려지며, 오른쪽 버튼을 클릭하면 [그림 2.23-4]와 같이 처음 지정한 점을 원의 중심점으로 하는 원이 그려진다.

그림 2.23-1 : 원 작업도구

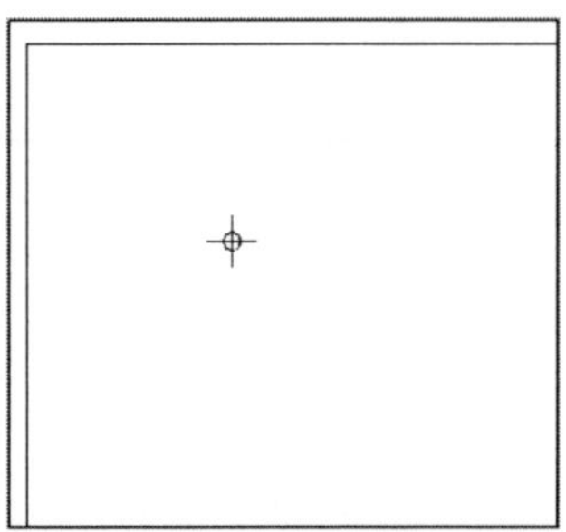

그림 2.23-2 : 중심점 지정

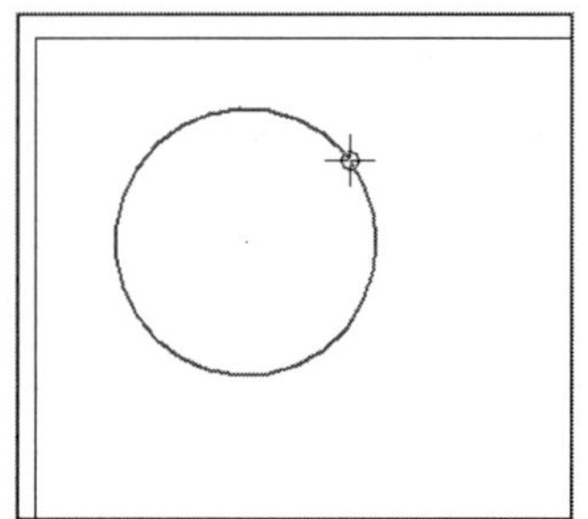

그림 2.23-3 : 원 크기 지정

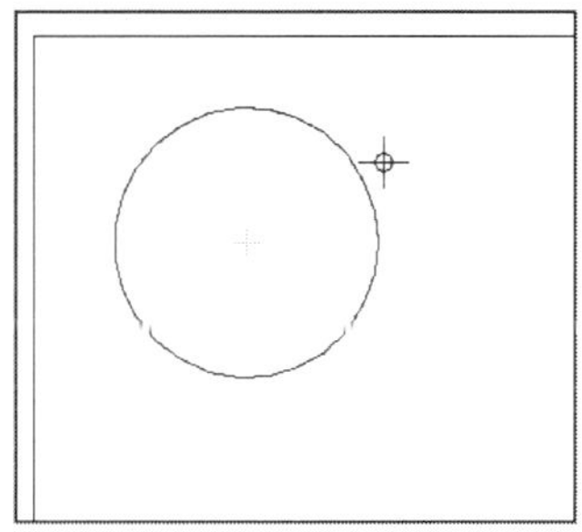

그림 2.23-4 : 작업결과

❶ 만일, 원의 크기를 직접 지정하려면 [그림 2.23-2]에서 원의 중심점을 지정한 후

❷ [그림 2.23-5]와 같이 리본-바의 [Diameter]란에 1inch(또는 Radius 난에 0.5inch)를 입력하면 [그림 2.23-6]과 같이 바로 직경이 1inch에 해당하는 원이 그려진다.

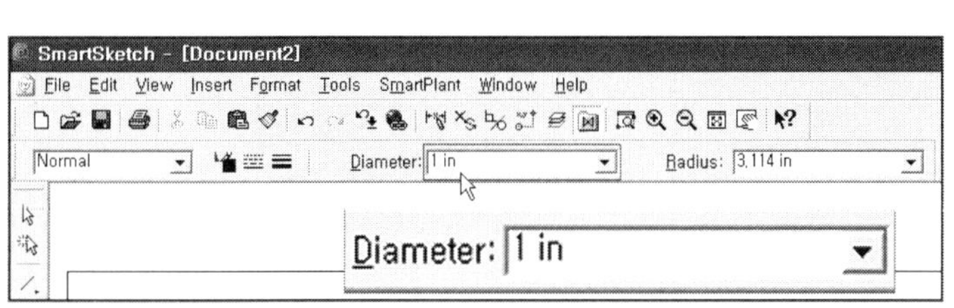

그림 2.23-5 : 지름값 입력

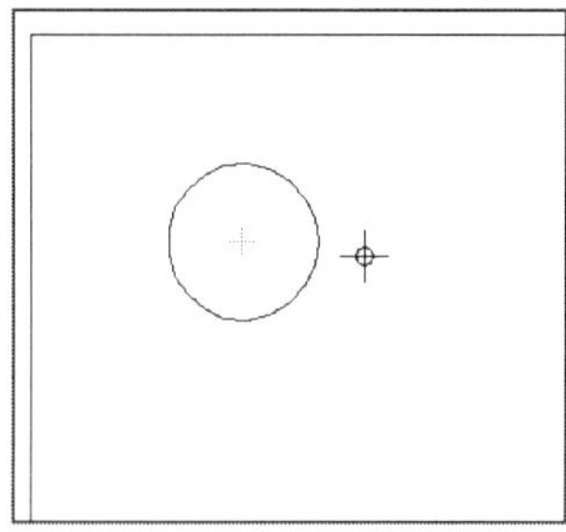

그림 2.23-6 : 작업결과

(2) 3점을 지나는 원 그리기 :

① [그림 2.24-1]에서 확장 도구 중 [Circle by 3 Points] 도구를 선택한 다음

② [그림 2.24-2]에서 원을 지나는 첫 번째 점을 지정하고

③ [그림 2.24-3]에서 역시 원을 지나는 두 번째 점을 지정하면 [그림 2.24-4]와 같이 커서를 따라다니는 원이 만들어진다.

④ 세 번째 점에 의하여 원의 크기가 결정되며, [그림 2.24-5]와 같이 세 점을 모두 지나는 원이 그려진다.

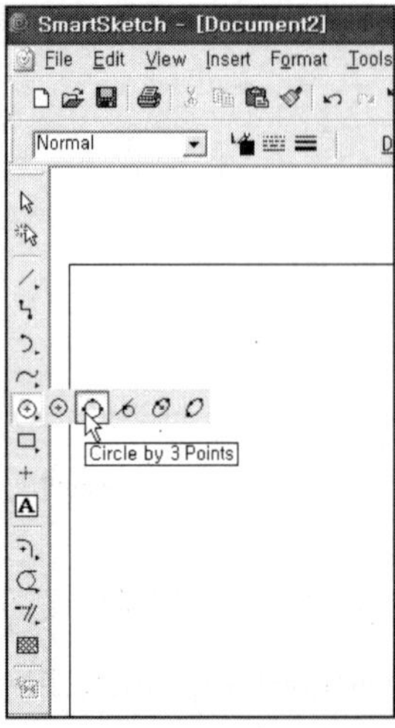

그림 2.24-1 : 3점 원 작업도구

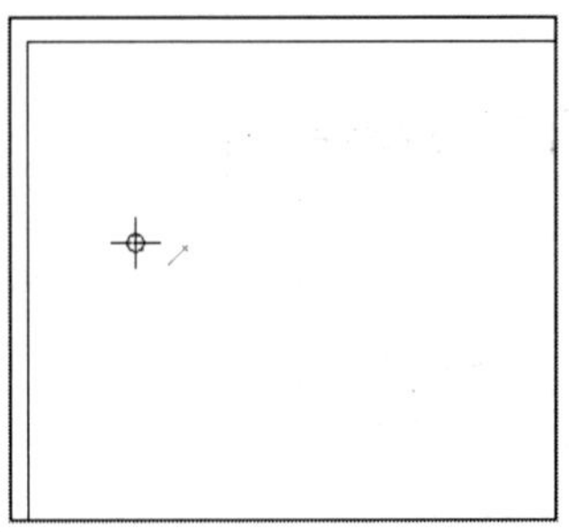

그림 2.24-2 : 제1점 지정

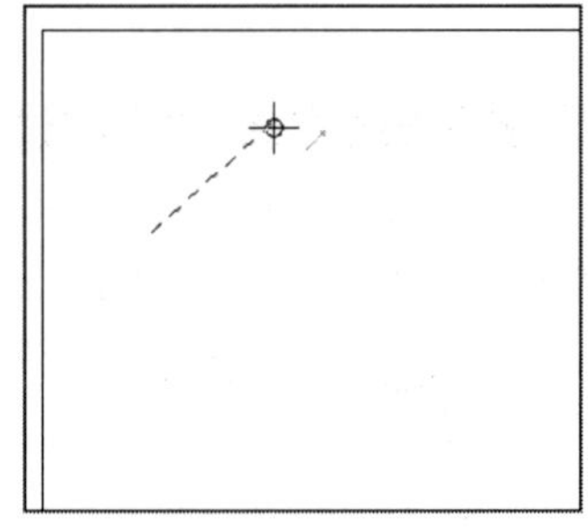

그림 2.24-3 : 제2점 지정

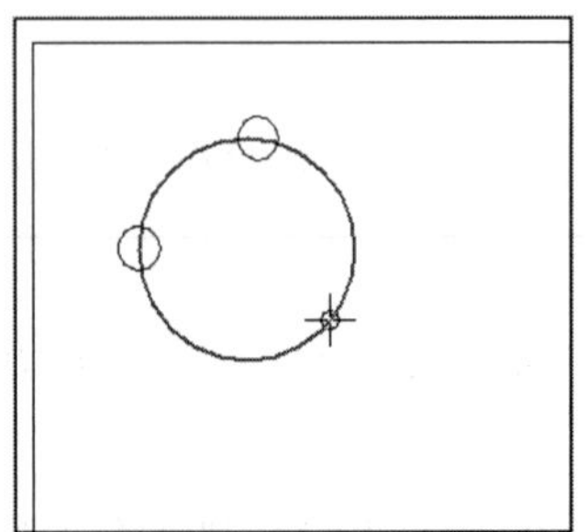

그림 2.24-4 : 제3점 지정

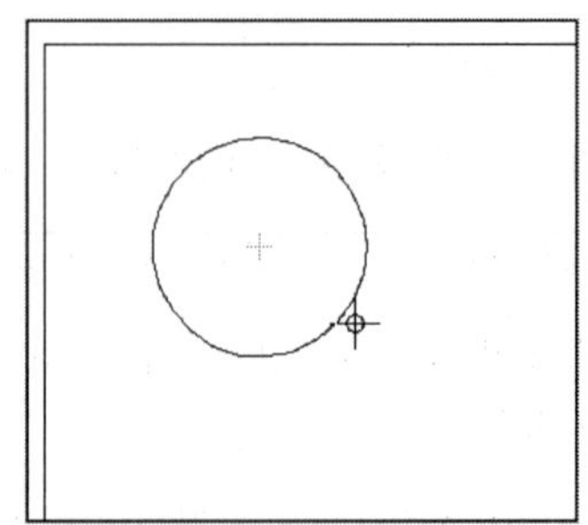

그림 2.24-5 : 작업결과

(3) 선분에 접하는 원 그리기 :

① [그림 2.25-1]에서 확장도구 중 [Tangent Circle] 도구를 선택한 다음

② [그림 2.25-2]와 같이 선분에서 접할 위치를 지정한 후

③ [그림 2.25-3]과 같아 커서를 이동하면 선분에 접한 원이 커서를 따라 다니며,

④ 최종 [그림 2.25-4]와 같이 선분에 접한 원을 그릴 수 있다.

❶ 만일 [그림 2.25-2]에서 선분을 지정한 다음

❷ 리본-바에서 Diameter(또는 Radius) 값을 입력하면 입력한 크기의 원이 그려진다.

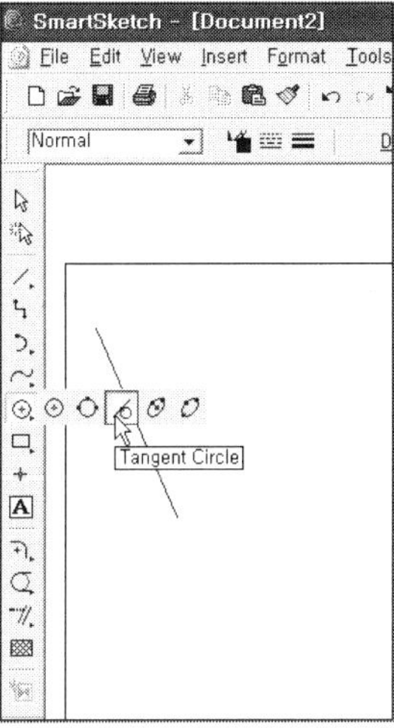

그림 2.25-1 : 접 원 작업도구

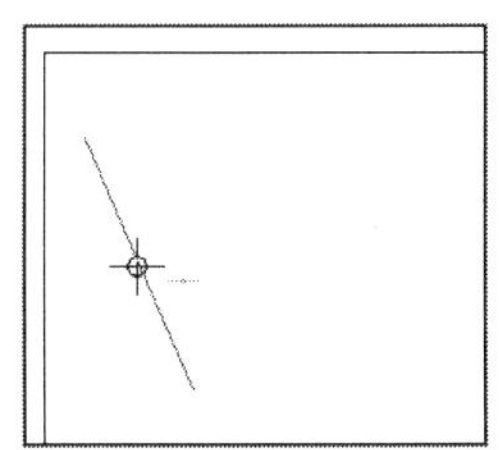

그림 2.25-2 : 접선 및 위치 지정

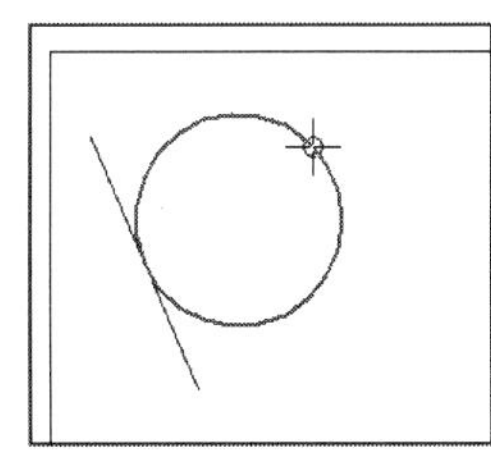

그림 2.25-3 : 원 크기 지정

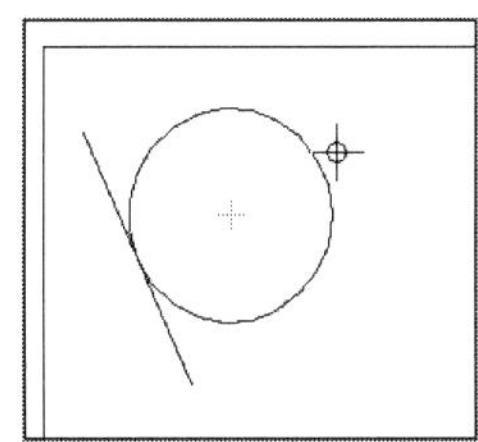

그림 2.25-4 : 작업결과

(4) 중심점 지정 타원 그리기 :

① [그림 2.26-1]에서 확장도구 [Ellipse by Center Point] 도구를 선택한 다음

② [그림 2.26-2]에서 타원의 중심점을 지정하고

③ [그림 2.26-3]에서 타원의 한 축 끝점을 지정하면 [그림 2.26-4]와 같이 커서 끝을 지나는 타원이 커서를 따라 그려진다. [그림 2.26-4]에서 번호는 클릭한 순서를 나타낸다.

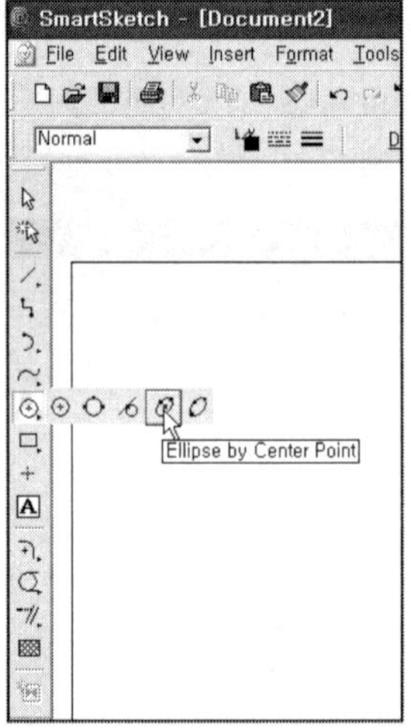

그림 2.26-1 : 중심점 타원 작업도구

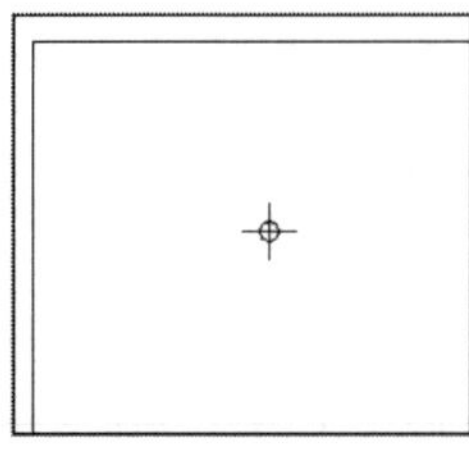

그림 2.26-2 : 중심점 지정

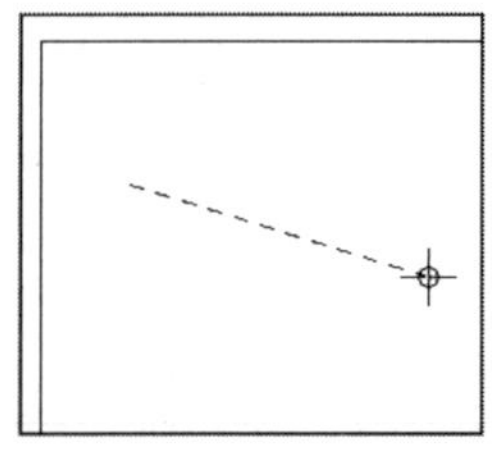

그림 2.26-3 : 축 끝점 지정

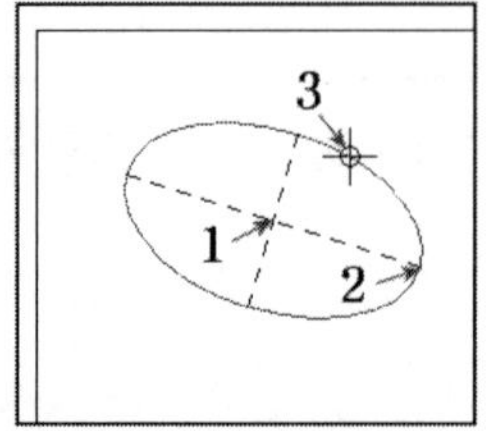

그림 2.26-4 : 타원 선상 점 지정

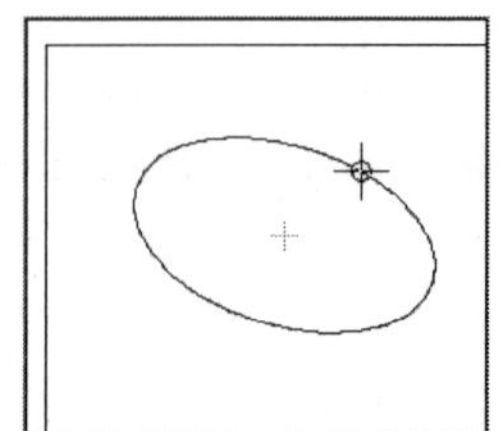

그림 2.26-5 : 작업결과

❶ 만일 [그림 2.26-2]에서 타원의 중심점을 지정한 후

❷ [그림 2.26-6]과 같이 리본-바 값을 직접 입력하면 [그림 2.26-7]과 같은 타원이 그려진다.

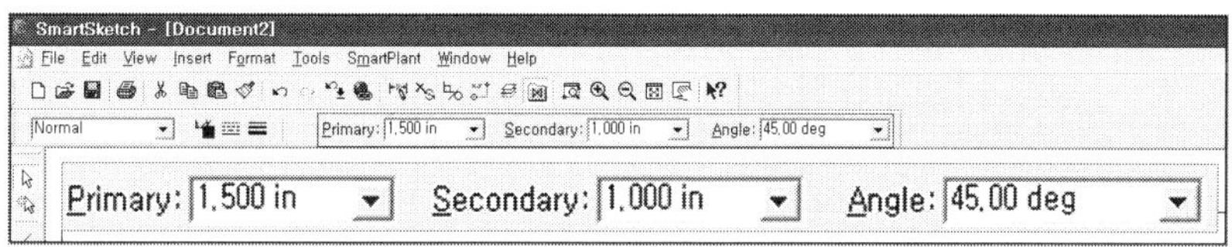

그림 2.26-6 : 리본-바 입력란

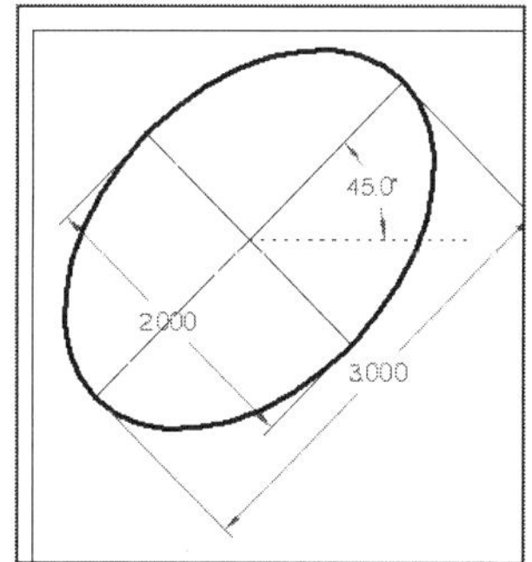

그림 2.26-7 : 작업결과

(5) 3점 지정 타원 그리기 :

① [그림 2.27-1]에서 [Ellipse by 3 Points] 도구를 선택한 다음

② [그림 2.27-2]와 같이 타원의 2축 중 한 축의 끝점에 해당하는 점을 지정하고

③ 다시 [그림 2.27-3]과 같이 동일 축의 다른 끝점을 지정하면

④ [그림 2.27-4]와 같이 앞에서 지정한 2점을 한 축으로 하고 커서의 끝을 지나는 타원이 그려진다. [그림 2.27-4]의 번호는 클릭한 순서를 나타낸다.

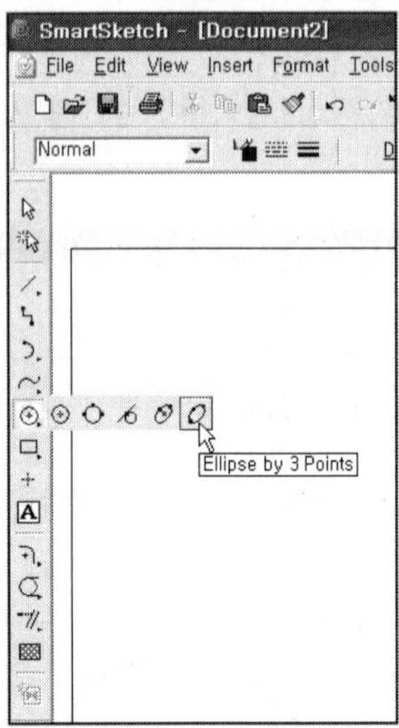

그림 2.27-1 : 3점 타원 작업도구

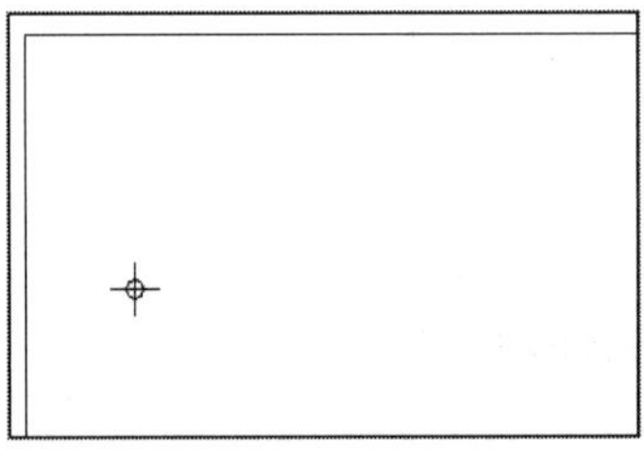

그림 2.27-2 : 축1 시작점 지정

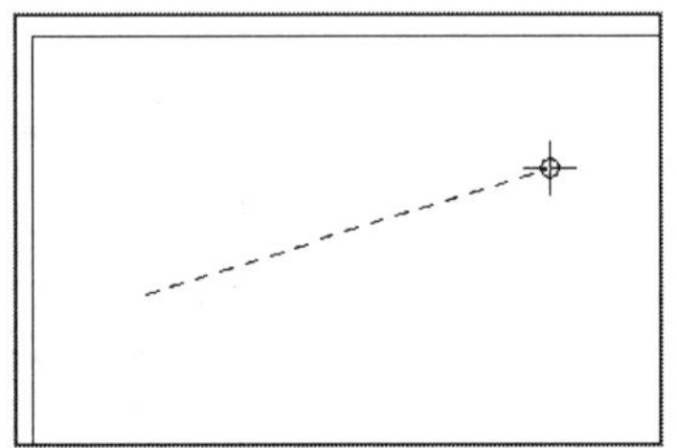

그림 2.27-3 : 축1 끝점 지정

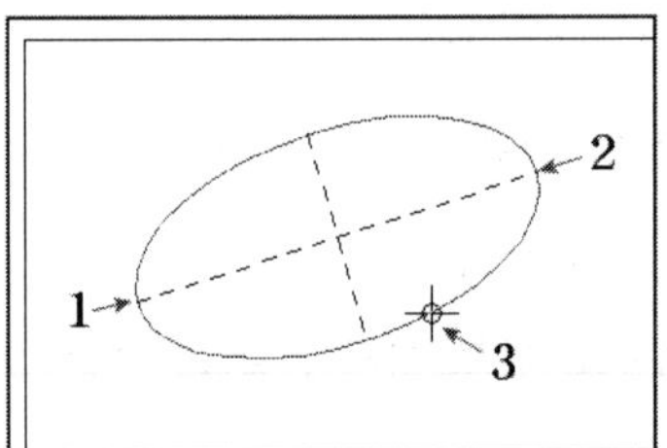

그림 2.27-4 : 타원 선상 점 지정

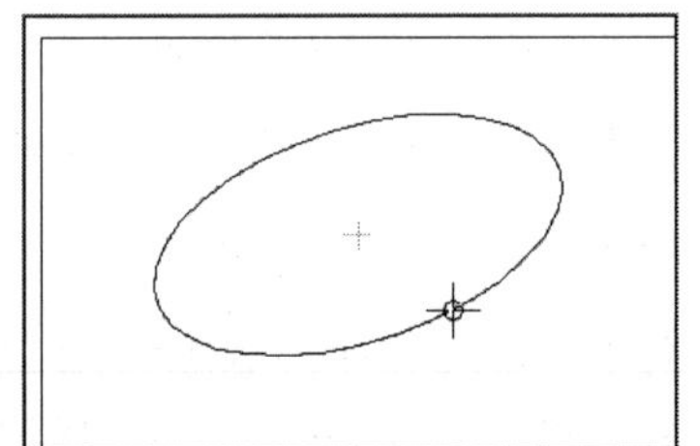

그림 2.27-5 : 작업결과

실습 6

원, 타원 그리기

다음 도면을 직선/호(Line/Arc), 원(Circle) 및 타원(Ellipse) 그리기 도구를 사용하여 A4(Wide) 양식에 작도하시오.

【참고 사항】

1. 치수 단위는 mm임
2. 타원은 사각형에 내접하는 타원임
3. 중심선(1점 쇄선)은 리본-바의 Line-Type 옵션에서 지정하여 수정할 수 있음
4. 원의 위치 지정은 외곽 선분을 해당 길이만큼 분할하여 작성한 후 정렬선을 이용하여 작성(확대도면 참조)

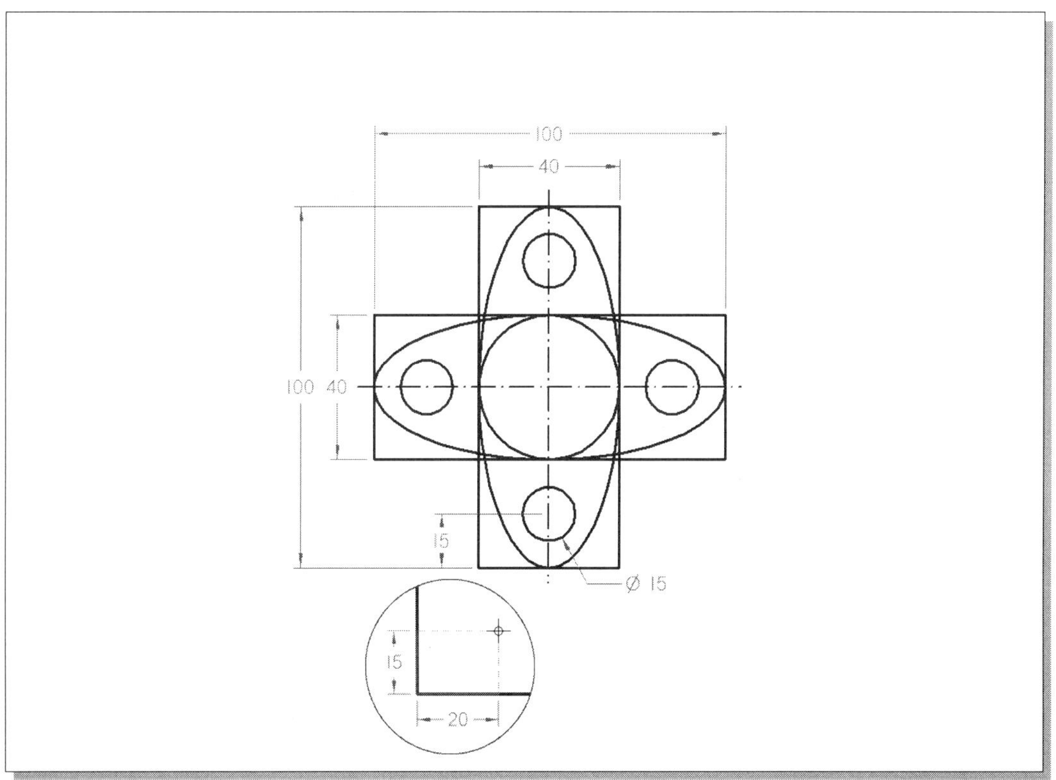

실습 7

접원, 타원 그리기

다음 도면을 직선/호(Line/Arc), 원(Circle) 및 타원(Ellipse) 그리기 도구를 사용하여 A4(Wide) 양식에 작도하시오.

【참고 사항】

1. 치수 단위는 mm임
2. 원은 사각형의 각 변에 접하는 원임
3. 사각형 내부의 선분은 해당 원에 접하는 선임
4. 타원은 3점 타원(Ellipse by 3Points) 그리기 도구를 사용하되 정렬선을 활용하여 작성
5. 중심선(1점 쇄선)은 리본-바의 Line-Type 옵션에서 지정하여 수정할 수 있음

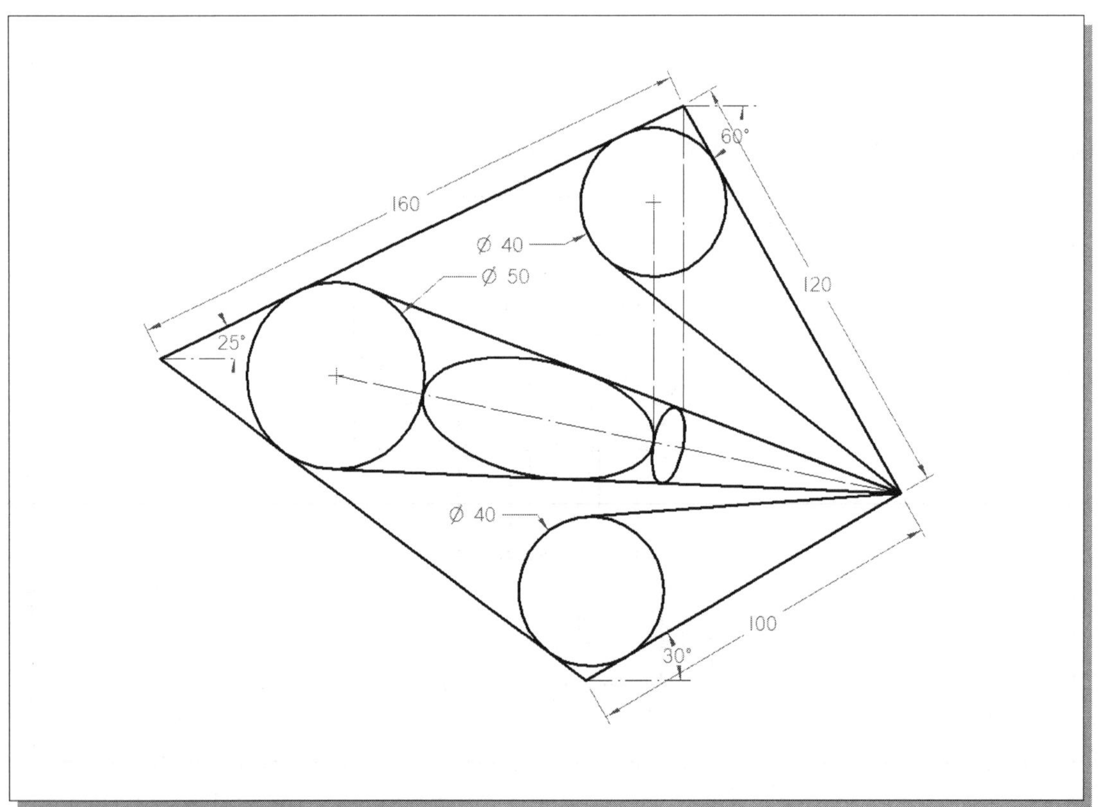

2.2.7 사각형/다각형 그리기(Rectangle/Polygon)

(1) 직 사각형 그리기 : □

① [그림 2.28-1]에서 확장도구 중 [Rectangle] 도구를 선택한 다음

② [그림 2.28-2]에서 사각형의 한 변 시작점을 지정하고

③ 다시 [그림 2.28-3]에서 한 변의 끝점을 지정하면 [그림 2.28-4]와 같이 시작점과 끝점을 잇는 선분을 한 변으로 하는 사각형이 그려진다.

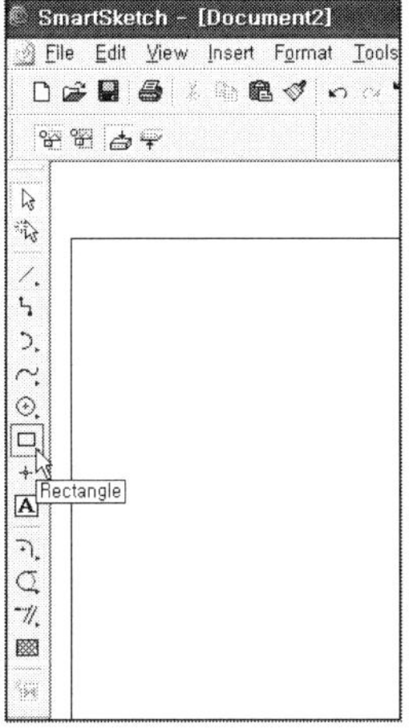

그림 2.28-1 : 직사각형 작업도구

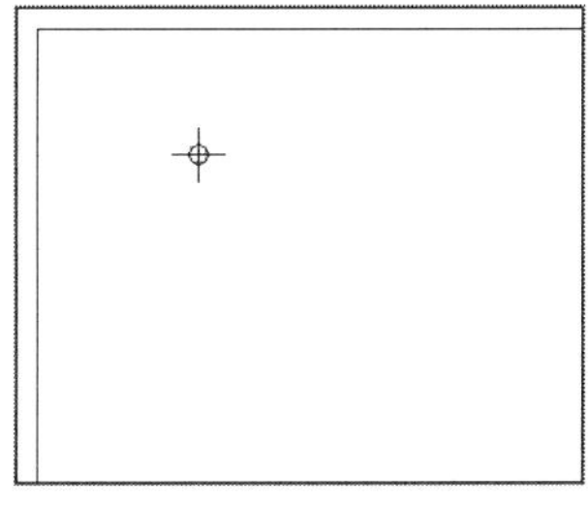

그림 2.28-2 : 변1 시작점 지정

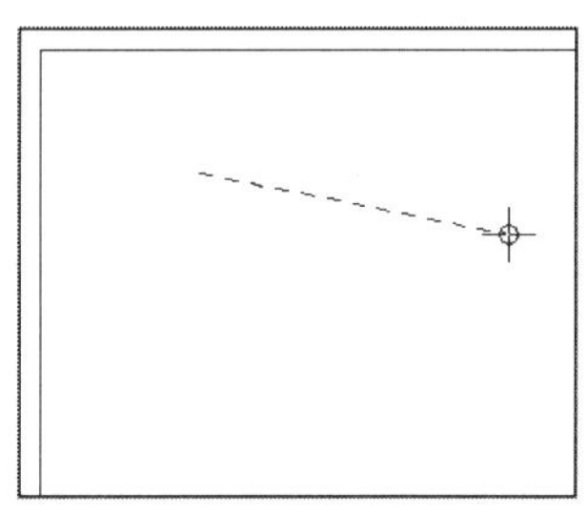

그림 2.28-3 : 변1 끝점 지정

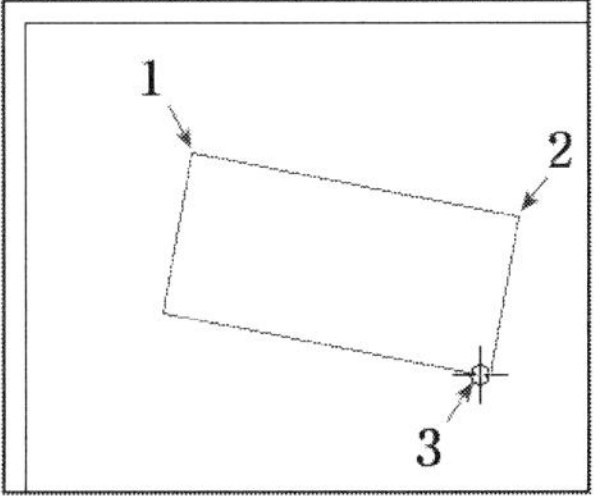

그림 2.28-4 : 변2 끝점 지정

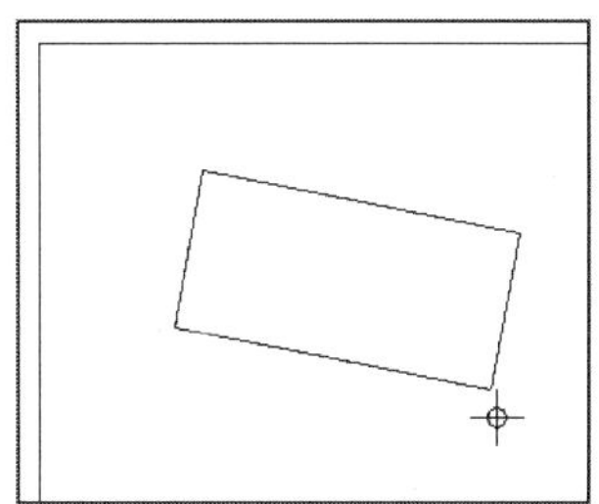

그림 2.28-5 : 작업결과

❶ 만일 [그림 2.28-1]에서 도구를 선택한 후

❷ [그림 2.28-6]과 같이 리본-바에서 사각형의 폭(Width), 높이(Height) 및 각도(-30°)를 입력하면 [그림 2.28-7]과 같이 입력된 값에 해당하는 사각형이 커서의 따라다닌다. 원하는 위치에서 클릭하면 [그림 2.28-8]과 같이 사각형이 그려진다.

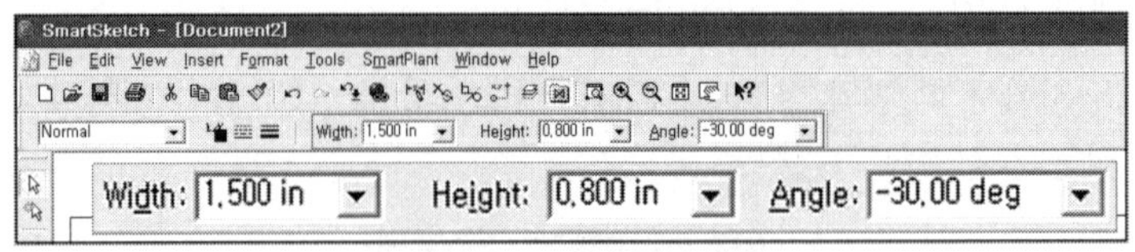

그림 2.28-6 : 리본-바 입력란

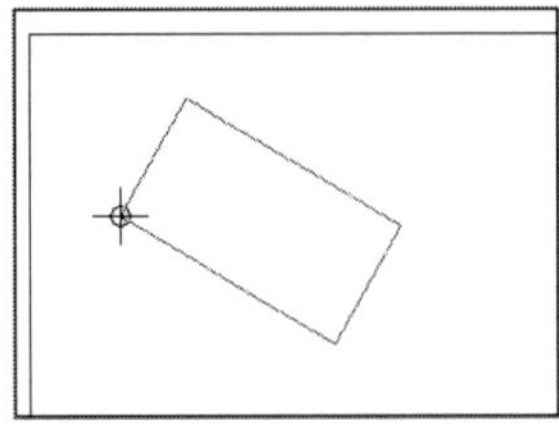

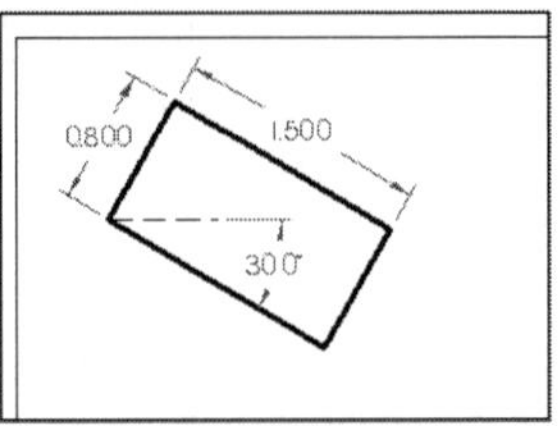

그림 2.28-7 : 위치 지정　　그림 2.28-8 : 작업결과

(2) 정 사각형 그리기 :

① [그림 2.29-1]에서 정사각형의 꼭지점을 지정하고

② [그림 2.29-2]에서 변의 다른 꼭지점을 지정한 다음

③ **Shift key**를 누르고 있는 상태에서 커서를 조금 이동하면 두 점을 잇는 선분을 변으로 하는 정사각형이 그려진다. 단, 정사각형을 작성한 변을 밑변으로 하여 위쪽으로 그려진다.

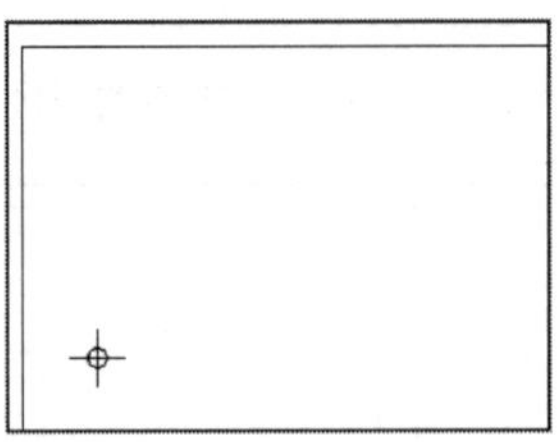

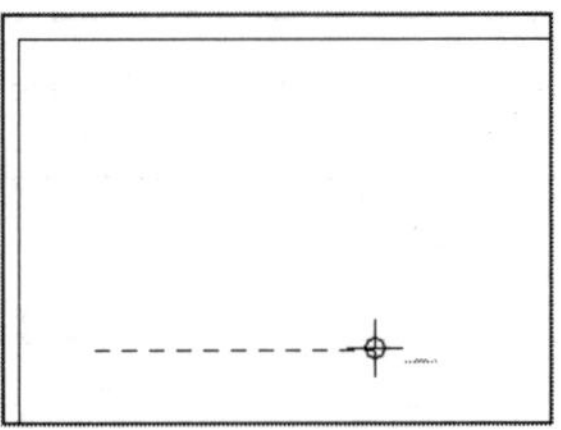

그림 2.29-1 : 변의 시작점 지정　　그림 2.29-2 : 변의 끝점 지정

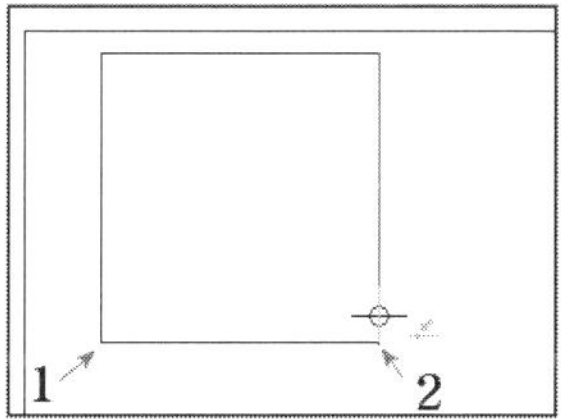

그림 2.29-3 : 작업결과

(3) N변 다각형 그리기 :

① [그림 2.30-1]에서 확장도구 중 [Polygon] 도구를 선택한 다음

② [그림 2.30-2]와 같이 다각형 한 변의 시작점을 지정하고

③ [그림 2.30-3]에서 리본-바의 [Sides]란에 6을 입력한다(6각형을 그리는 경우).

④ 계속하여 [그림 2.30-4]와 같이 커서를 이동하면 처음 시작점부터 커서의 끝점까지를 한 변으로 하는 다각형(6각형)이 그려진다.

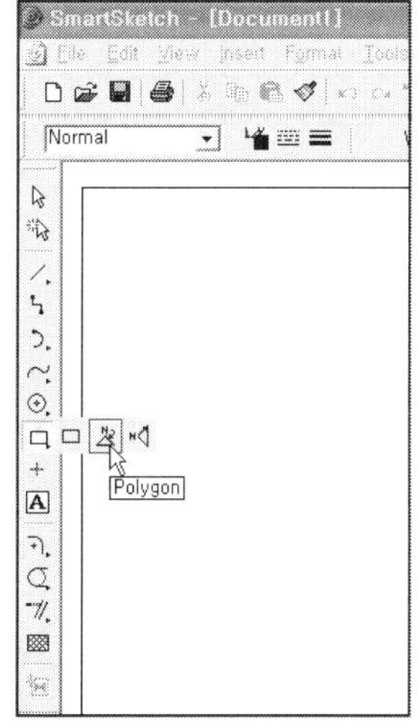

그림 2.30-1 : N변 다각형 작업도구

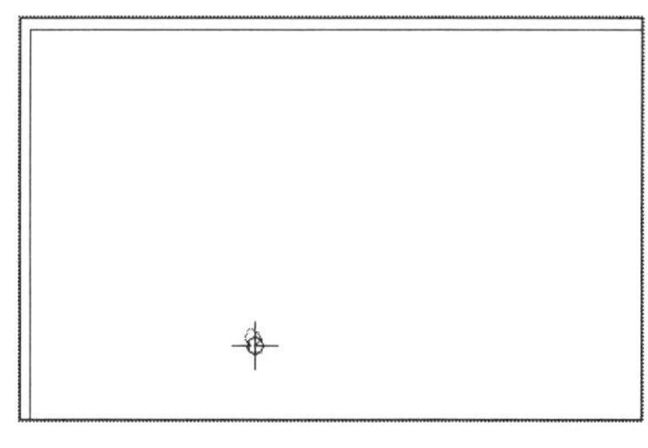

그림 2.30-2 : 시작점 지정

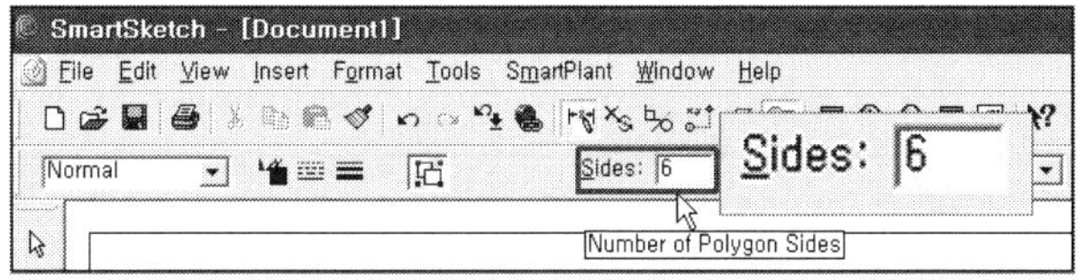

그림 2.30-3 : 변 개수 입력

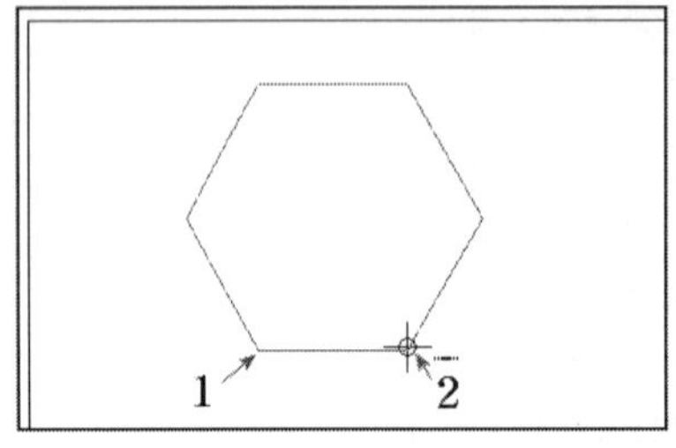

그림 2.30-4 : 끝점 지정

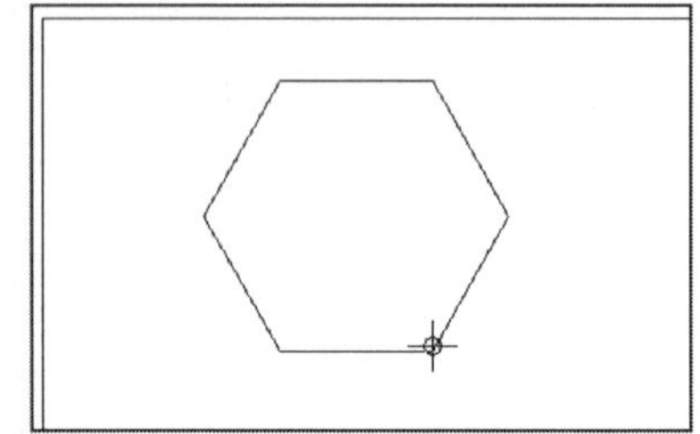

그림 2.30-5 : 작업결과

[그림 2.30-6]에서 리본-바의 [Group after Placement] 옵션은 [그림 2.30-7]과 같이 작성한 다각형의 하나의 객체로 그룹(그림에서 왼쪽)으로 작성하거나 아니면 각 변을 각각 별개의 선분(그림에서 오른쪽)으로 작성하는 것을 지정한다.

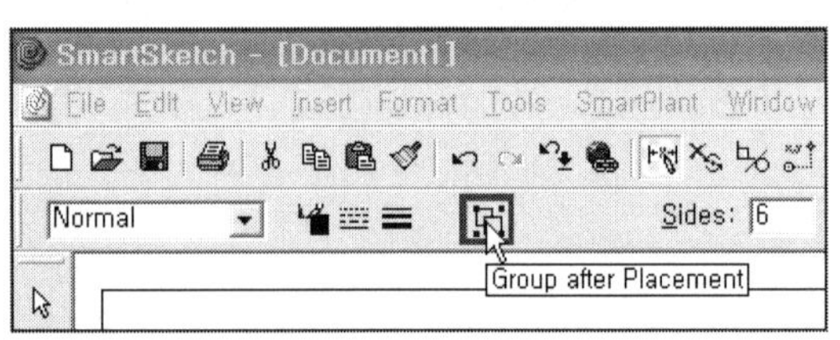

그림 2.30-6 : 그룹지정 아이콘

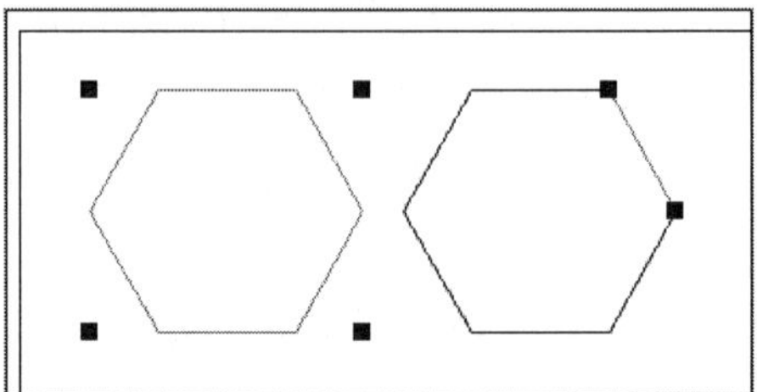

그림 2.30-7 : 그룹지정과 미지정 결과

(4) 중심점 지정 다각형 그리기 :

① [그림 2.31-1]에서 확장도구의 [Polygon by Center] 도구를 선택한 다음

② 먼저 [그림 2.31-2]와 같이 리본-바의 [Sides] 값을 6으로 지정한다.

③ [그림 2.31-3]에서 다각형의 중심점을 지정하고

④ [그림 2.31-4]와 같이 다각형의 한 꼭지점을 지정하면 [그림 2.31-5]와 같은 다각형을 그릴 수 있다.

물론 [Group after Placement] 옵션은 전 절에서 설명한 것과 동일하게 적용된다.

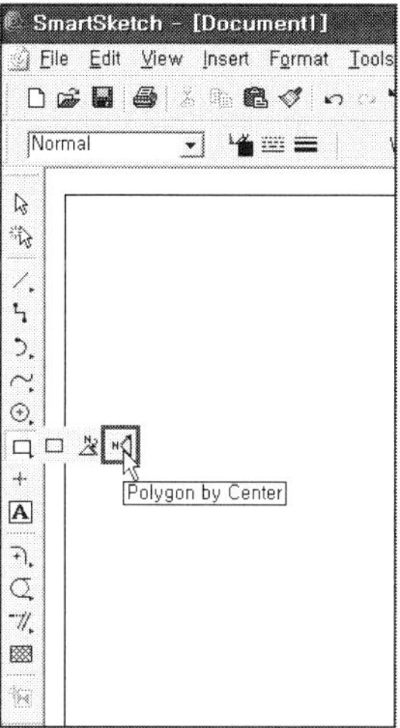

그림 2.31-1 : 중심점 다각형 작업도구

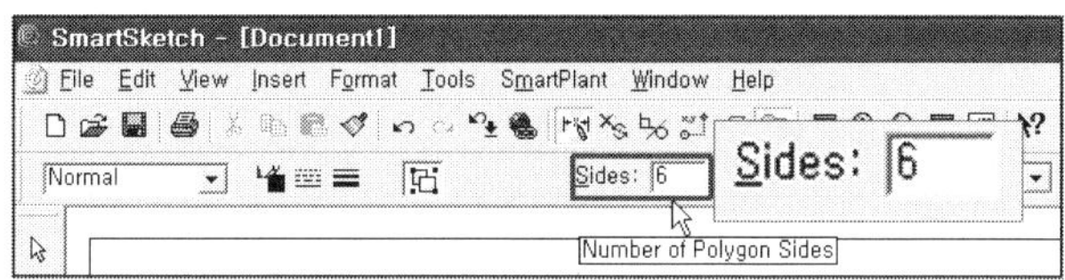

그림 2.31-2 : 변의 개수 지정

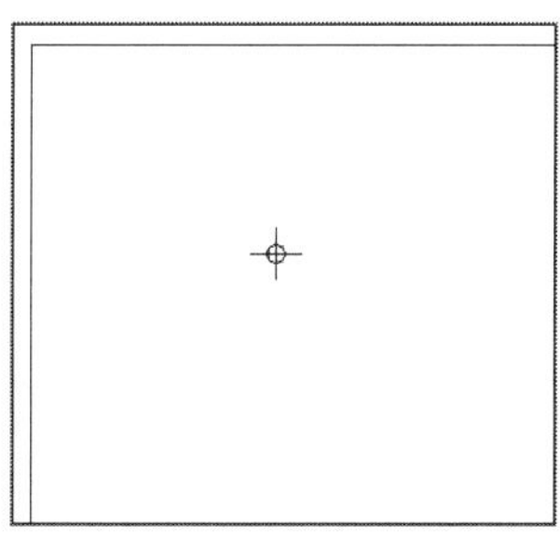

그림 2.31-3 : 중심점 지정

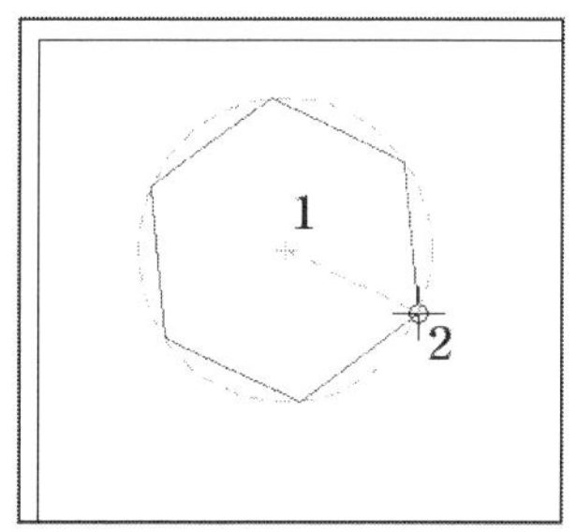

그림 2.31-4 : 크기 지정(반지름)

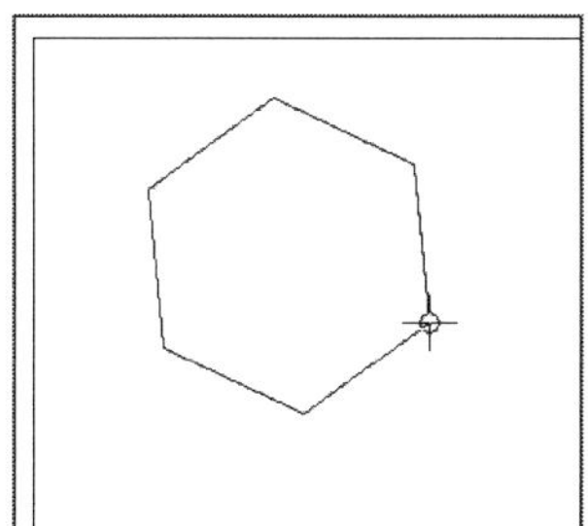

그림 2.31-5 : 작업결과

실습 8 다각형 그리기

다음 도면을 원(Circle) 및 다각형(Polygon) 그리기 도구를 사용하여 A4(Wide) 양식에 작도하시오.

【참고 사항】

1. 치수 단위는 mm임
2. 6각형은 원에 내접하는 정6각형임
3. 중심선(1점 쇄선)은 리본-바의 Line-Type 옵션에서 지정하여 수정할 수 있음

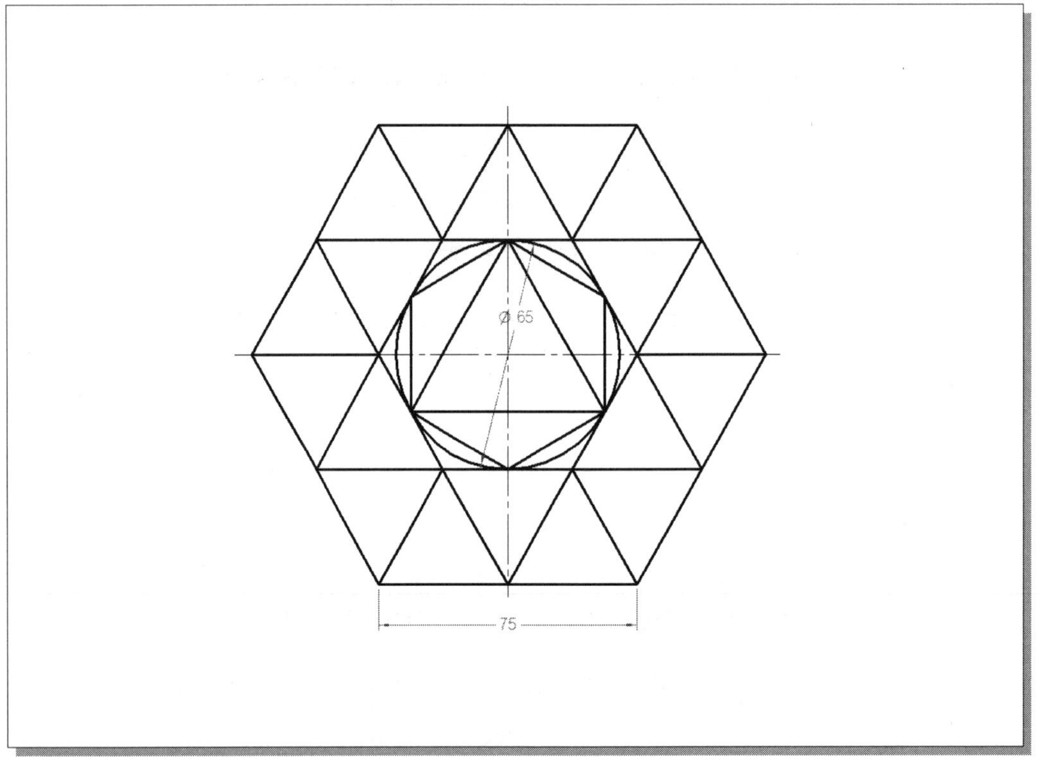

2.2.8 곡선 그리기(Curve) : ~

① [그림 2.32-1]에서 **[Curve]** 도구를 선택한 다음

② [그림 2.32-2]와 같이 곡선의 굴곡점을 지정하면 각 점을 접선으로 통과하는 곡선이 그려진다.

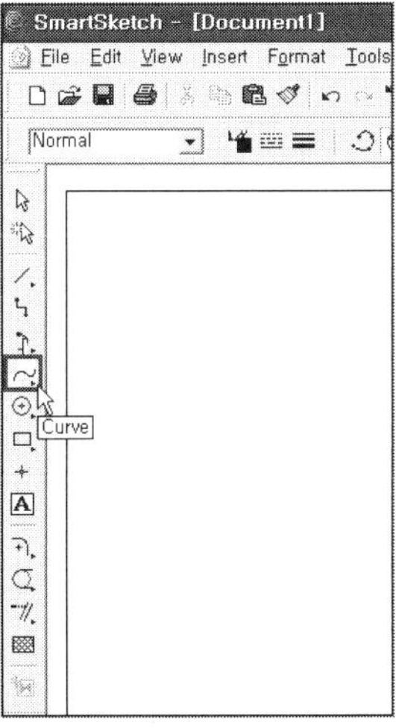

그림 2.32-1 : 곡선 작업도구

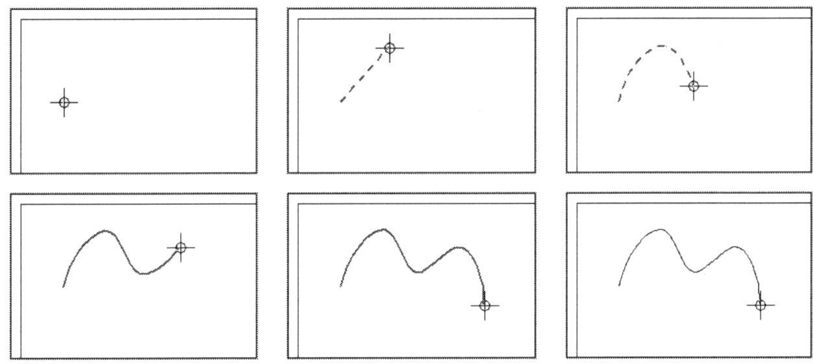

그림 2.32-2 : 개곡선(Open) 작업 과정

❶ 만일 [그림 2.32-3]에서 리본-바의 옵션 중에서 **[Close]**을 선택하면

❷ [그림 2.32-4]와 같이 시작점까지 연결된 폐곡선이 그려진다.

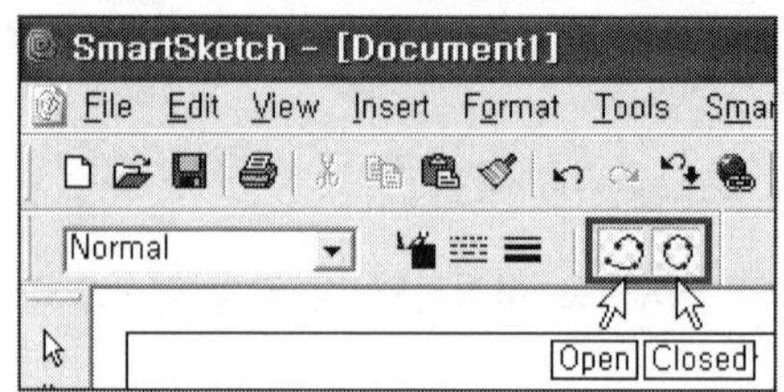

그림 2.32-3 : 개, 폐곡선 옵션

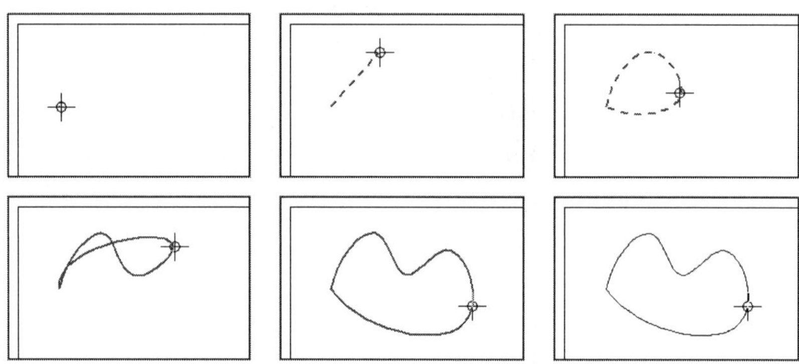

그림 2.32-4 : 폐곡선(Closed) 작업 과정

2.2.9 자유곡선 그리기(Free form) :

자유곡선이란 마우스의 왼쪽 버튼을 누르고 있는 상태에서 커서를 이동(Drag)하면 커서를 따라 선이 그려지는 것을 말한다.

(1) 자유곡선 1(Smoothing On)

그리기 작업 중에는 커서가 이동한 경로와 동일한 곡선이 그려지나 작업을 완료하면 곡선을 부드럽게 변형한다.

① [그림 2.33-1]에서 확장도구 중 **[FreeForm]** 도구를 선택하고

② [그림 2.33-2]에서 리본-바에서 **[Smoothing On]** 옵션을 선택한 후

③ [그림 2.33-3]과 같이 마우스의 왼쪽 버튼을 누르고 있는 상태에서 커서를 이동하여 자유곡선을 그린 후 왼쪽 버튼을 해제하면 각진 부분이 부드럽게 수정되어 그려진다.

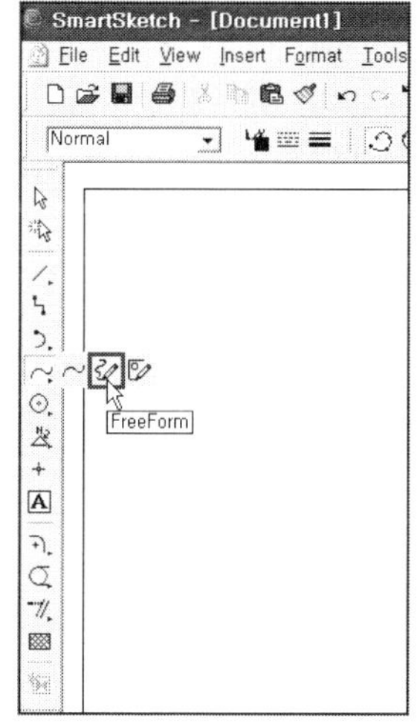

그림 2.33-1 : 자유곡선 작업도구

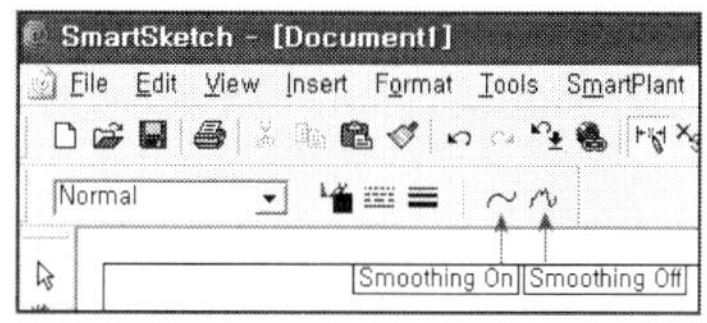

그림 2.33-2 : 자유곡선 옵션 종류

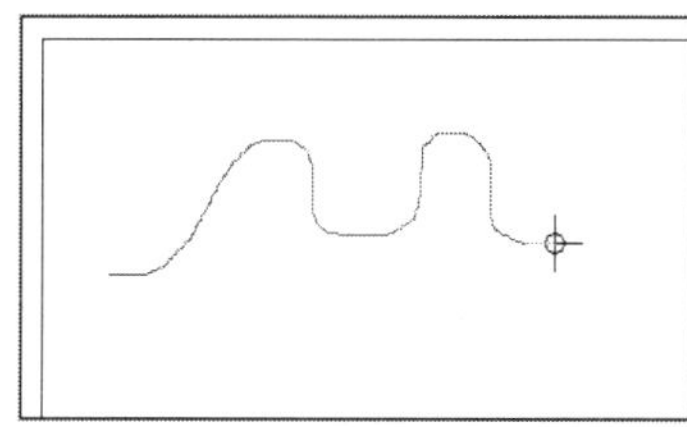

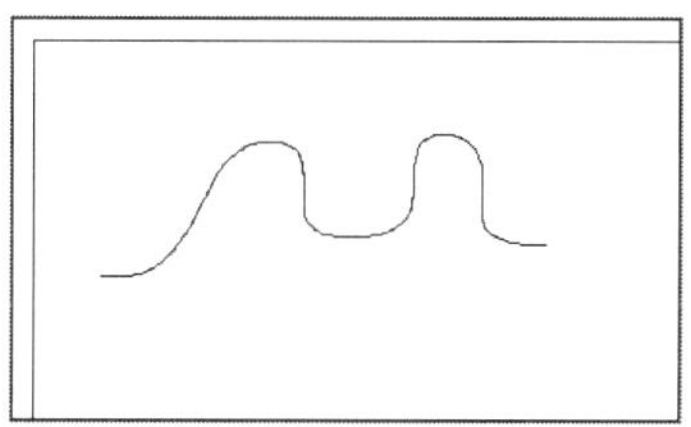

그림 2.33-3 : Smoothing On 상태의 자유곡선 결과

(2) 자유곡선 2(Smoothing Off)

커서가 이동한 경로와 동일한 곡선이 그려진다.

① [그림 2.33-2]에서 리본-바에서 [Smoothing Off] 옵션을 선택한 후

② [그림 2.33-4]와 같이 자유곡선을 그리면 원래의 곡선이 변형되지 않고 그대로 그려진다.

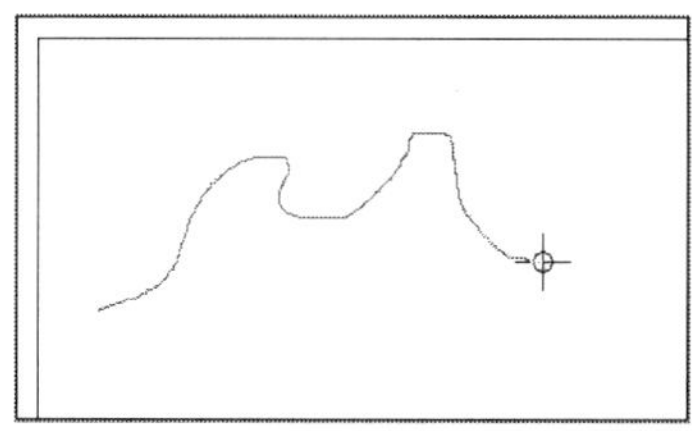

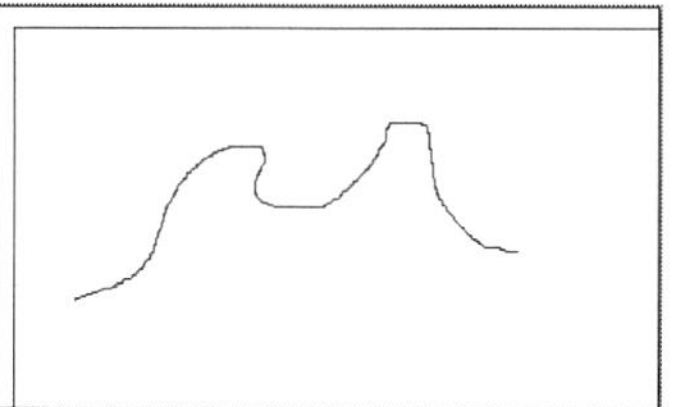

그림 2.33-4 : Smoothing Off 상태의 자유곡선 결과

2.2.10 자유스케치(Free Sketch) : 

드래그 기법으로 임의의 직선, 호, 원 또는 사각형 등을 그릴 때 각 부분을 정확하게 그리지 않고 비슷하게 그리면(Free Sketch) SmartSketch가 자동으로 유사한 부분을 찾아 직선, 호, 원, 사각형 등으로 바꾸어 그려주는 기능을 말한다.

자유스케치 작업은 [그림 2.34-1]에서 확장도구 중 [FreeSketch]를 선택하면 [그림 2.34-2]의 리본-바가 나타난다.

리본-바의 옵션 중 [Adjust On], [Adjust Off]와 [Line], [Arc], [Circle] 및 [Rectangle]은 다른 용도로 사용된다.

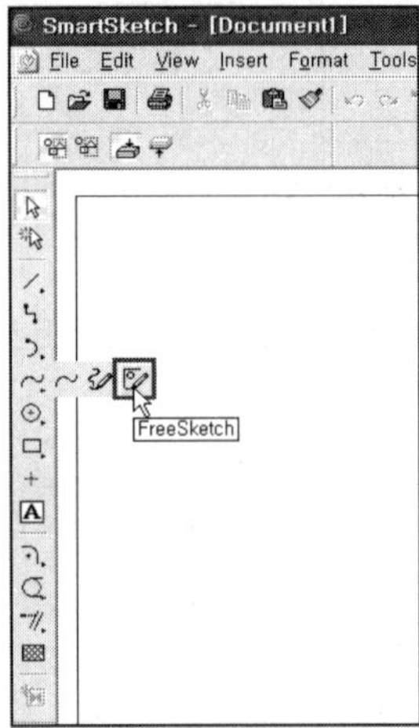

그림 2.34-1 : 자유스케치 작업도구

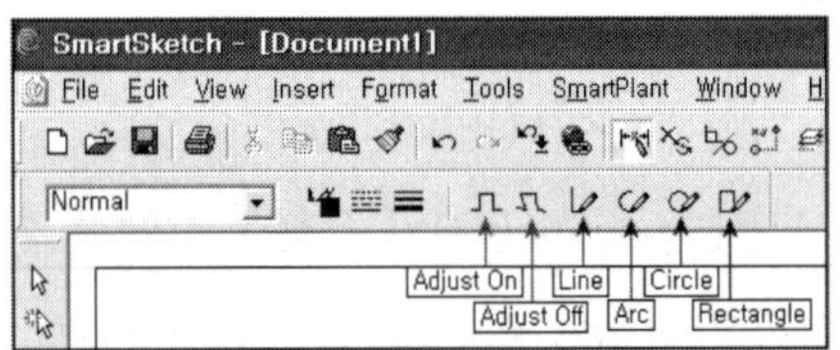

그림 2.34-2 : 자유스케치 옵션 종류

Option		설명
	Line	연속으로 작업한 선 중 직선과 유사한 구간을 구분하여 직선으로 그린다.
	Arc	연속으로 작업한 선 중 곡선 부분은 구간을 구분하여 유사한 호로 그린다.
	Circle	단일 작업으로 그린 선이 원과 유사한 경우 원으로 그린다.
	Rectangle	단일 작업으로 그린 선이 사각형과 유사한 경우 사각형으로 그린다.

(1) Adjust On

[그림 2.34-2]에서 **[Adjust On]** 옵션을 선택하면 작업한 선이 수평 또는 수직으로 수정하여 그려준다. 물론 지정한 4가지 옵션(Line, Arc, Circle, Rectangle)에 따라 해당 구간을 수정하여 그려준다.

[그림 2.35-1]은 직선(구간 1), 호(구간 2) 및 직각(구간 3)으로 수정된 결과를 보여준다.

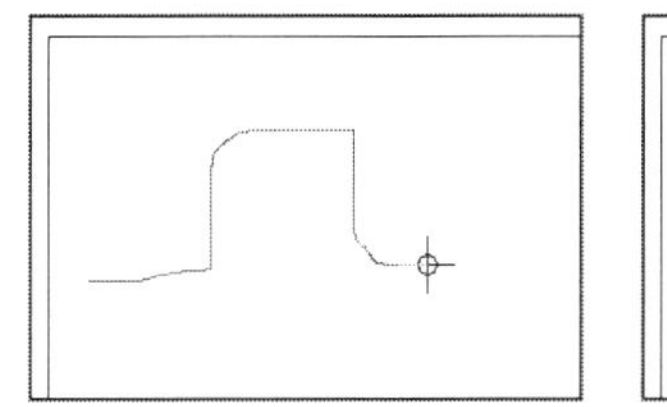
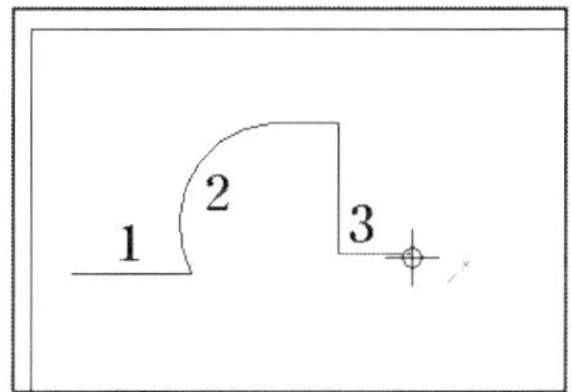

그림 2.35-1 : Adjust On 상태에서 직선, 호 그리기

[그림 2.35-2]는 원으로 수정된 결과를 보여준다.

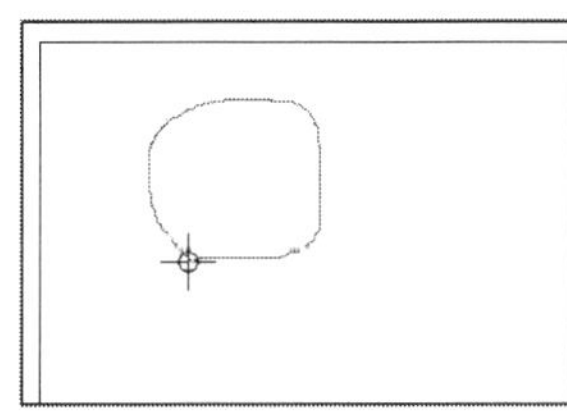
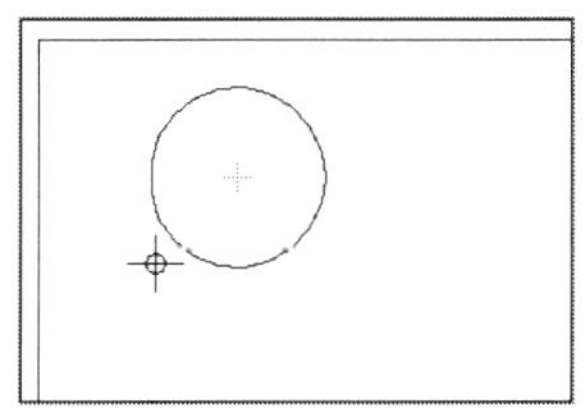

그림 2.35-2 : Adjust On 상태에서 원 그리기

[그림 2.35-3]은 사각형으로 수정된 결과를 보여준다.

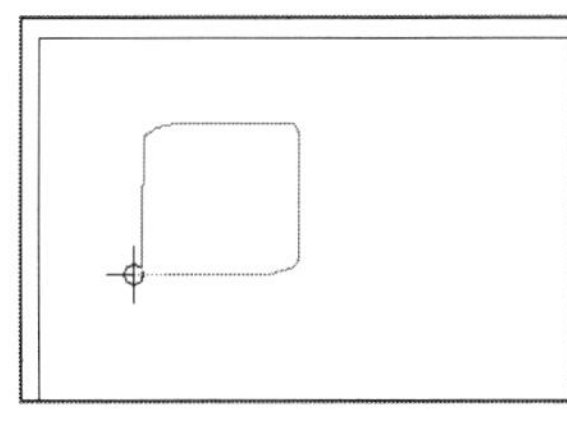
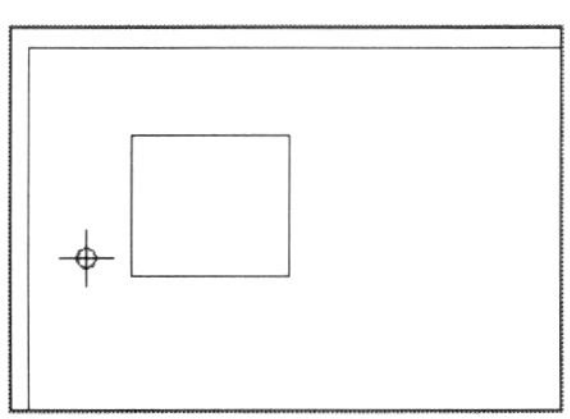

그림 2.35-3 : Adjust On 상태에서 사각형 그리기

(2) Adjust Off

[그림 2.34-2]에서 **[Adjust Off]** 옵션을 선택하면 작업한 선을 구간으로 구분하여 이동 경로 그대로

수정하여 그려준다.

물론 지정한 4가지 옵션(Line, Arc, Circle, Rectangle)에 따라 해당 구간을 수정하여 그려준다.

[그림 2.36-1]은 구간별로 직선으로 수정된 결과를 보여준다.

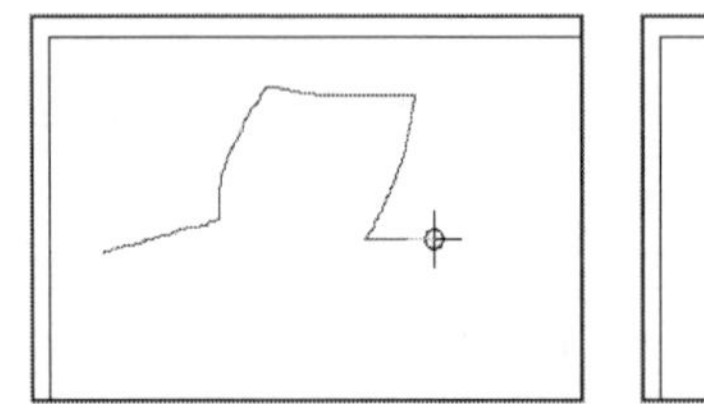
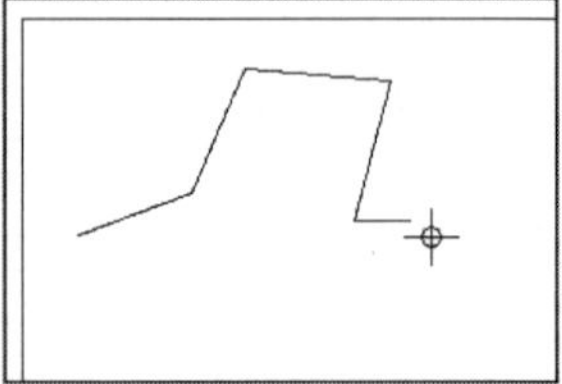

그림 2.36-1 : Adjust Off 상태에서 직선, 호 그리기

[그림 2.36-2]는 원으로 수정된 결과를 보여준다(호 또는 원인 경우에는 On 상태와 동일한 결과이다.).

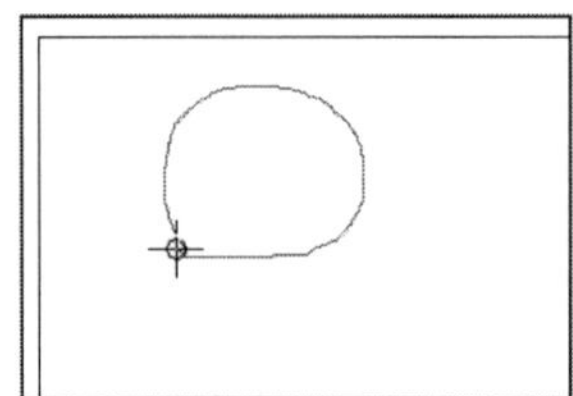
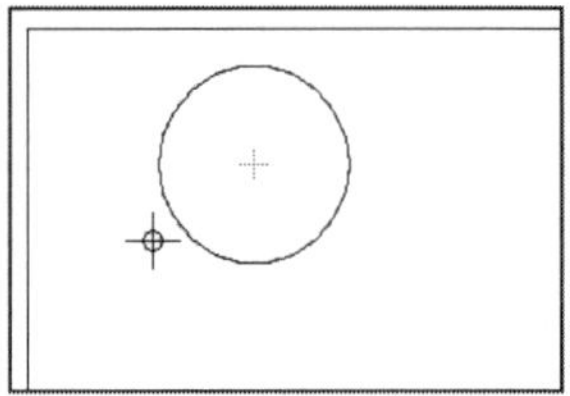

그림 2.36-2 : Adjust Off 상태에서 원 그리기

[그림 2.36-3]은 각 변의 기울기를 유지한 형태의 사각형으로 수정된 결과를 보여준다.

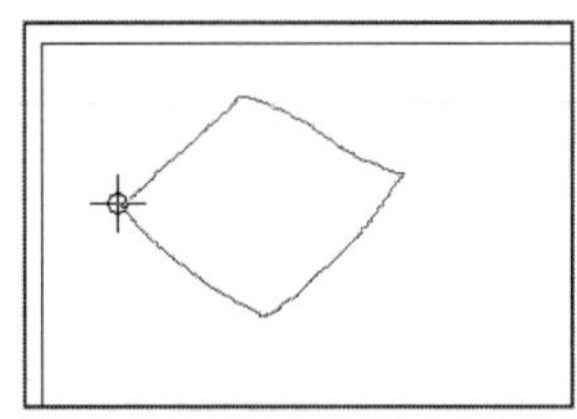
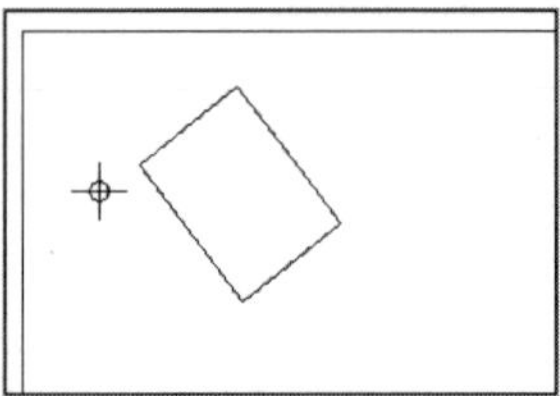

그림 2.36-3 : Adjust Off 상태에서 사각형 그리기

2.2.11 모서리 처리(Fillet & Chamfer)

사각형의 모서리처럼 각진 모서리를 처리하는 방법으로 Fillet[14)]과 Chamfer[15)]가 있다.

(1) Fillet :

Fillet 작업 방법은 두 요소를 선택한 후 곡률반경을 조정하여 작업하는 방법과 두 요소 사이를 드래그 방법으로 작업하는 2가지 방법이 있다.

또, Fillet 작업 후 나머지 부분을 제거하는 Trim과 그대로 두는 No Trim 지정 방식이 있다.

① [그림 2.37-1]에서 확장도구 중 **[Fillet]** 작업 도구를 선택하면 [그림 2.37-2]의 리본-바가 나타난다.

② 먼저 리본-바의 **[Trim]**을 선택한 상태에서 [그림 2.37-3]과 같이 한 요소(직선)를 선택한 다음

③ [그림 2.37-4]와 같이 다른 요소(다른 직선)를 선택하면 [그림 2.37-5]와 같이 두 요소에 서로 접하는 곡선이 나타난다. 이 곡선은 커서를 이동하면 크기가 바뀐다.

④ 최종 원하는 위치에서 클릭하면 [그림 2.37-6]과 같이 기존의 직선 부분이 지워진 Fillet 작업이 완성된다.

⑤ 리본-바의 **[Radius]** 값을 입력하여 반경을 수치로 지정할 수도 있다.

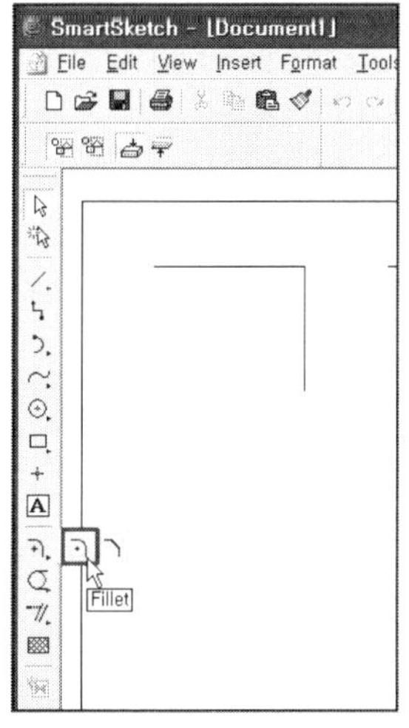

그림 2.37-1 : Fillet 작업도구

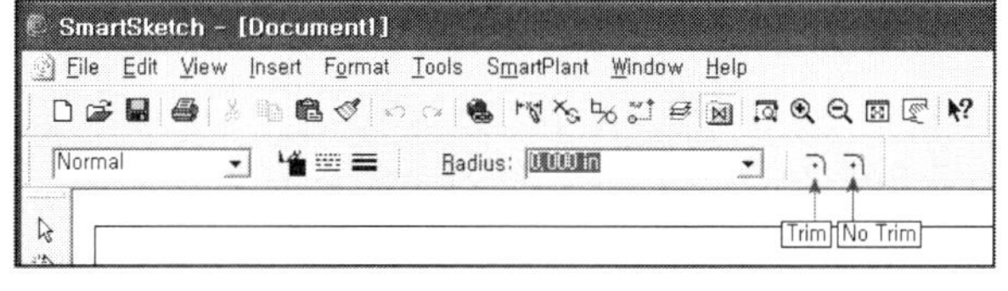

그림 2.37-2 : Fillet 옵션

14) Fillet : 교차하는 두 선의 교차점(사각형 모서리 등)에서 두 직선에 접하는 곡선 형태로 자르기를 한다. 이 작업은 직선(Line), 호(Arc), 원(Circle), 타원(Ellipse) 및 곡선(Curve)의 두 요소 사이에 작업할 수 있다.

15) Chamfer : 교차하는 두 직선의 교차점에서 교차각의 1/2되는 선분을 기준으로 기준선에 직각 방향의 선분 형태로 자르기 한다. 이 작업은 두 직선(Line) 사이에서만 작업할 수 있다.

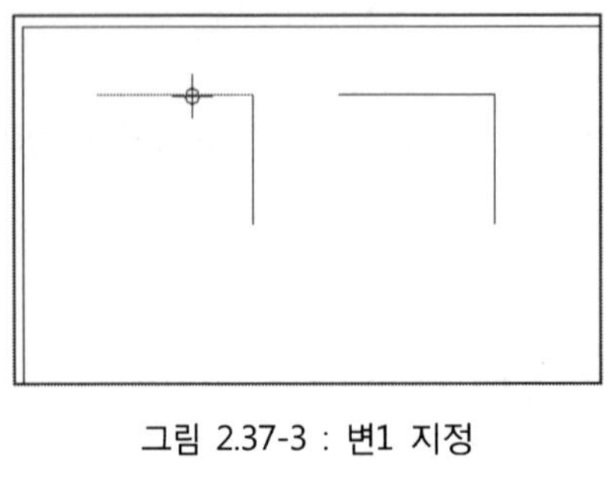

그림 2.37-3 : 변1 지정

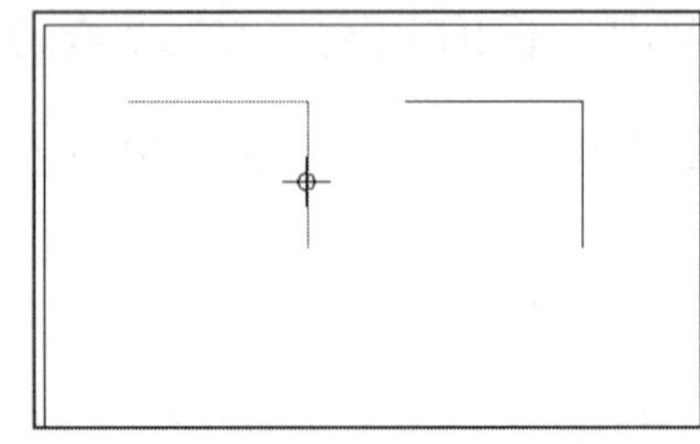

그림 2.37-4 : 변2 지정

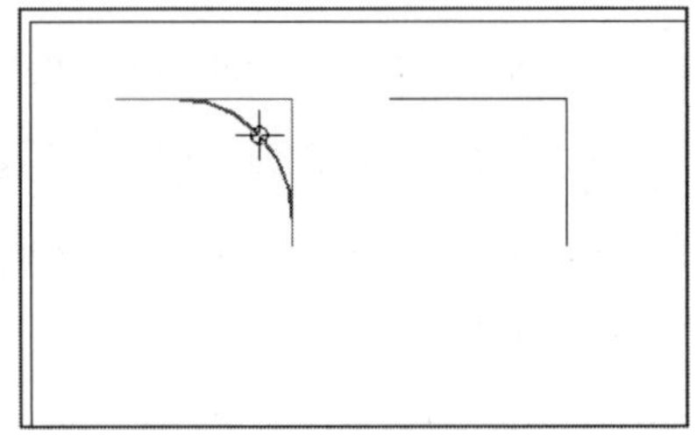

그림 2.37-5 : 곡률반경 지정

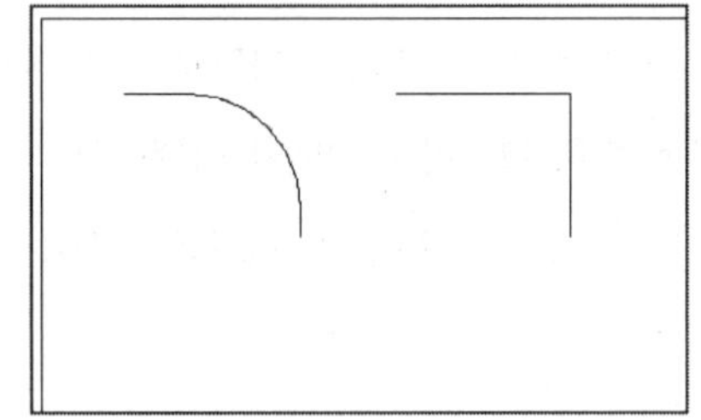

그림 2.37-6 : 작업결과

❶ 또 다른 작업 방법은 리본-바에서 [No Trim]을 선택한 다음 [그림 2.37-7]과 같이 드래그 기법으로 자른 단면에 해당하는 선을 그으면

❷ [그림 2.37-8]과 같이 각 요소와 교차는 점에 접하는 곡선이 그어지며, 기존의 직선 부분도 그대로 둔다.

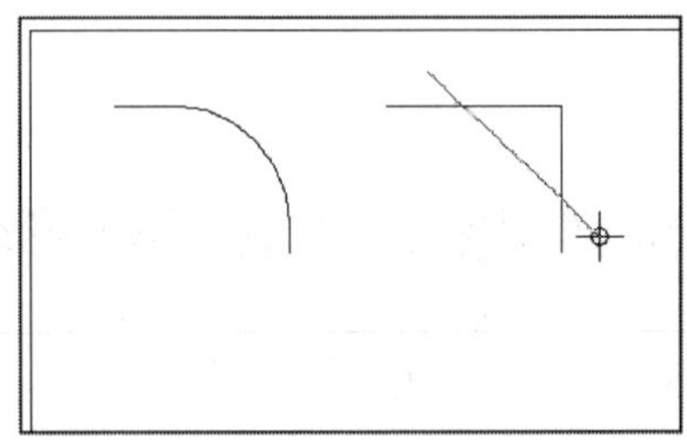

그림 2.37-7 : 대상 지정

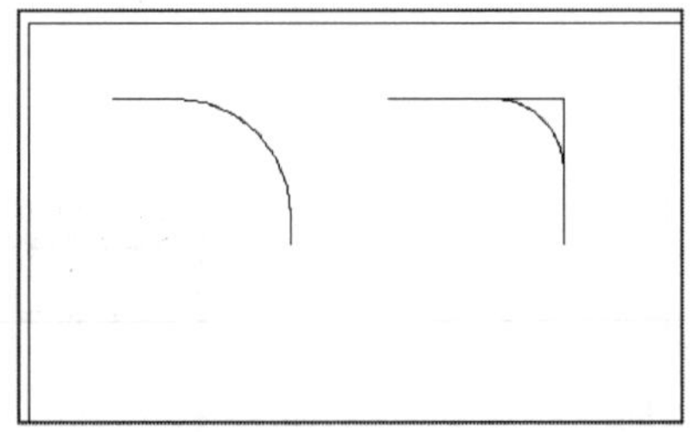

그림 2.37-8 : 작업결과

❸ [그림 2.37-9]부터 [그림 2.37-11]까지는 사각형의 한 변과 원 사이의 Fillet 작업한 한 경우이다.

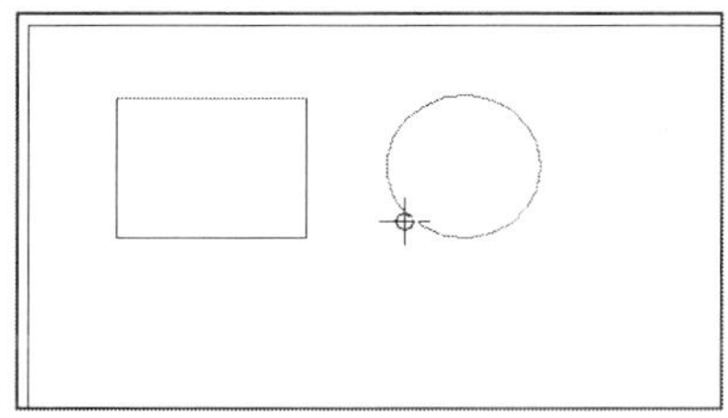

그림 2.37-9 : 대상 지정

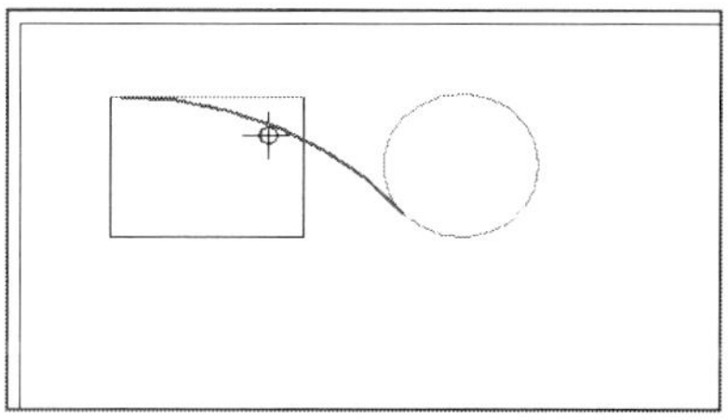

그림 2.37-10 : 곡률반경 지정

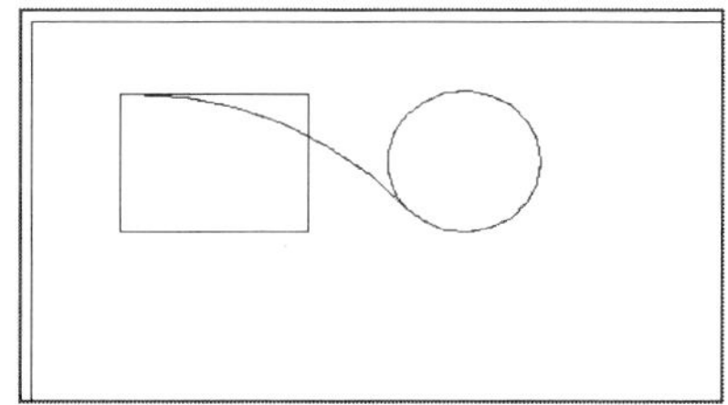

그림 2.37-11 : 작업결과

(2) Chamfer :

Chamfer 작업도 Fillet 작업과 같이 두 요소를 선택한 다음 절단 위치를 지정하여 작업하는 방법과 드래그 작업으로 선분을 그어 절단하는 2가지 방법이 있다.

방법 1 : 요소(선분)를 지정하여 절단

① [그림 2.38-1]에서 확장도구 중 [Chamfer] 도구를 선택한 다음

② [그림 2.38-2] 및 [그림 2.38-3]과 같이 절단대상을 지정하면 [그림 2.38-4]와 같이 두 변 사이각의 1/2에 해당하는 기준선(점선 부분)이 표시되면서 이 기준선과 직각으로 선분이 커서를 따라다닌다.

③ [그림 2.38-4]에서 절단한 위치를 지정하면 [그림 2.38-5]와 같이 모서리가 절단된다.

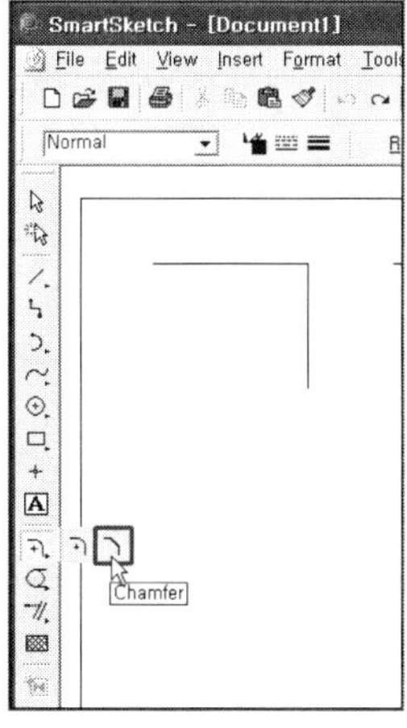

그림 2.38-1 : Chamfer 작업도구

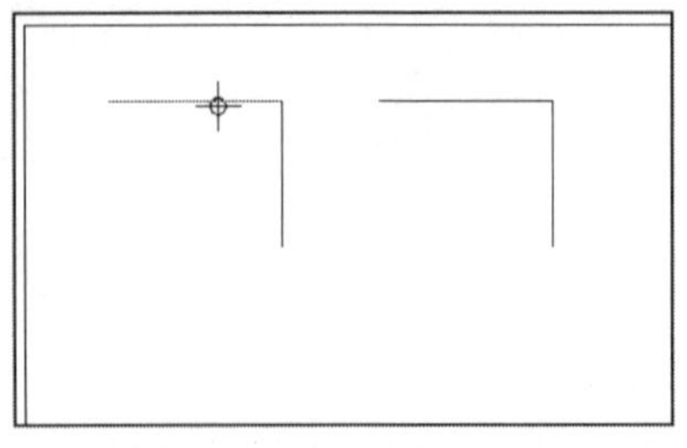

그림 2.38-2 : 변1 지정

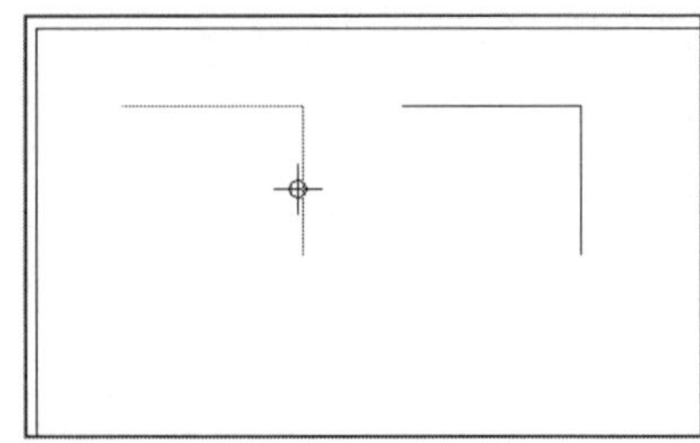

그림 2.38-3 : 변2 지정

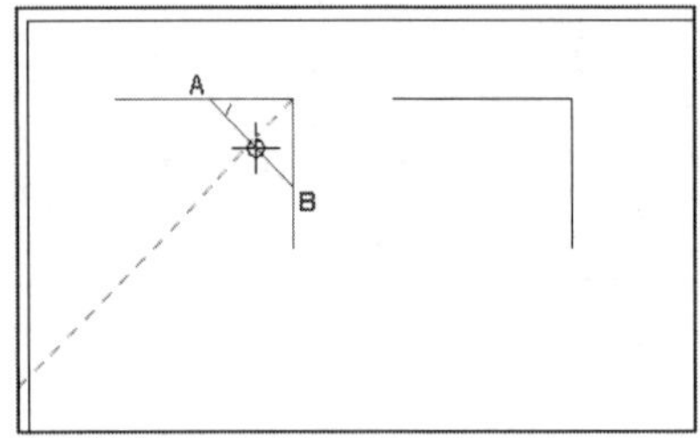

그림 2.38-4 : 절단 위치 지정

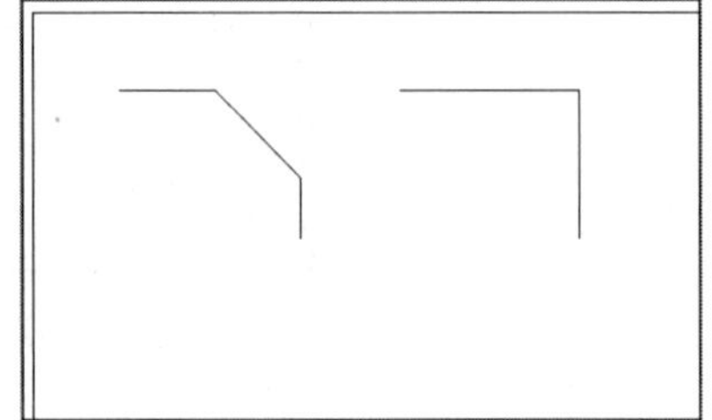

그림 2.38-5 : 작업결과

❶ 만일 [그림 2.38-4] 상태에서 [그림 2.38-6]과 같이 리본-바의 [Angle] 입력란에 절단할 경사각을 입력하면

❷ [그림 2.38-7]과 같이 경사각을 지정하여 절단할 수 있다.

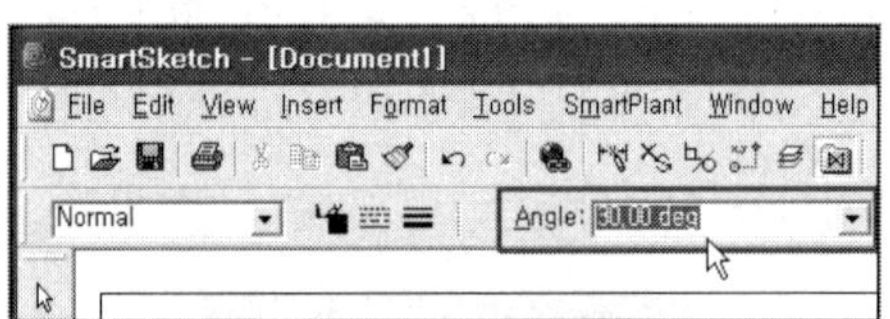

그림 2.38-6 : 경사각 지정

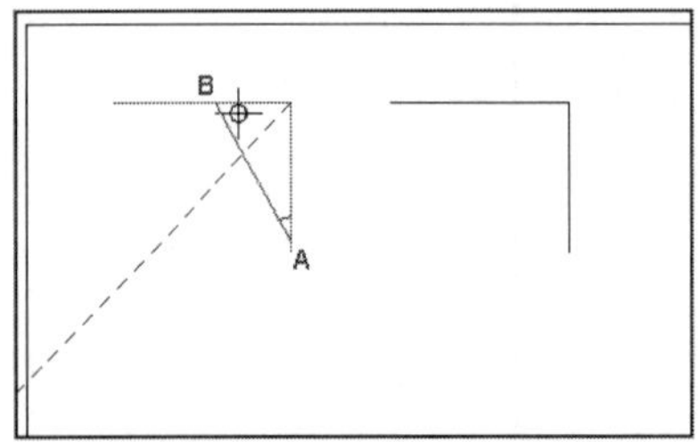

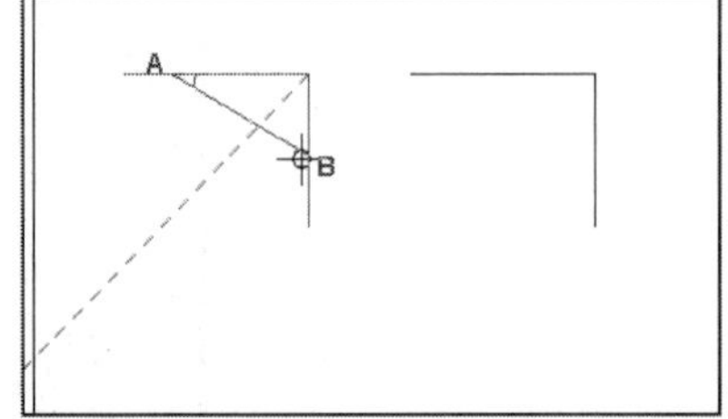

그림 2.38-7 : 경사각 지정 예

Ⓐ 또 다른 방법은 [그림 2.38-8]과 같이 리본-바의 **[Setback a:]** 및 **[Setback b:]** 입력란에 절단점 a, 및 b의 위치(길이)를 지정하면

Ⓑ [그림 2.38-9]와 같이 특정 위치를 지나도록 절단할 수 있다.

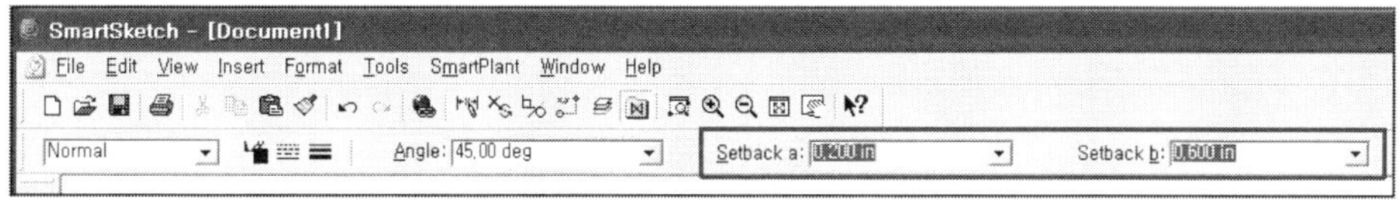

그림 2.38-8 : 절단점 좌표 지정

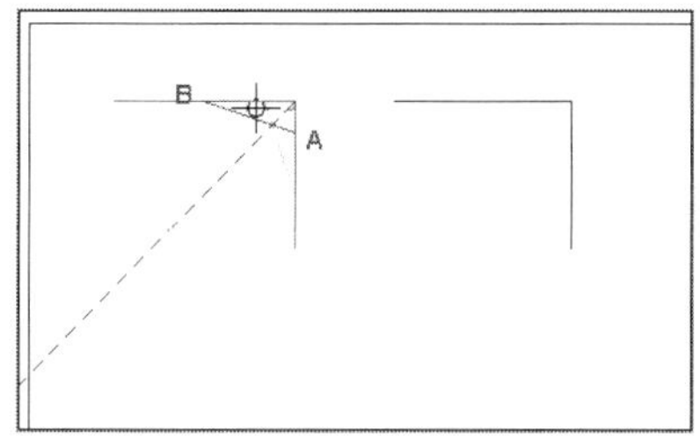

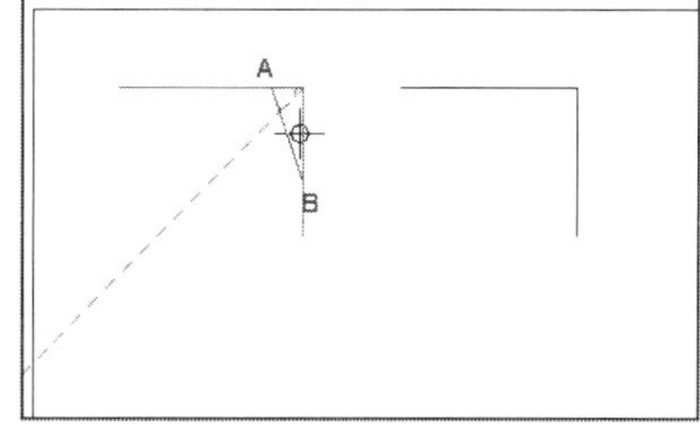

그림 2.38-9 : 절단점 좌표 지정 예

방법 2 : 드래그 방법으로 절단

① [그림 2.38-10]과 같이 드래그 기법으로 절단할 수도 있다.

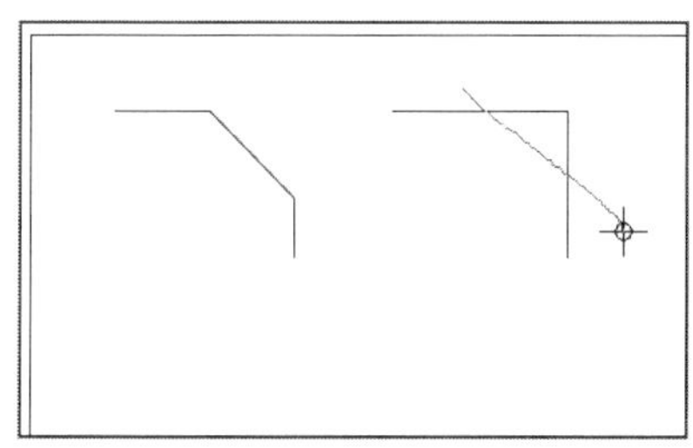

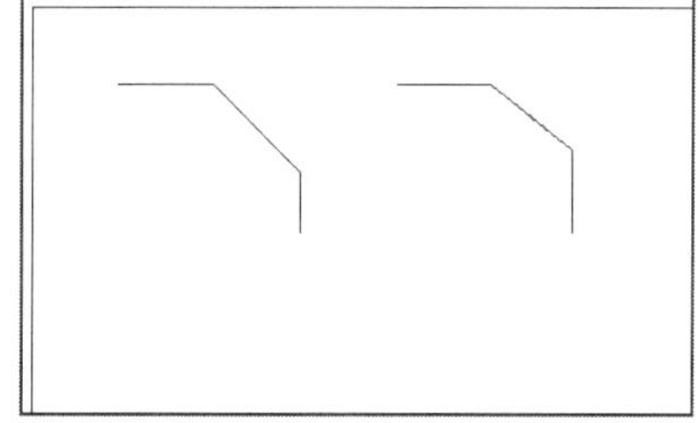

그림 2.38-10 : Chamfer 드래그 작업 결과

2.2.12 선 지우기(Trim)

작성된 선분(곡선 포함) 또는 선분의 일부분을 지우는 작업을 말한다.

SmartSketch에서는 비록 하나의 요소로 작성된 선분(곡선)이라도 다른 요소와 교차하면 교차점을 기준으로 처리한다.

(1) 요소 지정 지우기 :

① [그림 2.39-1]에서 확장도구 중 [Trim] 도구를 선택한 다음

② [그림 2.39-2]와 같이 지울 요소를 지정하면 [그림 2.39-3]과 같이 지워진다. 지워지는 범위는 요소가 서로 교차하는 교차점 사이에 해당한다.

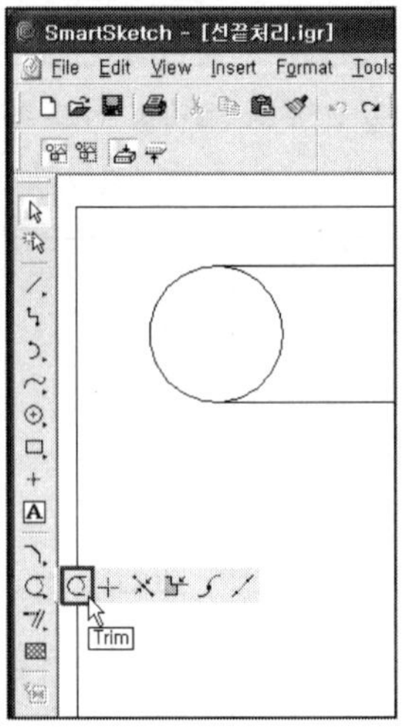

그림 2.39-1 : Trim 작업도구

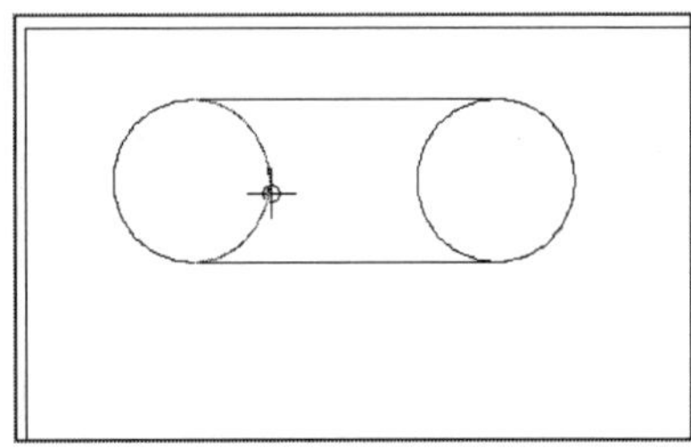

그림 2.39-2 : 대상 지정

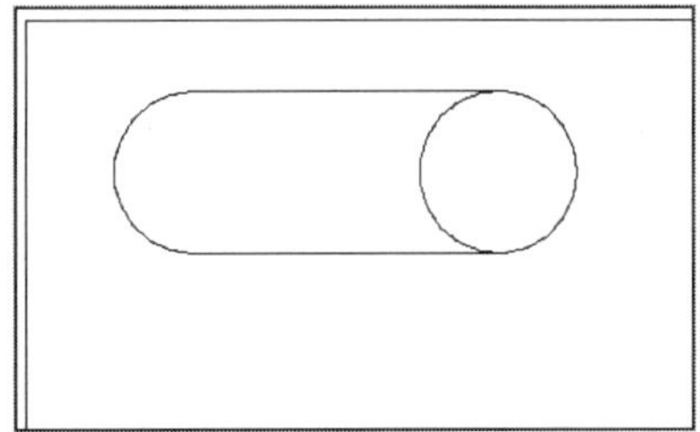

그림 2.39-3 : 작업결과

(2) 드래그 기법으로 지우기 :

① [그림 2.39-4]와 같이 지울 요소를 모두 지나도록 드래그 하면 [그림 2.39-5]와 같이 드래그 경로에 있는 모든 요소가 지워진다. 단, 각 요소 중 교차점 사이만 지워진다.

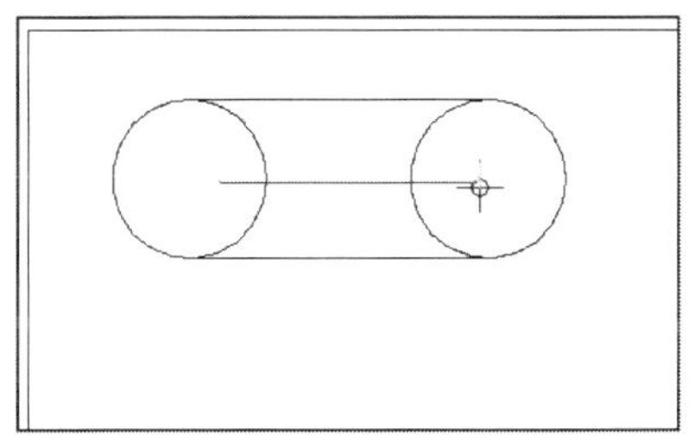

그림 2.39-4 : 대상 지정

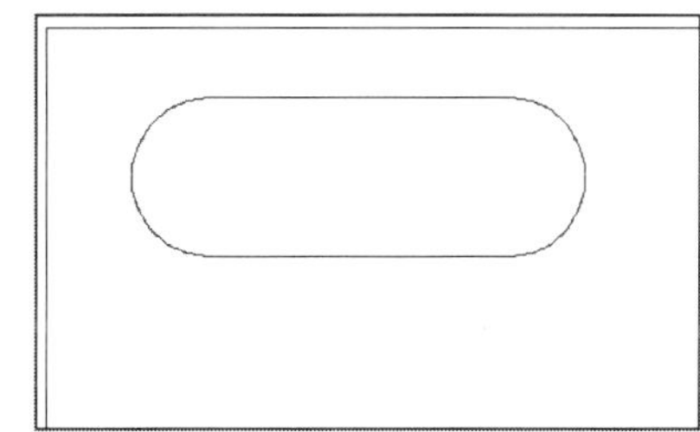

그림 2.39-5 : 작업결과

② [그림 2.39-6] 및 [그림 2.39-7]은 드래그 경로상의 요소 중 교차점 사이가 지워진 예이다.

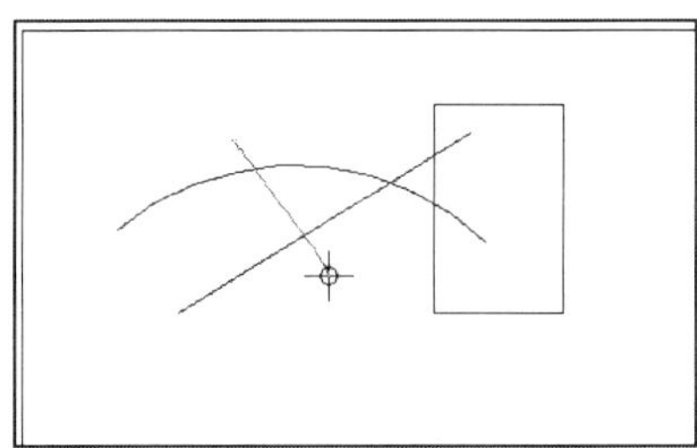

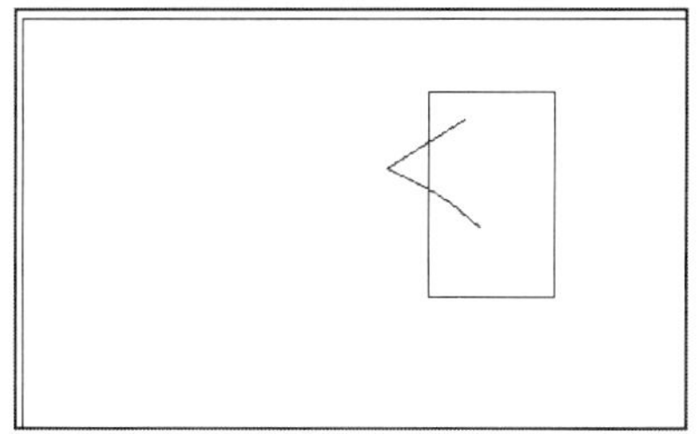

그림 2.39-6 : 드래그 기법 지우기 1

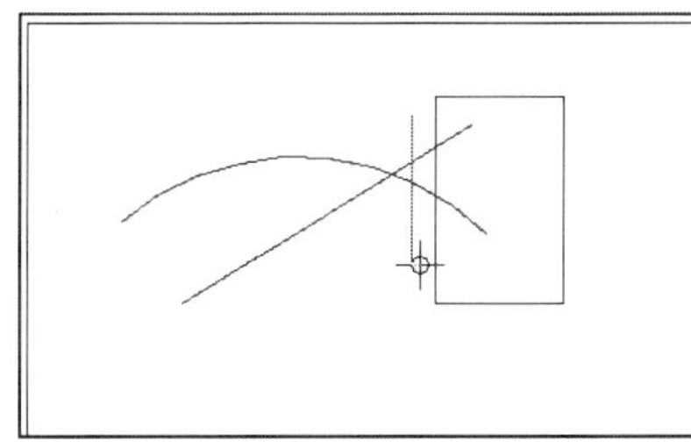

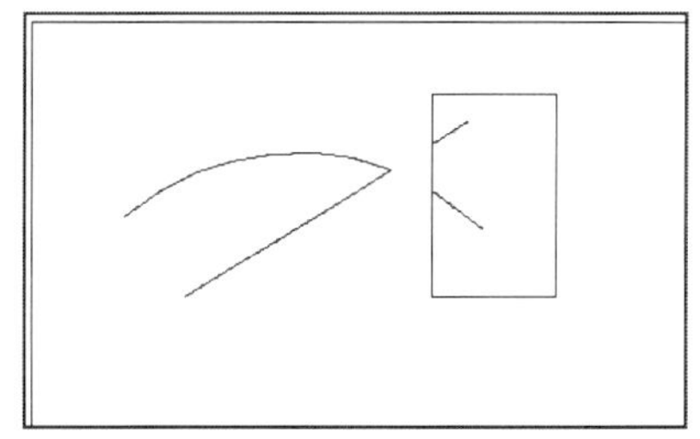

그림 2.39-7 : 드래그 기법 지우기 2

(3) 모퉁이(Coner) 지우기 :

2개의 요소가 서로 교차하는 모퉁이(coner)인 경우 각 요소를 교차점까지 지우는 작업을 말한다.

① [그림 2.40-1]에서 확장도구 중 [Trim Coner] 도구를 선택한 다음

② [그림 2.40-2] 및 [그림 2.40-3]과 같이 지울 대상의 요소를 선택하거나 아니면 [그림 2.40-4]와 같이 모퉁이를 드래그하면 [그림 2.40-5]와 같이 선택한 반대쪽의 선이 지워진다(선택한 부분이 남는다.).

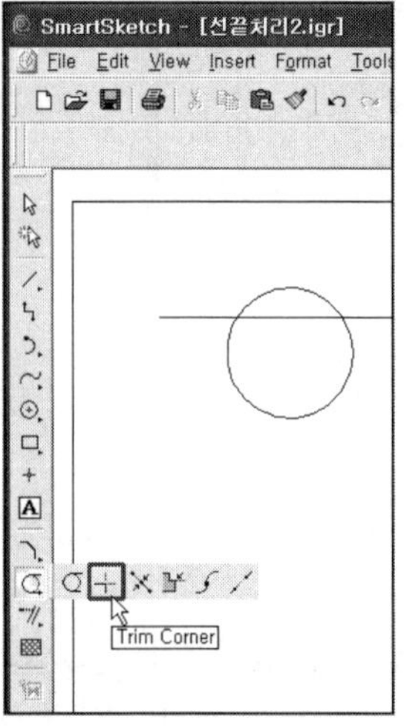

그림 2.40-1 : Trim Coner 작업도구

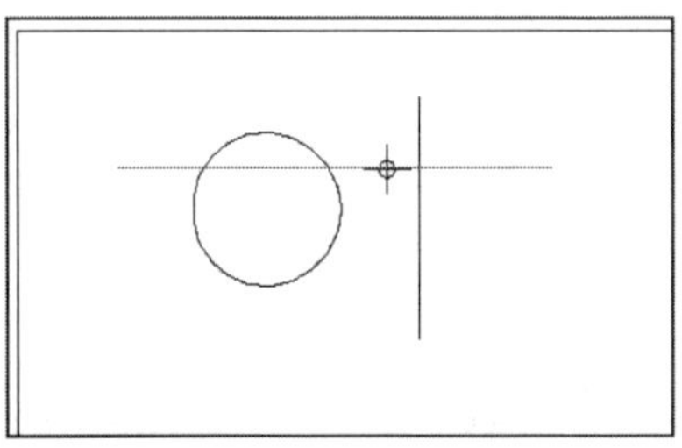

그림 2.40-2 : 대상 1 지정

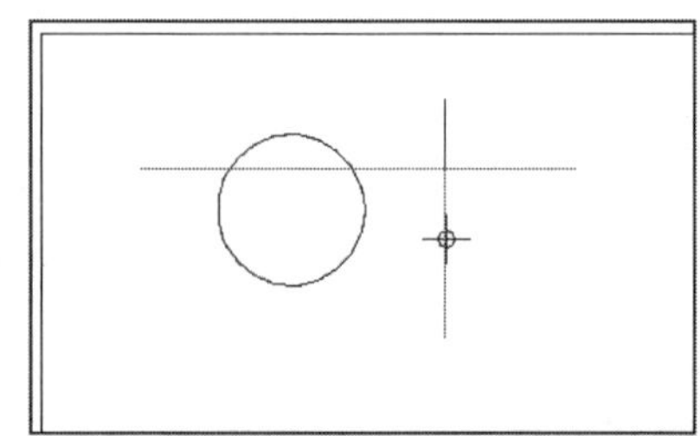

그림 2.40-3 : 대상 2 지정

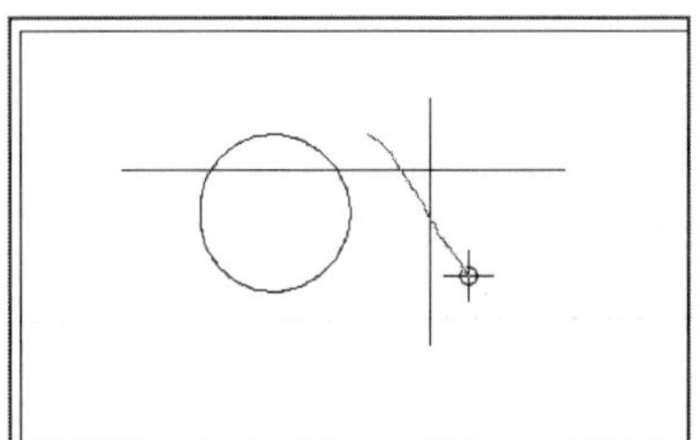

그림 2.40-4 : 드래그로 지정

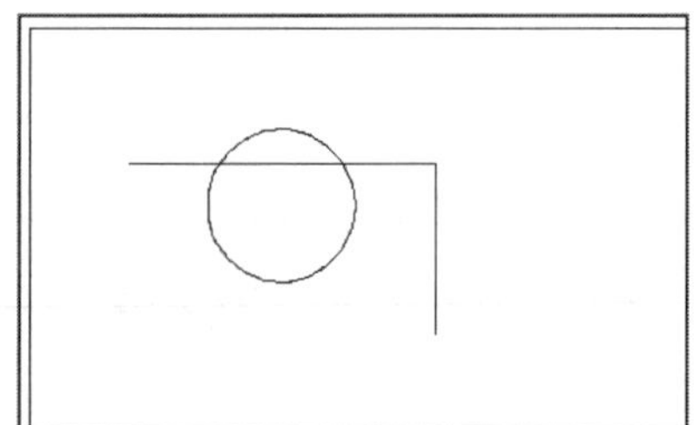

그림 2.40-5 : 작업결과

❶ 만일 [그림 2.40-6]과 같이 지정하면 선택한 반대쪽이 지워진다. 단, 모퉁이 지우기인 경우에는 교차점까지가 아니라 요소의 나머지 전체가 지워진다.

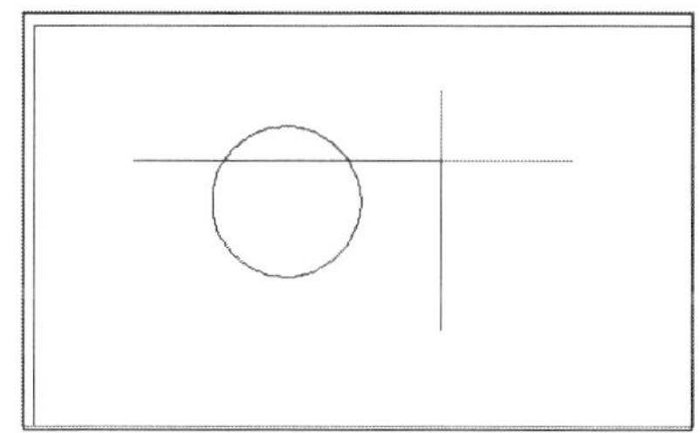

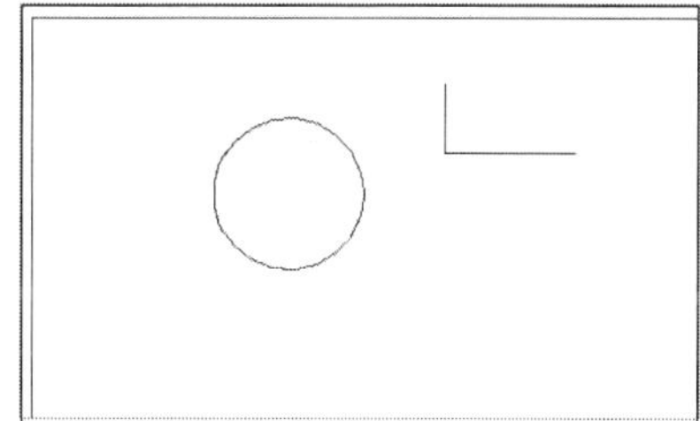

그림 2.40-6 : 모퉁이 지우기

(4) 다른 요소 경계선까지 지우기 :

① [그림 2.41-1]과 같이 확장도구 중에서 [Trim to Element] 도구를 선택한 다음

② [그림 2.41-2]와 같이 먼저 지울 대상을 선택한 후

③ [그림 2.41-3]과 같이 기준 요소를 선택하면 [그림 2.41-4]와 같이 지워진다.

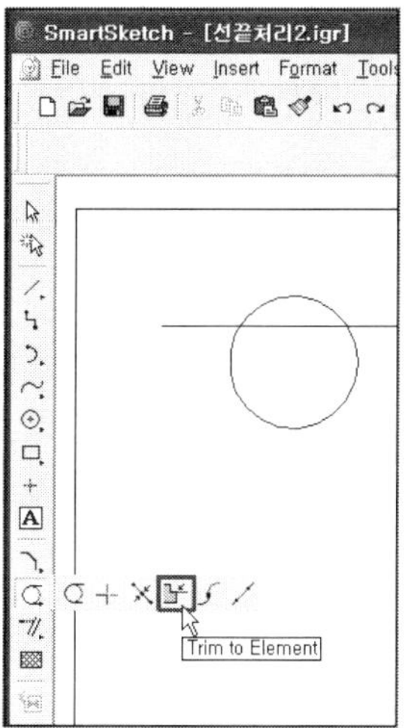

그림 2.41-1 : 작업도구

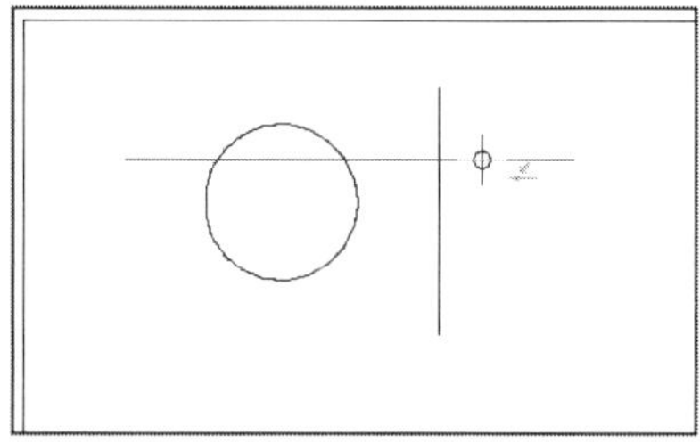

그림 2.41-2 : 지울 대상 지정

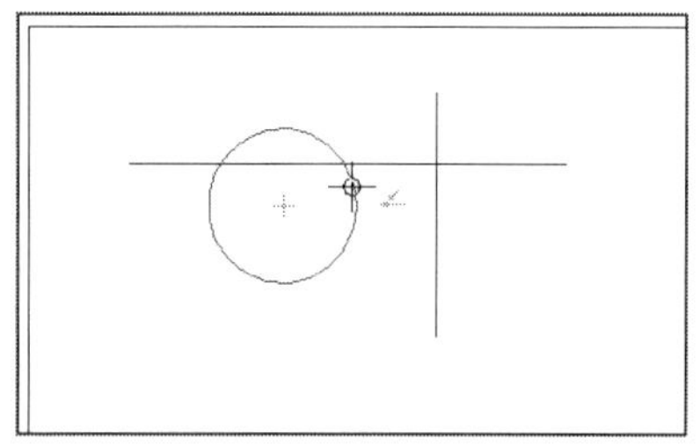

그림 2.41-3 : 기준 요소 지정

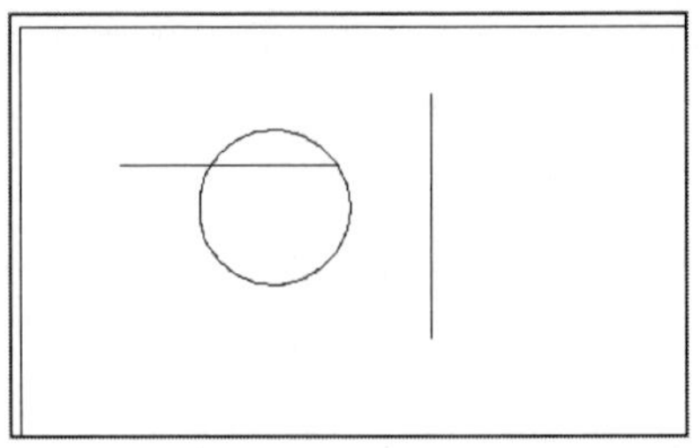

그림 2.41-4 : 작업결과

(5) 임의의 점까지 지우기 :

① [그림 2.42-1]에서 확장도구 중 **[Trim to Point]** 도구를 선택한 다음

② [그림 2.42-2]와 같이 먼저 지울 대상을 지정한 다음

③ [그림 2.42-3]과 같이 기준점을 지정하면 [그림 2.42-4]와 같이 지워진다.

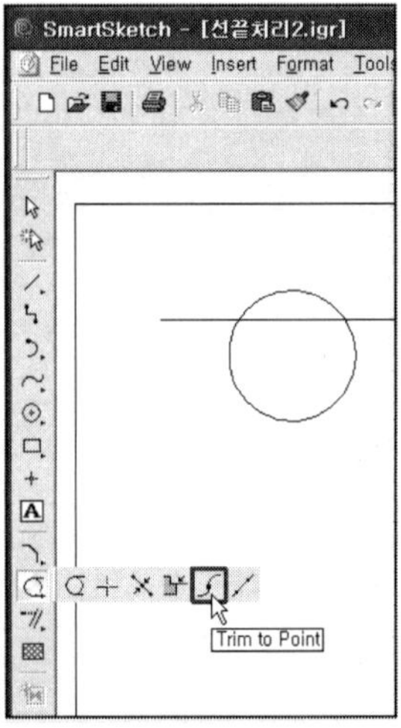

그림 2.42-1 : 작업도구

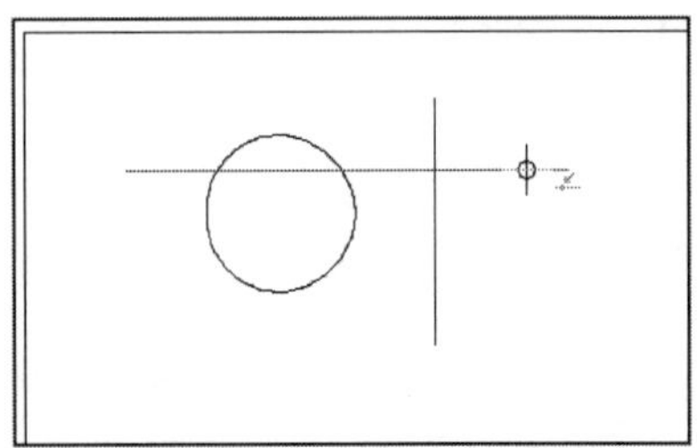

그림 2.42-2 : 지울 대상 지정

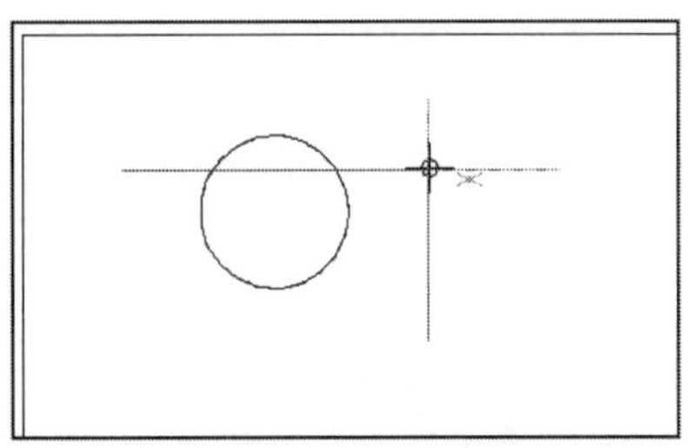

그림 2.42-3 : 위치 지정

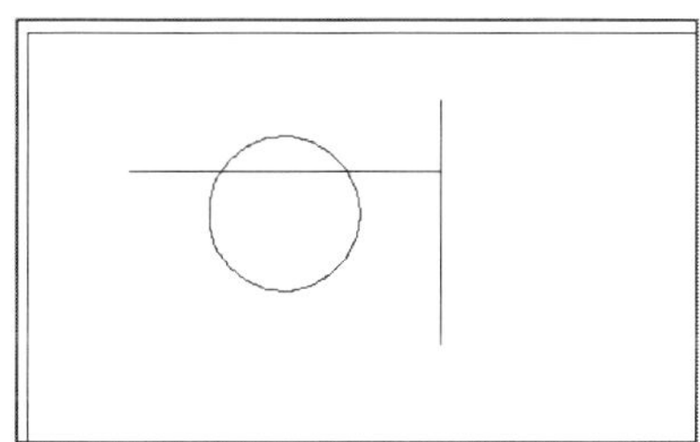

그림 2.42-4 : 작업결과

(6) 두 점 사이 지우기 :

① [그림 2.43-1]에서 확장도구 중 [Trim Inside] 도구를 선택한 다음

② [그림 2.43-2] 및 [그림 2.43-3]과 같이 두 점을 지정하면 [그림 2.43-4]와 같이 두 점 사이가 지워진다.

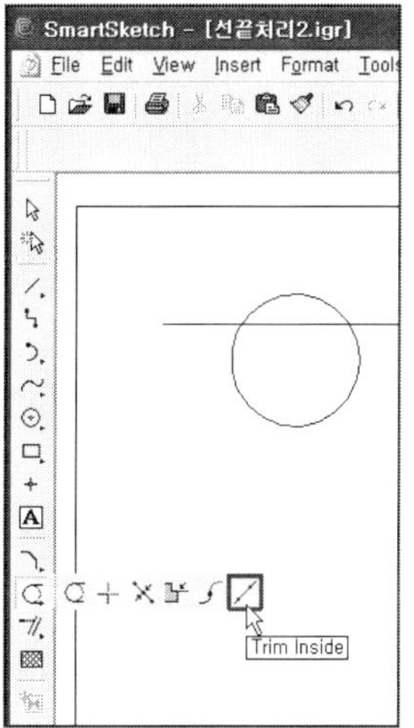

그림 2.43-1 : 작업도구

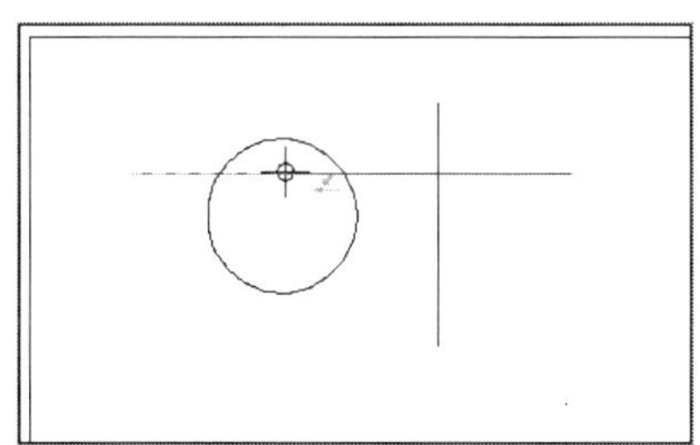

그림 2.43-2 : 시작점 지정

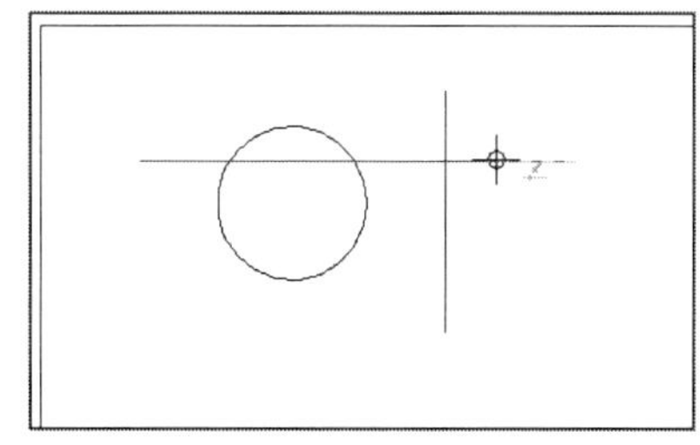

그림 2.43-3 : 끝점 지정

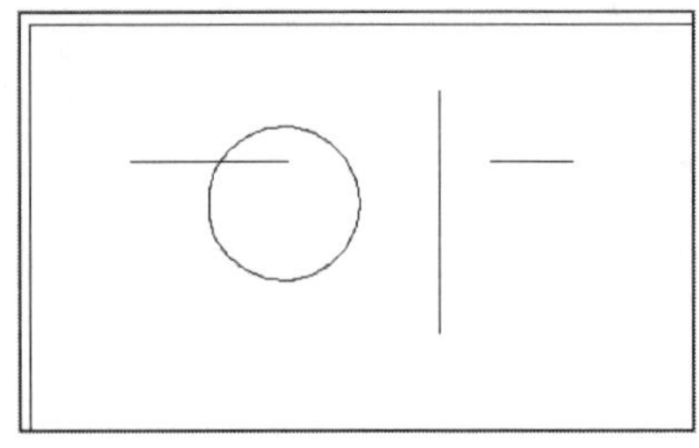

그림 2.43-4 : 작업결과

❶ 만일 [그림 2.43-5] 및 [그림 2.43-6]과 같이 선택한 요소가 폐곡선인 경우에는 지정한 두 점을 잇는 점선이 표시된다.

❷ 이때 [그림 2.43-7]과 같이 삭제할 부분을 지정하면 [그림 2.43-8]과 같이 지정한 부분이 지워진다.

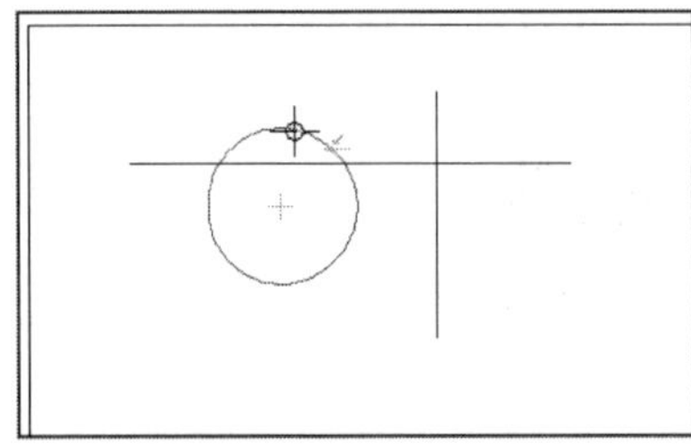

그림 2.43-5 : 시작점 지정

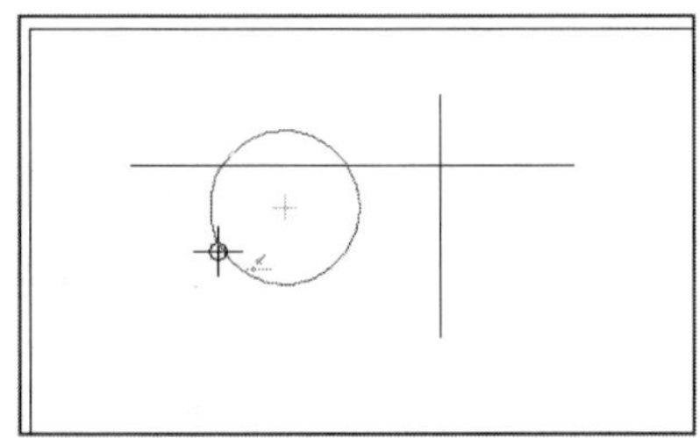

그림 2.43-6 : 끝점 지정

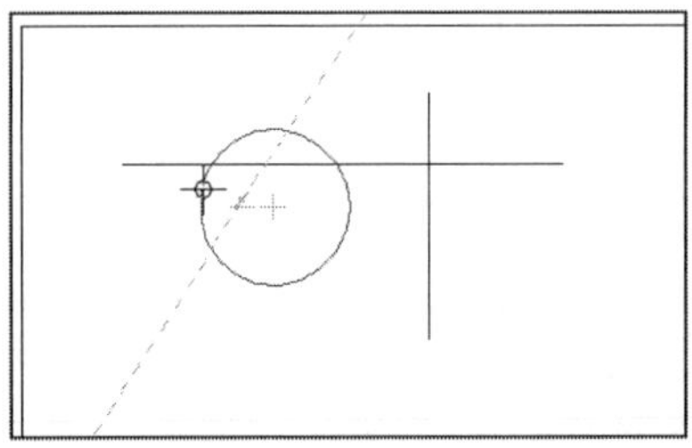

그림 2.43-7 : 삭제할 부분 지정

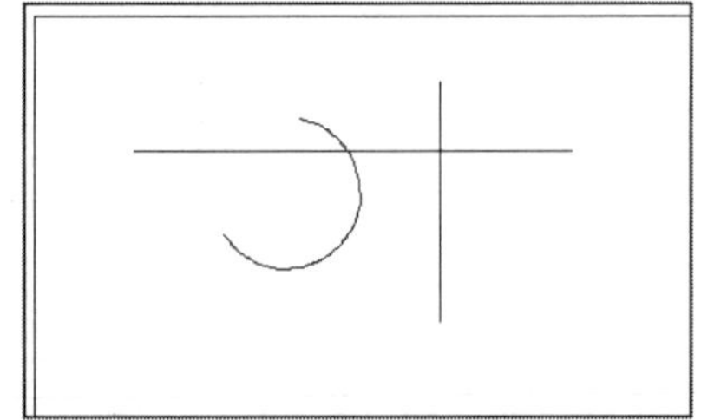

그림 2.43-8 : 작업결과

실습 9 링 너트(Ring Nut) 그리기

다음 도면을 A4(Wide) 양식에 작도하시오.

【참고 사항】

1. 치수 단위는 mm임(소수점 이하 2자리)
2. 원의 패인 부분은 원을 그린 후 선 지우기 도구를 사용하여 작성

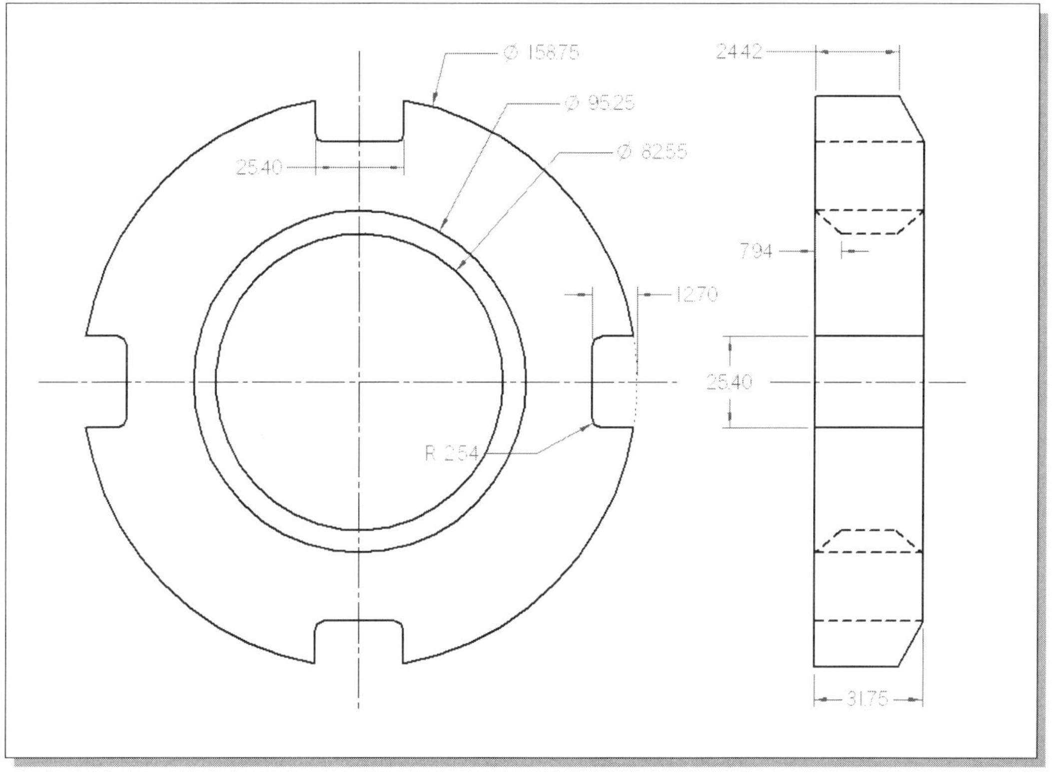

실습 10 링 와셔(Ring Washer) 그리기

다음 도면을 A4(Wide) 양식에 작도하시오.

【참고 사항】

1. 치수 단위는 inch임(소수점 이하 2자리)
2. 원의 패인 부분은 선 지우기 도구를 활용
3. 기타 위치는 정렬선 참조

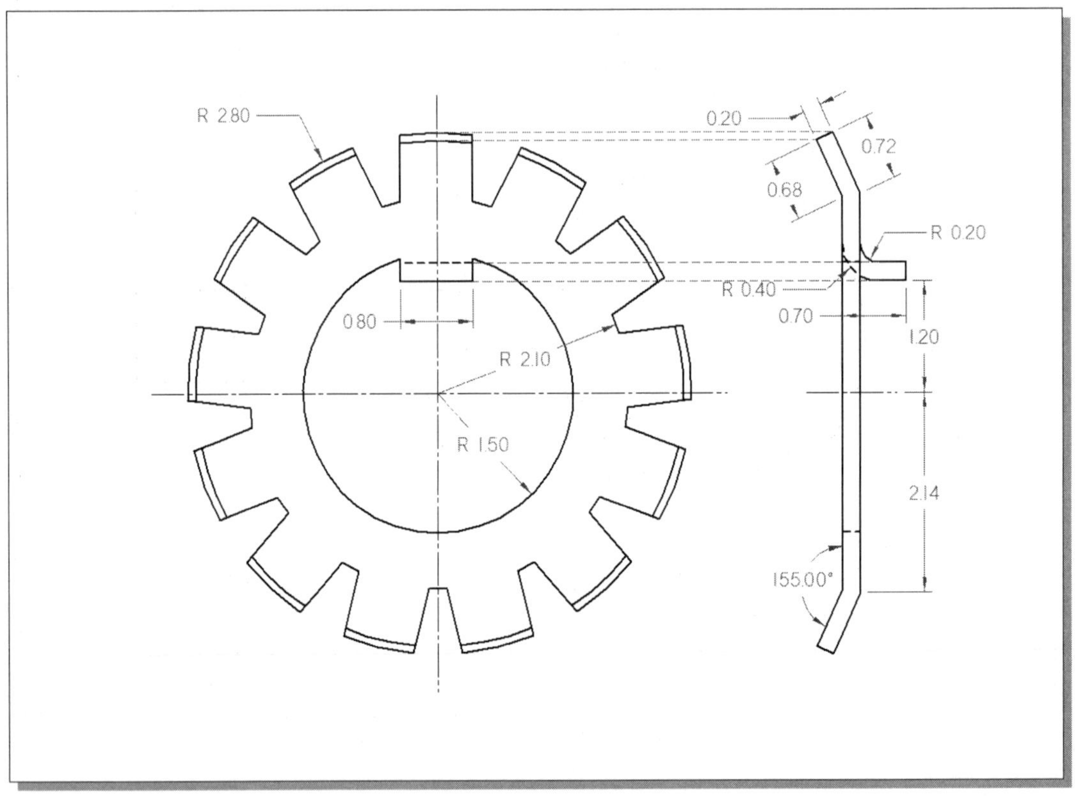

2.2.13 선 분리(Split) :

(1) 개수를 지정하여 분리

① [그림 2.44-1]에서 확장도구 중 [Split] 도구를 선택한 후

② [그림 2.44-2]와 같이 리본-바의 [Segments] 입력란에 나눌 개수를 입력한 다음 요소를 지정하면 지정한 요소의 선이 입력한 개수만큼 분리된다.

③ [그림 2.44-3]은 수직선은 3개로, 수평선은 4개로, 원은 5개로 각각 분리한 경우이다.

❶ 분리작업은 완료하면 외형적으로는 변화가 없다. 그러나 [그림 2.44-4]와 같이 각 요소를 선택해보면 분리된 것을 확인할 수 있다.

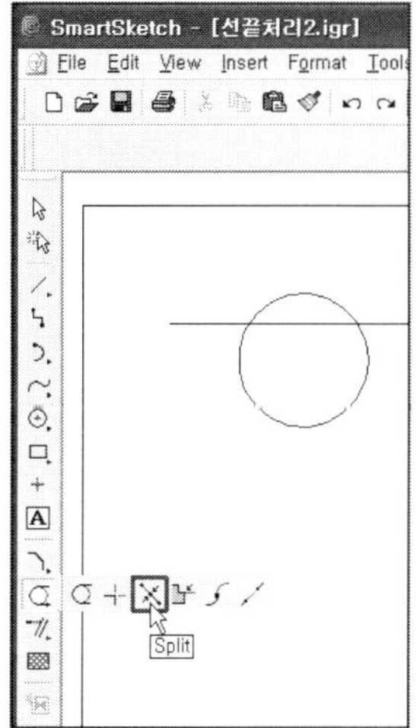

그림 2.44-1 : 선 분리 작업도구

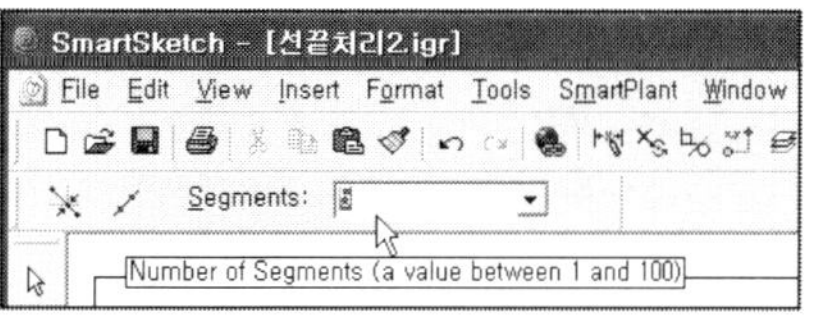

그림 2.44-2 : 분리 개수 지정

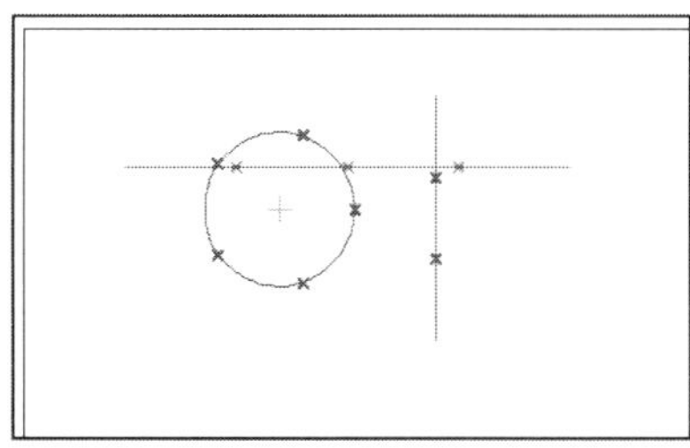
그림 2.44-3 : 작업결과

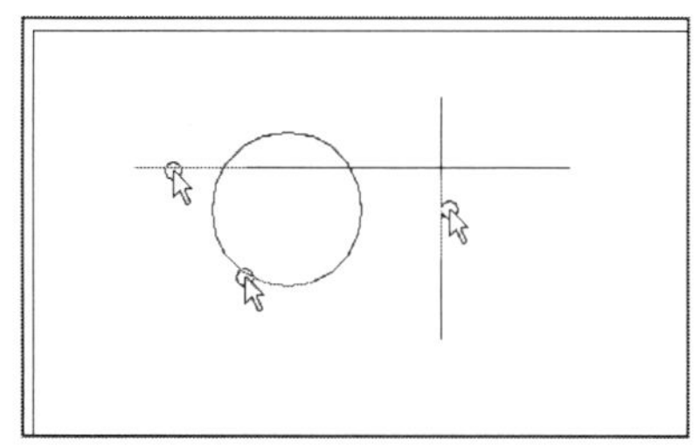
그림 2.44-4 : 결과 확인

(2) 임의의 점을 지정하여 분리

① [그림 2.45-1]에서 리본-바의 [Split/Segment at Point] 옵션을 선택한 다음

② [그림 2.45-2]와 같이 요소의 임의의 점을 지정하면 그 점을 기준으로 분리된다.

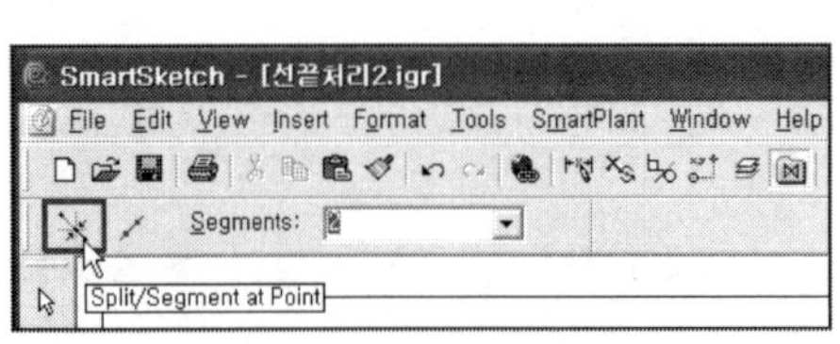

그림 2.45-1 : 선 분리 옵션 아이콘

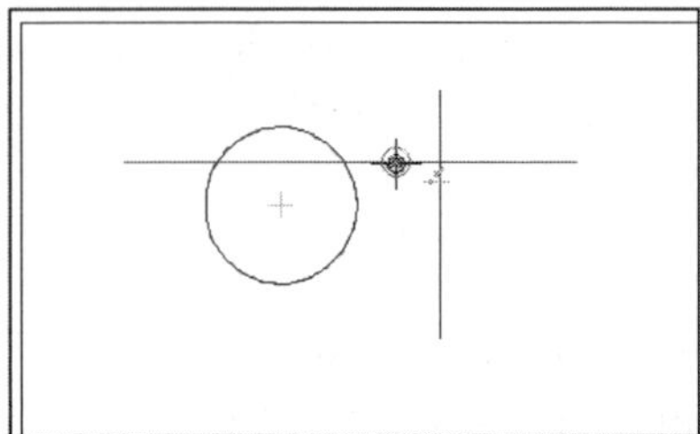

그림 2.45-2 : 위치 지정

❶ 만일 폐곡선인 경우에는 [그림 2.45-3] 및 [그림 2.45-4]와 같이 두 점을 지정하면 그 두 점을 기준으로 양분된다.

❷ [그림 2.45-5]는 각각 분리된 결과를 나타낸다.

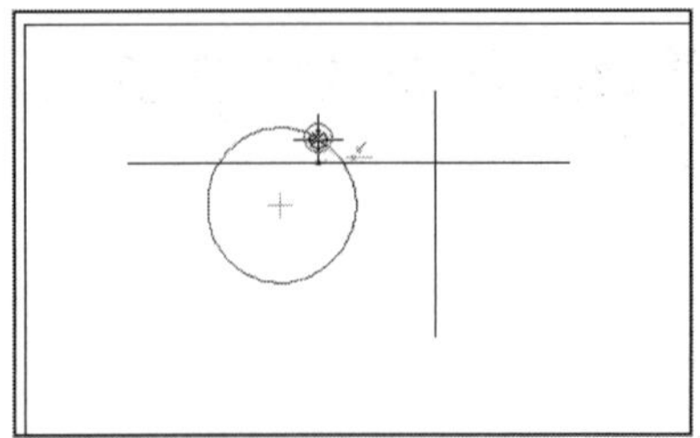

그림 2.45-3 : 위치1 지정

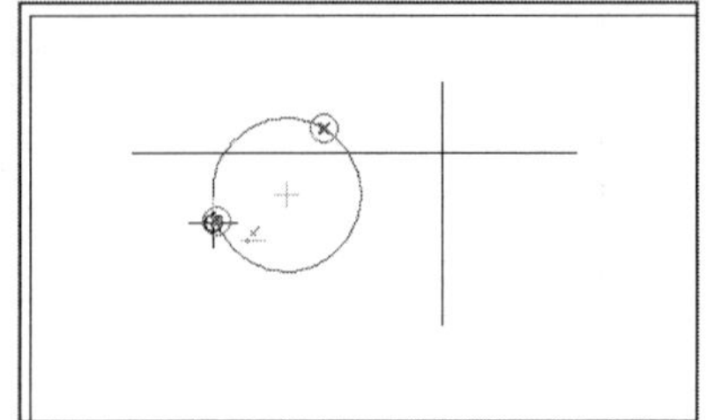

그림 2.45-4 : 위치2 지정

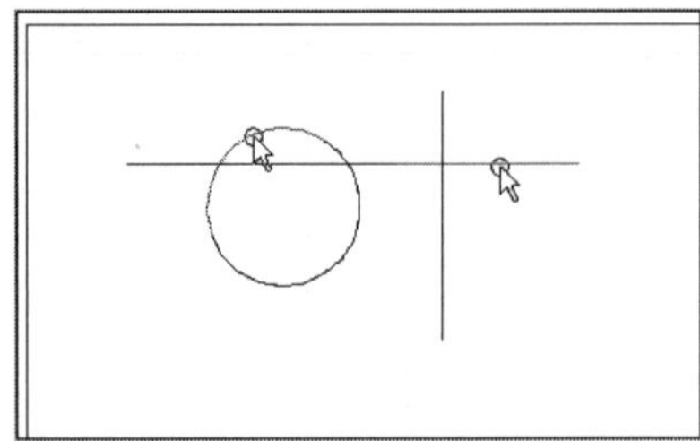

그림 2.45-5 : 작업결과

2.2.14 선 늘이기(Extend)

(1) 하나의 요소를 지정하여 늘이기 :

① [그림 2.46-1]에서 확장도구 중 [Extend to Next] 도구를 선택한 다음

② [그림 2.46-2]와 같이 확장할 요소를 선택하되 요소의 중간을 기준으로 확장할 쪽을 지정하면 가장 가까운 다른 요소의 경계까지 확장된다.

③ [그림 2.46-3]은 반대쪽을 지정했을 때의 결과이다.

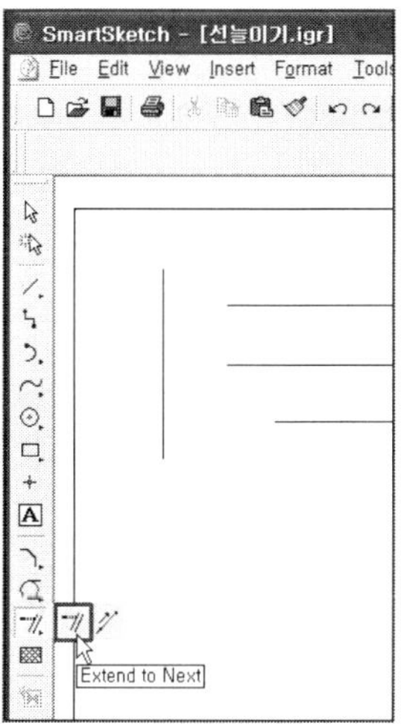

그림 2.46-1 : 선 늘이기 작업도구

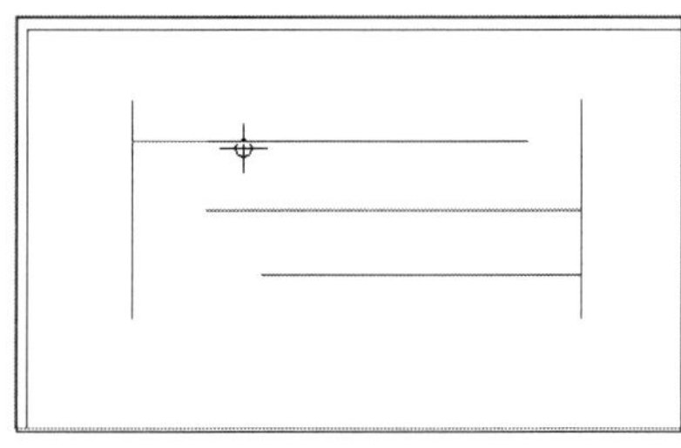

그림 2.46-2 : 대상 지정(왼쪽)

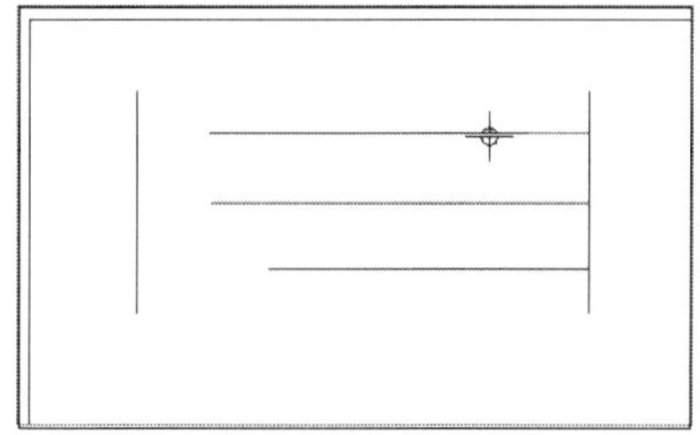

그림 2.46-3 : 대상 지정(오른쪽)

(2) 복수 개의 요소를 동시에 지정하여 늘이기 :

① [그림 2.46-4]와 같이 드래그로 복수 개의 요소를 지정하면 [그림 2.46-5]와 같이 드래그로 지정된 모든 요소가 동시에 늘어난다. 물론 드래그 위치가 각 요소의 중점을 기준으로 왼쪽 또는 오른쪽에 따라 늘어나는 위치가 다른 것은 앞 절에서 설명한 것과 같다.

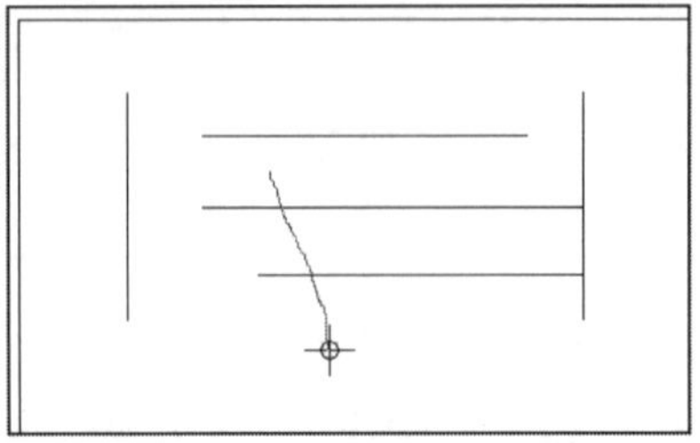

그림 2.46-4 : 드래그로 지정

그림 2.46-5 : 작업결과

(3) 임의의 점까지 늘이기 :

① [그림 2.47-1]에서 확장도구 중 [Extend to Point] 도구를 선택한 다음

② [그림 2.47-2]와 같이 먼저 늘일 요소를 선택한 다음

③ [그림 2.47-3]과 같이 위치를 지정하면 [그림 2.47-4]와 같이 늘여진다.

그림 2.47-1 : 선 늘이기 작업도구

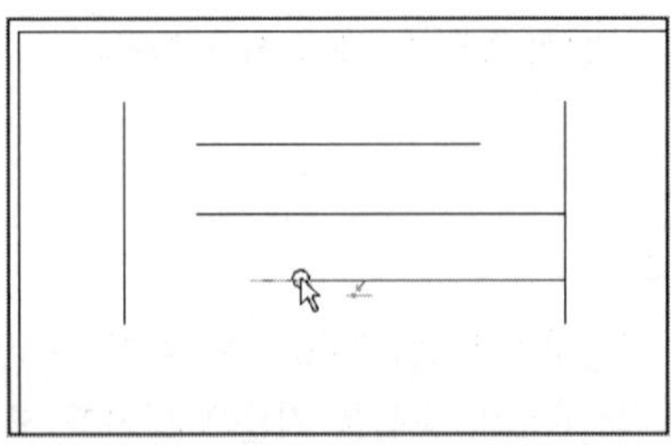

그림 2.47-2 : 대상 지정

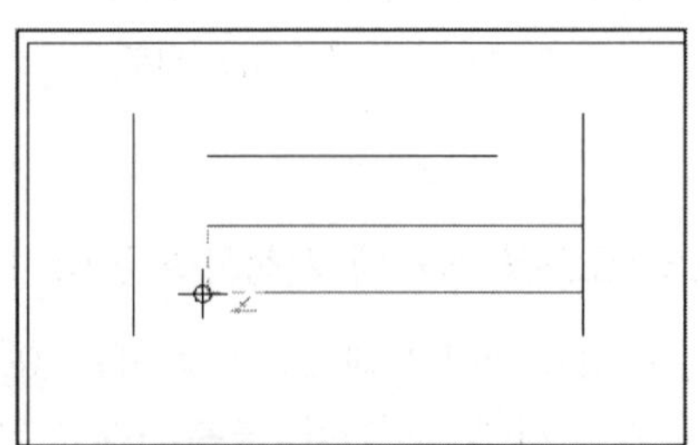

그림 2.47-3 : 위치 지정

그림 2.47-4 : 작업결과

2.2.15 면 채우기(Fill) :

폐곡선으로 이루어진 면에 색이나 또는 심벌 형태의 도형으로 채우는 작업을 말한다. 여기서 폐곡선이란 서로 다른 요소가 중첩되어 있을 경우 중첩된 부분을 말한다.

① [그림 2.48-1]에서 [Fill] 도구를 선택한 다음

② [그림 2.48-2] 및 [그림 2.48-3]과 같이 리본-바에서 Style 및 바탕색을 선택한 후

③ [그림 2.48-4]와 같이 칠한 면을 지정하면 [그림 2.48-5]와 같이 지정한 면이 칠해진다.

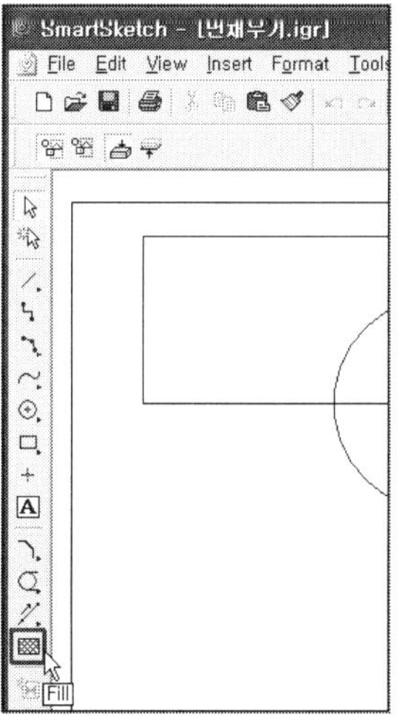

그림 2.48-1 : 면 채우기 작업도구

그림 2.48-2 : Style 지정

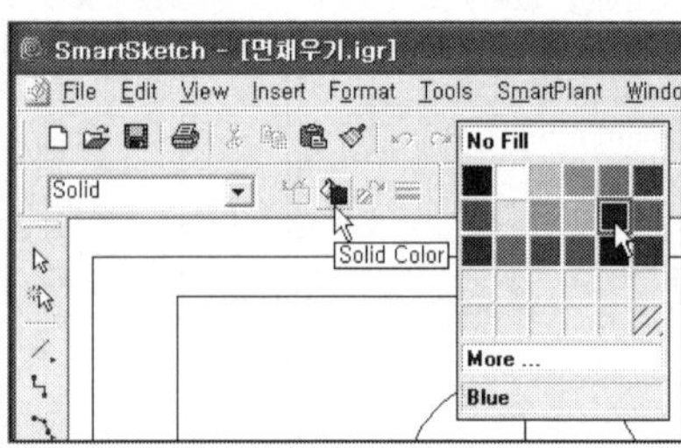

그림 2.48-3 : 바탕색 지정

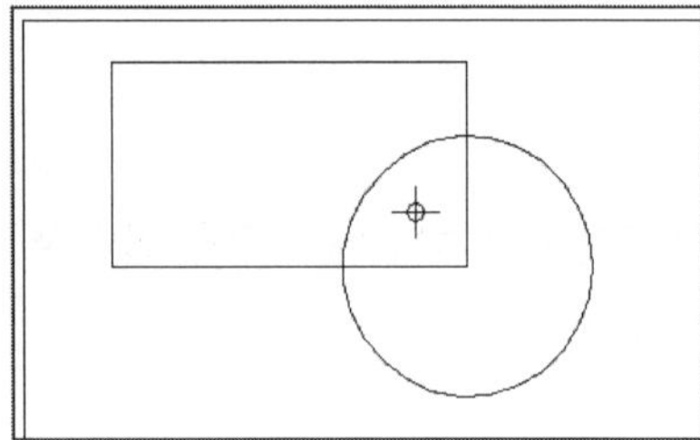

그림 2.48-4 : 대상 면 지정

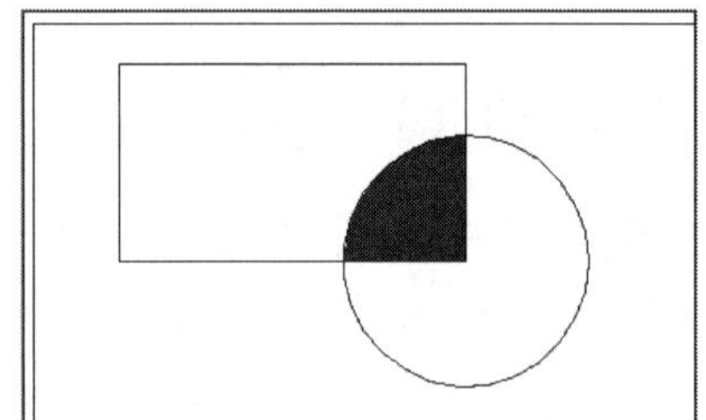

그림 2.48-5 : 작업결과

면 채우기 도구의 리본-바의 내용은 선택한 Style의 종류에 따라 다르게 나타난다.

❶ 만일 [그림 2.48-6]과 같이 Style을 선택하면 리본-바의 내용은 [그림 2.48-7]과 같이 나타나며

❷ [그림 2.48-7]에서 Spacing란의 값을 바꾼 후 작업하면 최종 [그림 2.48-9]와 같이 면을 채울 수 있다.

그림 2.48-6 : Style 지정

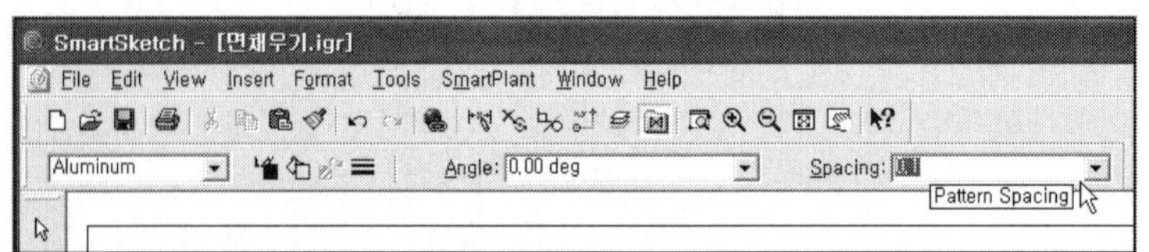

그림 2.48-7 : 옵션(Spacing) 지정

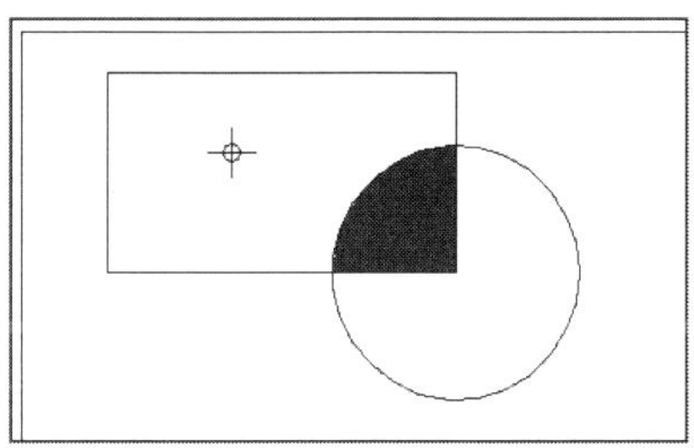

그림 2.48-8 : 대상 지정

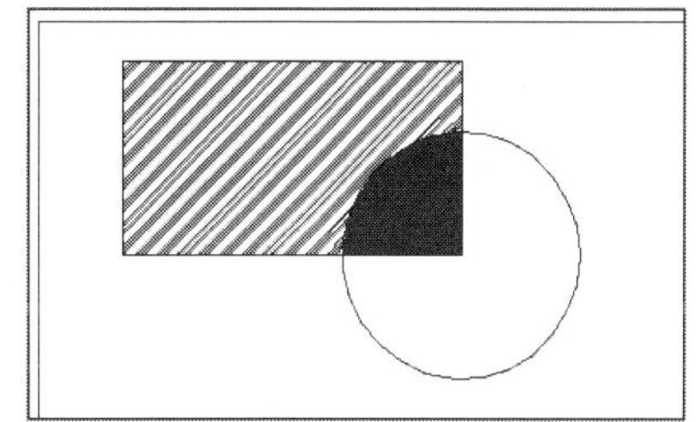

그림 2.48-9 : 작업결과

❸ 만일 [그림 2.48-10]부터 [그림 2.48-14]까지 작업하면 [그림 2.48-15]와 같이 면을 채울 수 있다.

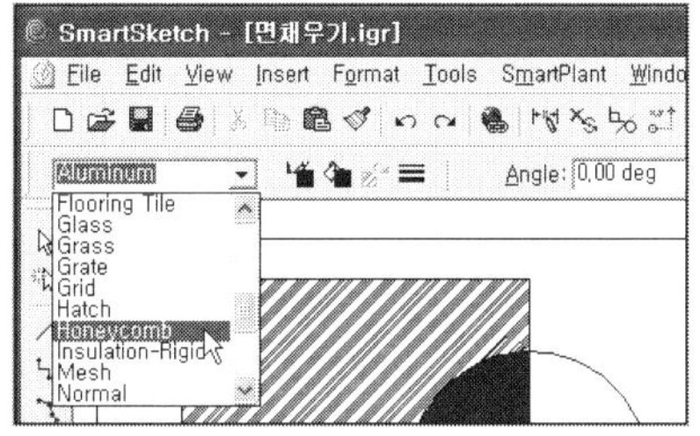

그림 2.48-10 : Style 지정

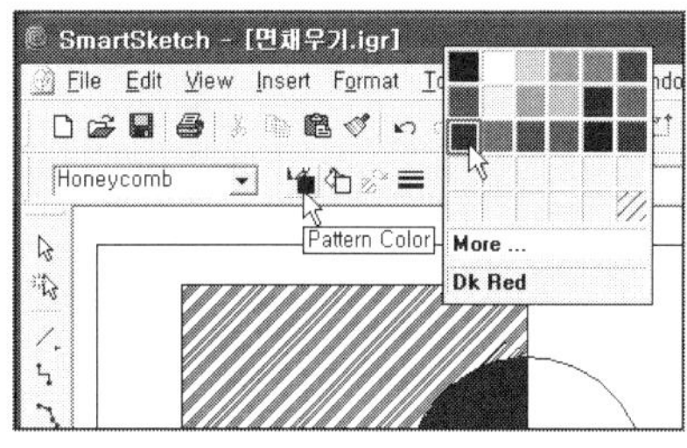

그림 2.48-11 : 패턴색 지정

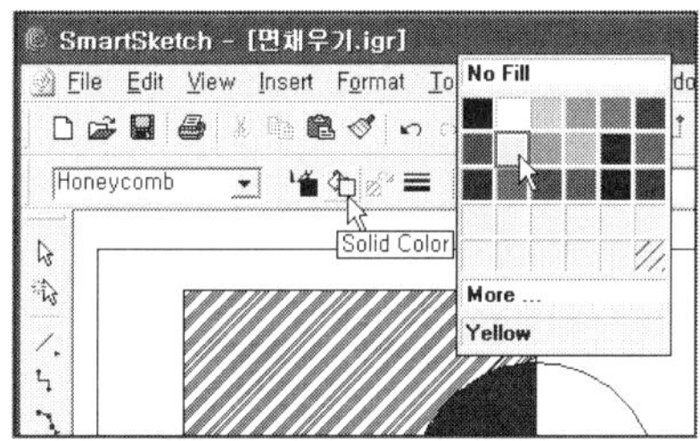

그림 2.48-12 : 바탕색 지정

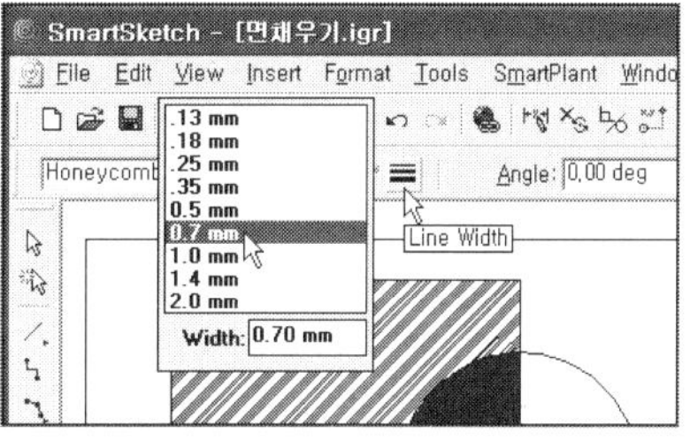

그림 2.48-13 : 선 굵기 지정

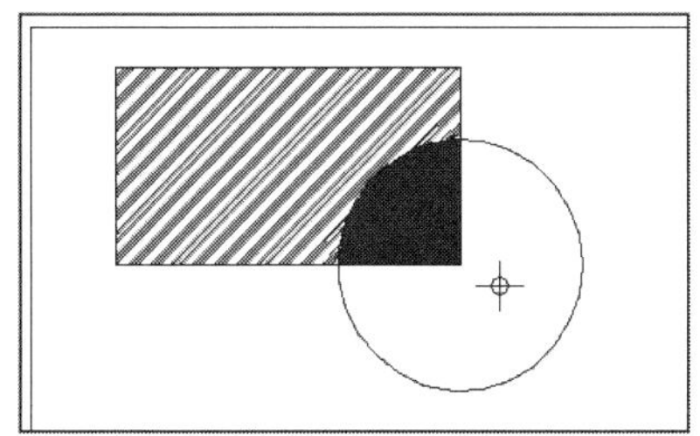

그림 2.48-14 : 대상 지정

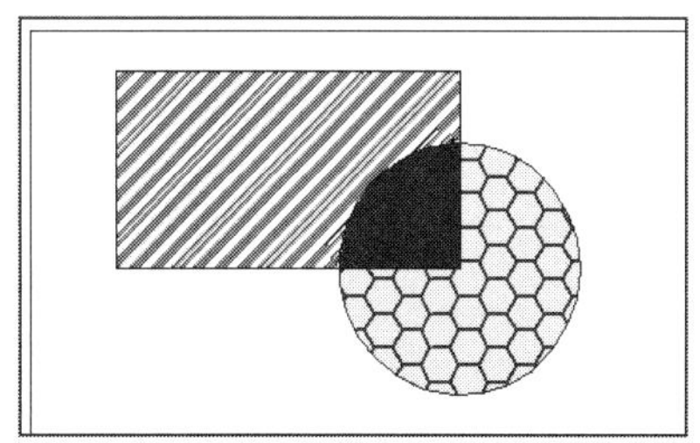

그림 2.48-15 : 작업결과

2.2.16 문자열 작성(Text) : [A]

[그림 2.49-1]에서 [Text Box] 도구를 선택하면 [그림 2.49-2]의 리본-바가 나타난다. 그리고 리본-바의 속성 아이콘 중 [More..]를 선택하면 [그림 2.49-3]과 같이 확장된 리본-바가 나타난다.

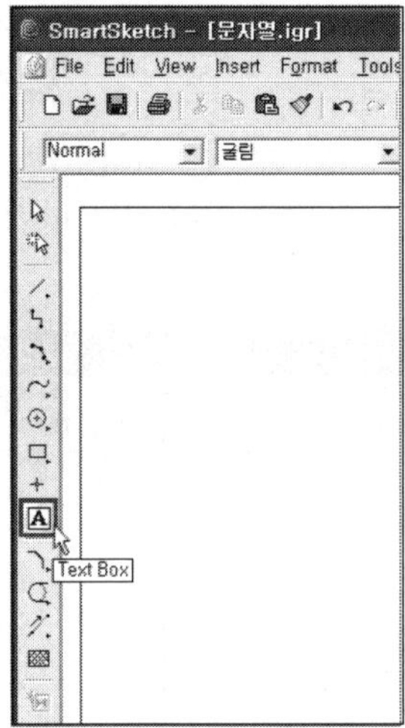

그림 2.49-1 : 문자열 작업도구

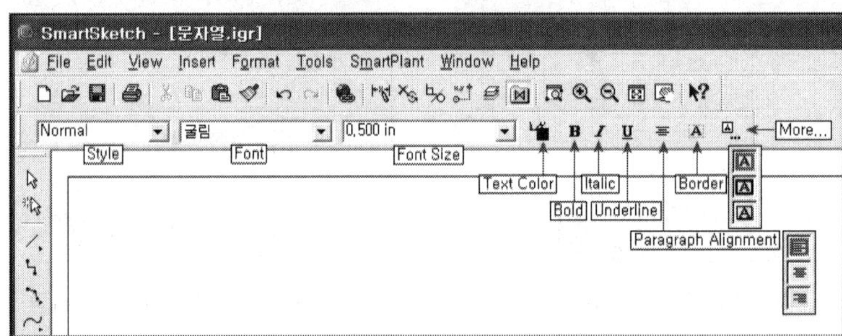

그림 2.49-2 : 문자열 리본-바 내용

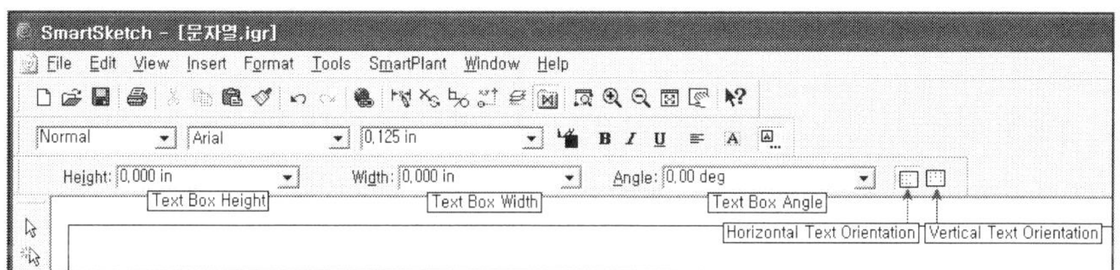

그림 2.49-3 : 확장 리본-바 내용(기본 리본-바에서 'More"를 선택)

구분		설명
Style		Normal, Normal ANSI 중 선택
Font		문자의 폰트 선택
Font Size		문자의 크기 지정
Text Color		글자색 지정
Bold		진하게
Italic		기울임체
Underline		밑줄
Paragraph Alignment		왼쪽 정렬
		가운데 정렬
		오른쪽 정렬
Border		테두리 없음
		테두리 있음
		테두리 및 그림자
More	Horizontal	수평 쓰기
	Vertical	수직 쓰기

문자열을 작성하는 방법은 임의의 위치에 바로 입력하는 방법과 영역(사각형 구역)을 지정한 다음 문자열을 작성하는 방법의 2가지가 있다.

(1) 바로 입력하는 방법

① [그림 2.49-1]에서 **[Text]** 도구를 선택하고 리본-바의 선택 사항을 지정한 다음

② 문자열을 작성하고자 하는 곳에서 클릭하면 바로 문자열을 작성할 수 있다.

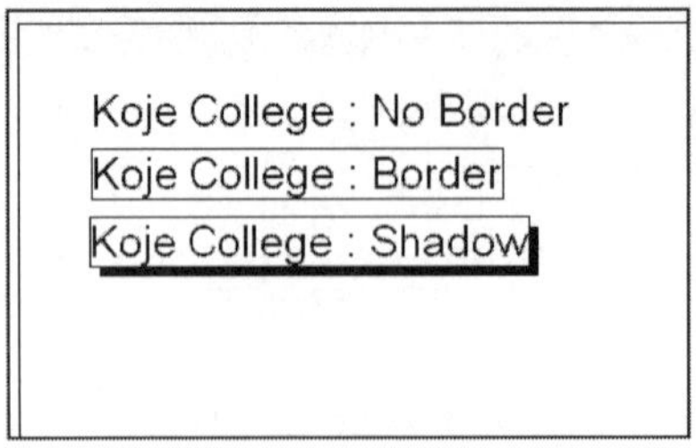

Koje College : No Border
Koje College : Border
Koje College : Shadow

그림 2.49-4 : 테두리의 종류

Koje College : No Border
Koje College : Border
Koje College : Shadow

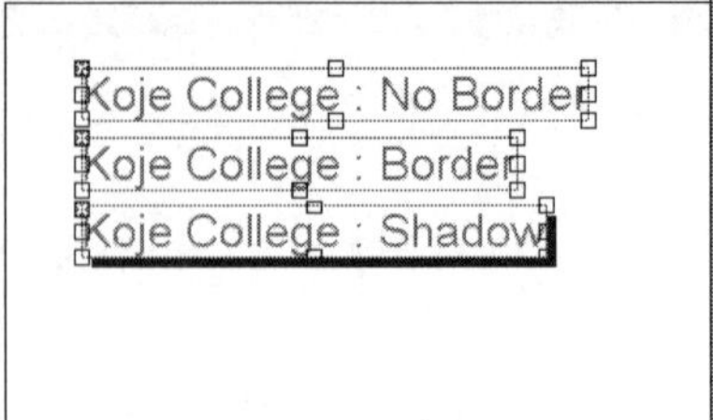

그림 2.29-5 : 크기 조정 불가 상태 표시

바로 입력하는 방법으로 작성된 문자열은 작성 후 문자열의 위치를 이동할 수 있으나, 영역 크기는 조정할 수 없다.

[그림 2.49-4]는 테두리의 속성을 다르게 지정한 경우이며, [그림 2.49-5]는 작성한 문자열을 선택했을 때는 표시되는 상태이다(수정용 핸들 사각형이 투명하게 표시되는 것을 크기를 조정할 수 없는 경우를 나타낸다.).

(2) 영역을 지정한 다음 입력하는 방법

① [그림 2.49-1]에서 **[Text]** 도구를 선택한 후

② [그림 2.49-6]과 같이 드래그로 영역을 지정한 다음

③ [그림 2.49-7]과 같이 문자열을 입력하면 [그림 2.49-8]과 같이 처음 지정한 영역이 선택되며, 그 크기도 수정할 수 있다(수정용 핸들인 검은색 사각형 표시는 크기를 수정할 수 있는 경우를 나타낸다.).

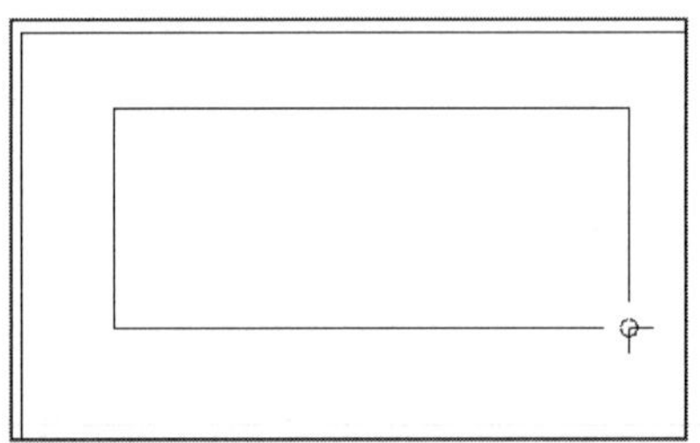

그림 2.49-6 : 드래그로 영역 지정

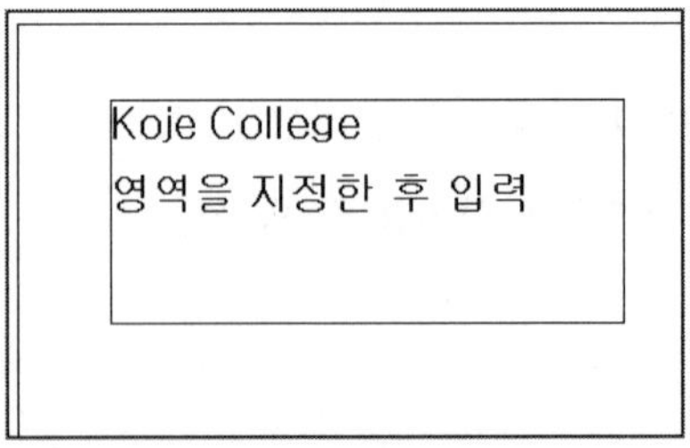

Koje College
영역을 지정한 후 입력

그림 2.49-7 : 문자열 입력

Koje College
영역을 지정한 후 입력

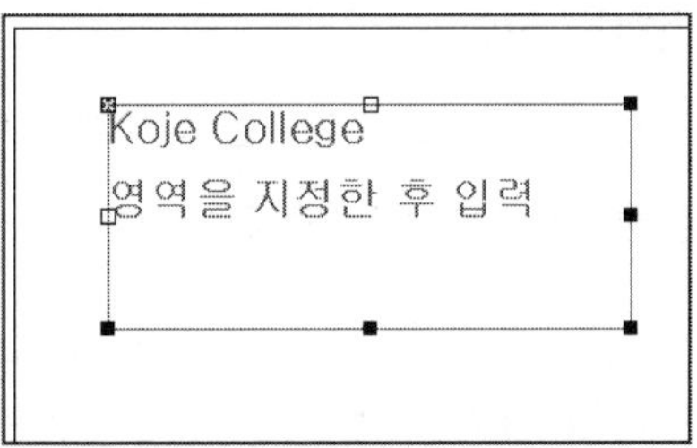

그림 2.49-8 : 크기 조정 가능 상태

❶ [그림 2.49-9]는 [그림 2.49-3]의 확장된 리본-바 값 중 [Angle] 값을 "-10°"로 지정하고 [Vertical Text Orientation]을 지정하여 작성한 경우이다.

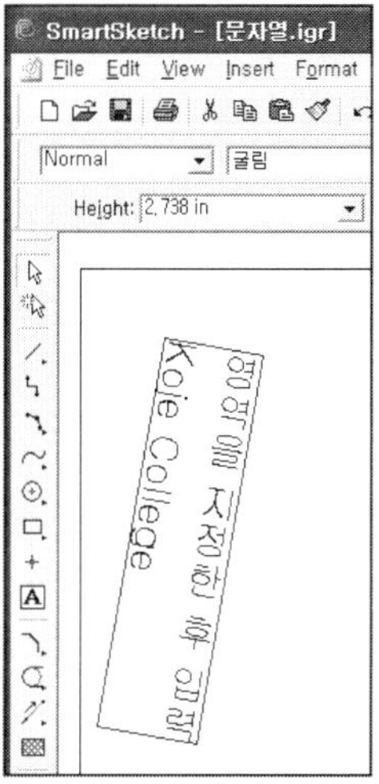

그림 2.49-9 : 확장 속성을 지정한 문자열

실습 11

태극기 그리기

다음의 태극기 도면을 임의의 양식에 작도하시오.

【참고 사항】

1. 치수 중 [ ] 안의 수치는 원의 지름을 1로 하였을 때의 상대 크기를 표시함
2. 작성된 치수는 참조용이며, 작업도면의 크기에 맞추어 작성
3. 글자체, 크기 및 위치는 도면을 참조하여 작성
4. 면의 색은 태극기 색임(Black, Red, Blue)

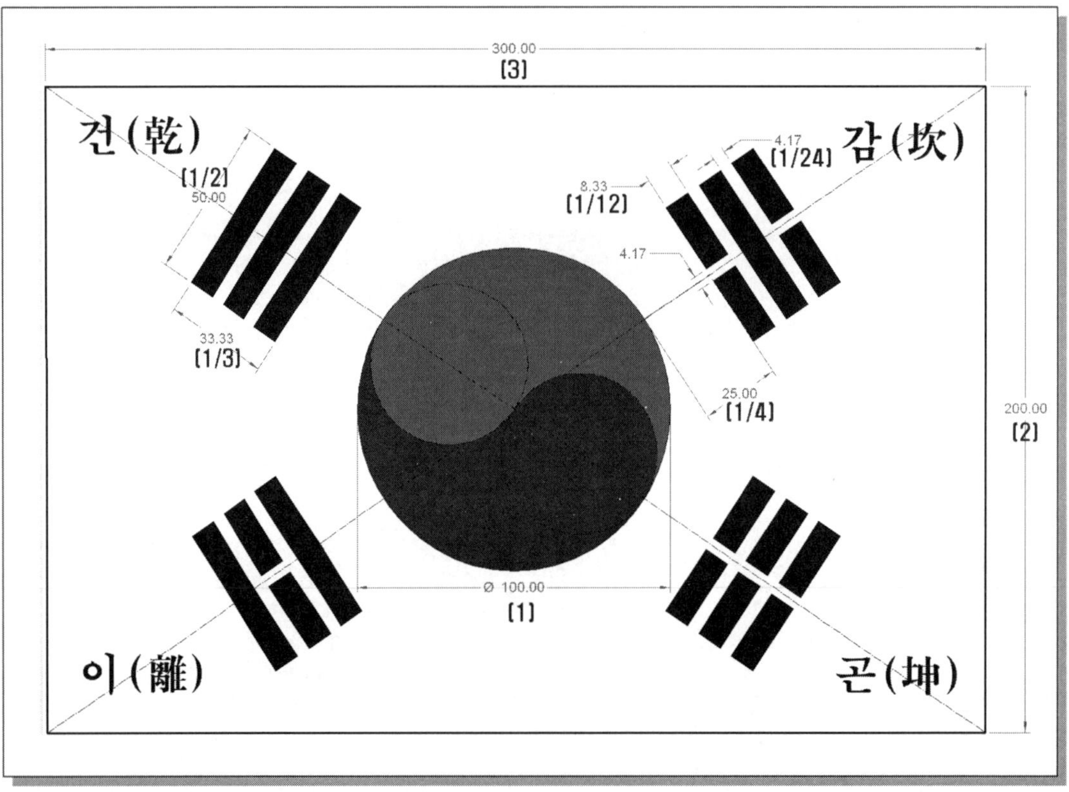

2.3 3D(Isometric) 그리기

SmartSketch에서는 Isometric 형태의 3D 도면을 쉽게 그릴 수 있는 도구를 제공한다. 이 3D 도면은 단순 Isometric이며, 회전시켜 볼 수 있는 것은 아니다. 즉, 직선, 원 및 사각형을 30˚, 60˚ 및 90˚의 축으로 표현한 것이다.

2.3.1 Isometric 작업도구 불러내기

처음 SmartSketch를 설치한 상태에서는 이 작업도구는 감추어져 있다.

[그림 2.50-1]의 **[Tools>Add-Ins]** 메뉴를 선택하면 [그림 2.50-2] 창이 나타나며, 이 창에서 **[Isometric Toolbar Commands]**를 선택하면 [그림 2.50-3]의 새로운 3D 작업도구 막대가 나타난다.

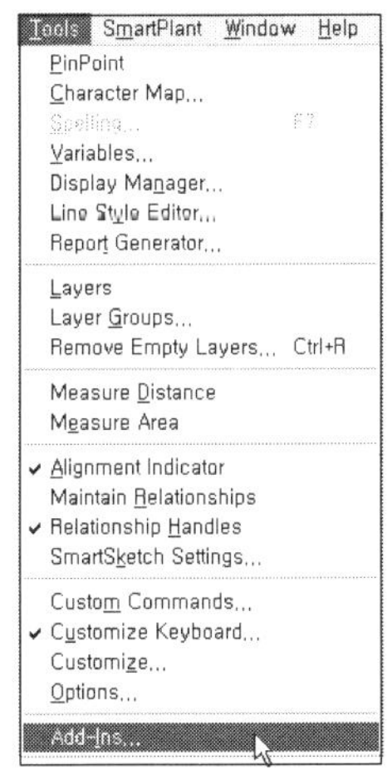

그림 2.50-1 : 추가 도구 메뉴

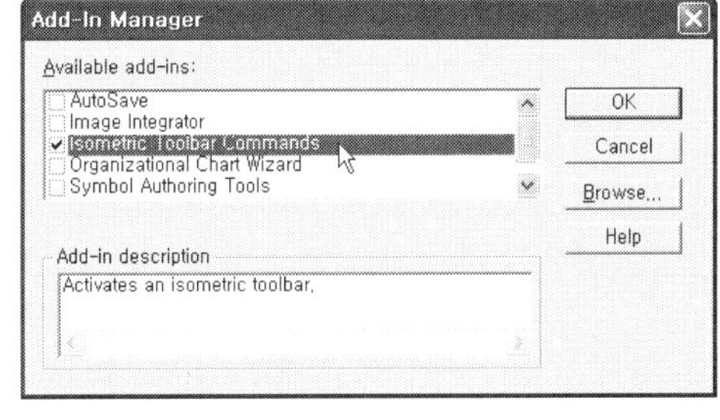

그림 2.50-2 : 메뉴 선택 창

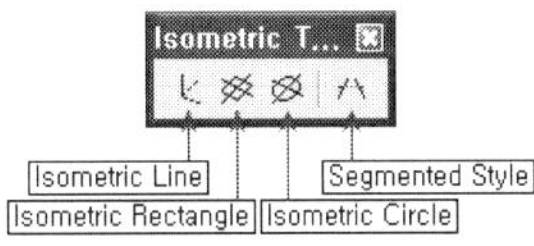

그림 2.50-3 : 3D 작업도구막대

한 번 Isometric Toolbar를 불러내면 기본 메뉴에 등록되며, 이 후부터는 기본 메뉴에 등재되어 있다.

만일 Isometric Toolbar가 등재된 이후 감추기 상태이면(Tool이 작업창에 보이지 않는 상태) 기본 작업도구 막대와 같은 방법으로 불러내면 된다.

[그림 2.50-4]의 [View>Toolbars] 메뉴를 선택하면 [그림 2.50-5]의 창이 나타나며, 이 창에서 [Isometric Tools][16]을 선택하면 감추진 Isometric Toolbar가 나타난다.

또는 임의의 Toolbar에서 마우스의 오른쪽 버튼을 클릭하면 [그림 2.50-6]과 같은 Pop-up 메뉴가 나타나며, 이 메뉴에서 [Isometric Tools]를 선택하면 된다.

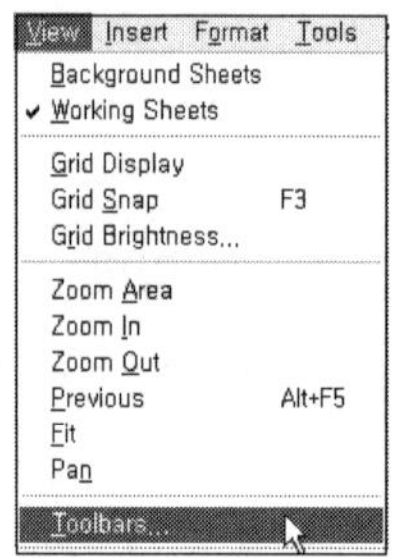

그림 2.50-4 : 메뉴

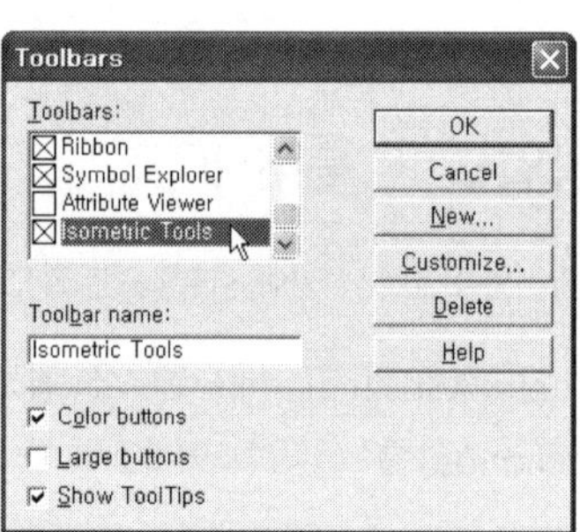

그림 2.50-5 : 메뉴 선택 창

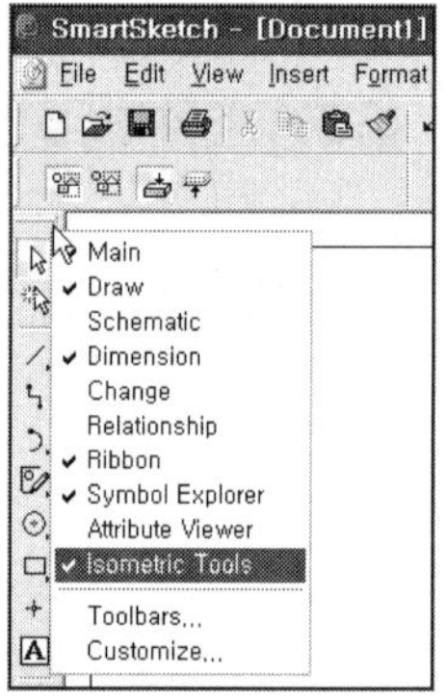

그림 2.50-6 : Pop-up 메뉴 창

2.3.2 Isometric 사각형 그리기 :

Isometric 3D 도면에서 사각 입방체(6면체)를 그리는 작업을 말한다.

16) Add-Ins의 [Isometric Toolbar Commands]가 설치되지 않으면 이 메뉴가 보이지 않음

(1) 좌측면 그리기

① [그림 2.51-1]에서 **[Isometric Rectangle]** 도구를 선택한 후 [그림 2.51-2]의 리본-바에서 **[Left Side]**를 선택한다.

② 그리고 [그림 2.51-3]부터 [그림 2.51-5]까지의 과정으로 작업하면 [그림 2.51-6]과 같이 3D 입체형 사각형의 좌측면을 그릴 수 있다. [그림 2.51-6]의 번호는 클릭한 순서를 나타낸다.

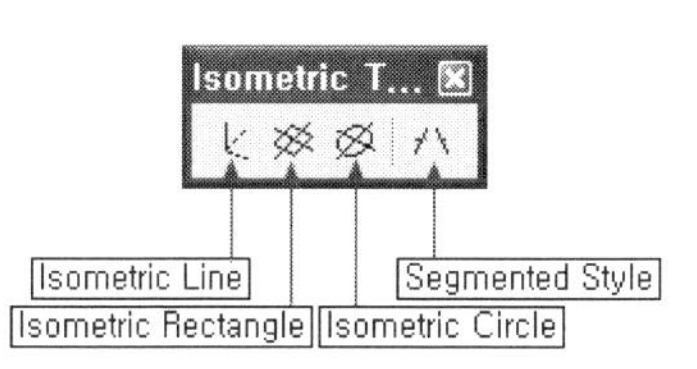

그림 2.51-1 : 3D 작업도구

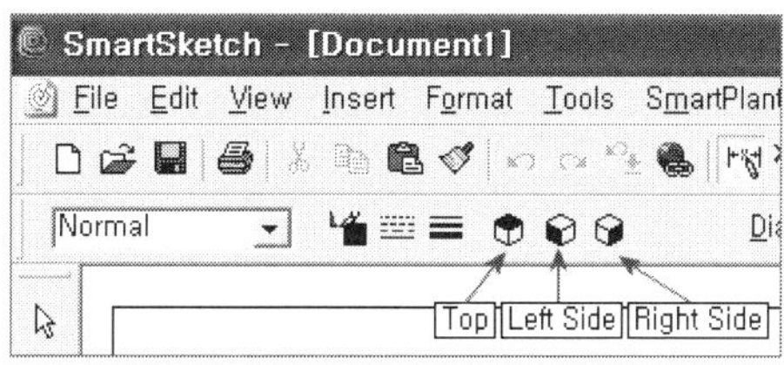

그림 2.51-2 : 리본-바 내용

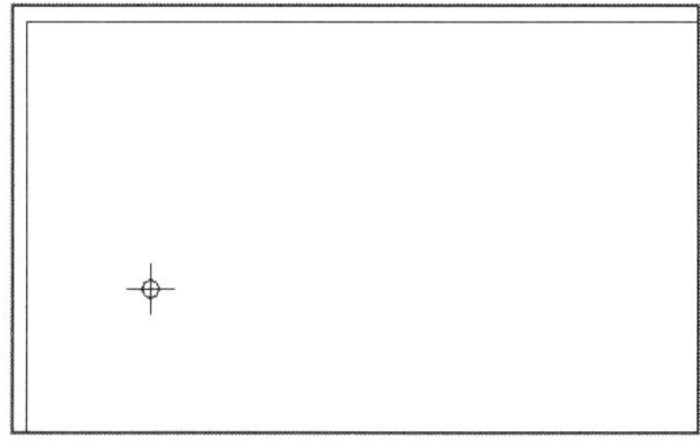

그림 2.51-3 : 시작점 지정

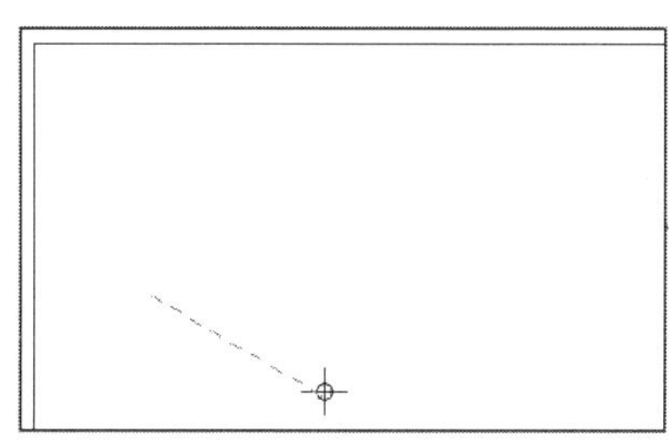

그림 2.51-4 : 끝점 지정

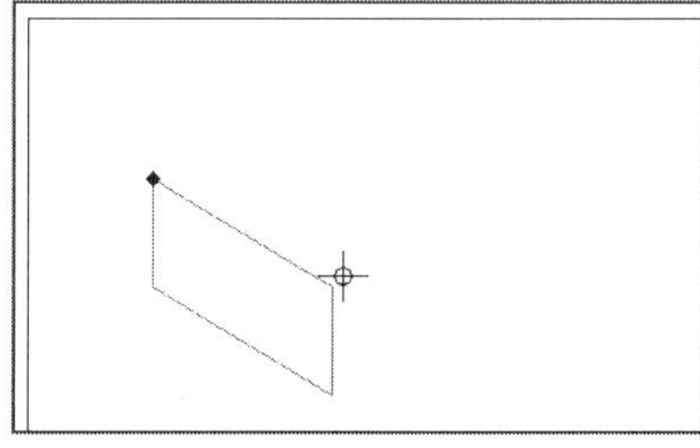

그림 2.51-5 : 높이 지정

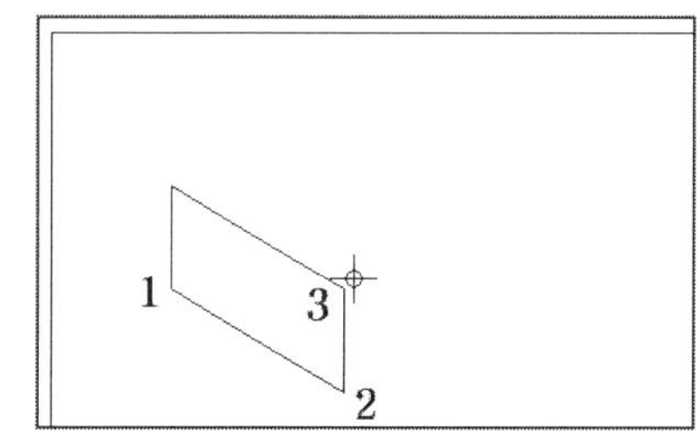

그림 2.51-6 : 작업결과

(2) 우측면(정면) 그리기

① [그림 2.51-2]의 리본-바에서 **[Right Side]**를 선택한 다음

② [그림 2.52-1]부터 [그림 2.52-3]까지의 과정으로 작업하면 [그림 2.52-4]와 같이 사각형의 우측면(정면도에 해당)을 그릴 수 있다.

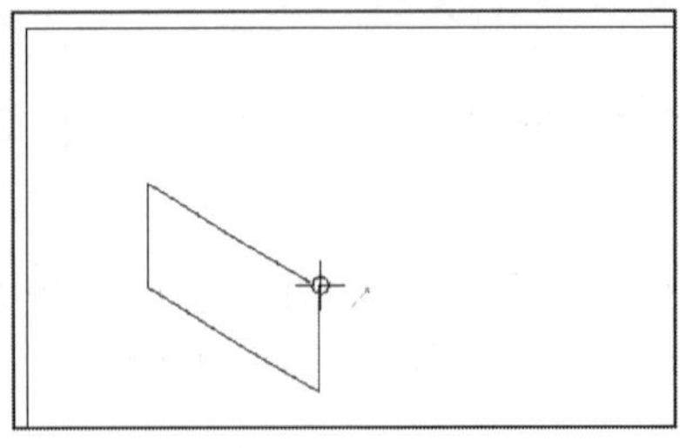

그림 2.52-1 : 시작점 지정

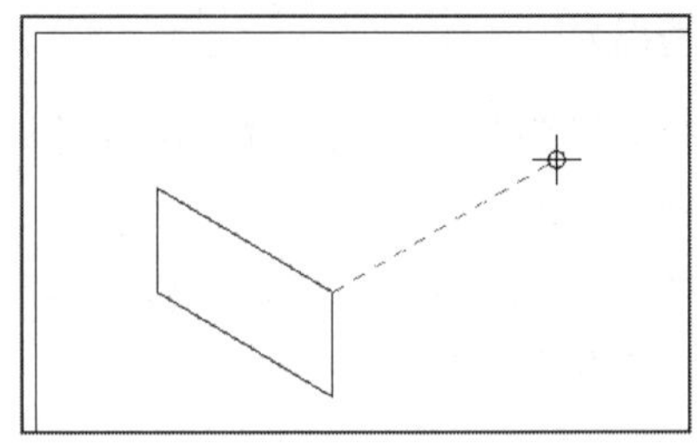

그림 2.52-2 : 끝점 지정

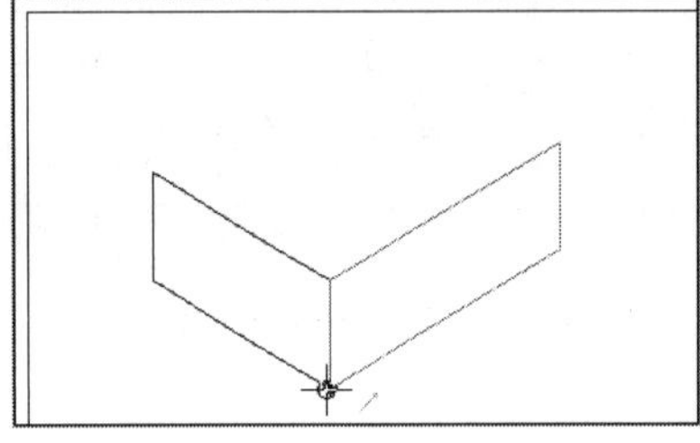

그림 2.52-3 : 높이 지정

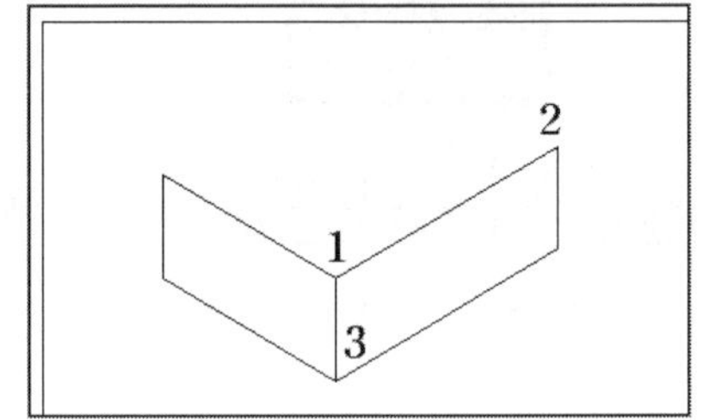

그림 2.52-4 : 작업결과

(3) 상/하단면(평면) 그리기

① [그림 2.51-2]의 리본-바에서 **[Top]**을 선택한 다음

② [그림 2.53-1]부터 [그림 2.52-3]까지의 과정으로 작업하면 [그림 2.53-4]와 같이 사각형의 상단(또는 하단, 평면도에 해당)면을 그릴 수 있다.

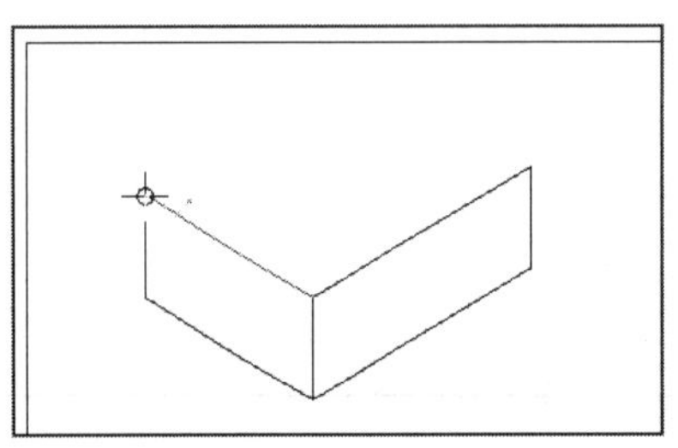

그림 2.53-1 : 시작점 지정

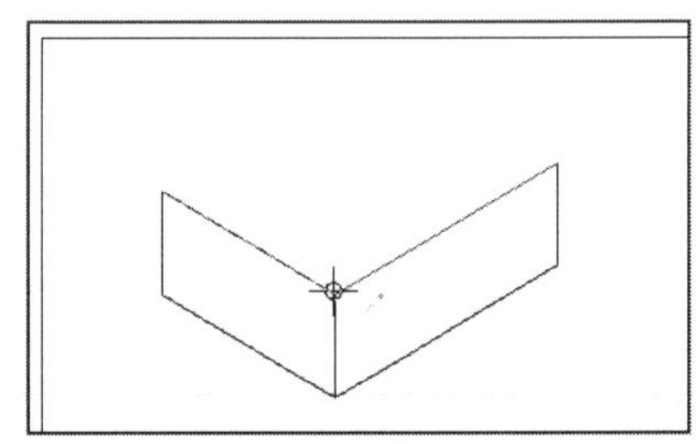

그림 2.53-2 : 끝점 지정

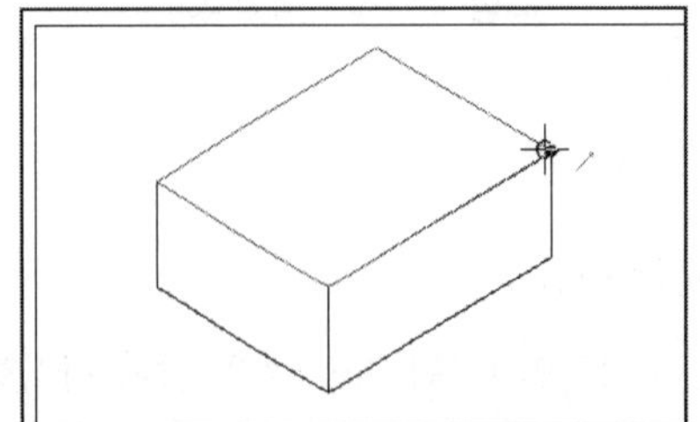

그림 2.53-3 : 폭 지정

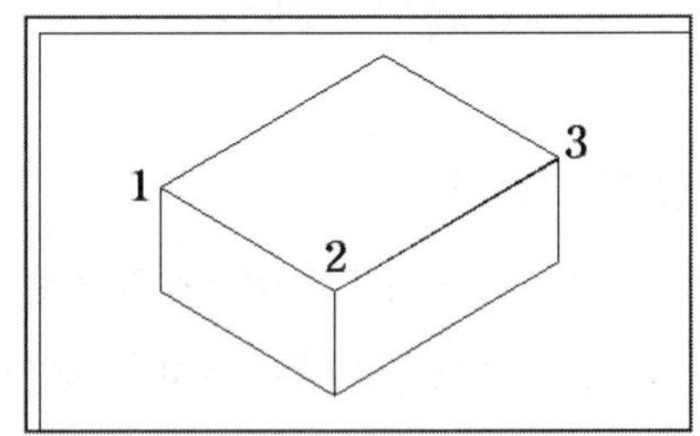

그림 2.53-4 : 작업결과

2.3.3 Isometric 선 그리기 :

Isometric 3D 도면에서 임의의 선분을 그리는 작업을 말한다.

그려지는 선분은 길이는 임의로 지정할 수 있으나 기울기는 ±30°, ±90°, ±150° 중 하나로만 작성된다. 즉, Isometric의 선분 중 하나로만 그려진다.

① [그림 2.54-1]에서 [Isometric Line] 도구를 선택한 후

② 다시 리본-바에서 [그림 2.54-2]와 같이 6면체의 내부 선분(감춰진 선분)을 그리기 위하여 선의 종류를 점선으로 지정한다.

③ [그림 2.54-3]에서 시작점을 지정한 후

④ [그림 2.54-4]와 같이 맞추어야 할 점을 지정하면 지정한 점에 맞추어진 선이 그어진다.

⑤ 계속하여 [그림 2.54-5]와 같이 끝점을 지정하면 [그림 2.54-6]과 같이 6면체의 내부 선분을 그릴 수 있다.

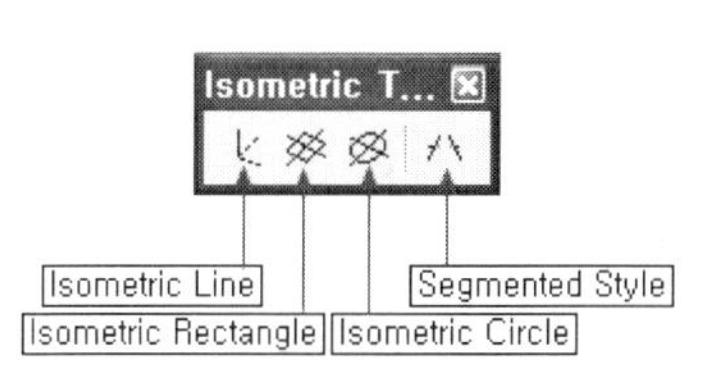

그림 2.54-1 : 3D 작업도구

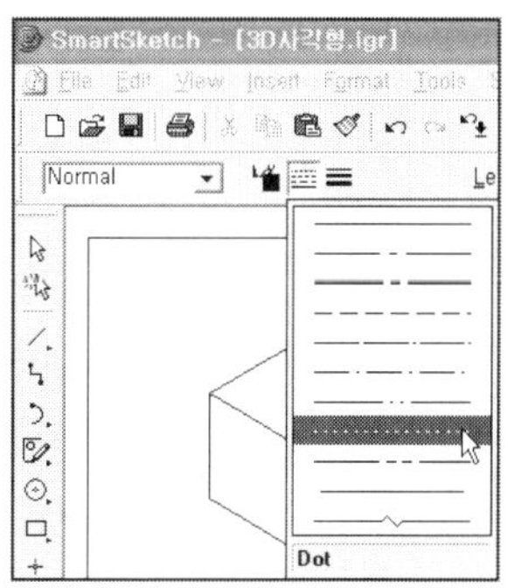

그림 2.54-2 : 선 종류 지정

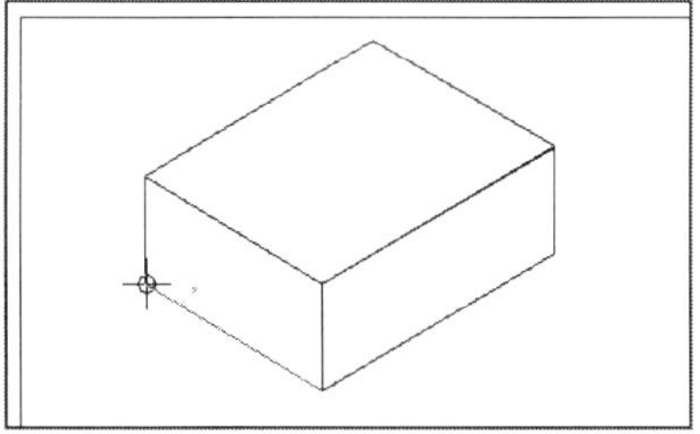

그림 2.54-3 : 시작점 지정

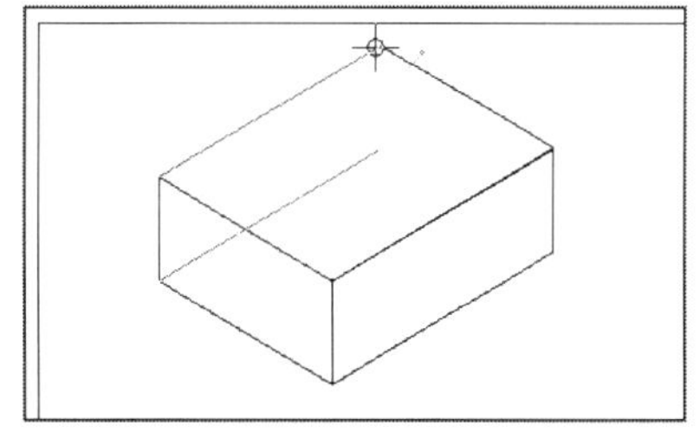

그림 2.54-4 : 끝점 지정

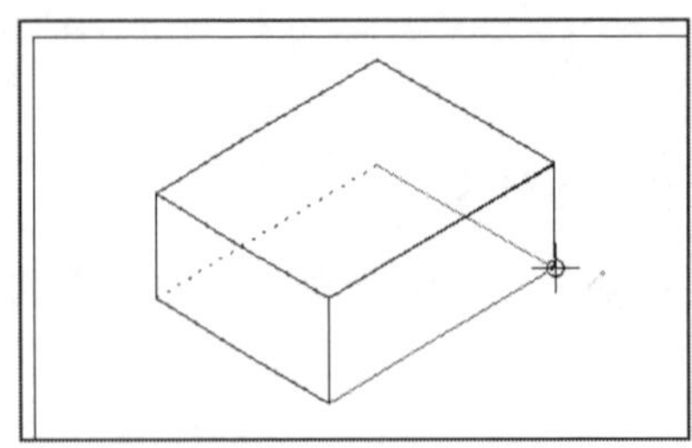

그림 2.54-5 : 다음 끝점 지정

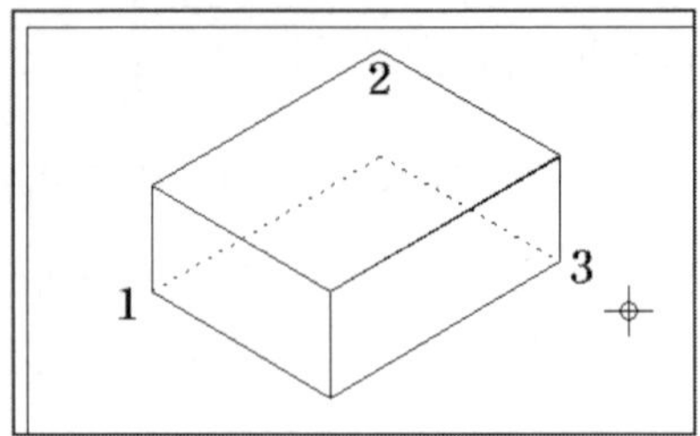

그림 2.54-6 : 작업결과

2.3.4 Isometric 원 그리기 :

Isometric 3D 도면에서 원통(원기둥) 상(또는 하) 단면의 테두리(원)를 그리는 작업을 말한다.

이 절에서는 앞 절에서 작업한 6면체 가운데 직경이 1inch가 되는 원통형의 구멍을 그리는 경우에 작업하는 과정을 설명한다.

작업은 6면체의 중앙에 원을 배치하기 위하여 먼저 원의 중심점이 위치할 윗면의 중점을 찾은 다음 원을 그리기는 순서로 설명한다.

(1) 6면체의 중점 찾기 :

① [그림 2.55-1]에서 **[Line/Arc Continuous]** 도구를 선택한 다음

② [그림 2.55-2]부터 [그림 2.55-5]까지 2개의 대각선을 그리면 [그림 2.55-6]과 같이 사각형의 대각선을 그릴 수 있으며, 이 대각선의 교차점이 사각형의 중점이 된다.

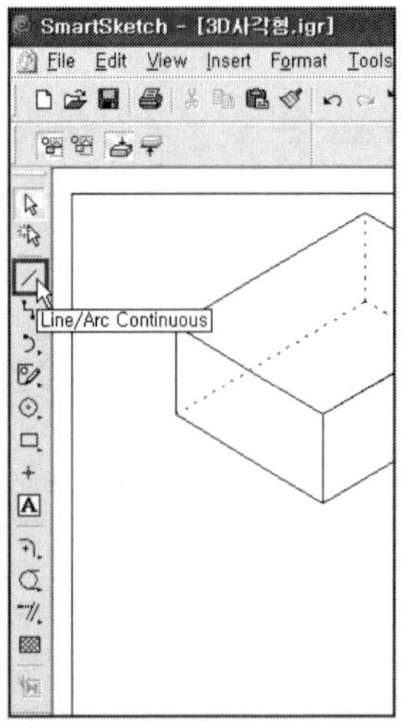

그림 2.55-1 : 선 그리기 작업도구

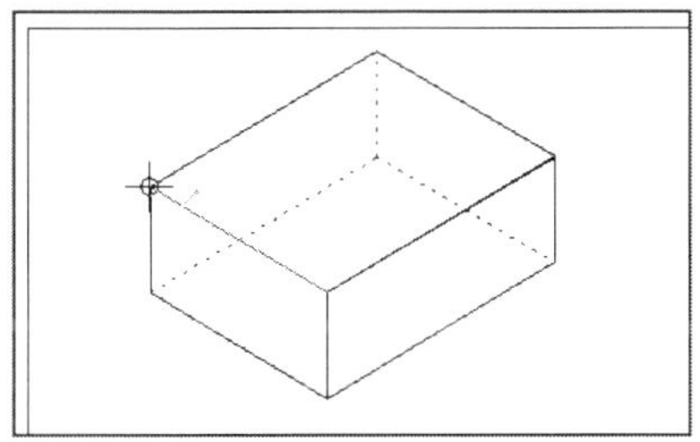

그림 2.55-2 : 대각선1 시작점 지정

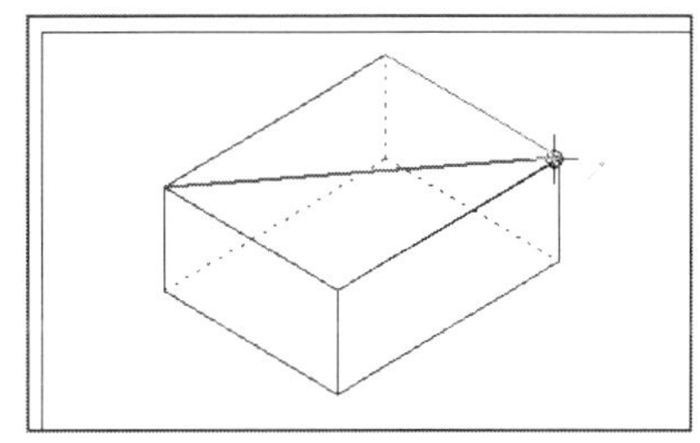

그림 2.55-3 : 대각선1 끝점 지정

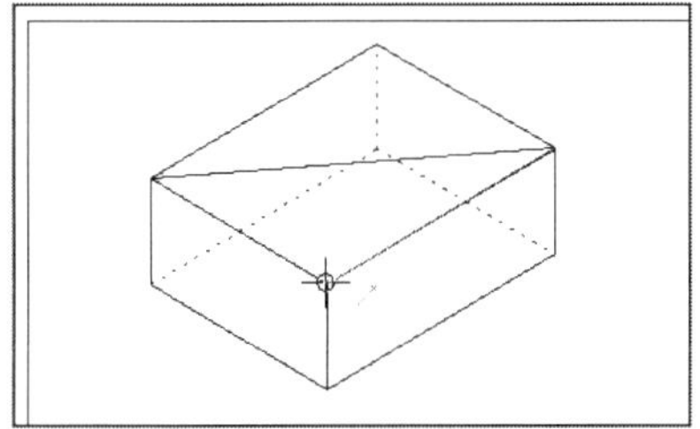

그림 2.55-4 : 대각선2 시작점 지정

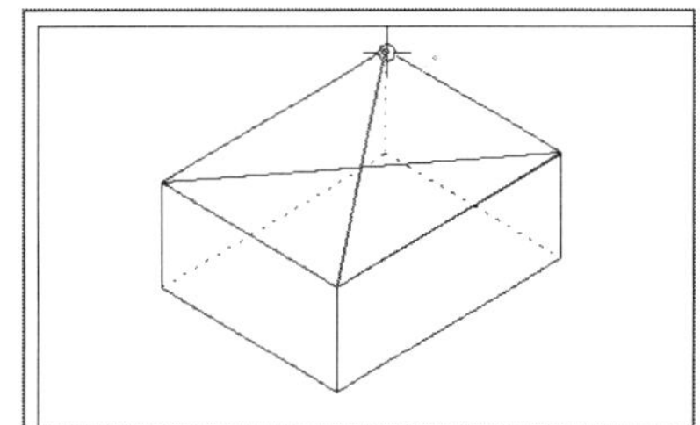

그림 2.55-5 : 대각선2 끝점 지정

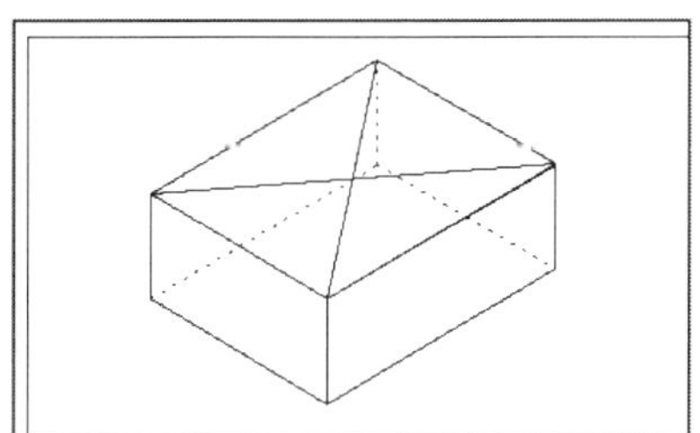

그림 2.55-6 : 작업결과

(2) 원 그리기 :

① [그림 2.56-1]에서 [Isometric Circle] 도구를 선택한 다음

② [그림 2.56-2]와 같이 원의 중심점을 대각선의 교차점으로 지정한 후

③ 정확한 치수의 구멍을 그리기 위하여 [그림 2.56-3]과 같이 리본-바의 Diameter란에 1inch를 입력한다.

④ 수치를 입력한 후 [그림 2.56-4]와 같이 다시 왼쪽 버튼을 클릭하면 [그림 2.56-5]와 같이 사각형의 중점에 1inch의 원을 그릴 수 있다.

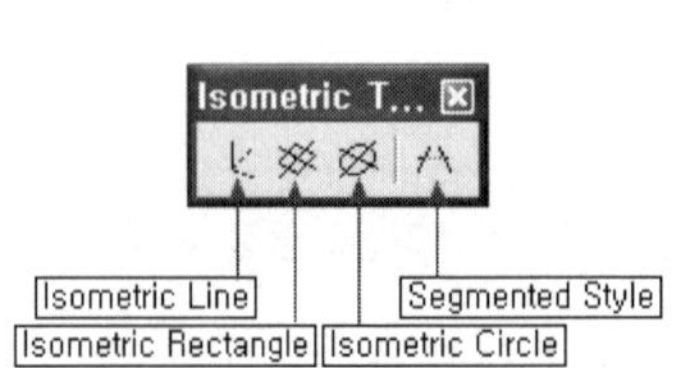

그림 2.56-1 : 3D 작업도구

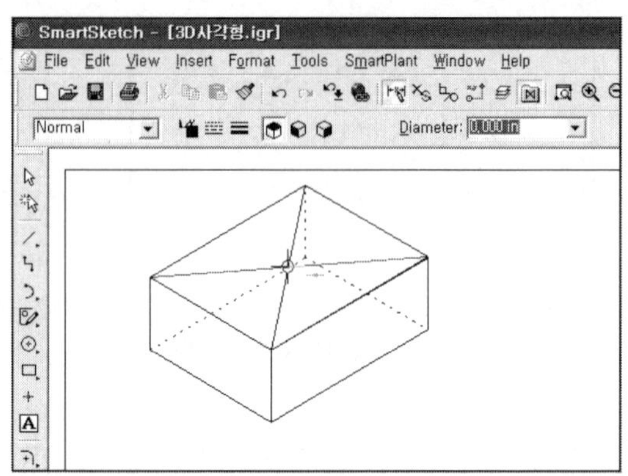

그림 2.56-2 : 중심점 지정

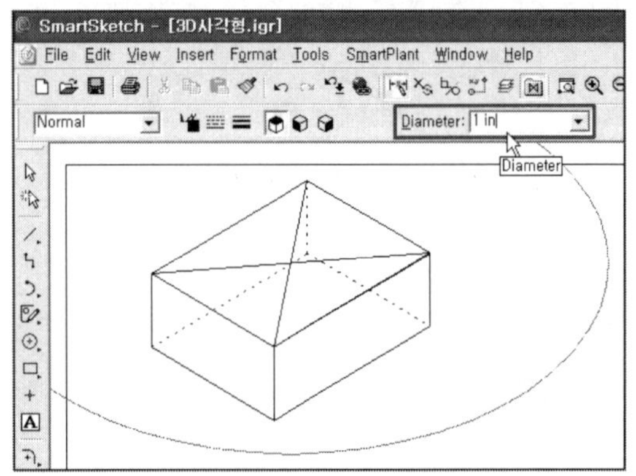

그림 2.56-3 : 지름 입력

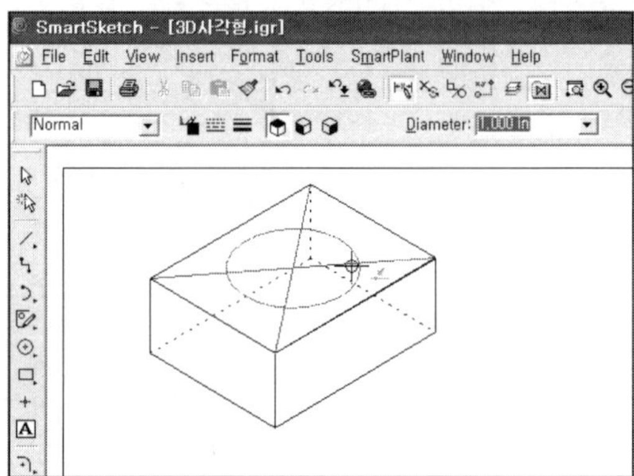

그림 2.56-4 : 위치 지정

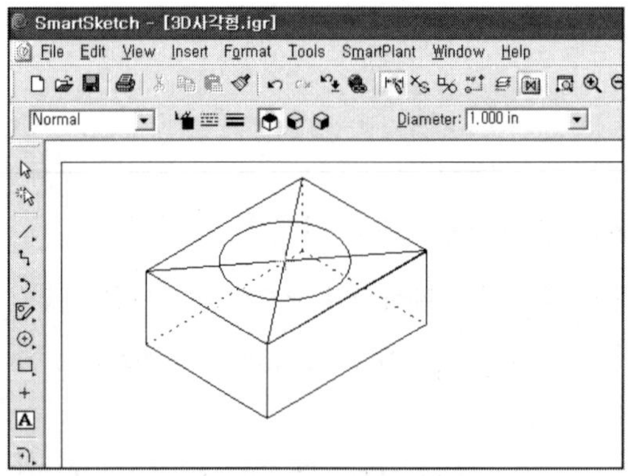

그림 2.56-5 : 작업결과

(3) 대각선 지우기

원 그리기 작업이 끝났으면 대각선은 필요 없으므로 지워야 한다.

① [그림 2.57-1]에서 **[Select Tool]**을 선택한 다음

② [그림 2.57-2] 또는 [그림 2.57-3]과 같이 삭제할 선분을 지정한 다음 자판의 [Del] Key를 누르면 [그림 2.57-4]와 같이 지울 수 있다.

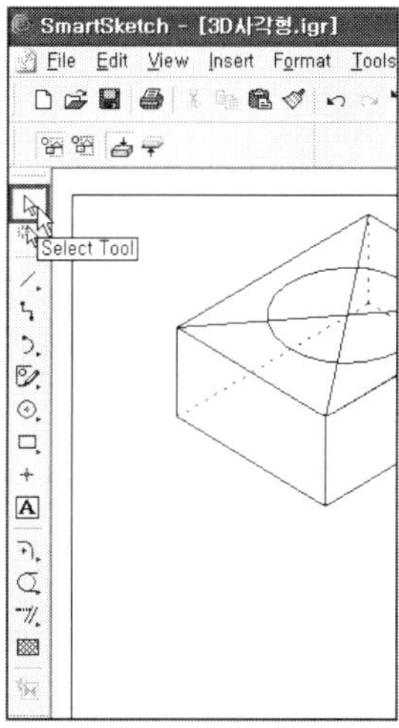

그림 2.57-1 : 작업도구 지정

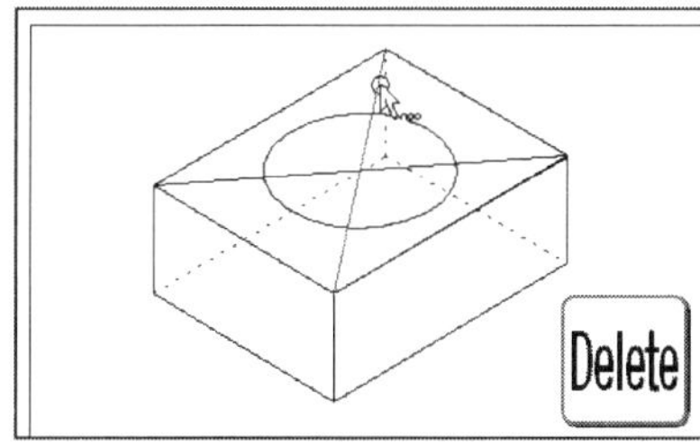

그림 2.57-2 : 대각선1 삭제

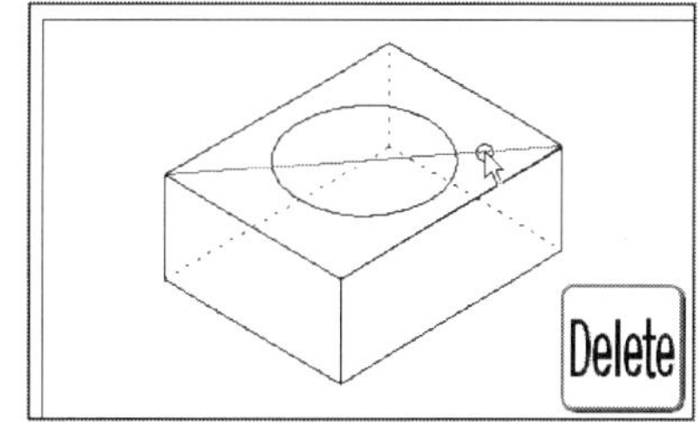

그림 2.57-3 : 대각선2 삭제

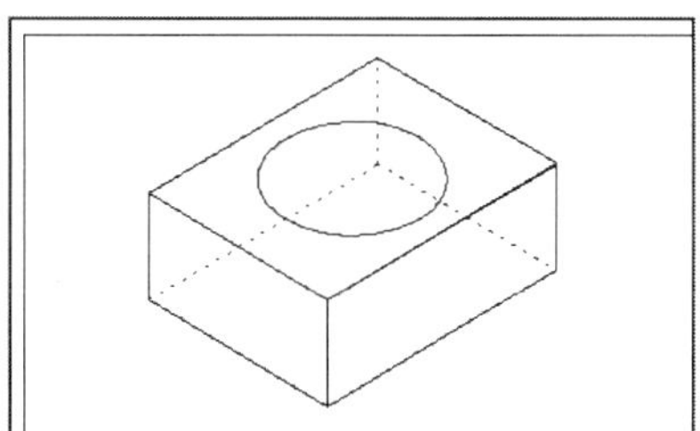

그림 2.57-4 : 작업결과

❶ [그림 2.57-5]는 동일한 작업 방법으로 6면체의 하단에 원 그리기 작업을 한 것이다(하단면에 대각선을 그어 작업을 한 후 다시 제거함).

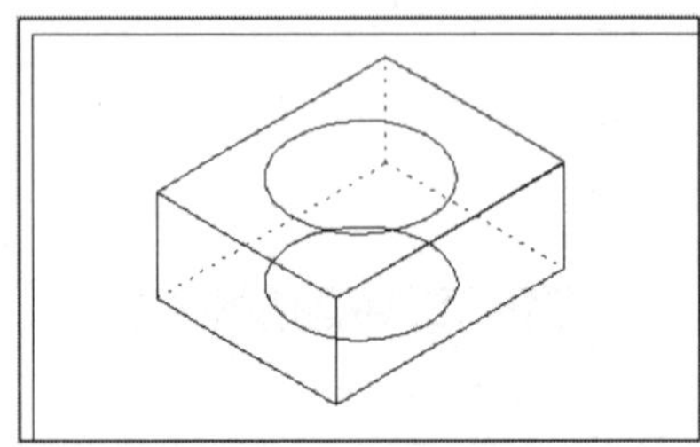

그림 2.57-5 : 작업결과

2.3.5 Isometric선 모양 수정하기 :

CAD 도면에서 선은 직선, 점선, 쇄선 등 그 용도에 따라 모양을 다르게 표시하고 있다.

2.3.3절에서는 그리기 작업하기 전에 선의 형태를 미리 지정하여 작업하였으나, 일반적으로 한 종류의 형태(보통 직선형태)로 작업 한 후 다시 필요한 부분을 수정하는 방법을 사용한다.

SmartSketch에서는 비록 하나의 작업으로 그려진 선이라도 다른 선과 교차하는 경우에는 교차점 사이를 자동으로 분리(Segment)하여 처리한다(이 기능은 경우에 따라 불편할 수도 있다.).

① [그림 2.58-1]에서 **[Segmented Style]** 도구를 선택한 다음

② [그림 2.58-2]와 같이 리본-바 선 형태를 점선으로 지정하고

③ [그림 2.58-3]에서와 같이 원을 지정하면 [그림 2.58-4]와 같이 비록 하나의 작업으로 그려진 원이지만 다른 선(6면체의 변)과 교차되는 점 사이의 부분만 수정된다.

❶ [그림 2.58-5]는 원의 각 구간(Segment)을 서로 다른 형태의 선으로 수정한 결과이다.

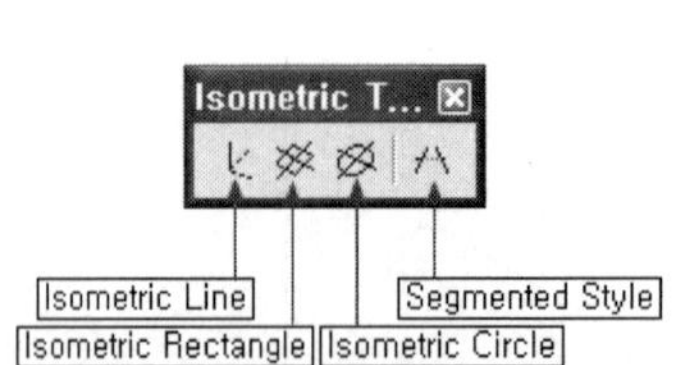

그림 2.58-1 : 3D 작업도구

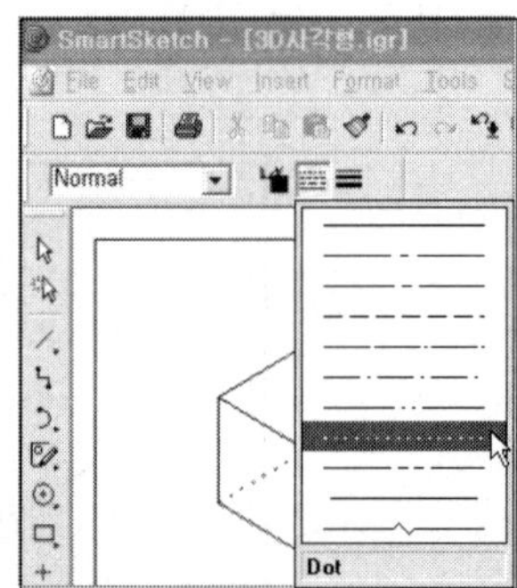

그림 2.58-2 : 선 종류 지정

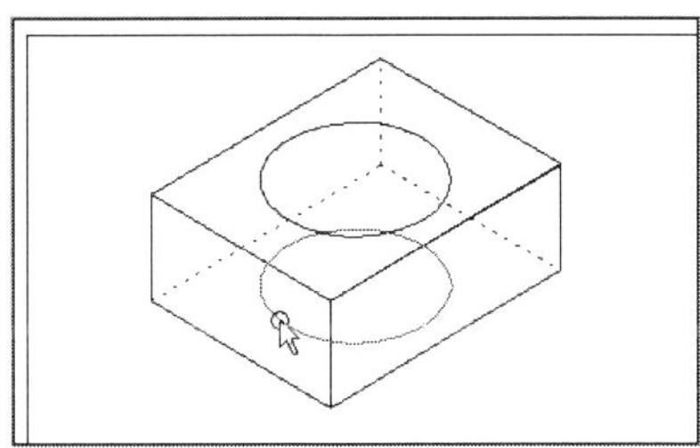

그림 2.58-3 : 수정 대상 지정

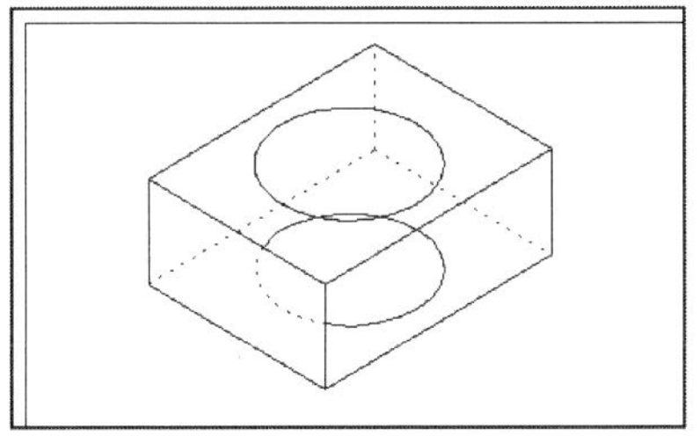

그림 2.58-4 : 작업결과

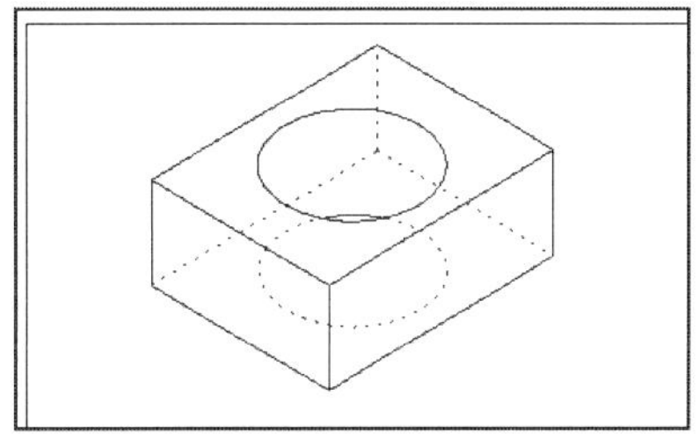

그림 2.58-5 : 최종결과

실습 12 Isometric 그리기 1

다음 도면을 A4(Wide) 양식에 작도하시오.

【참고 사항】

1. 치수 단위는 mm임
2. Isometric 도면은 2D 도면의 치수에 비례하여 작성

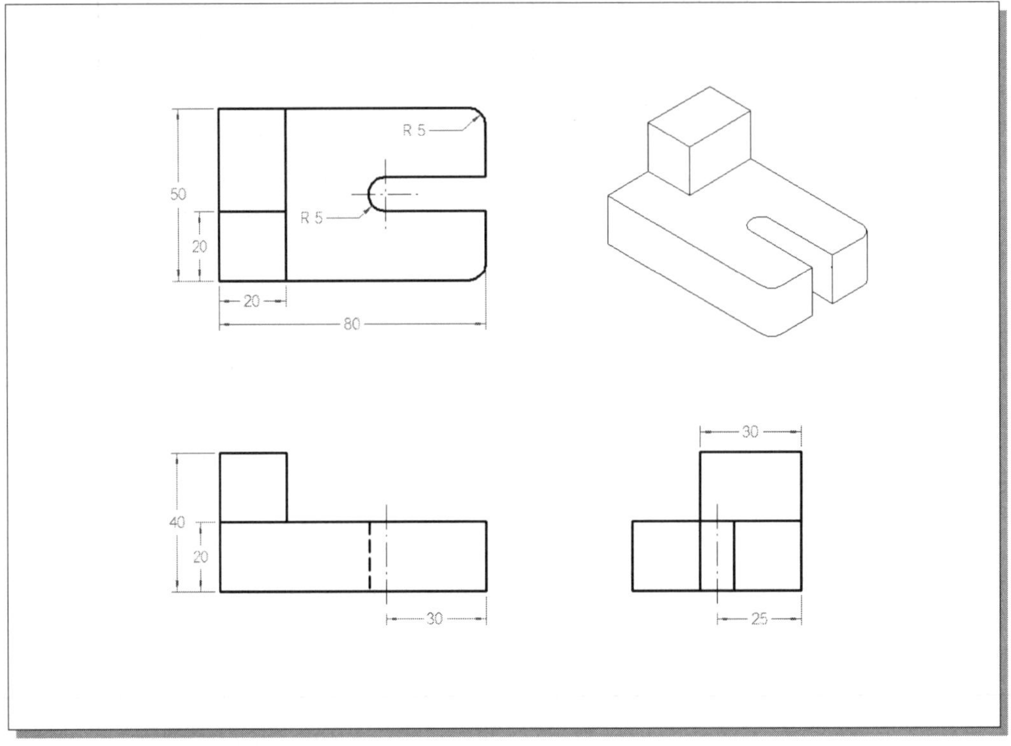

실습 13

Isometric 그리기 2

다음 도면을 A4(Wide) 양식에 작도하시오.

【참고 사항】

1. 치수 단위는 mm임(소수점 이하 1자리)
2. Isometric 도면은 2D 도면의 치수에 비례하여 작성

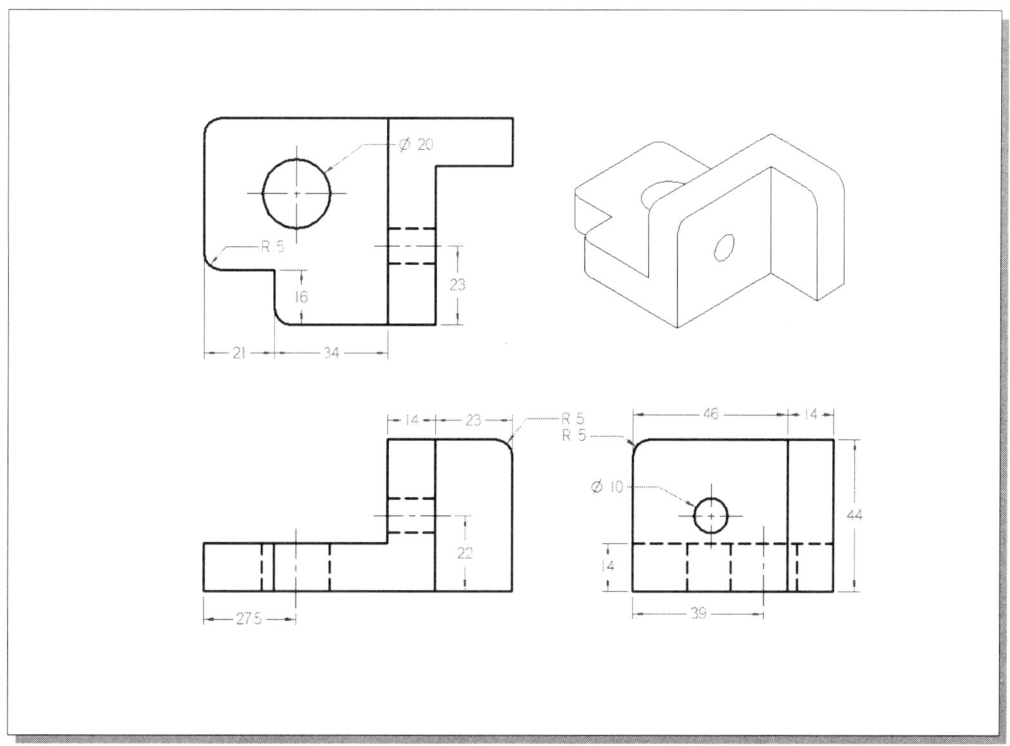

실습 14 Isometric 그리기 3

다음 도면을 A4(Wide) 양식에 작도하시오.

【참고 사항】

1. 치수 단위는 mm임
2. Isometric 도면은 2D 도면의 치수에 비례하여 작성

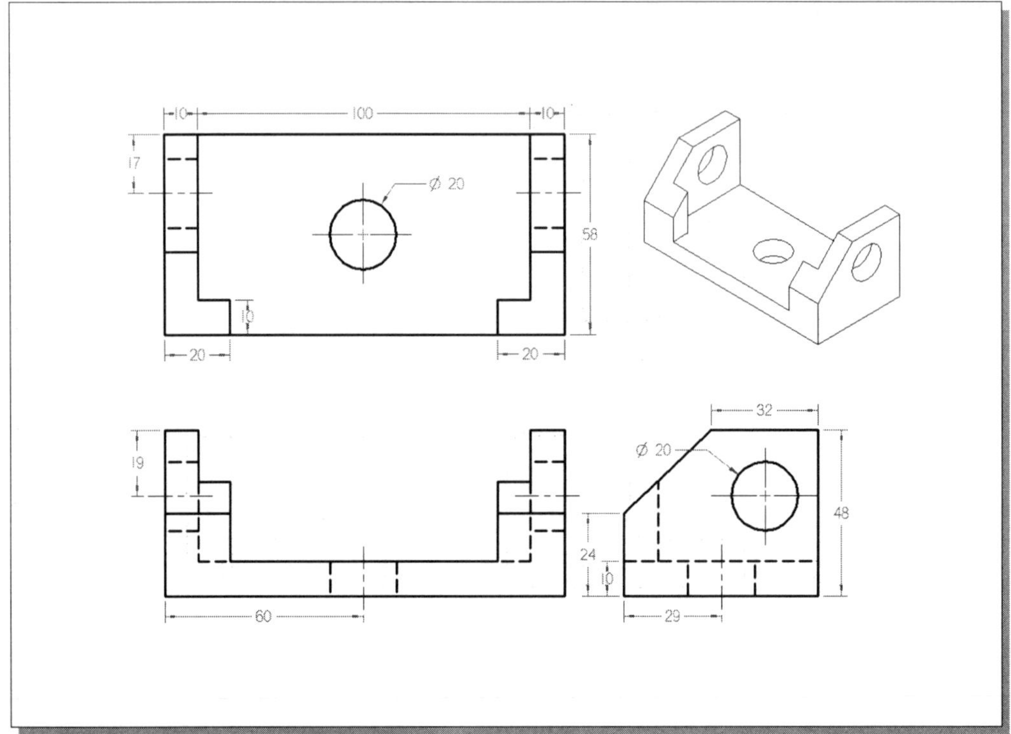

실습 15 Isometric 그리기 4

다음 도면을 A4(Wide) 양식에 작도하시오.

【참고 사항】

1. 치수 단위는 mm임

2. Isometric 도면은 2D 도면의 치수에 비례하여 작성

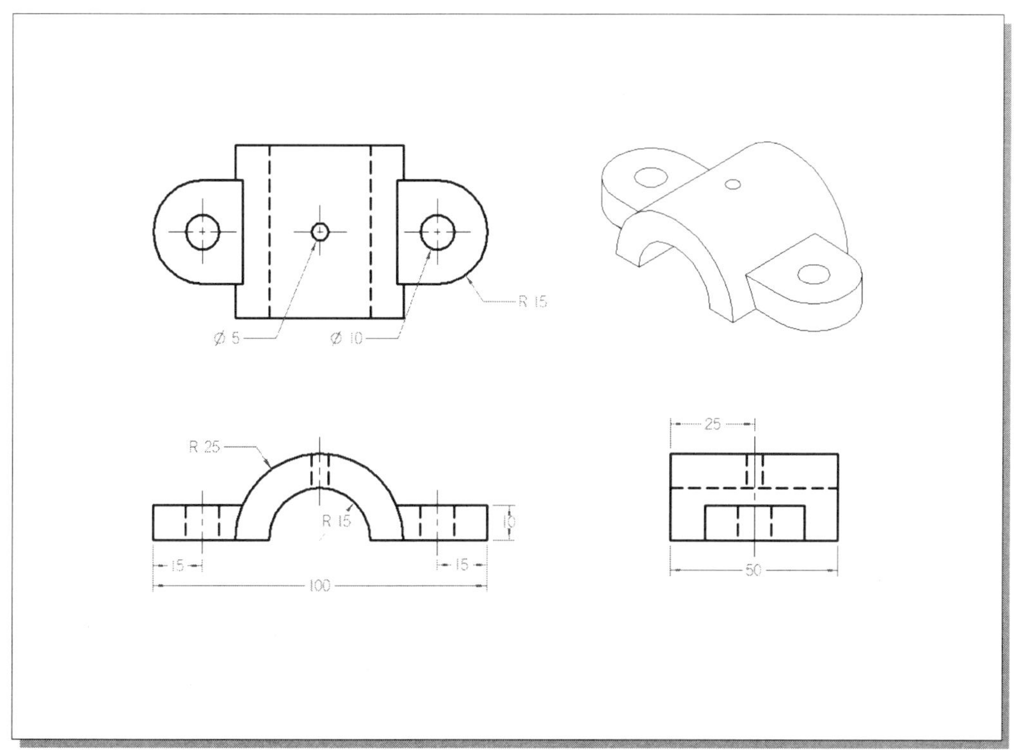

2.4 주석 달기

SmartSketch에서 주석문의 종류는 문자열(Text) 이외에 라벨(Label) 및 풍선글(Balloon)이 있다.

2.4.1 라벨 작성(Label)

라벨이란 작성된 요소에 그림이나 표의 표제(Caption)와 같이 작성된 문자열을 말한다.

라벨 작성 방법은 대상 요소를 더블클릭하면 라벨 작성 모드가 된다. [그림 2.59-1]은 직선과 원에 각각 라벨을 작성한 그림이다. 만일 요소(선분)가 기울어져 있는 경우에는 [그림 2.59-2]와 같이 자동으로 기울어져 작성된다.

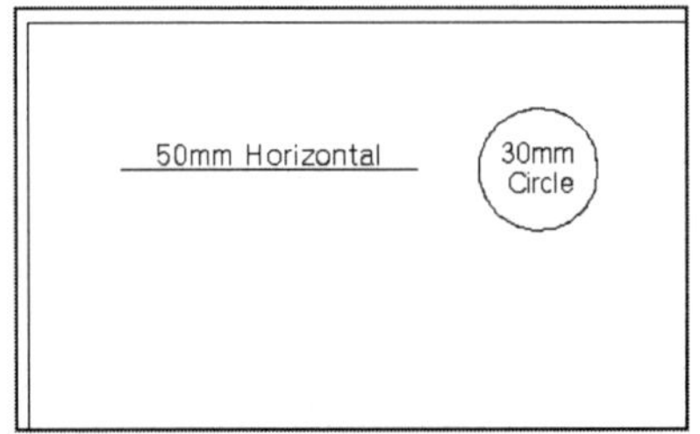

그림 2.59-1 : 라벨 작성 예 1

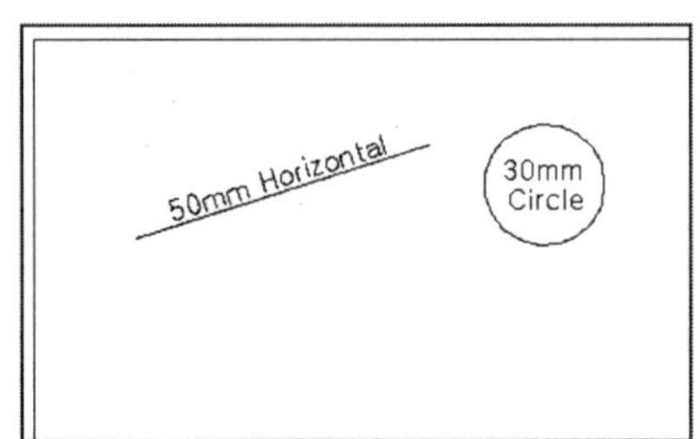

그림 2.59-2 : 라벨 작성 예 2

라벨의 내용 수정은 작성된 라벨을 더블클릭하면 수정할 수 있다.

그러나 위치 변경 또는 회전하기 위해서는 먼저 라벨을 선택하면 [그림 2.59-3]과 같이 lock 상태의 열쇠가 표시되며, 열쇠를 클릭하면 [그림 2.59-4]와 같이 unlock 상태가 된다.

Unlock 상태에서 라벨의 위치 변경, 회전을 할 수 있다.

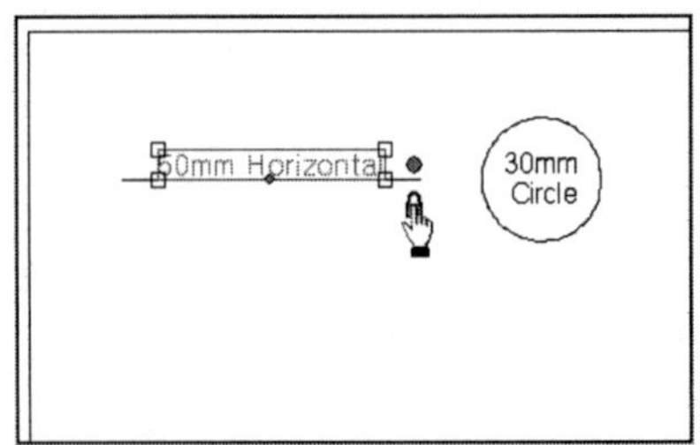

그림 2.59-3 : lock 상태

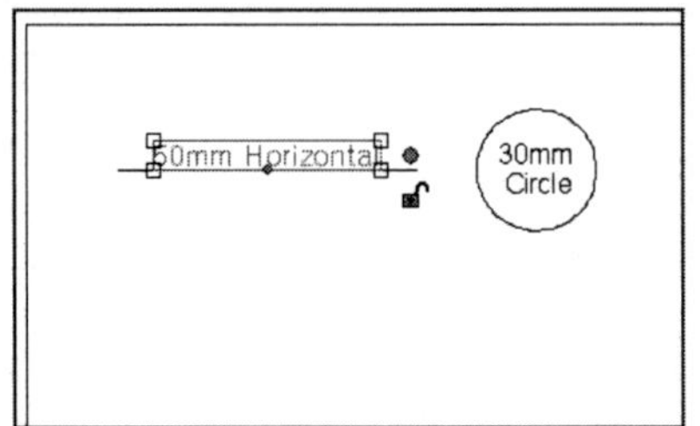

그림 2.59-4 : unlock 상태

라벨은 문자열과 달리 해당 요소에 연결된(Relationship) 자료로서 요소를 이동하면 같이 이동된다. 또한 요소를 삭제하면 라벨도 삭제된다. 물론 라벨만 선택하여 삭제할 수도 있다.

2.4.2 위치표시선 작성(Leader)

위치표시선이란 특정한 위치와 연계된 주석문을 표시할 때 위치를 표시하는 선을 말한다.

위치선표시 작업도구는 [그림 2.60-1]과 같이 [Main] 도구막대에 있는 [Dimension] 작업도구를 선택하면 [그림 2.60-2]와 같은 치수 도구막대가 나타나며, 이 도구막대의 [Leader] 작업도구를 선택하면 [그림 2.60-3]의 리본-바가 나타난다.

그림 2.60-1 : 치수 도구막대 아이콘

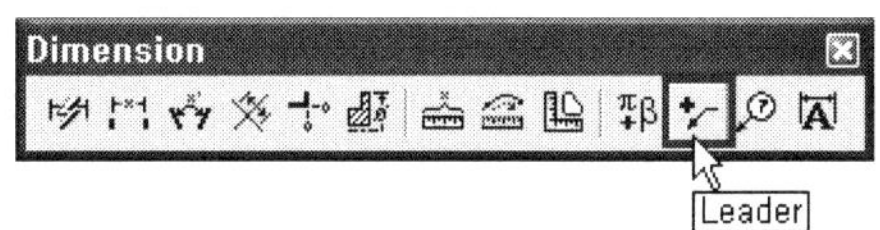

그림 2.60-2 : Leader 도구 아이콘

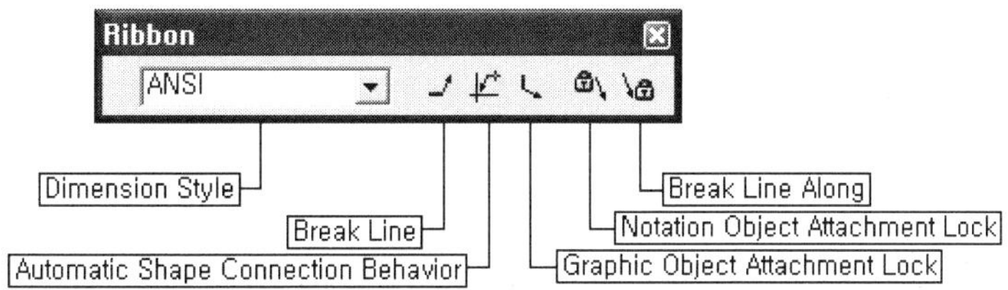

그림 2.60-3 : Leader 도구의 리본-바

구분	설명
Dimension Style	표기 형식을 선택하며, ANSI, ANSI(Left), ANSI(Right), ASA, BSI, DIN, ISO, ISO(Left), ISO(Right), JIS 형식이 있다.
Break Line	꺾어진 선으로 작성
Automatic Shape Connection Behavior	시작점 및 끝점이 각 요소의 테두리를 따라 자동으로 조정
Graphic Object Attachment Lock	그림에 연결된 표시선을 고정
Notation Object Attachment Lock	일반 표시선을 고정
Break Line Along	요소가 기울어져 있을 경우 기울어진 선과 평행하게 표시

[그림 2.60-4]는 문자열을 위치표시선을 사용하여 작업한 예이다.

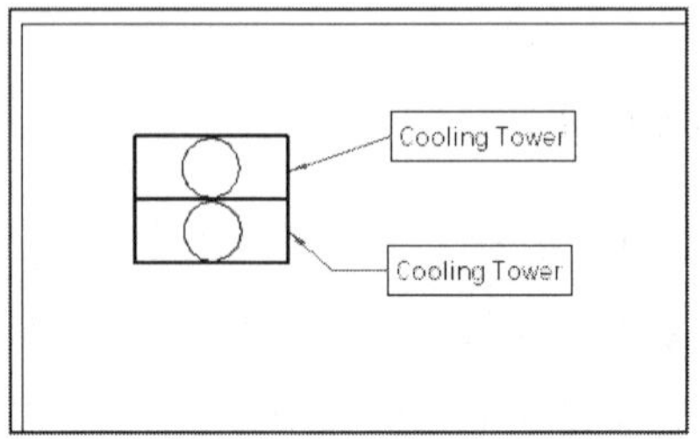

그림 2.60-4 : 문자열 작성 예

2.4.3 풍선글 작성(Balloon)

풍선글이란 만화 등에서 사람이 말하는 내용을 표현한 형태의 문자열을 말한다.

[그림 2.61-1]과 같이 [Dimension] 도구막대의 [Balloon] 작업도구를 선택하면 [그림 2.61-2]와 같은 리본-바가 나타난다.

풍선글의 형태(Shape)는 [그림 2.61-3]과 같은 종류가 있다.

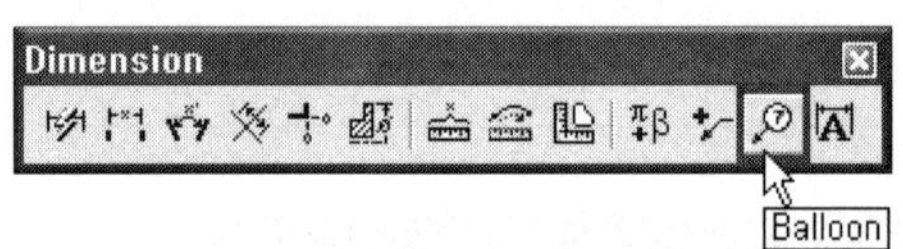

그림 2.61-1 : 풍선글 작업도구

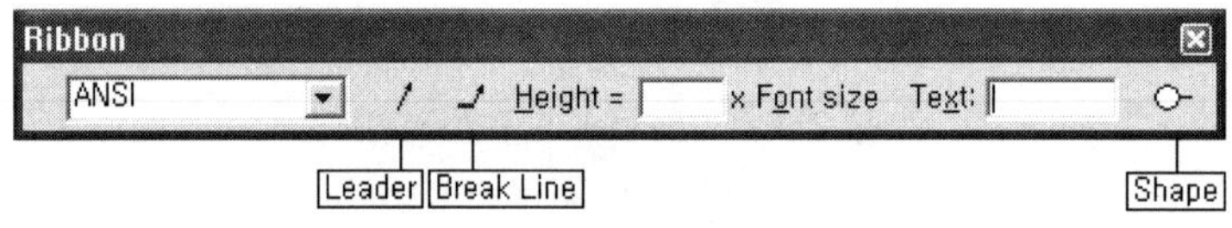

그림 2.61-2: 풍선글 리본-바 내용

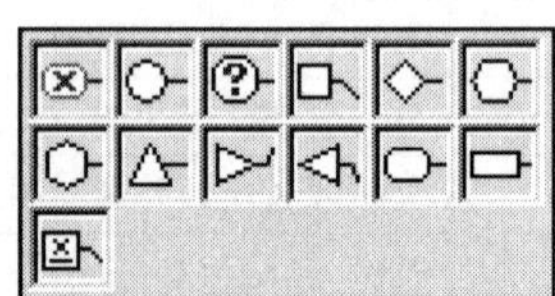

그림 2.61-3 : 풍선글 형태 종류

작업 방법은 다음과 같이 하면 된다.

① 리본-바의 [Shape]를 클릭하여 풍선글 형태를 선택한다.

② 리본-바의 [Text]란에 풍선글의 텍스트를 입력한다.

③ 리본-바의 [Height]란에 풍선글 크기를 입력한다(일단 적당한 크기를 지정하여 작성한 한 후 나중에 수정하면 된다.).

④ 리본-바의 표시선 형태(Leader 및 Break Line)를 지정한다.

⑤ 풍선글을 작성할 요소를 지정하면 풍선글이 나타난다.

⑥ 적당한 위치에서 클릭하면 풍선글이 작성된다.

[그림 2.61-4]는 풍선글을 작성한 예이다.

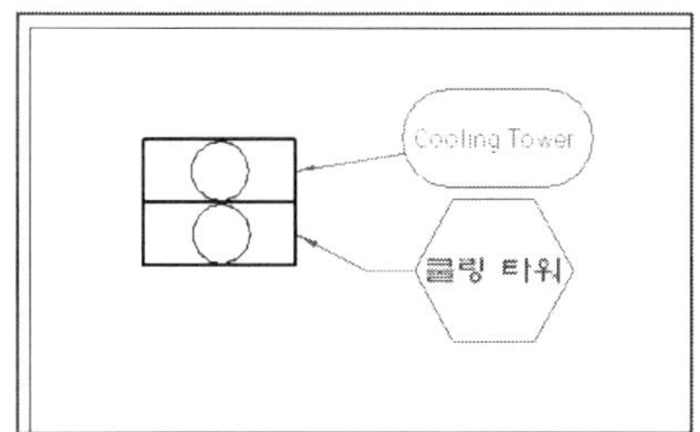

그림 2.61-4 : 풍선글 작성 예

작성된 풍선글은 풍선글 속성을 이용하여 수정할 수 있다.

[그림 2.61-5]와 같이 수정한 풍선글 위치에서 마우스 오른쪽 버튼을 클릭하면 Popup 메뉴가 나타나며, 이 메뉴에서 [Properties] 메뉴를 선택하면 [그림 2.61-6] 및 [그림 2.61-7]의 속성창이 나타난다.

[General] 속성창에서는 문자열 및 풍선상자의 크기를, [Text and Leader] 창에서는 글씨체, 글씨크기, 선색 및 화살 모양 등을 수정할 수 있다.

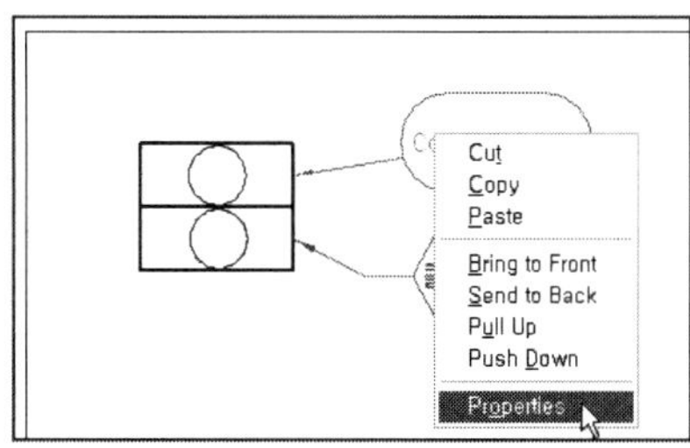

그림 2.61-5 : Popup 메뉴

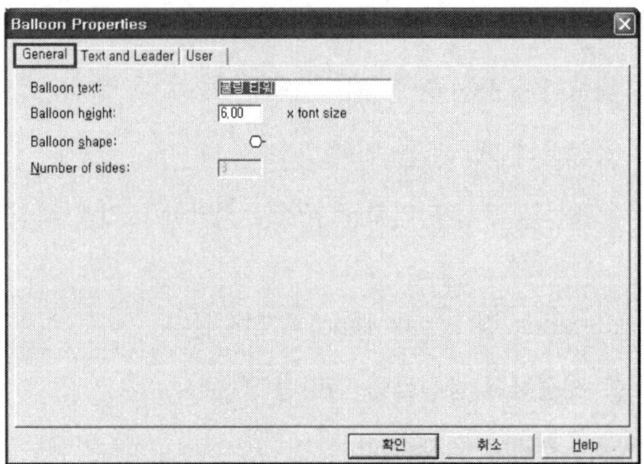

그림 2.61-6 : 풍선글 속성창(General)

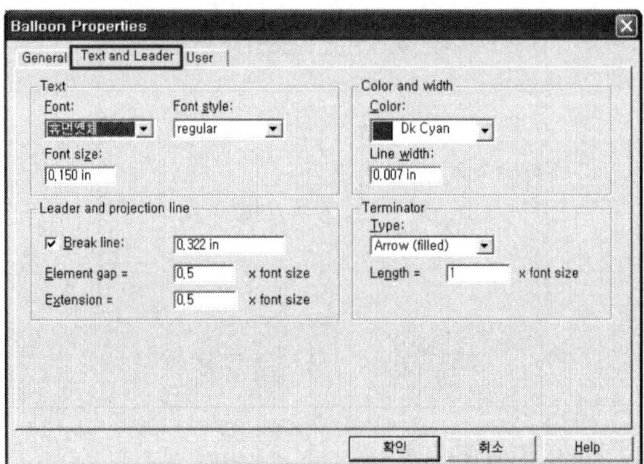

그림 2.61-7 : 풍선글 속성창(Text)

2.5 Pinpoint

SmartSketch에서 작업을 할 때 도면상의 상대적 위치를 쉽게 지정하기 위하여 Pinpoint라는 도구를 사용한다.

Pinpoint란 도면상에서 마우스의 현재 위치를 특정 위치(도면의 0점 좌표 또는 기준으로 지정한 위치)로부터 상대적 좌표값을 계산하여 표시해 줌으로써 작업자가 편리하게 원하는 위치를 찾을 수 있도록 한 것을 말한다.

그 외에도 일정한 값만큼(Step) 변하게 하는 기능도 있어 일정한 간격으로 연속 작업을 할 수도 있다.

2.5.1 Pinpoint 도구

Pinpoint 도구는 [그림 2.62-1]과 같이 [Tools>Pinpoint] 메뉴를 클릭하거나 [그림 2.62-2]와 같이 [Main] 도구막대의 [Pinpoint] 작업도구를 클릭하면 [그림 2.62-3]과 같은 Pinpoint 리본-바[17]가 나타난다.

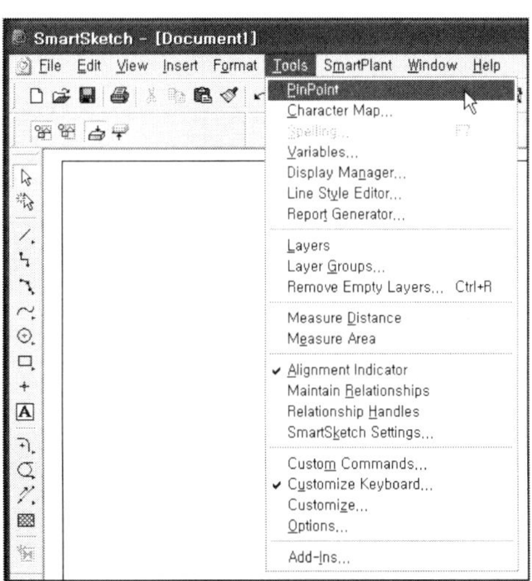

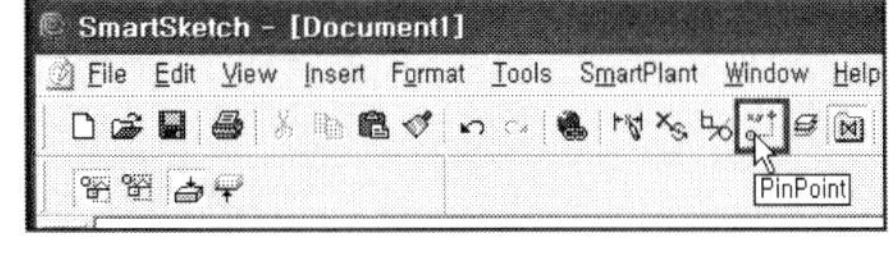

그림 2.62-2 : Pinpoint 아이콘

그림 2.62-1 : Pinpoint 메뉴

17) Pinpoint는 독립된 작업도구가 아니라 다른 작업에 위치를 지정하기 위한 보조 도구이다. 따라서 작업도구 아이콘은 없으며 현재 작업 중인 도구에 리본-바 형태로 추가되어 표시된다.

그림 2.62-3 : Pinpoint 리본-바

도구/입력란		설명	단축키
	Display On/Off	Pinpoint 표시 여부 지정. 단, 선택도구(Select) 상태에서는 표시하지 않음	F9
	Reposition Target	기준 위치를 현재 마우스포인터 위치로 이동	F12
	Relative Tracking	기준 위치가 마지막 작업한(직전 클릭한) 위치로 자동 이동	
	Define Pinpoint Origin	기준 위치를 좌표값으로 지정	
	Reposition Target to Origin	기준 위치를 도면의 원래 기준 위치(좌하단)로 이동	
Angle		각도 입력란	
Step		간격 수치 입력란	
X		X축 좌표값 입력란	F10
X, Y		Y축 좌표값 입력란	F11

(1) Pinpoint 정보 표시 :

Pinpoint를 사용하면 [그림 2.63]과 같이 현재의 기준점(원)과 커서의 위치를 기준점으로부터 거리(X, Y 좌표값)를 표시한다.

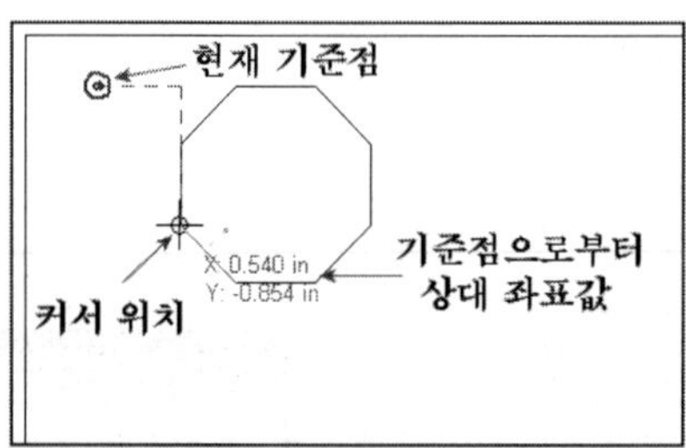

그림 2.63 : Pinpoint 위치 정보

(2) 기준점 이동 :

[그림 2.63]의 상태에서 이 도구를 선택한 다음 [그림 2.64-1]과 같이 기준점을 지정하면 기준점이 이동되며, [그림 2.64-2]와 같이 기준점이 이동된 것을 확인할 수 있다

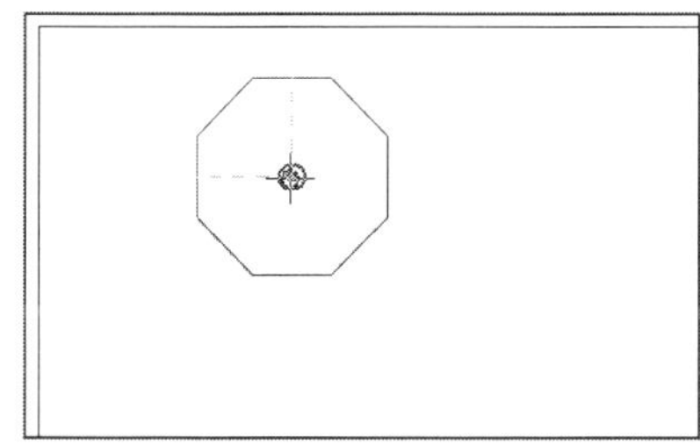

그림 2.64-1 : 기준점 변경

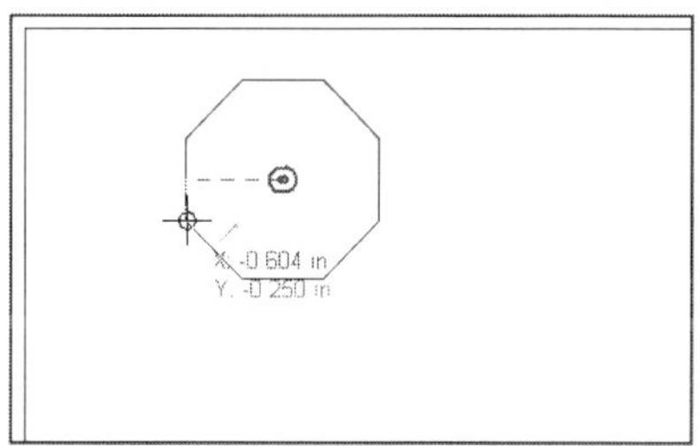

그림 2.64-2 : 변경된 기준점으로부터의 거리 표시

(3) 기준점 자동 이동 :

이 도구는 도면 작업이 직전의 작업 위치에서 상대적 거리로 지정하여 연속 작업을 할 때 필요한 도구이다.

예를 들어 6각형의 테두리를 따라 그리기 작업을 할 때 이 도구를 선택한 후 작업을 하면 [그림 2.64-3]부터 [그림 2.64-5]와 같이 직전에 클릭(육각형의 꼭지점)한 점으로 기준점이 자동으로 이동된다.

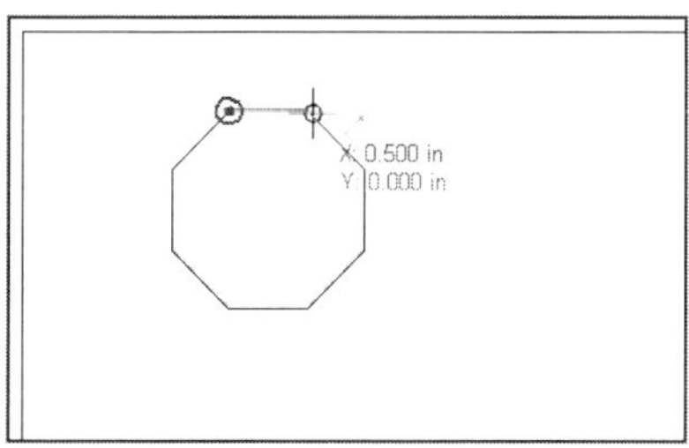

그림 2.64-3 : 작업점 1

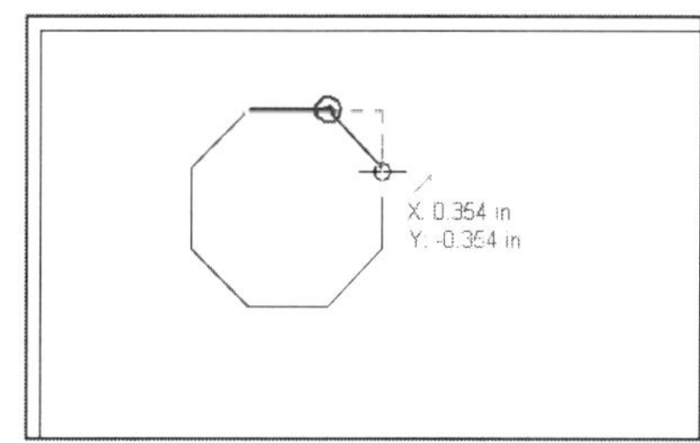

그림 2.64-4 : 작업점 2

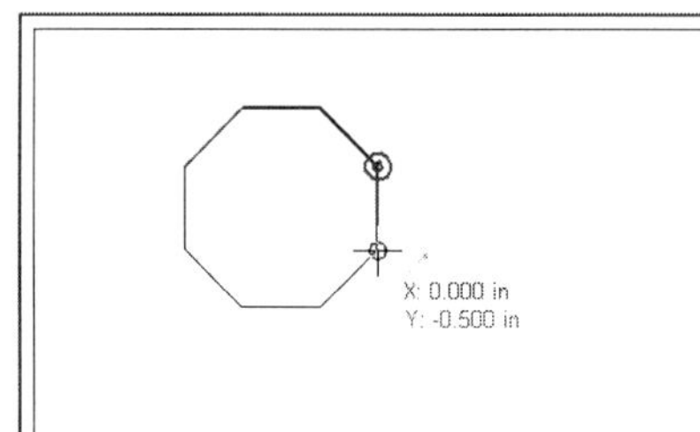

그림 2.64-5 : 작업점 3

이 도구는 객체를 일정한 간격으로 배치 할 때 사용하면 편리하게 작업할 수 있다.

(4) 기준점 위치를 직접 지정(좌표값을 입력) :

이 도구를 선택하면 [그림 2.64-6]의 창이 나타난다. 이 창의 X, Y 입력란에 좌표값을 입력하면 해당 위치로 기준점이 이동된다. 단 원점[18]을 기준으로 한다.

그림 2.64-6 : 기준점 위치 지정 입력 창

(5) 기준점을 원점으로 복귀 :

기준점이 현 위치에 관계없이 무조건 원점으로 이동된다.

2.5.2 Pinpoint를 이용한 그리기

[길이와 간격이 모두 5mm인 쇄선 그리기]

① Pinpoint 도구를 불러낸다.

② 선 그리기 도구를 선택한 다음 선의 굵기를 0.5mm, 선색을 청색으로 지정한다.

③ Pinpoint 도구에서 [Display On], [Relative Tracking] 도구를 선택한다.

④ Pinpoint 도구의 [Step]을 5mm로 입력한다.

⑤ 도면의 점선의 시작점([단계1])에서 클릭한 다음 [단계2]와 같이 X축 좌표값이 5mm가 표시 될 때 클릭한 후 마우스의 오른쪽 버튼을 클릭하면 5mm의 선분 하나가 그려진다.

⑥ 마우스의 위치를 [단계3]과 같이 X축 좌표값이 10mm가 표시 될 때 다시 클릭하고, 15mm가 표시 될 때 클릭 후 오른쪽 버튼을 클릭하면 두 번째 선분이 그려진다. 커서를 이동할 때 선분과 동일선상으로 이동하면 커서의 실재 좌표값이 표시되나 아래(또는 위)쪽으로 조금 비켜 이동하면 Step 값의 크기인 5mm씩 증가되는 것을 확인할 수 있다.

⑦ 6의 과정을 반복하여 필요한 길이만큼 반복하면 [단계9]와 같이 점선을 작성할 수 있다.

18) 도면의 원점(Origin)은 좌측 하단이며, (0,0)의 좌표값을 가진다.

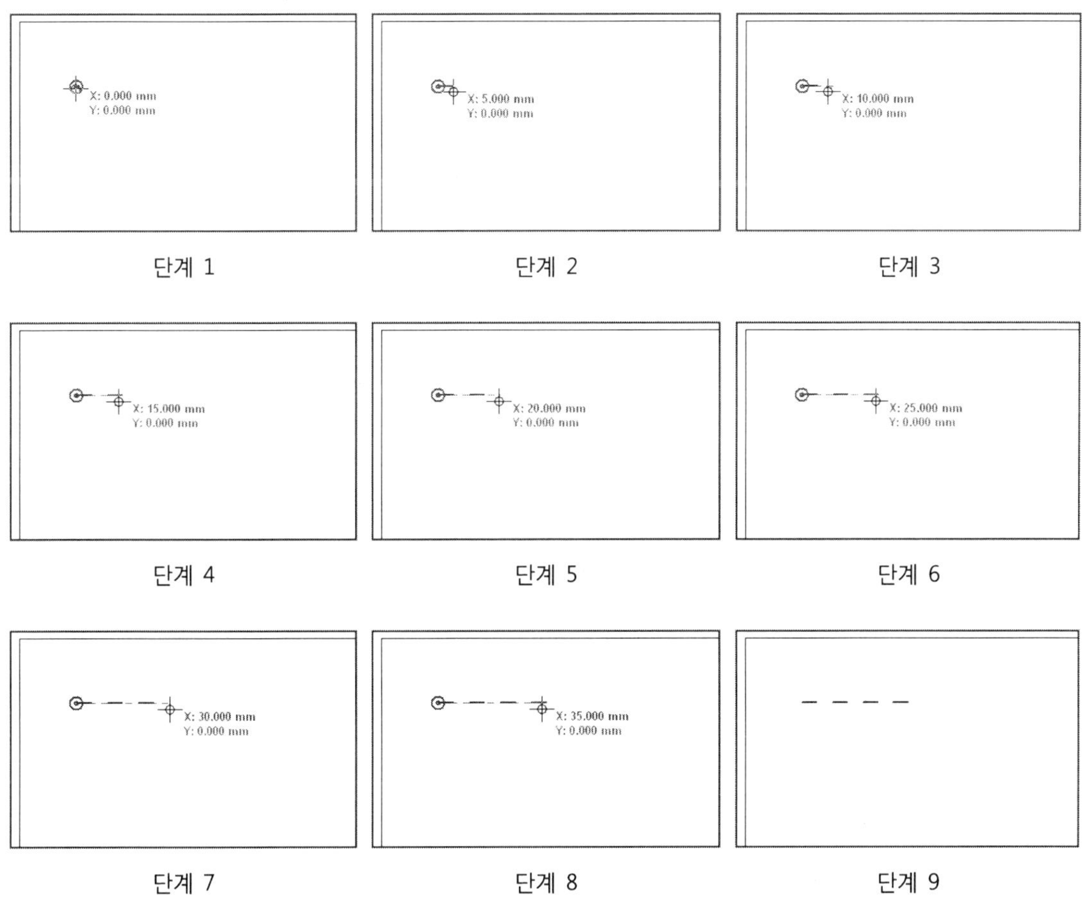

그림 2.65 : Pinpoint를 이용한 5mm 쇄선 그리기 작업 과정

실습 16 PinPoint 사용하기

다음 도면을 PinPoint 도구를 사용하여 A4(Wide) 양식에 작도하시오.

【참고 사항】

1. 치수 단위는 mm임
2. 사각형 모퉁이의 호는 원의 1/4임

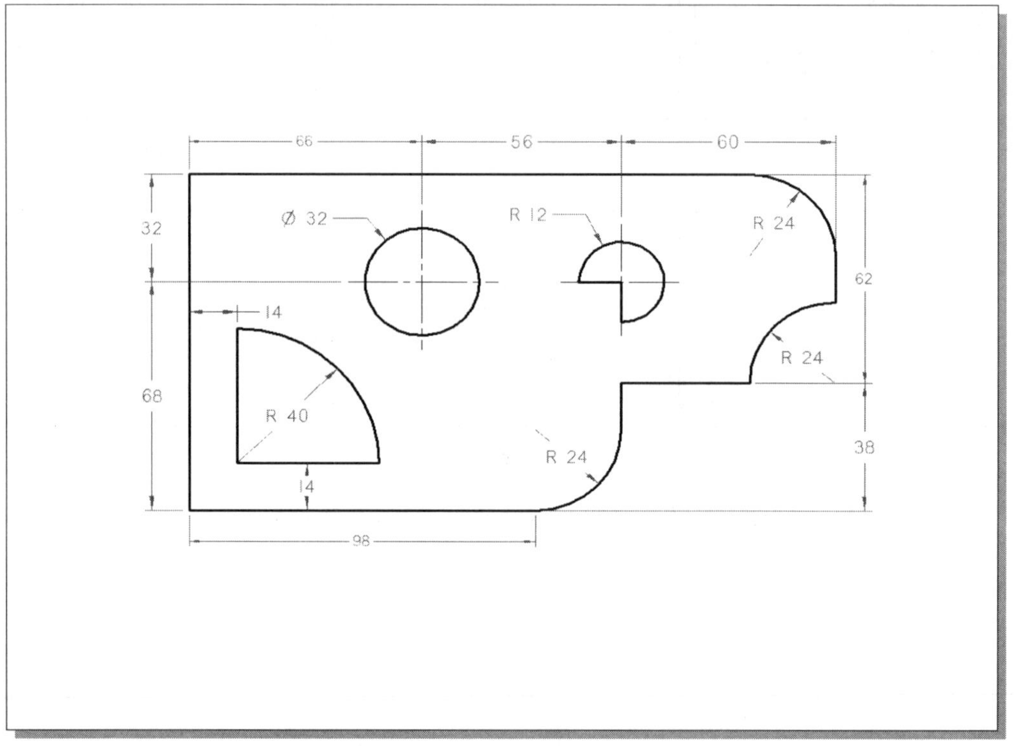

2.6 치수 작성

SmartSketch에서 치수 도구는 두 점 사이의 거리나 폐곡선 내부의 면적을 측정하는 자(Measure)와 치수를 작성하는 치수도구(Dimension)가 있다.

2.6.1 치수도구막대 불러내기

치수선 도구막내는 [그림 2.66-1]과 같이 [View>Toolbars] 메뉴를 선택하여 나타나는 창에서 [Dimension]을 선택하거나 아니면 [그림 2.66-2]와 같이 [Main] 작업도구에서 [Dimension] 도구를 선택하면 [그림 2.66-3]의 작업도구막대가 나타난다.

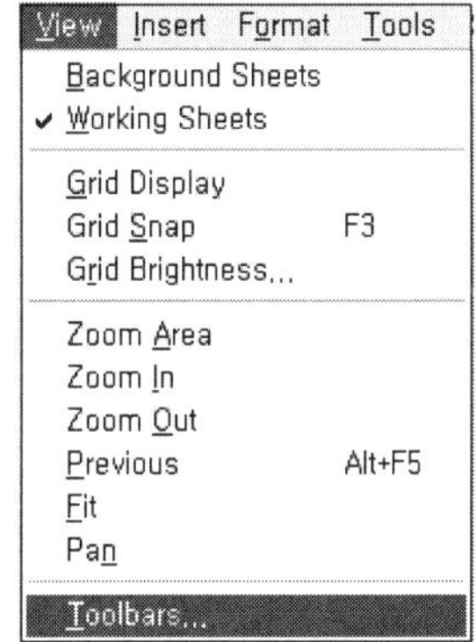

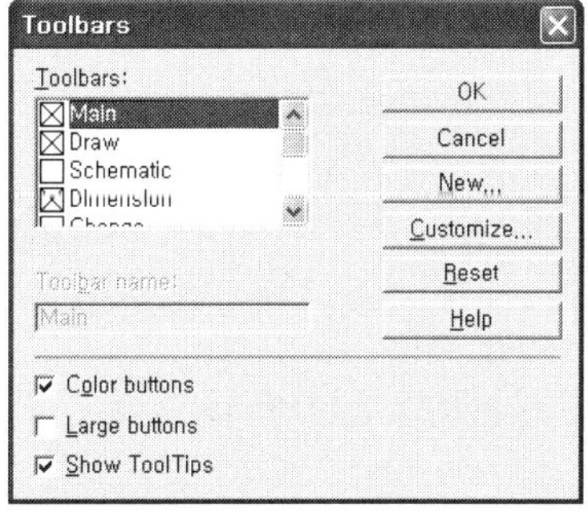

그림 2.66-1 : 치수도구 메뉴

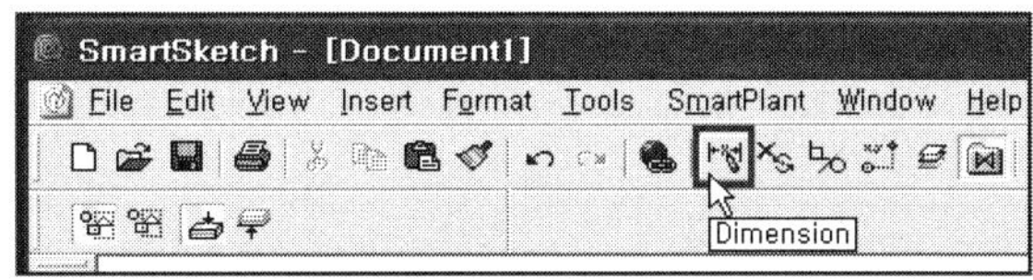

그림 2.66-2 : 치수도구 아이콘

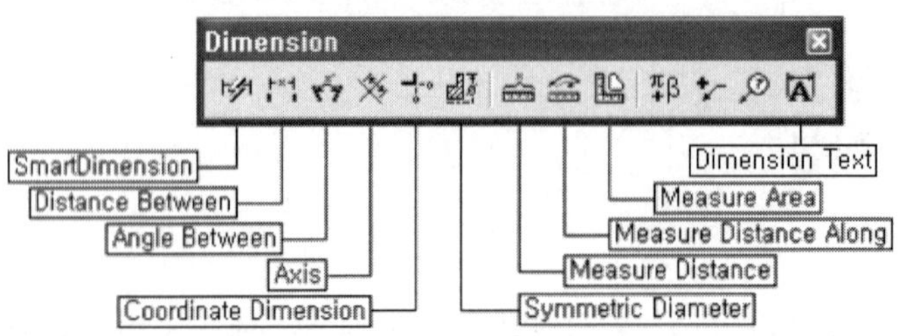

구분	도구	용도
치수 작성	Smart Dimension	일반 치수 작성용
	Distance Between	2점 사이 치수 작성용
	Angle Between	각 치수 작성용
축 변경	Axis	기준축 변경
치수 작성	Coordinate Dimension	기준점 지정 치수 작성용
	Symmetric Diameter	대칭지름 치수 작성용
측정자	Measure Distance	직선거리 측정용
	Measure Distance Along	곡선거리 측정용
	Measure Area	면적 측정용
문자 변경	Dimension Text	치수 문자 변경

그림 2.66-3 : 치수도구 종류

2.6.2 스마트 치수(Smart Dimension)

스마트 치수도구는 측정할 대상을 자동으로 인식하여 길이, 반지름, 지름의 크기를 표시할 뿐 아니라 치수선 모양도 커서의 위치에 따라 가장 적합한 형태로 그려주는 도구이다.

따라서 대부분의 치수는 이 도구를 사용하면 작성할 수 있다.

작업 방법은 측정하고자 하는 요소(선분이나 호, 원의 테두리 등)를 선택하면 자동으로 치수가 표시되며, 커서의 위치에 따라 치수선 형태가 자동으로 바뀐다.

[그림 2.67]은 스마트 치수 도구를 이용하여 작성한 예이다.

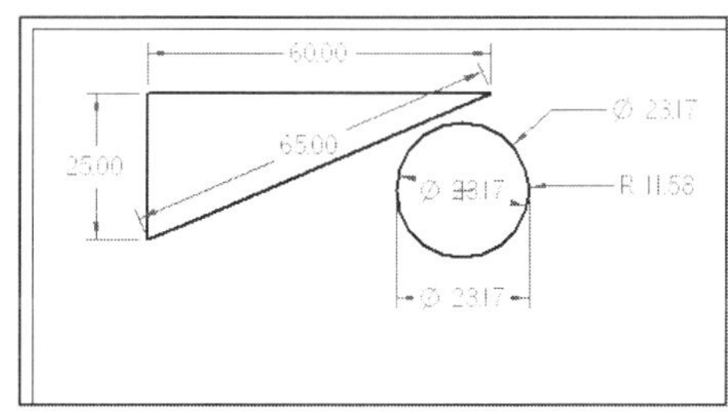

그림 2.67 : 스마트 치수 작성 예

2.6.3 2점 사이의 수평/수직 거리 치수(Distance Between)

이 도구는 2점 사이의 수평 또는 수직 거리의 치수를 작성한다.

만일 기울어진 선분의 2점 사이를 측정하는 경우에는 기준축을 측정하는 선분과 평행한 선분으로 변경하여 작업하여야 한다.[19)]

작업 방법은 2점을 지정한 후 커서를 상하로 이동하면 수평 거리를, 좌우로 이동하면 수직 거리를 표시한다.

[그림 2.68-1]은 대각선의 양 꼭지점 및 원의 중심점 사이의 수평, 수직 거리를 작성한 예이다.

[그림 2.68-2]는 대각선을 기준선으로 지정한 후 수평, 수직 거리를 작성한 예이다.

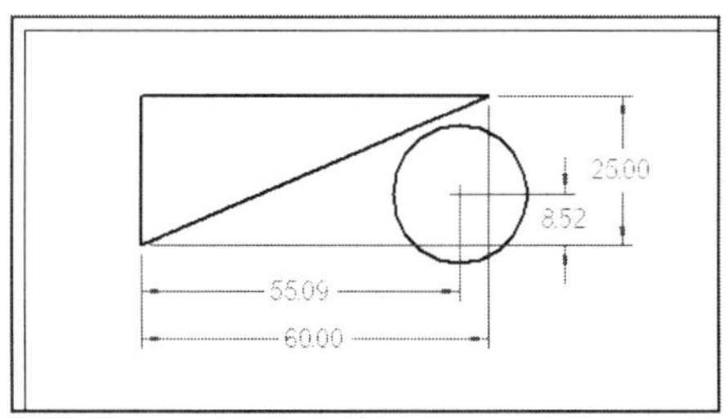

그림 2.68-1 : 거리 치수 작성 예 1

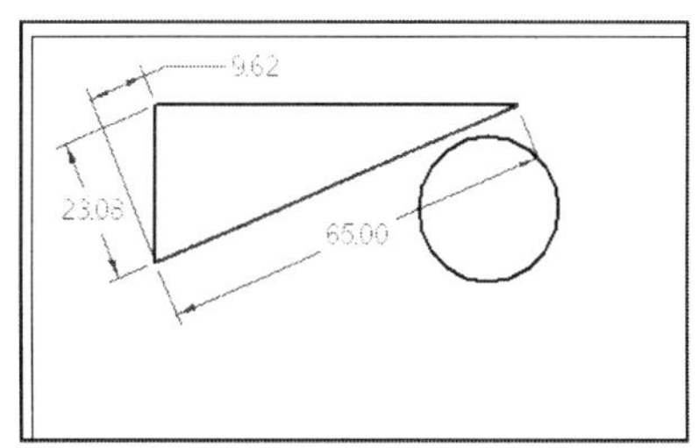

그림 2.68-2 : 거리 치수 작성 예 2

19) 기준축변경은 본 교재 2.6.5를 참조

2.6.4 각 치수(Angle Between)

기본적으로 선분 사이의 각(내각 및 외각)은 선분의 연장선을 고려하면 4개가 존재한다.

(1) 선분 사이의 내각

작업 방법은 두 선분을 지정하면 커서의 위치와 가장 가까운 내각을 표시한다. 만일 두 선분이 직접 교차하지 않는 경우에는 연장선의 교차점을 중심으로 측정한다.

[그림 2.69-1]은 두 선분 사이의 4개의 내각 치수선을 작성한 예이다.

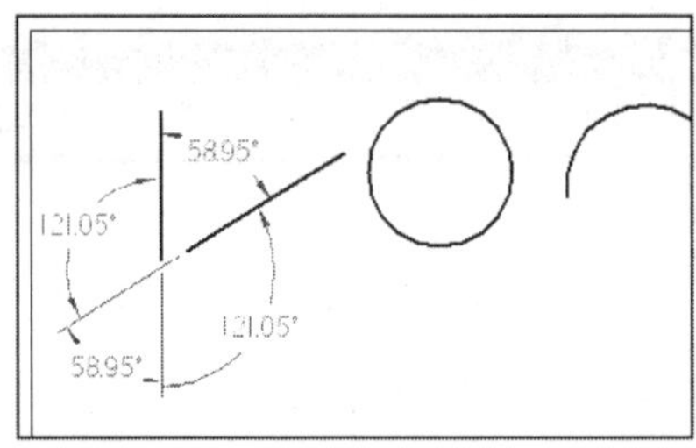

그림 2.69-1 : 각 치수 작성 예

(2) 선분 사이의 외각

두 선분을 지정한 후 [그림 2.69-2]와 같이 리본-바의 내외각 변환 옵션을 선택하면 각 치수가 내각에서 외각으로 교대로 바뀐다.

그림 2.69-2 : 내, 외각 지정 옵션(toggle)

[그림 2.69-3]은 두 선분 사이의 외각 치수선을 작성한 예이다.

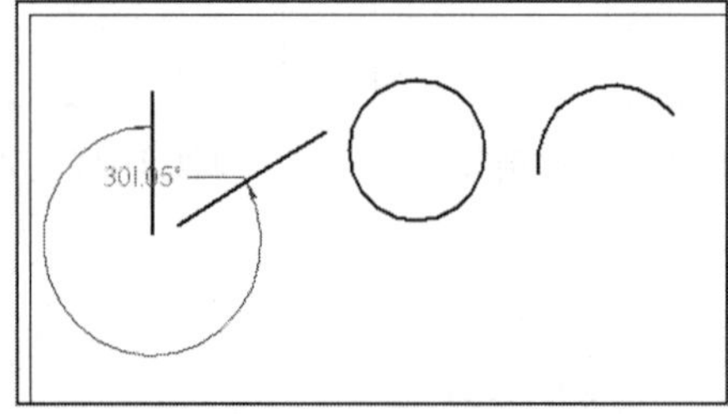

그림 2.69-3 : 외각 치수 작성 예

(3) 요소의 2점 사이의 각

요소에 속한 2점(동일한 요소의 2점 또는 서로 다른 요소의 각 1점씩 2점)을 지정하면 먼저 지정한 요소를 기준으로 수평선 또는 수직선 중 하나와 나중에 지정한 점은 먼저 지정한 점과의 직선(가상의 직선) 사이의 각을 측정한다.

지정한 요소가 직선 또는 곡선인 경우에는 양 끝점 중 커서와 가까운 점이 선택되며, 호나 원인 경우에는 중심점이 선택된다.

[그림 2.69-4]는 기울어진 선분의 왼쪽 아래 끝점을 먼저 지정하고 오른쪽 위 끝점을 나중에 지정한 경우의 각 치수선을 작성한 예이다(아래 끝점으로부터 수평 또는 수직선과 직선 사이의 각을 측정).

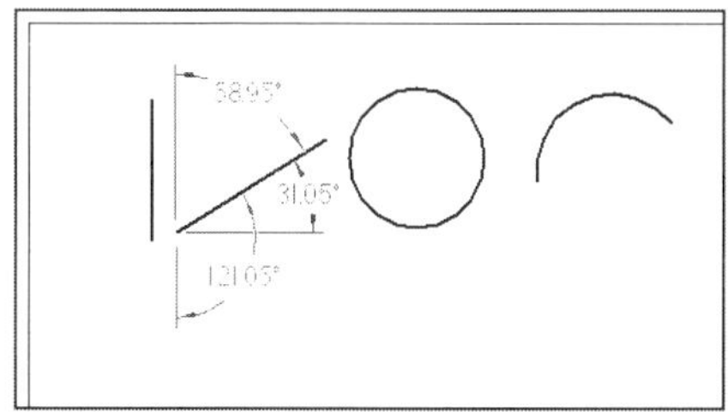

그림 2.69-4 : 요소가 직선인 경우의 사이각 치수 예

[그림 2.69-5]는 직선의 아래 끝점과 원을 지정한 경우의 예이다(아래 끝점으로부터 수평, 수직선과 아래 끝점과 원의 중심점을 잇는 선분 사이의 각을 측정).

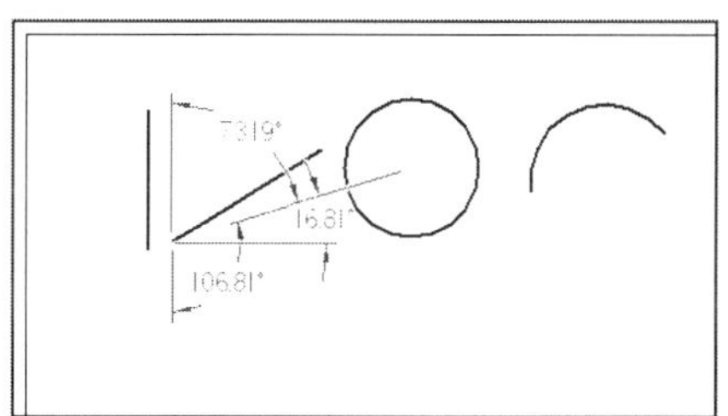

그림 2.69-5 : 요소가 직선과 원인 경우의 사이각 치수 예

[그림 2.69-6]은 호의 양 끝점을 지정한 경우의 예이다(호의 왼쪽 끝점을 먼저 지정).

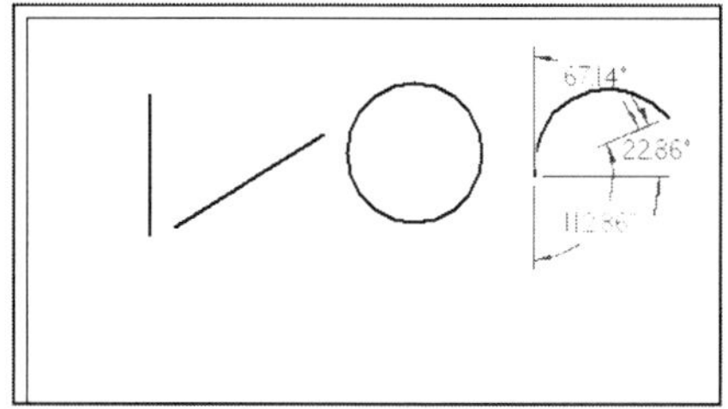

그림 2.69-6 : 요소가 호인 경우의 사이각 치수 예

실습 17 치수 달기 1

다음 도면을 A4(Wide) 양식에 작성하고 치수를 기입하시오.

【참고 사항】

1. 치수 단위는 mm임(소수점 이하 2자리 표시)
2. 선 굵기는 1mm를 사용(참조선의 굵기는 0.35mm)

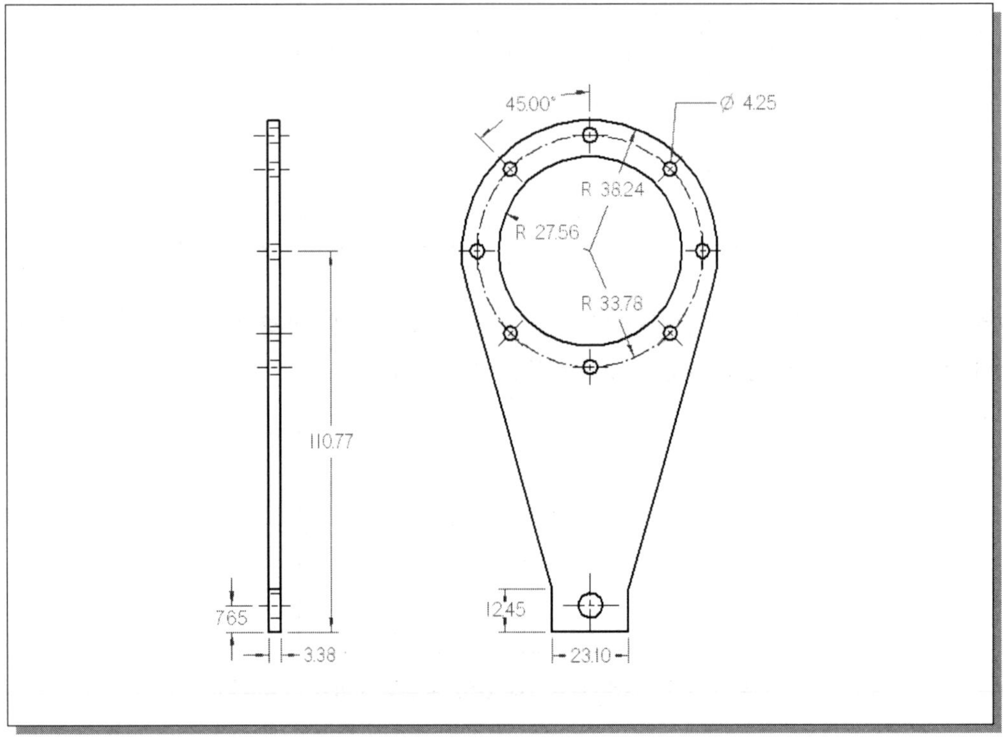

2.6.5 기준축 변경(Axis)

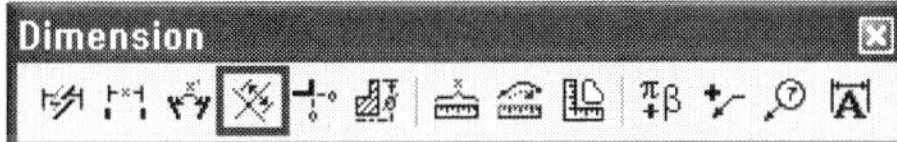

2점 사이의 거리는 기본적으로 수평 또는 수직 거리를 측정하여 표시한다.

만일 기울어진 선분의 두 점 사이의 선분 길이를 측정하는 경우에는 기준축을 지정(변경)하면 기울어진 선분의 치수선을 작성할 수 있다.

작업 방법은 이 도구를 선택한 후 측정하고자 하는 선분 또는 기준선을 지정하면 그 선분이 기준축으로 지정된다(색상이 바뀌어 표시된다.).

기준축을 지정한 후 두 점을 지정하면 모든 치수가 기준축에 평행 또는 수직 길이로 표시된다.

[그림 2.70]은 기울어진 선분을 기준축으로 지정한 후 작성한 치수의 예이다.

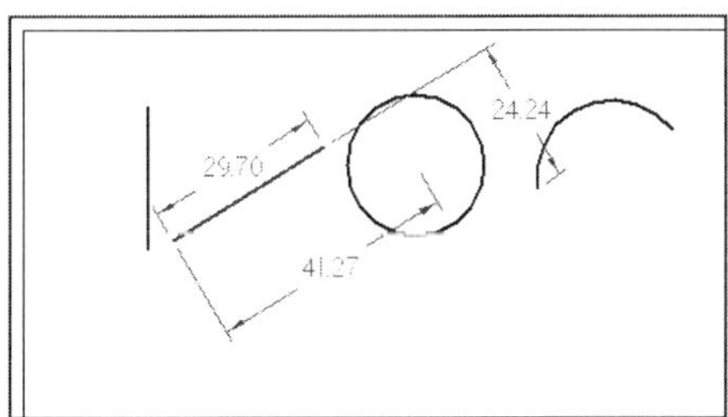

그림 2.70 : 기준축 변경 후의 치수 예

실습 18 치수 달기 2

다음 도면을 A4(Wide) 양식에 작성하고 치수를 기입하시오.

【참고 사항】

1. 치수 단위는 inch, Degree 임(소수점 이하 2자리 표시)
2. 선 굵기는 1mm를 사용(참조선의 굵기는 0.35mm)

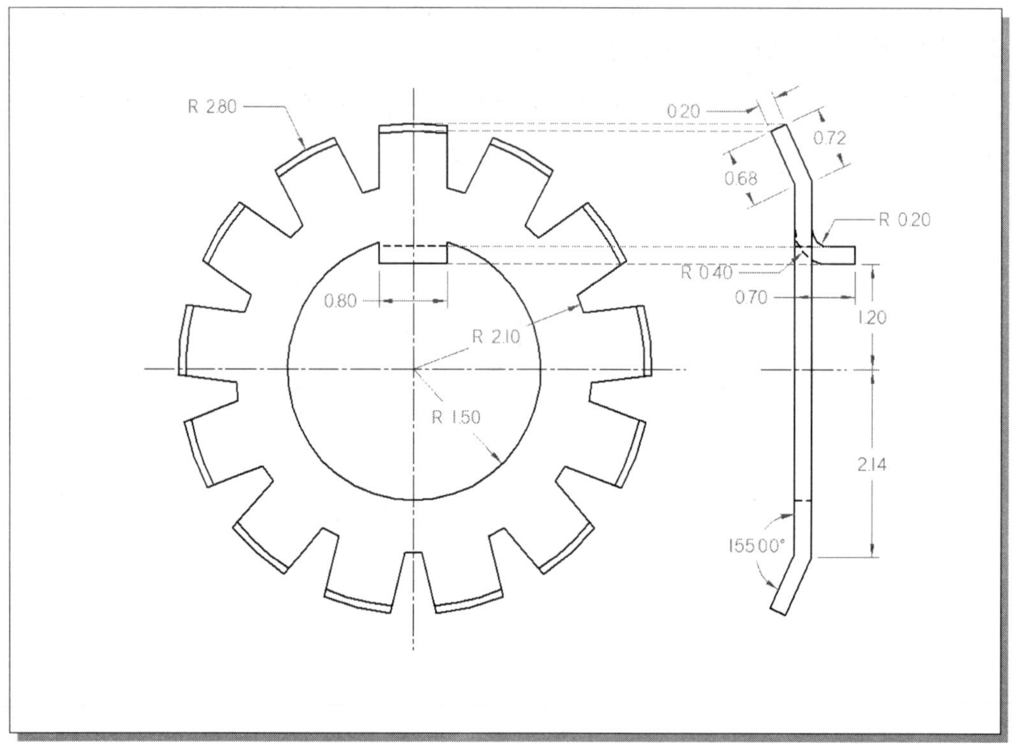

2.6.6 기준점 지정 치수(Coordinate Dimension)

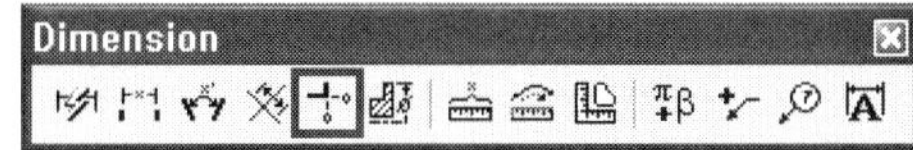

특정한 점을 기준점(0점)으로 지정한 후 다른 점의 위치가 기준점으로부터 거리를 측정하여 표시한다.

작업 방법은 이 도구를 선택한 후 한 점을 지정하면 그 점이 기준점이 되며, 0점으로 표시된다. 이후 다른 점을 지정하면 기준점으로부터 거리(수평 또는 수직)를 표시한다.

단, 기준점의 0점 치수를 배치할 때 수평으로 배치하면 수직거리를, 수직으로 배치하면 수평거리를 표시한다(기준점 표시선에 수직한 방향의 거리를 측정).

주의할 점은 이 작업은 기준점 지정부터 연속하여 작업을 하여야 한다. 만일 작업 도중 오작 등으로 인하여 새로 작업하면 처음 지정한 점이 기준점으로 지정된다.

① 먼저 [Coordinate Dimension] 도구를 선택한 다음

② [그림 2.71-1]과 같이 기울어진 선분의 왼쪽 끝점을 지정하고

③ [그림 2.71-2]와 같이 커서를 오른쪽으로 이동하여 클릭하면 이 점이 기준점이 되며, 다음 지정한 점까지의 수직거리를 측정한다.

④ [그림 2.71-3]은 선분의 나머지 끝점과 호의 끝점을 각각 지정한 결과이다.

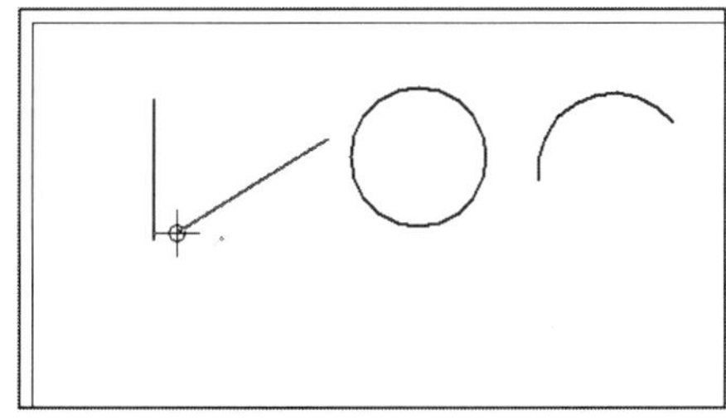

그림 2.71-1 : 기준점 지정

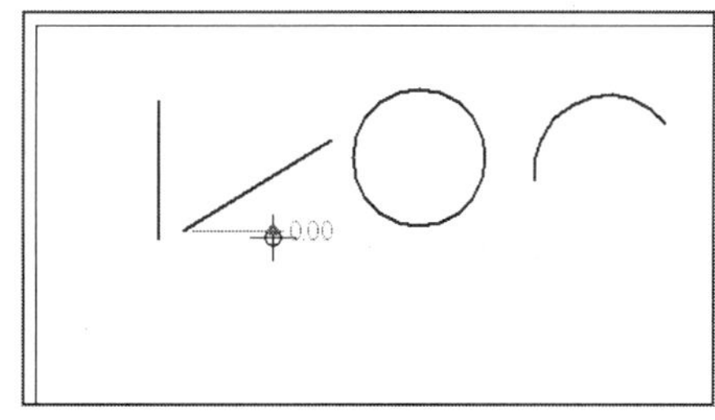

그림 2.71-2 : 기준축 방향 지정

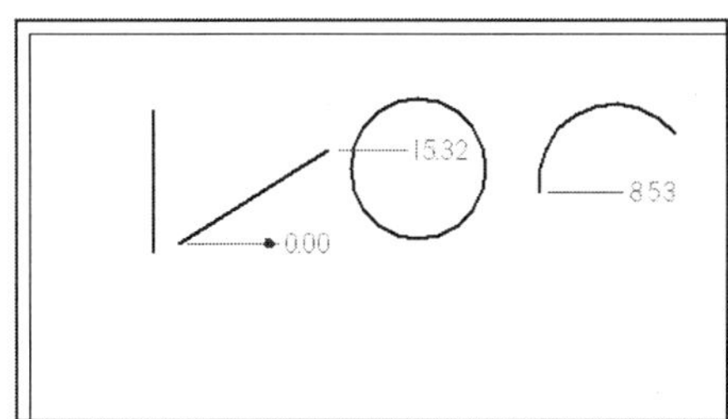

그림 2.71-3 : 측정결과 예

❶ [그림 2.71-4]는 동일한 지점을 기준점으로 지정하였지만 기준점 표시를 수직으로 배치하였을 때 각 점까지의 수평거리가 출력된 결과이다.

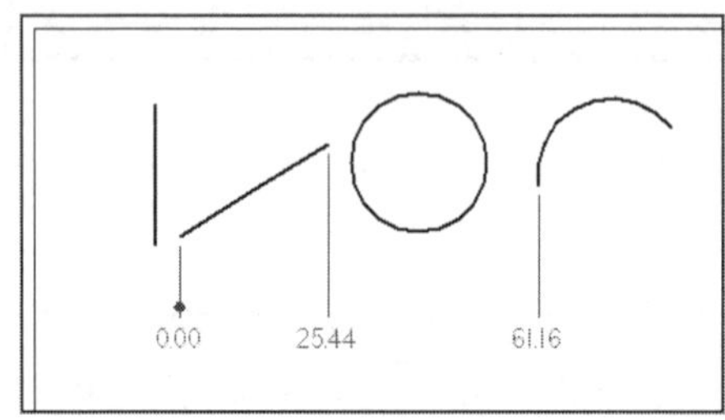

그림 2.71-4 : 기준축 방향을 수직으로 지정한 후 측정결과 예

2.6.7 대칭지름 치수(Symmetric Diameter)

대칭지름이란 중심선을 기준으로 대칭인 부품 등에서 중심선으로부터 지정한 점까지의 대칭 거리를 말한다.

이 도구는 파이프류의 부품과 같이 중심선을 기준으로 대칭인 부품의 치수를 중심선으로부터 측정할 때 편리하다.

① 먼저 대칭지름 도구를 선택한 다음

② [그림 2.72-1]과 같이 기준점(중심선)을 지정한 후

③ [그림 2.72-2]와 같이 측정 대상점을 지정하면 [그림 2.72-3]과 같이 대칭점까지를 지름 형식으로 표시한다.

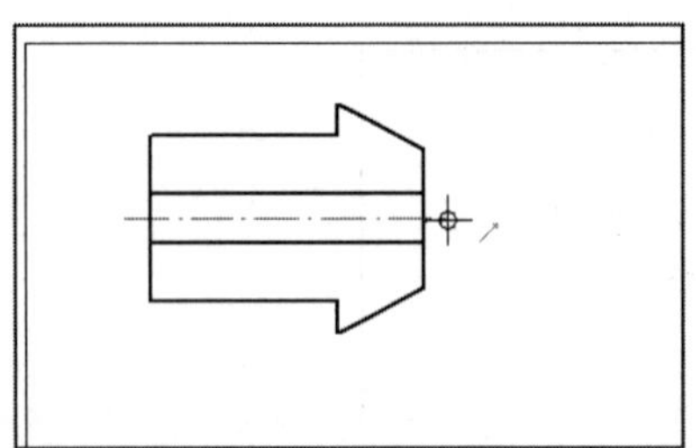

그림 2.72-1 : 중심축 지정

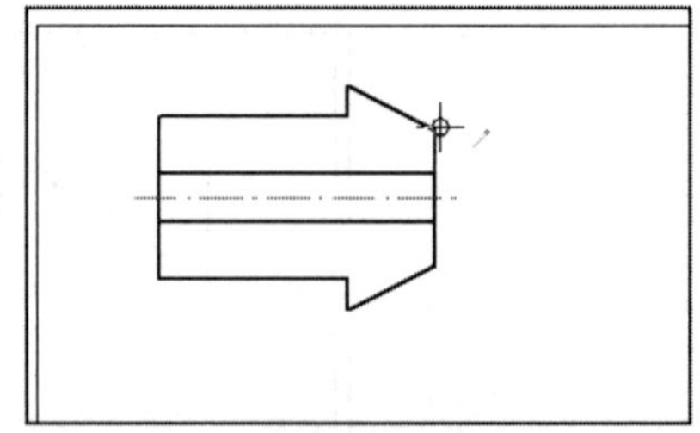

그림 2.72-2 : 측정점 지정

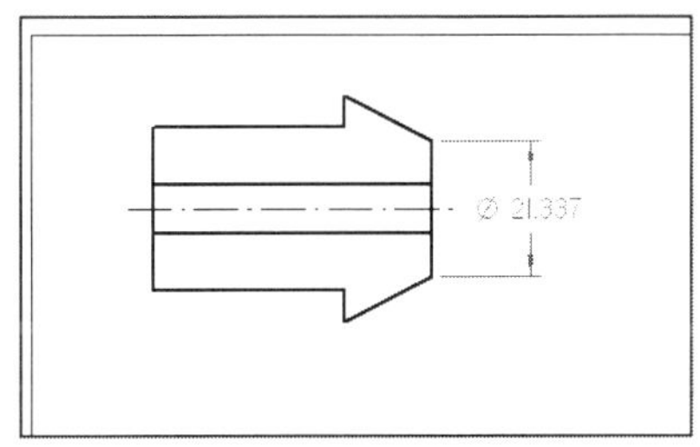

그림 2.72-3 : 작업결과

2.6.8 직선거리 측정자(Measure Distance)

이 도구는 치수선을 작성할 목적 보다는 특정한 점까지의 직선거리를 조사할 목적으로 만들어졌다. 즉, 처음 지정한 점부터 계속하여 지정한 점까지 누적거리를 보여준다. 필요하면 치수값을 복사하여 치수를 작성할 수도 있다.

① 먼저 도구를 선택한 다음 [그림 2.73-1]과 같이 시작점을 지정한 후

② 다음 측정점에서 클릭하면 [그림 2.73-2]와 같이 시작점부터 측정점까지 직선거리가 표시된다.

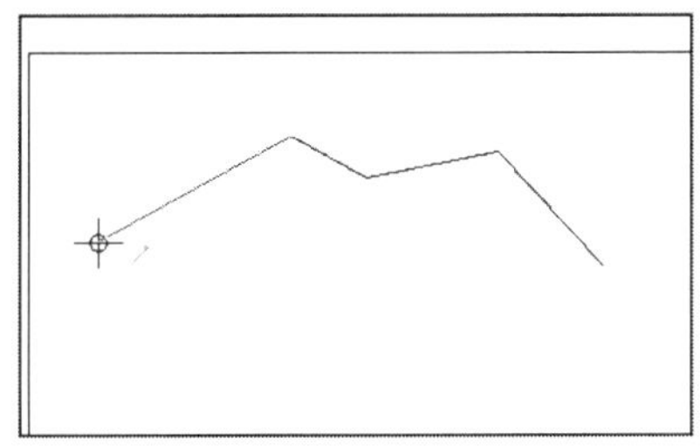

그림 2.73-1 : 시작점 지정

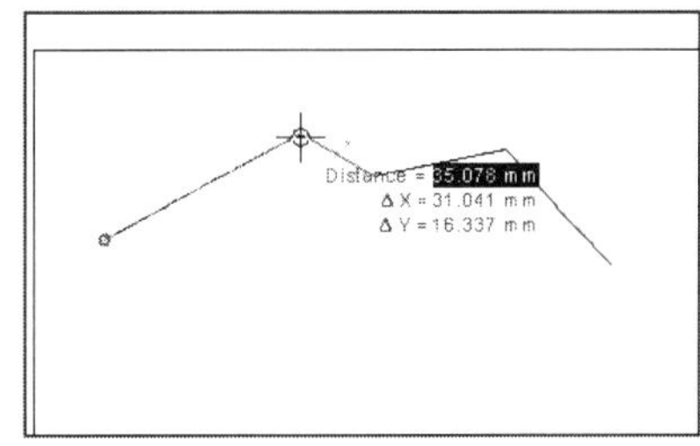

그림 2.73-2 : 측정점 지정

❶ 치수를 복사하기 위해서는 [그림 2.73-3]에서 Tab 키를 누르면 치수선택(그림에서 배경이 검게 표시된 부분)란이 이동되며, Ctrl_C(복사) 및 Ctrl_V(붙여넣기)를 이용하면 치수를 복사할 수도 있다.

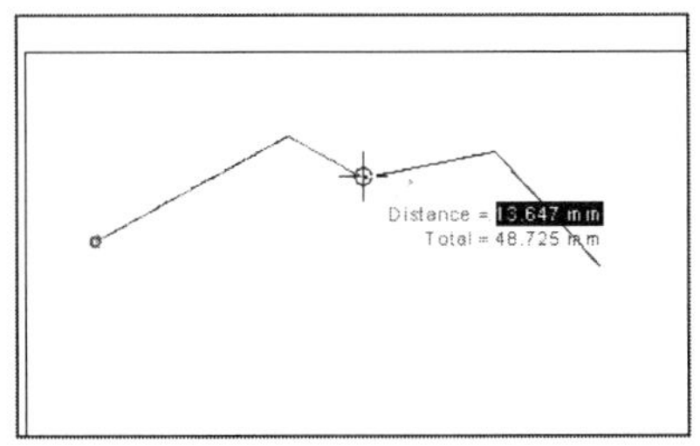

그림 2.73-3 : 치수선택 1

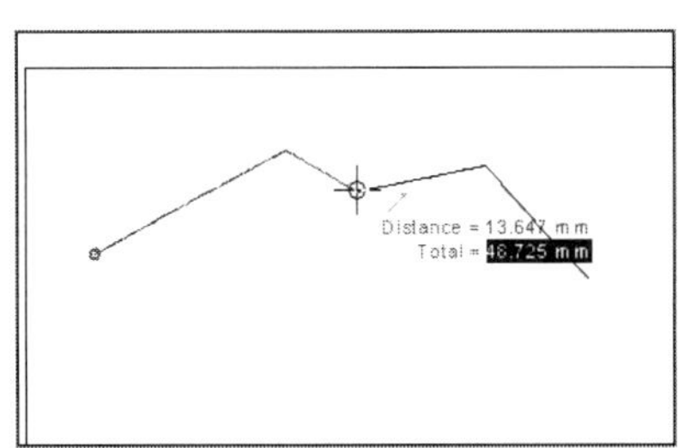

그림 2.73-4 : 치수선택 2

만일 측정점이 요소의 특정점(끝점, 중점, 중심점 등)이면 자동으로 그 점까지의 거리가 표시되며, 그렇지 않으면 클릭하여야 거리가 표시된다.

Distance는 직전의 점부터 현재점까지의 거리이며, Total은 시작점으로부터 경과한 거리의 누적값이다.

△X, △Y는 직전의 측정점부터 현 위치까지의 수평 및 수직 거리를 나타낸다.

2.6.9 곡선거리 측정자(Measure Distance Along)

이 도구는 지정한 곡선을 따라 2점 사이의 거리를 보여준다. 단, 선택한 요소 내에서만 동작한다. 물론 직선거리 측정자처럼 치수를 복사할 수도 있다.

[그림 2.74]와 같이 곡선 요소를 선택하면 선택한 점을 시작점으로 하여 커서가 위치한 곳의 곡선 길이를 표시한다.

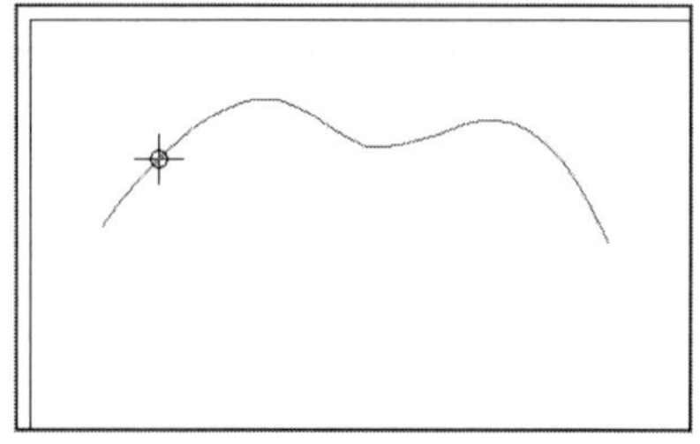

그림 2.74-1 : 시작점 지정

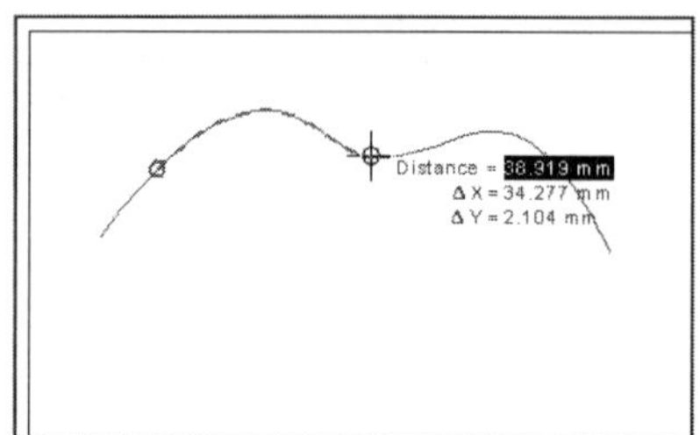

그림 2.74-2 : 곡선길이 측정 예

2.6.10 면적 측정자(Measure Area)

이 도구는 폐곡선으로 만들어지는 면적을 계산한다.

만일 요소가 서로 겹치는 경우에는 겹쳐진 부분을 경계선으로 면적을 계산한다.

또한, Shift Key(또는 Ctrl Key)를 누른 상태에서 영역을 지정하면 합산(또는 선택 취소)되어 표시된다.[20]

[그림 2.75-1]은 하나의 면적을 측정한 결과이며, [그림 2.75-2]는 Shift Key를 이용하여 2개의 면적을 합산한 결과이다.

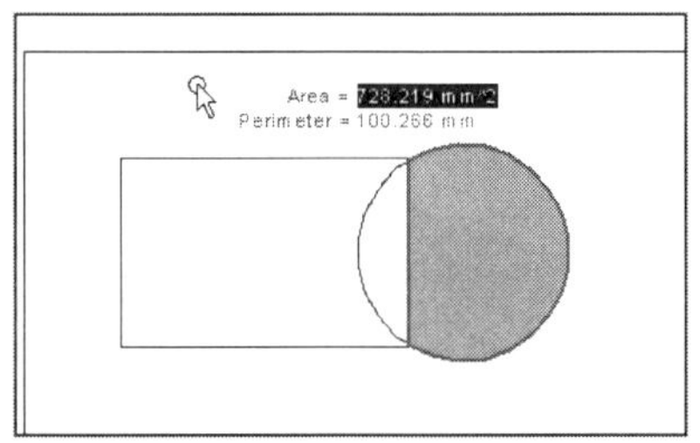

그림 2.75-1 : 면적측정 예

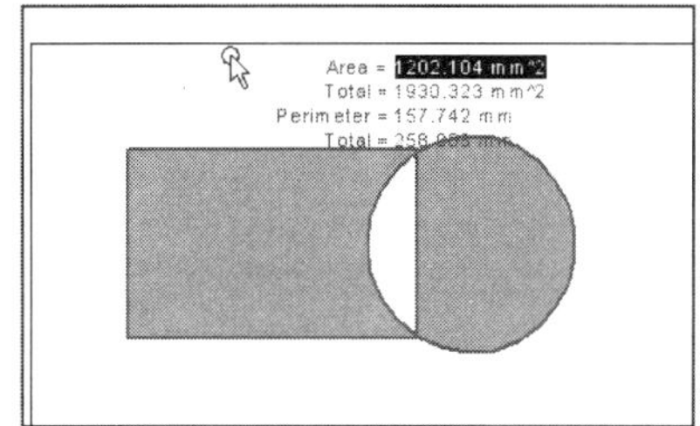

그림 2.75-2 : 면적합산 예

2.6.11 치수문자 수정(Dimension Text)

작성된 치수의 값을 필요에 따라 직접 수정하거나 수치대신 문자로 표기할 수 있다.

① 이 도구를 선택한 다음 [그림 2.76-1]과 같이 변경할 치수를 지정하면

② [그림 2.76-2]와 같은 리본-바가 나타난다. 이 난에 표기할 문자열(수치 또는 문자)을 입력하면 [그림 2.76-3]과 같이 기존의 수치가 입력한 문자열로 바뀐다.

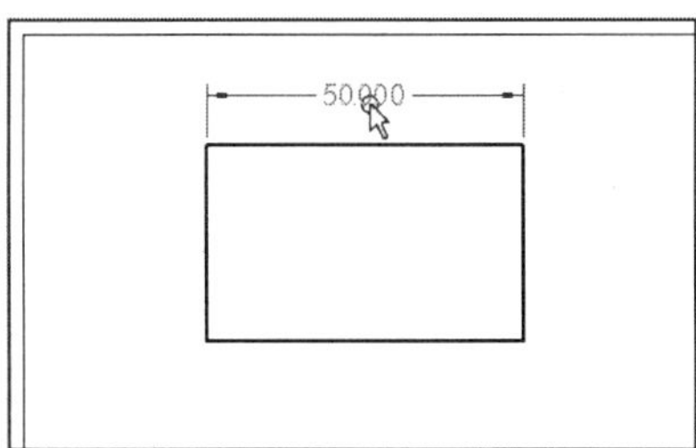

그림 2.76-1 : 치수 지정

20) 면적 측정자는 동일한 두께의 재료를 사용하는 구조물인 경우에 설계하는 시점에서 구조물의 중량을 계산할 때 유용하게 사용된다. 예를 들면 일반구조물용 압연철판은 비중이 7.85이므로 구조물의 무게를 면적×두께×7.85식으로 계산할 수 있다.

그림 2.76-2 : 변경 문자 입력

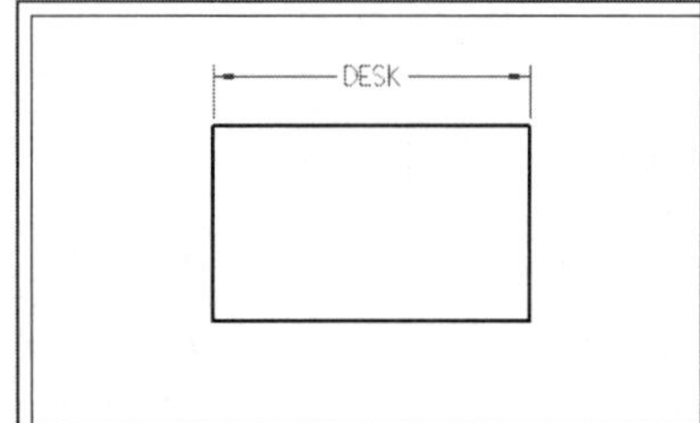

그림 2.76-3 : 작업결과

2.6.12 2중 치수 작성(Dual Dimension)

만일 도면이 국제적 공용으로 사용되는 경우에 mm 단위와 inch 단위를 동시에 표기할 필요가 있다.

즉, 2중 치수 작성이란 치수를 mm 단위와 inch 단위를 동시에 작성하는 것을 말한다.

① [그림 2.77-1]에서 [Format>Dimension..] 메뉴를 선택하면 [그림 2.77-2] 창이 나타난다.

② 이 창의 [Units] 탭은 첫 번째 표기될 치수에 대한 속성이며,

③ [그림 2.77-3]과 같이 [Secondary Units] 탭은 두 번째 표기될 치수의 속성이다. 단, [Secondary Units] 탭 창에서 하단에 있는 [Dual unit display]란을 지정하여야 표기된다.

④ [그림 2.77-4]는 첫 번째 치수는 mm로, 두 번째 치수는 inch로 지정하여 치수를 작성한 예이다.

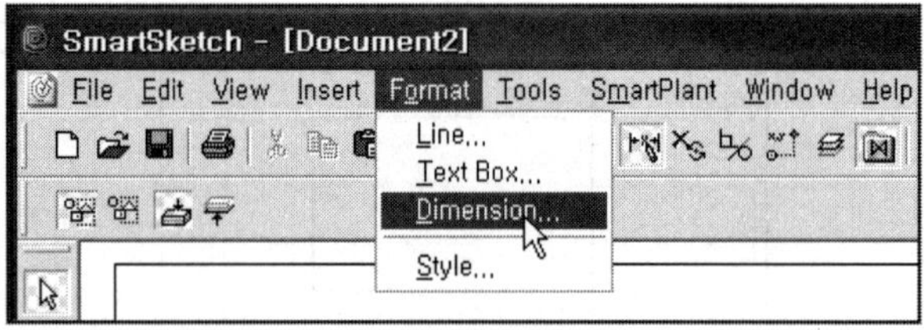

그림 2.77-1 : 치수 형식 메뉴

Format Dimension
General
Units
Secondary Units
Text
Lines and Coordinate
Spacing
Terminator and Symbol
Linear
Units:
mm
Unit label:
Subunit label:
Round-off:
.123
Maximum subunits:
12
Angular
Units:
degrees
Round-off:
.123
Zeros
Leading
Trailing
Delimiter
Period
Comma
Space
확인
취소
Help

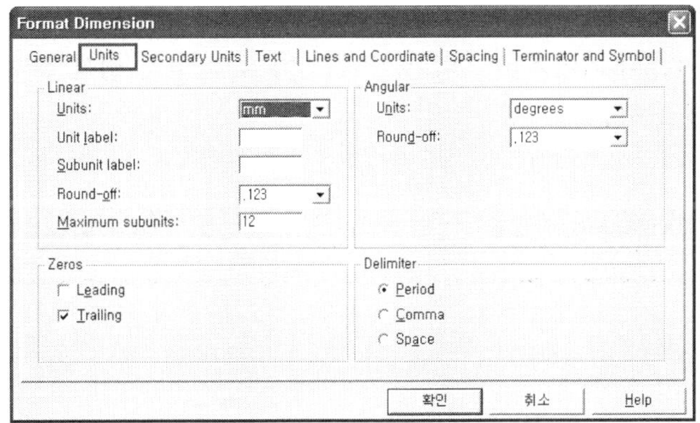

그림 2.77-2 : 주 치수단위 지정

Format Dimension
General
Units
Secondary Units
Text
Lines and Coordinate
Spacing
Terminator and Symbol
Linear
Units:
inches
Unit label:
Subunit label:
Round-off:
.12
Maximum subunits:
12
Zeros
Leading
Trailing
Dual unit display
확인
취소
Help

그림 2.77-3 : 부 치수단위 지정

50.000
1.97

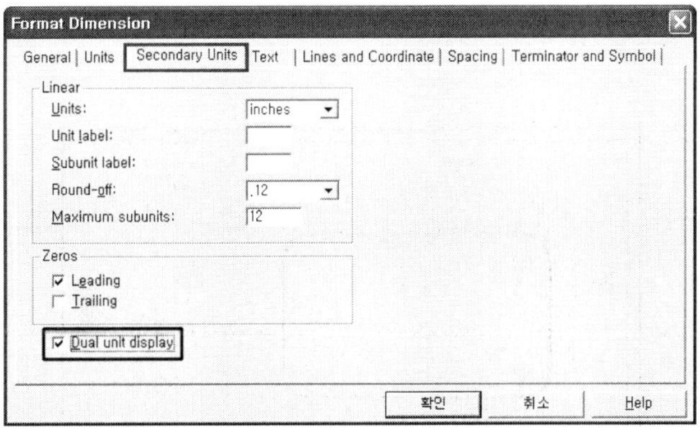

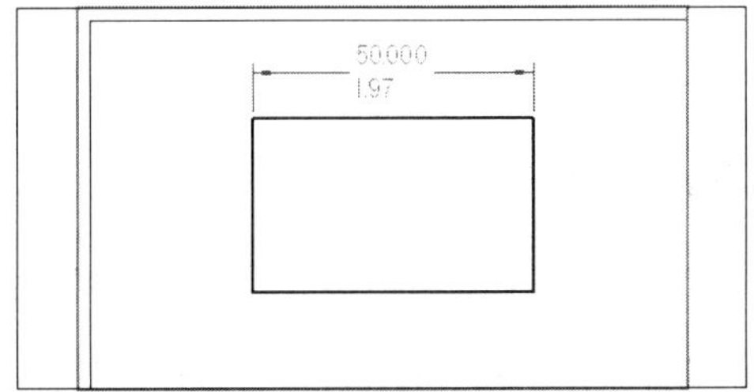

그림 2.77-4 : 2중 치수 작성 예(mm 및 inch)

2.6.13 공차표기(Tolerance)

치수값에 허용 범위(공차)를 표기하는 것을 말한다.

먼저 치수 작업도구를 선택하면 [그림 2.78-1]과 같이 리본-바의 내용이 바뀐다. 이 리본-바의 우측에 있는 [Dimension Type] 아이콘을 클릭하면 7가지의 치수 표기 형식 선택창이 나타나며, 이 중 2번째 형식을 선택하면 공차를 표기할 수 있다.

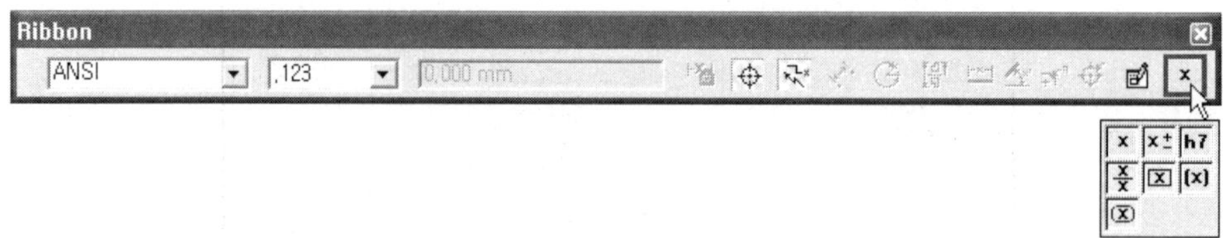

그림 2.78-1 : 치수작업도구의 리본-바

[그림 2.78-2]는 치수의 7가지 표기 형식의 예이다. 공차 범위는 +0.05, -0.02를 지정하였다(도면에서 아이콘은 선택한 형식을 표시한 것이다.).

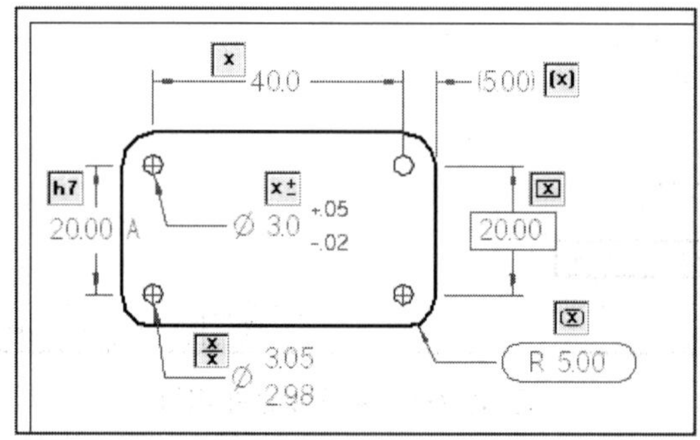

그림 2.78-2 : 공차표기 예

2.6.14 특수문자 첨부(Dimension Prefix)

SmartSketch에서는 치수의 위, 아래, 좌, 우에 특수문자를 달 수 있다.

치수 도구의 리본-바의 내용 중 [그림 2.79-1]과 같이 [Prefix] 아이콘을 선택하면 [그림 2.79-2]의 창이 나타난다.

이 창에서 [VALUE]를 중심으로 상하좌우에 기입할 문자를 입력하거나 아니면 상단에 있는 특수문자를 선택한 후 치수를 작성하면 입력된 내용이 치수와 동시에 표기된다.

특수문자는 키보드로 직접 입력하거나 아니면 [그림 2.79-2] 창에서 [Special characters] 중 하나를 선택할 수 있다.

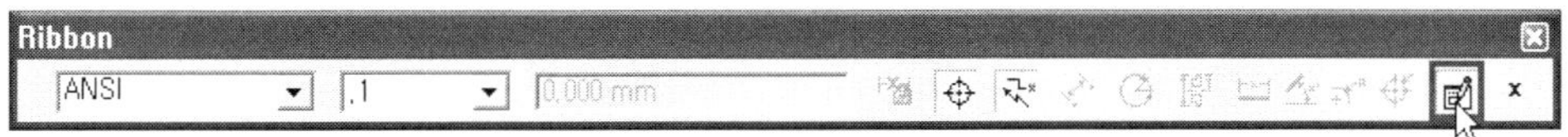

그림 2.79-1 : 치수 작업도구의 리본-바

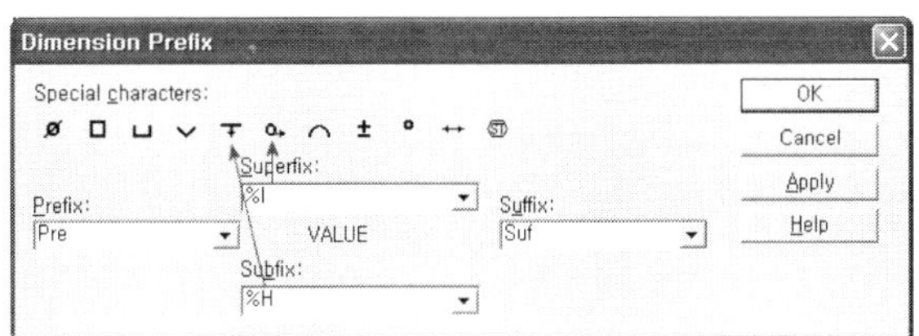

그림 2.79-2 : 첨부문자 지정 창

[그림 2.79-3]은 특수문자가 추가된 치수의 예이다.

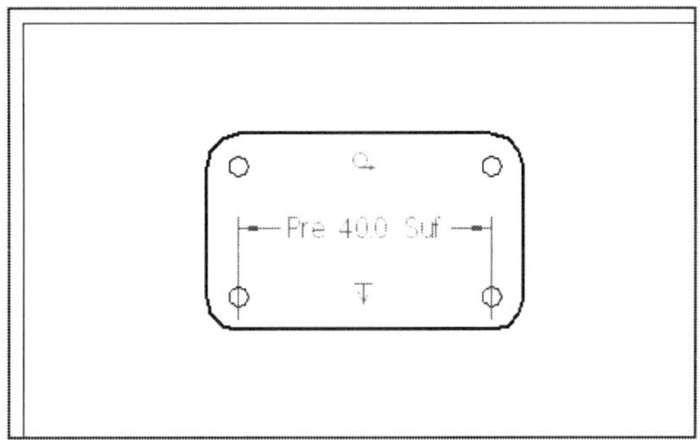

그림 2.79-3 : 첨부문자 작성 예

03

편집하기

3.1 요소 찾기(Find Elements)

도면에서 특정한 요소를 찾아 수정하는 경우에 도면이 복잡한 경우나 아니면 동일 종류의 요소를 동시에 지정하는 경우에는 번거롭거나 아니면 잘못 작업할 수 있다. 이때 요소 찾기 기능을 사용하면 원하는 형태나 종류의 요소를 동시에 선택할 수 있다.

먼저 [그림 3.1-1]과 같이 메뉴에서 [Edit>Find] 메뉴를 선택하면 [그림 3.1-2]와 같은 옵션 창이 나타나며, 이 창에서 원하는 요소의 종류를 선택하면 자동으로 지정한 모든 요소를 찾아 준다.

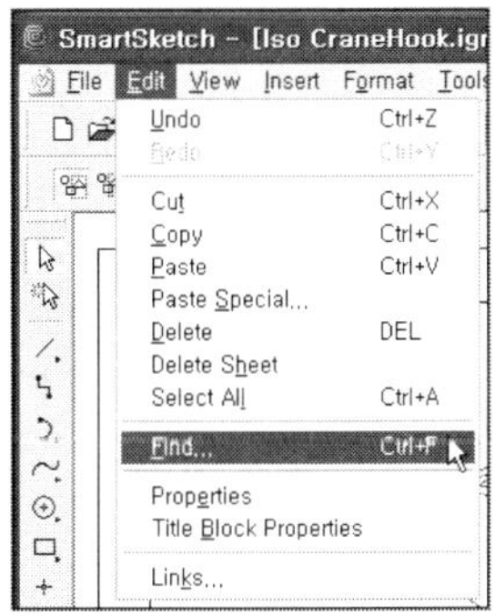

그림 3.1-1 : 찾기 메뉴

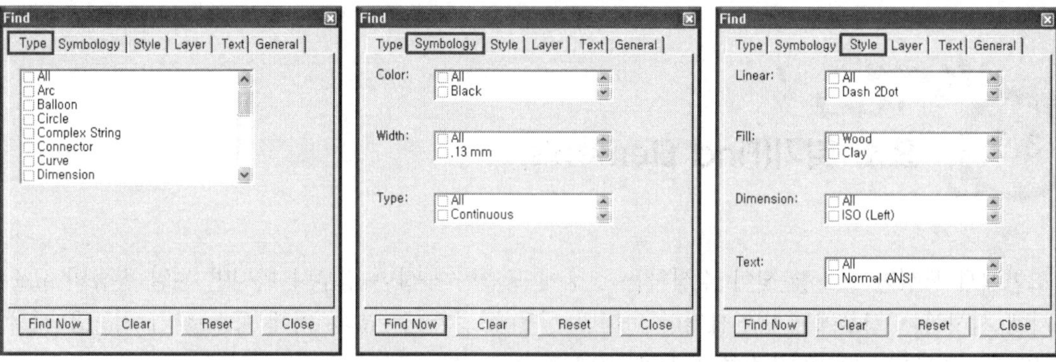

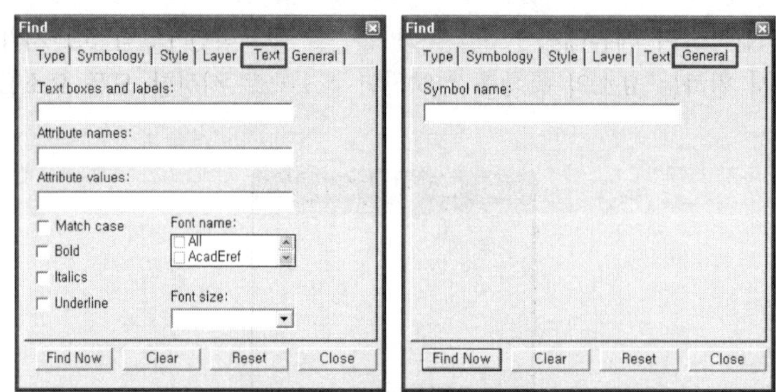

그림 3.1-2 : 찾기 작업도구의 옵션

Tab		Options	설명
Type		All, Arc, Balloon, Circle, Complex String, Connector, Curve, Dimension, Ellipse, Elliptical Arc, Full, Group, Label, Leader, Line, Line String, Point, Rectangle, Smart Frame, Smart Symbol, Symbol, Text box	요소의 종류
Symbology	Color	All, Black, Blue, Charcoal Gray, Cyan, Gray, Green, Magenta, Red, Yellow, White, Dark Blue, Dark Cyan, Dark Green, Dark Magenta, Dark Red, Dark Yellow, Dark Gray, Light Gray, Blank	선의 색상
	Width	All, 0.13, 0.18, 0.25, 0.35, 0.5, 0.7, 1.0, 1.4, 2.0mm	선의 굵기
	Type	All, Continuous, Centered Chain, Chain, Dash, Dash Dash Dot, Dash Dot, Dash Dot Dot, Dot, Double Chain, End Gap, Zig-Zag	선의 종류
Style	Linear	All, Dash 2 Dot, Dashed, 2 Dashed Dot, Double Chain, Normal(Arrow Bi-Direction), Thick, Dash Dot, Normal, Phantom, Normal(Arrow Backward), Dotted, Break, Chain, Normal(Arrow Foreward)	선의 형태
	Fill	All, Grass, Dash, Grate, Brick(Running bond), Earth, Flooring(Parquet), Honeycomb, Steel, Solid, Grid, Triangles, Roof(shingles), Sand, Normal, Aluminum, Block, Brass/Bronze, Brick(English bond), Glass, Insulation-Rigid, Hatch, Stairs, Dots, Cross, Concrete, Concrete Block, Plastic, Stars, Brick, Brick(Herring bone), Squares, Flooring Tile, Mesh, Bluestone/Slate, Wood, Clay	면 채우기
	Dimension	All, ISO(Left), BSI, DIN, ANSI, ANSI(Right), ISO(Right), ASA, JIS, ANSI(Left), ISO	치수
	Text	All, Normal ANSI, Normal	문자 규격
Layer		All, Default	레이어 번호
Text		Text boxes and labels	찾고자 하는 문자열
		Attribute names	찾고자 하는 문자의 속성명
		Attribute values	찾고자 하는 문자의 속성 값
		Match case	지정한 문자열의 일치 여부 지정
		Bold	굵은체
		Italics	기울임체
		Underline	밑줄체
		Font name	글꼴
		Font size	문자 크기
General		Symbol name	찾고자 하는 심볼명

예를 들면 [그림 3.1-3]은 요소의 종류를 "Arc"로 지정한 후 [Find Now] 버튼을 클릭했을 때의 결과이다. 도면의 요소 중 Arc에 해당하는 요소를 모두 찾아 선택 상태로 되어있다.

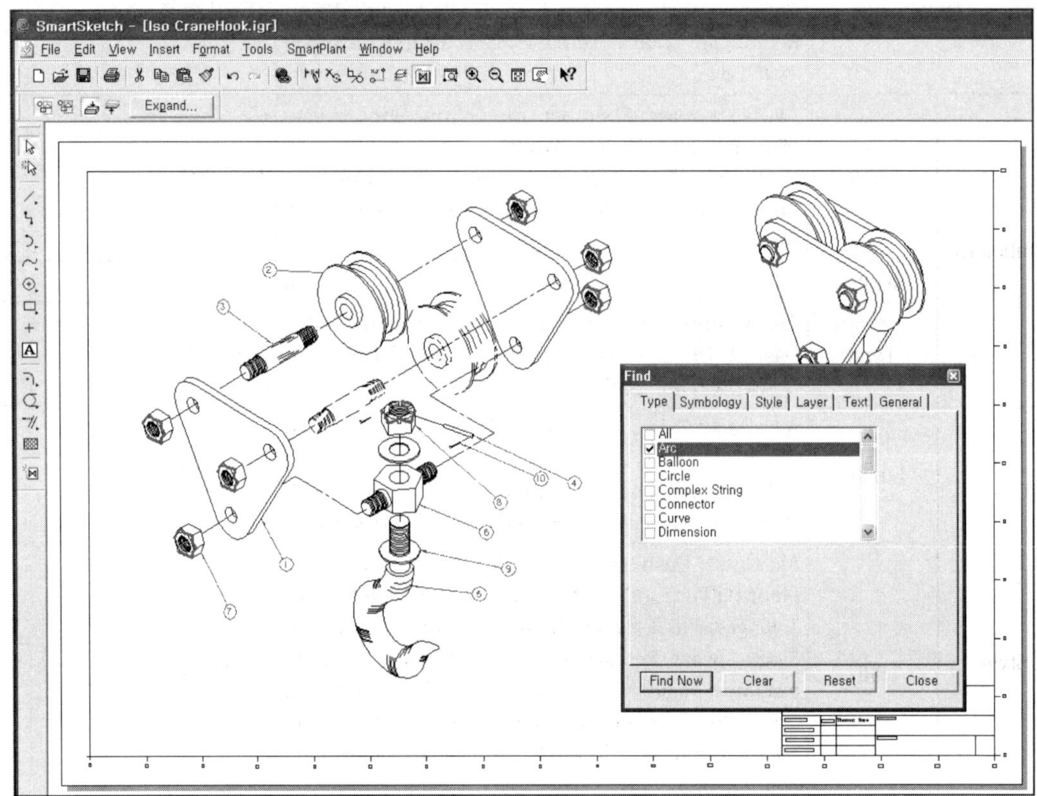

그림 3.1-3 : 옵션 찾기를 이용한 선택 예

3.2 속성 변경(Change Property)

작성된 요소의 속성 테이블의 값을 직접 변경하여 해당 요소의 크기나 위치 등을 변경할 수 있다.

속성 테이블의 내용은 선택한 요소의 종류에 따라 다르게 나타난다.

다음의 예는 원에 대한 속성 테이블이다.

[그림 3.2-1]에서 수정할 요소(원)를 선택한 다음 마우스의 오른쪽 버튼을 클릭하면 Popup가 나타나며, 이 메뉴의 [Properties] 메뉴를 선택하면 [Element Properties] 창이 나타난다.

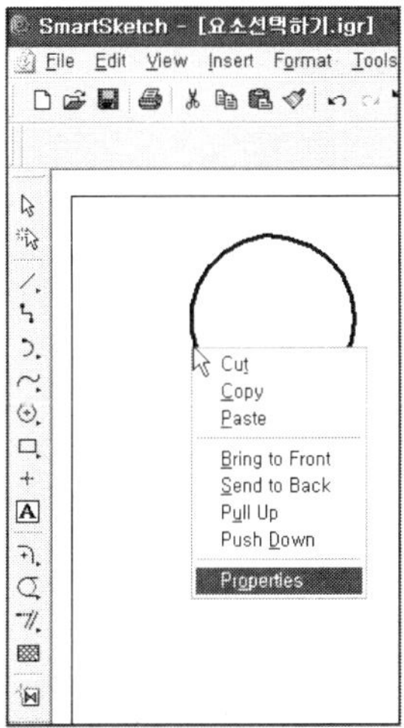

그림 3.2-1 : 속성 메뉴

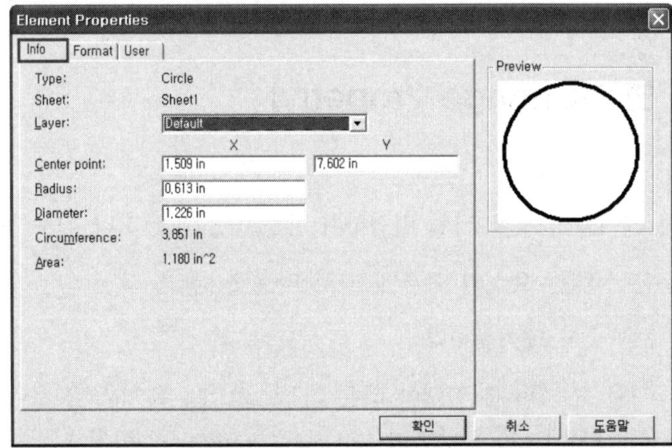

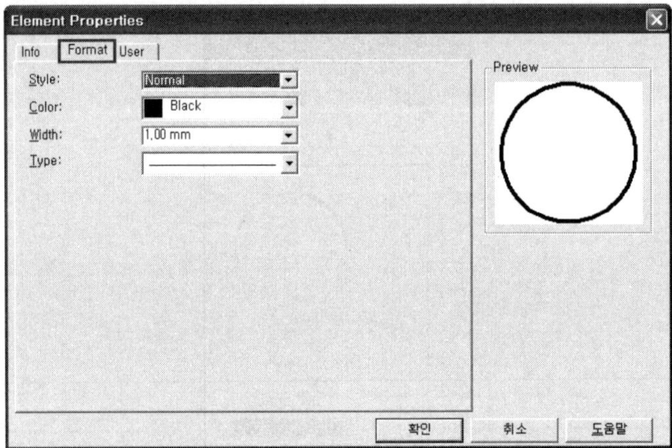

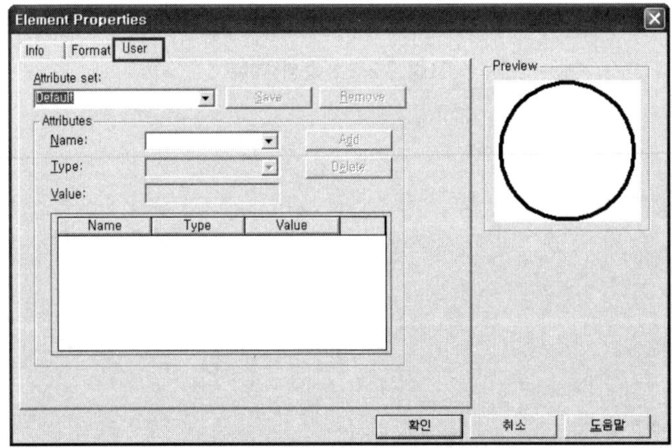

그림 3.2-2 : 요소 속성 지정 창

Tab	Property/버튼	설명
Info	Type	요소의 종류(직선, 사각형, 원 또는 그룹 등)를 표시
	Sheet	현재 작업 도면의 이름을 표시
	Layer	현재 작업 중인 레이어 이름을 표시
	Center point	폐곡선 형 요소인 경우 중점의 위치 좌표를 표시
	Radius	원의 반지름을 표시
	Diameter	원의 지름을 표시
	Circumference	폐곡선 형 요소인 경우 둘레 길이를 표시
	Area	폐곡선 형 요소인 경우 면적의 크기를 표시
	※ 위의 내용은 선택한 요소의 종류에 따라 다른 내용이 나타난다. 또한, 입력난이 없는 항목은 기존의 정보에서 자동으로 표시하며, 수정할 수 없다.	
Format	Style	선 모양을 지정([그림 A] 참조)
	Color	선 색상을 지정([그림 B] 참조)
	Width	선 굵기를 지정([그림 C] 참조)
	Type	선 종류를 지정([그림 D] 참조)
	※ Style을 지정하면 Type이 자동으로 변경된다. 단, Type이 우선된다.	
User	Attribute set	사용자 지정 속성 테이블그룹 이름
	Name	사용자 지정 속성 테이블 이름(단, 유일하여야 함)
	Type	테이블 종류를 지정([그림 E] 참조)
	Value	필요한 경우 속성의 값을 지정
	[Save]	테이블 그룹을 저장
	[Remove]	테이블 그룹을 삭제
	[Add]	작성한 테이블을 테이블 그룹에 추가
	[Delete]	작성한 테이블을 테이블 그룹에서 삭제
	※ 하나의 테이블그룹에 복수 개의 테이블이 존재하며, 테이블그룹 단위로 저장된다.	

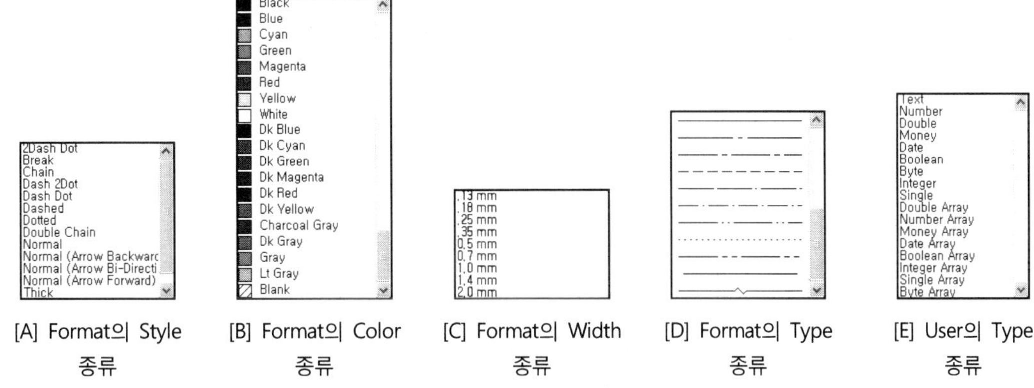

[A] Format의 Style 종류　[B] Format의 Color 종류　[C] Format의 Width 종류　[D] Format의 Type 종류　[E] User의 Type 종류

3.3 속성 복사(Format Painter)

요소의 속성(선의 굵기, 색상, 형태 등)을 복사하여 다른 요소에 적용하는 작업을 말한다.

① [그림 3.3-1]에서 [Format Painter] 도구를 선택한 후

② [그림 3.3-2]와 같이 먼저 복사할 대상을 지정한 다음

③ [그림 3.3-3]과 같이 적용할 요소를 지정하면 [그림 3.3-4]와 같이 속성이 복사된다.

④ [그림 3.3-5]와 같이 형태가 다른 요소인 경우에도 [그림 3.3-7]과 같이 요소의 속성을 복사된다. 복사되는 속성은 선의 종류, 굵기, 색은 복사되나 요소의 종류나 크기는 복사되지 않는다.

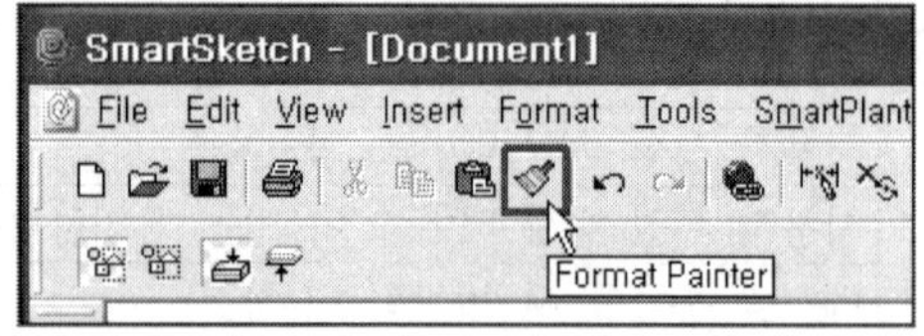

그림 3.3-1 : 속성복사 작업도구

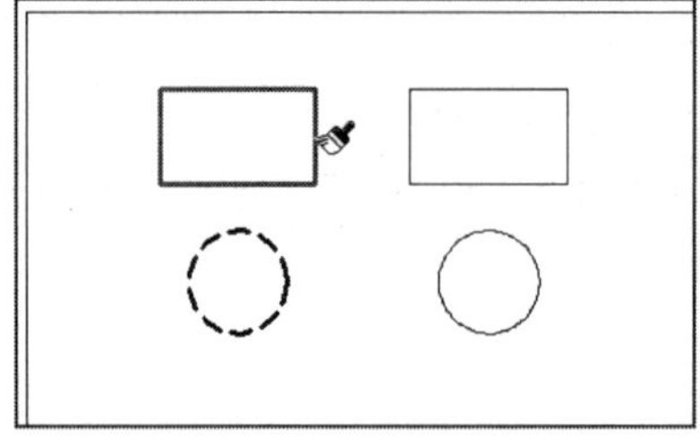

그림 3.3-2 : 복사대상 지정

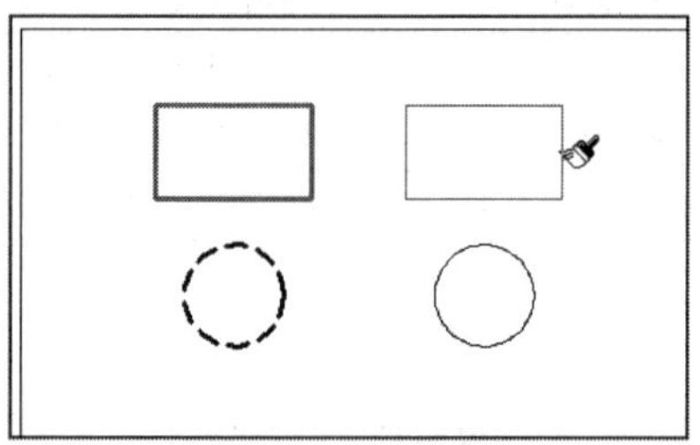

그림 3.3-3 : 적용대상 지정

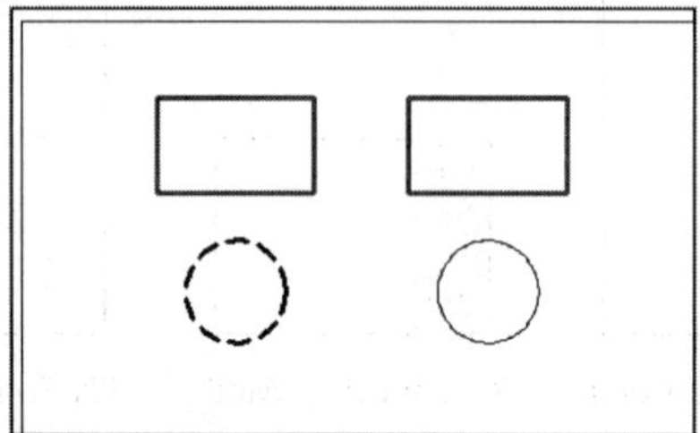

그림 3.3-4 : 작업결과

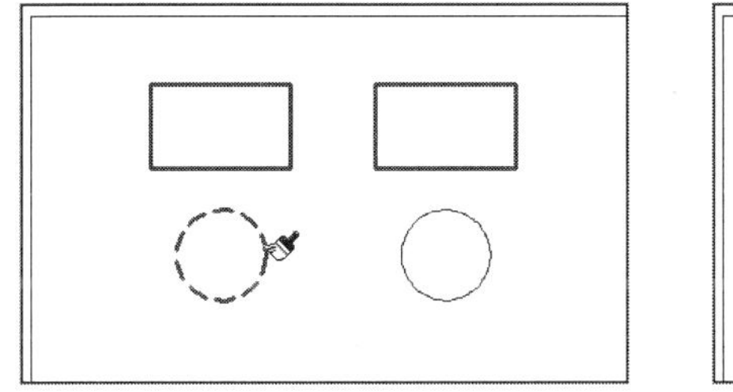

그림 3.3-5 : 복사대상 지정

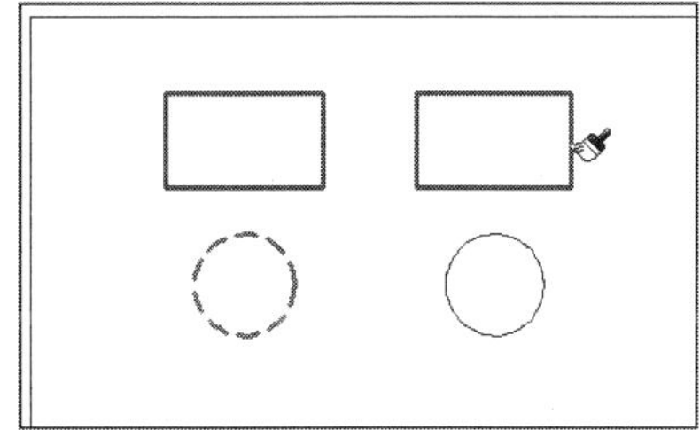

그림 3.3-6 : 적용대상 지정

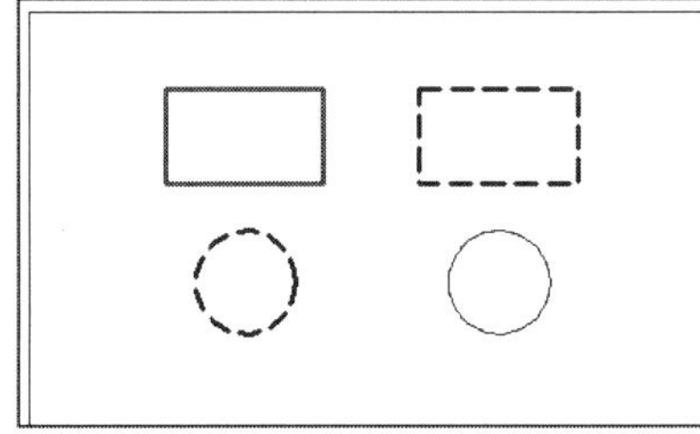

그림 3.3-7 : 작업결과

3.4 선택도구를 사용하여 수정하기

작성된 요소를 선택도구(Select Tool)를 사용하여 선택한 후 직접 수정하는 작업을 말한다.

3.4.1 위치 이동

① [그림 3.4-1]에서 **[Select Tool]** 도구를 선택한 다음

② [그림 3.4-2]에서 이동할 대상을 선택하고

③ [그림 3.4-3]과 같이 드래그 방법으로 이동하면 [그림 3.4-4]와 같이 위치를 이동시킬 수 있다. 단, 요소핸들(element's handle[1])을 지정하여 이동하면 해당 점만 이동되어 결과적으로 크기가 변경된다.

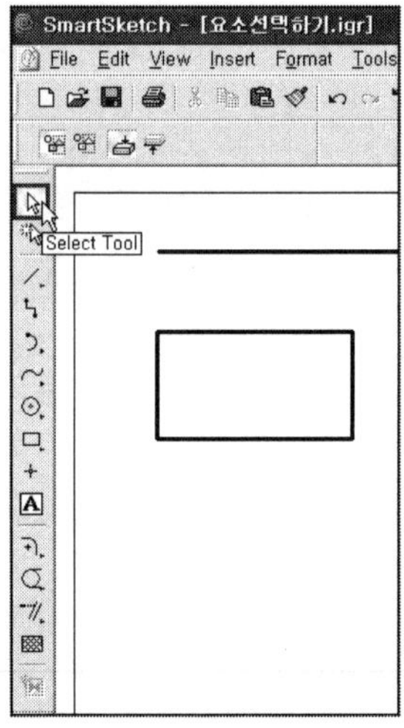

그림 3.4-1 : 선택 작업도구

1) 요소핸들(element's handle) : 요소를 선택하면 검은색 사각점이 나타난다. 직선의 경우에는 양 끝단의 2개, 사각형의 경우에는 꼭지점과 각 변의 중점인 8개, 원의 경우에는 중심점과 호의 시작점인 2개의 점이 나타난다. 이 점은 요소의 크기를 변경하거나 위치를 이동하는데 사용된다.

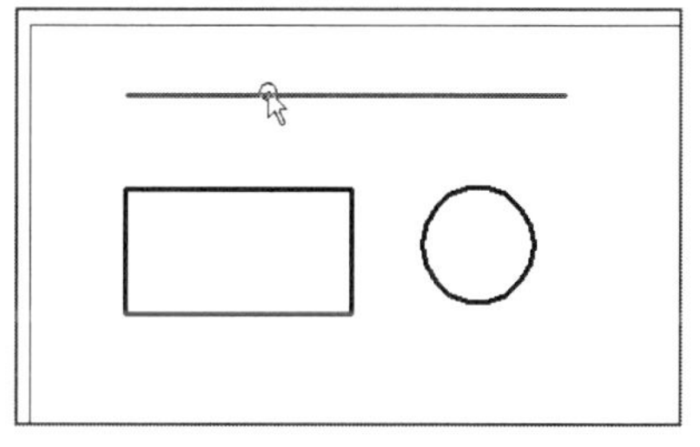
그림 3.4-2 : 대상 지정

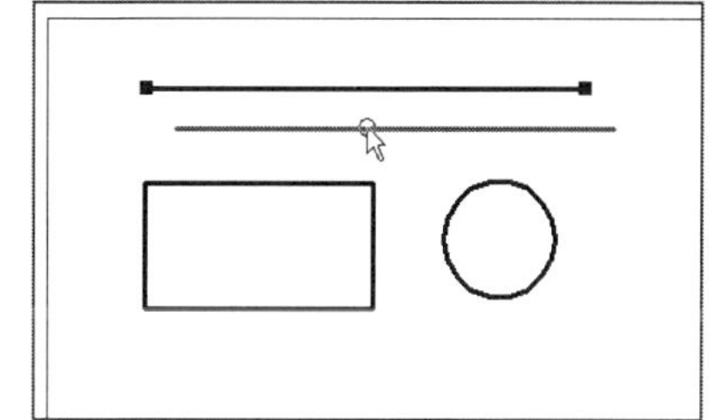
그림 3.4-3 : 위치 이동

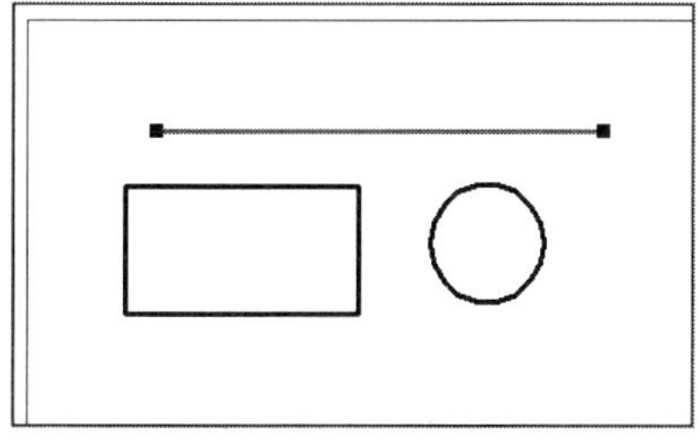
그림 3.4-4 : 작업결과

❶ 사각형인 경우에는 [그림 3.4-5]와 같이 사각형의 한 변을 드래그하면 [그림 3.4-7]과 같이 이동된다.

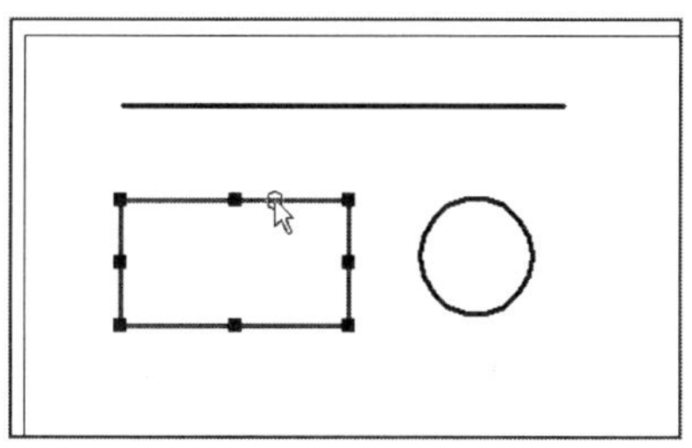
그림 3.4-5 : 대상 지정

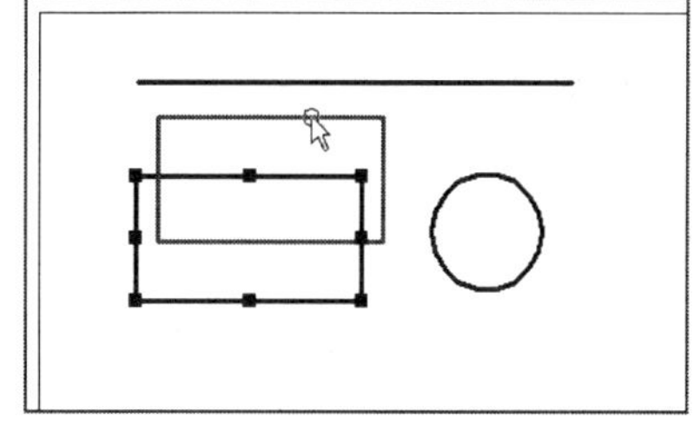
그림 3.4-6 : 위치 이동

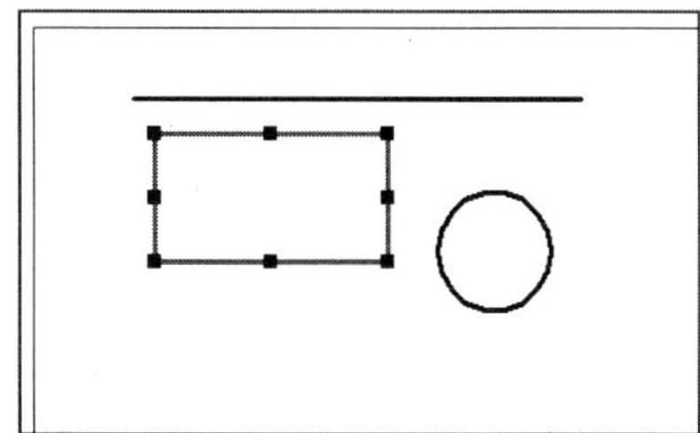
그림 3.4-7 : 작업결과

❷ 원의 경우에도 [그림 3.4-8]과 같이 원주(또는 원 중심점)를 드래그하면 [그림 3.4-10]과 같이 이동된다.

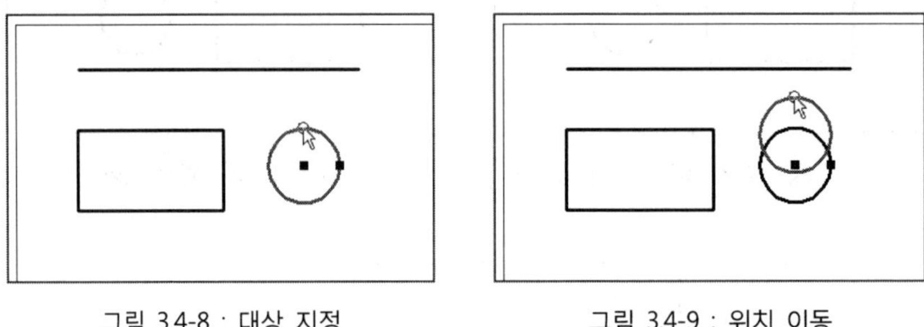

그림 3.4-8 : 대상 지정　　그림 3.4-9 : 위치 이동

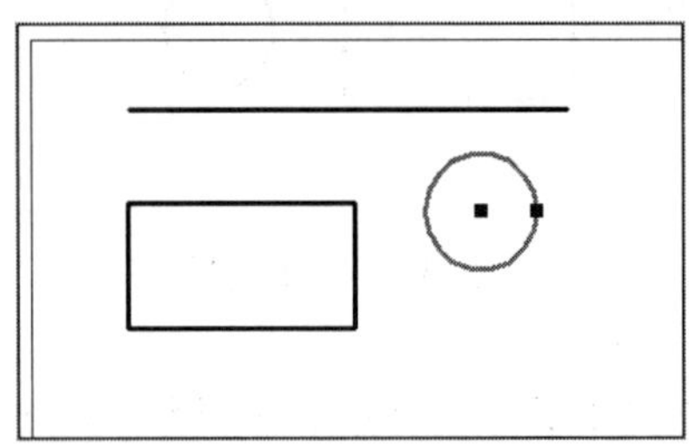

그림 3.4-10 : 작업결과

3.4.2 크기 수정

(1) 직선 길이 수정

[그림 3.5-1]과 같이 직선 요소를 선택한 후 나타나는 요소핸들을 드래그하면 [그림 3.5-3]과 같이 크기(길이)를 변경할 수 있다.

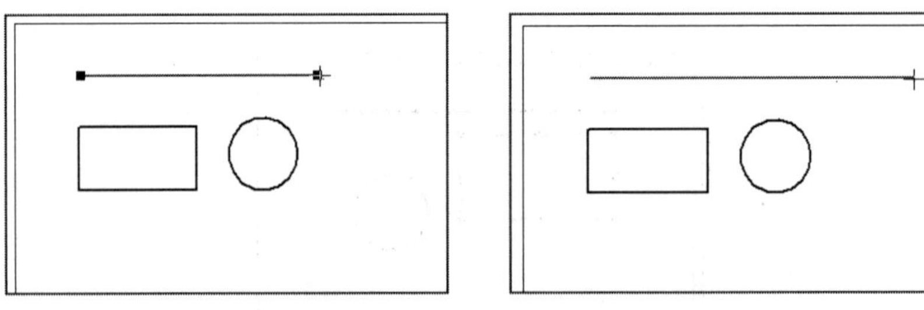

그림 3.5-1 : 요소핸들 지정　　그림 3.5-2 : 수정(드래그)

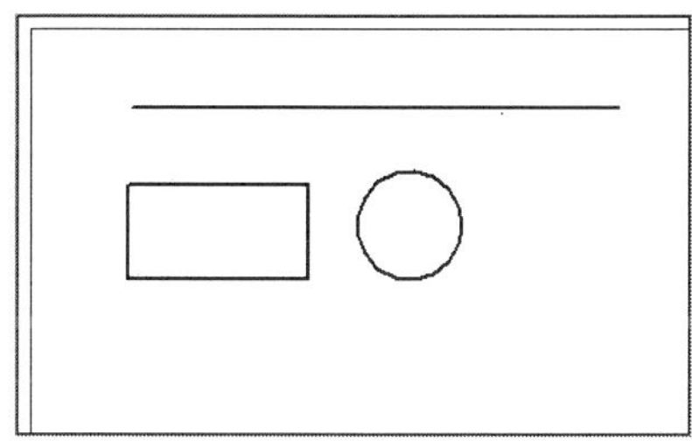

그림 3.5-3 : 작업결과

(2) 사각형 크기 수정

사각형을 선택하면 8개의 요소핸들이 나타나며, 이 중 한 점을 드래그하면 사각형의 크기를 변경할 수 있다.

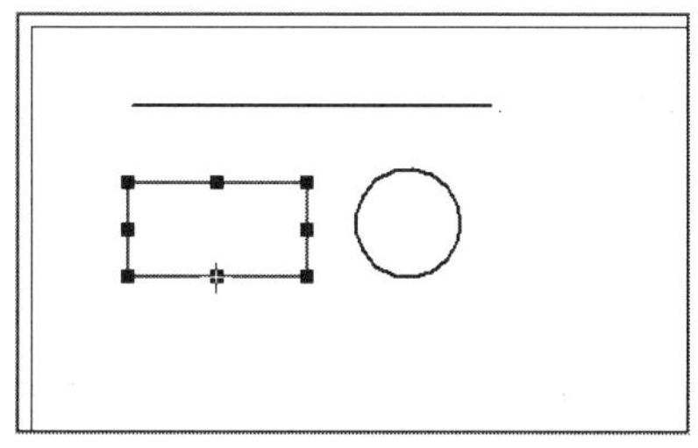

그림 3.5-4 : 요소핸들 지정

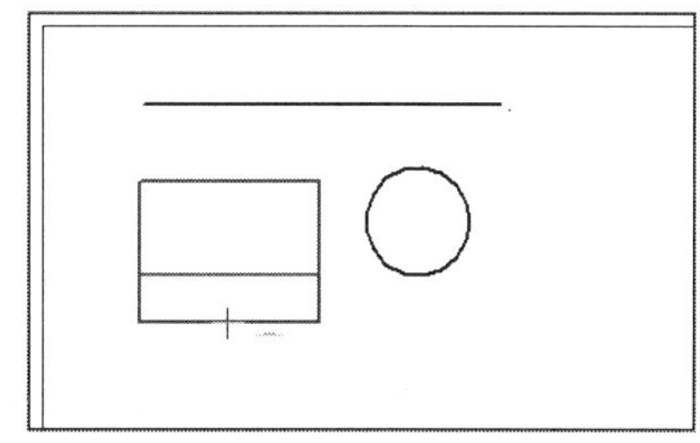

그림 3.5-5 : 수정(드래그)

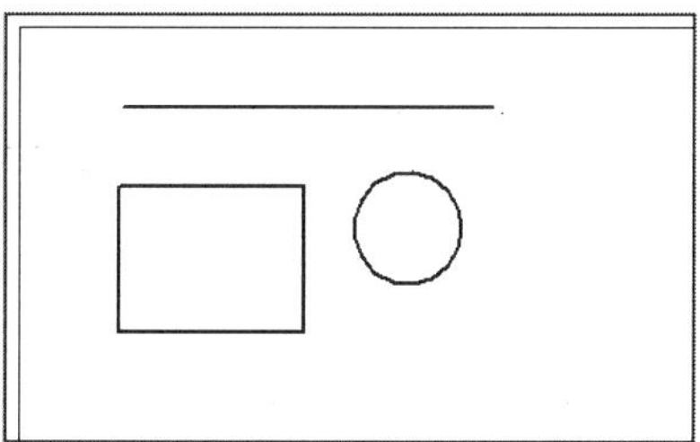

그림 3.5-6 : 작업결과

(3) 원 크기 수정

원을 선택하면 중심점과 원의 시작점에 요소핸들이 나타난다. 이 중 원의 시작점에 있는 요소핸들을 드래그하면 원의 크기를 변경할 수 있다(원의 중심점에 있는 요소핸들은 위치를 변경할 때 사용한다.).

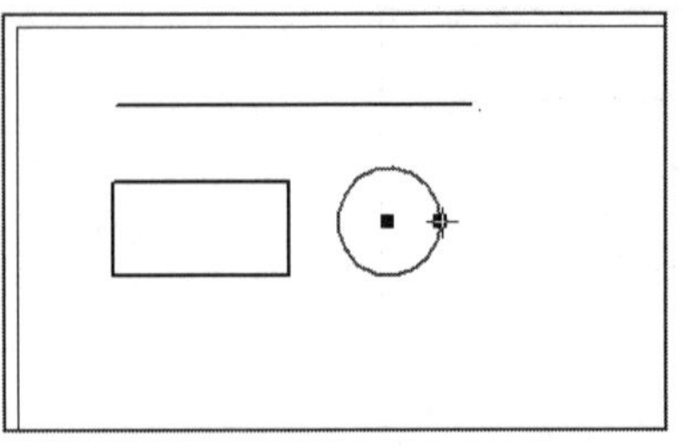

그림 3.5-7 : 요소핸들 지정

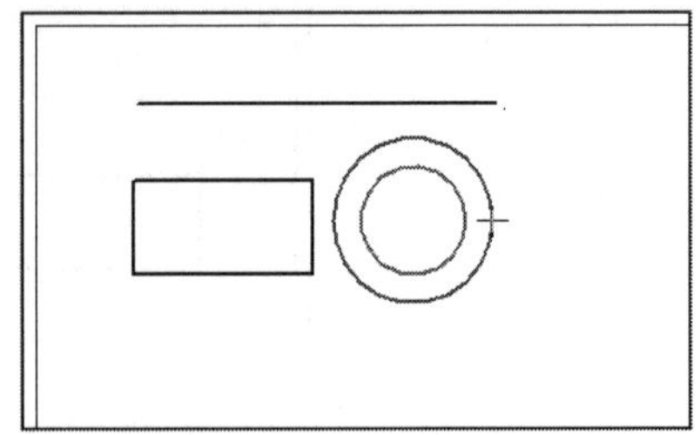

그림 3.5-8 : 수정(드래그)

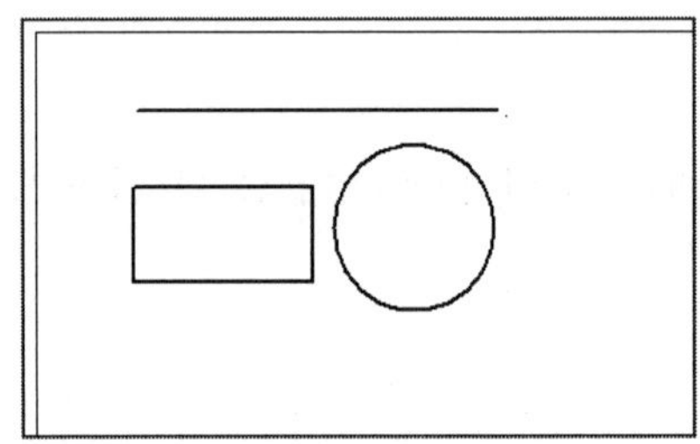

그림 3.5-9 : 작업결과

3.4.3 요소 복사

복사할 대상인 요소를 선택한 후 키보드의 Ctrl Key를 누르고 있는 상태에서 드래그하면 새로운 위치에 동일한 요소가 복사된다.

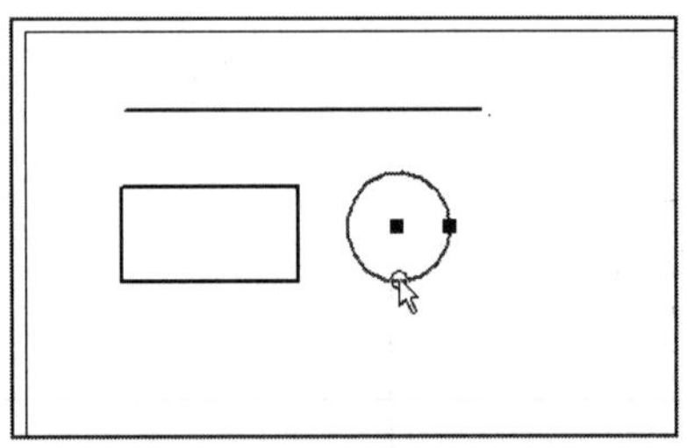

그림 3.6-1 : 대상 지정

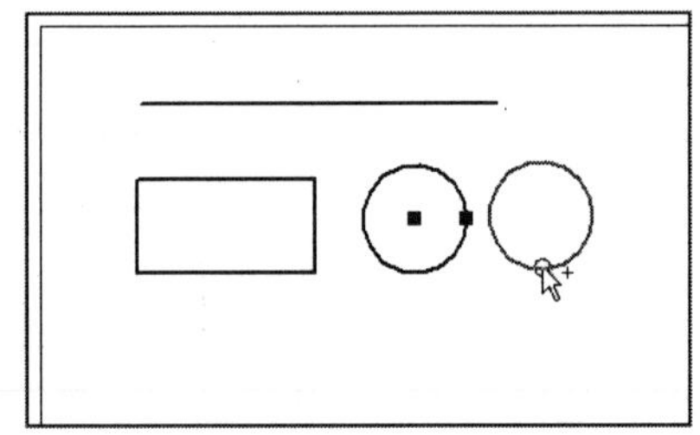

그림 3.6-2 : 이동(Ctrl+드래그)

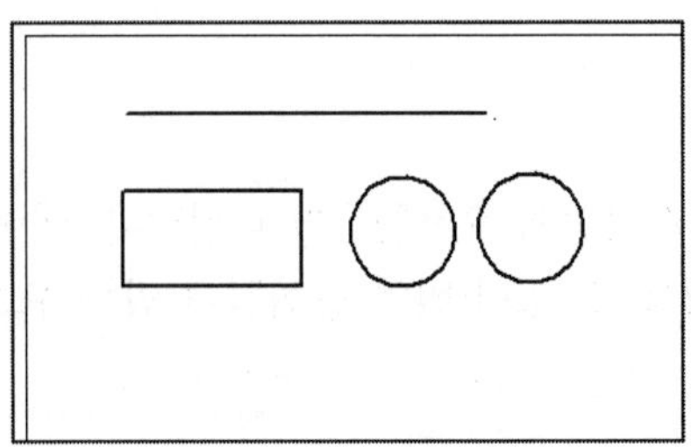

그림 3.6-3 : 작업결과

3.5 변경도구를 사용하여 수정하기

3.5.1 변경도구 불러내기(Change Toolbar)

변경도구를 불러내는 방법은

① [그림 3.7-1]에서 **[View〉Toolbars]** 메뉴를 선택하면 [그림 3.7-2]의 창이 나타나며, 이 창에서 **[Change]**를 선택하거나,

② [그림 3.7-3]에서 **[Change]** 아이콘을 선택하거나 아니면,

③ [그림 3.7-3]에서 메뉴 막대 위치에서 마우스의 오른쪽 버튼을 클릭하여 나타나는 메뉴 중 **[Change]**를 선택하면 [그림 3.7-4]와 같은 편집도구가 나타난다.

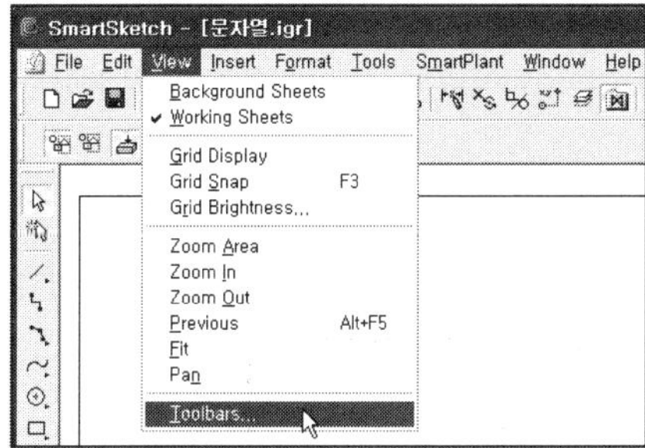

그림 3.7-1 : 작업도구 메뉴

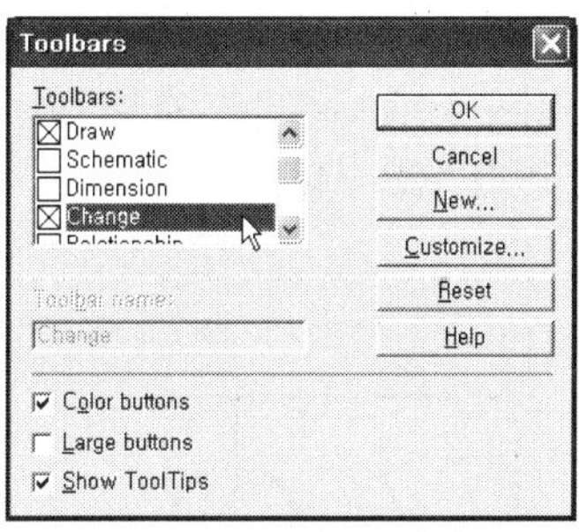

그림 3.7-2 : 변경도구 선택 창

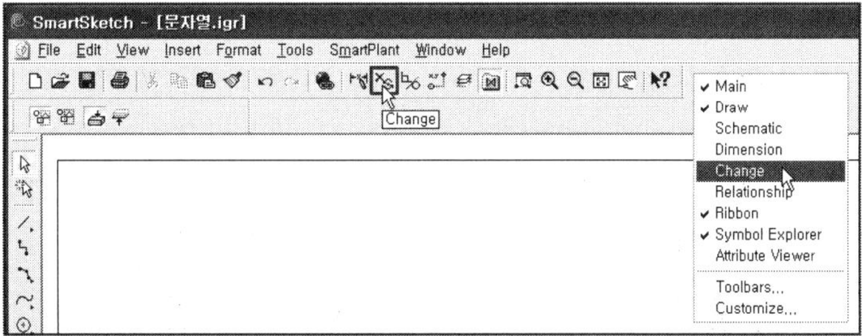

그림 3.7-3 : 변경도구 아이콘

그림 3.7-4 : 변경도구 막대

3.5.2 이동/복사(Move/Copy)

편집도구를 사용하여 이동/복사 작업은 선택 도구를 사용하여 이동하는 것과 유사하다.

(1) 이동(Move) :

[그림 3.7-4]에서 이 도구를 선택하면 [그림 3.8-1]과 같은 리본-바가 나타난다.

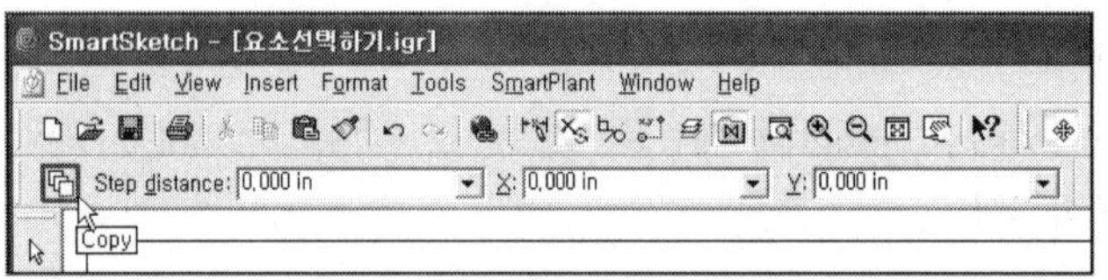

그림 3.8-1 : 이동도구의 복사 옵션 아이콘

① 리본-바의 [Copy] 옵션을 선택하지 않는 상태에서 [그림 3.8-2]와 같이 이동 대상을 선택한 후

② [그림 3.8-3]과 같이 이동의 기준점을 지정하고

③ [그림 3.8-4]와 같이 이동점을 지정하면 [그림 3.8-5]와 같이 선택한 요소가 기준점부터 이동점까지의 방향과 거리만큼 이동된다.

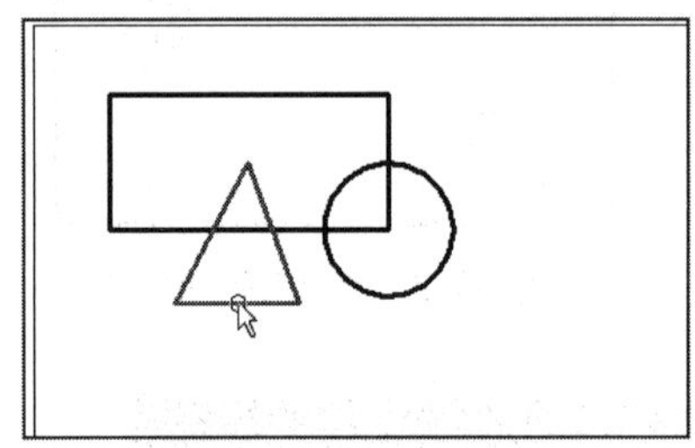

그림 3.8-2 : 대상 지정

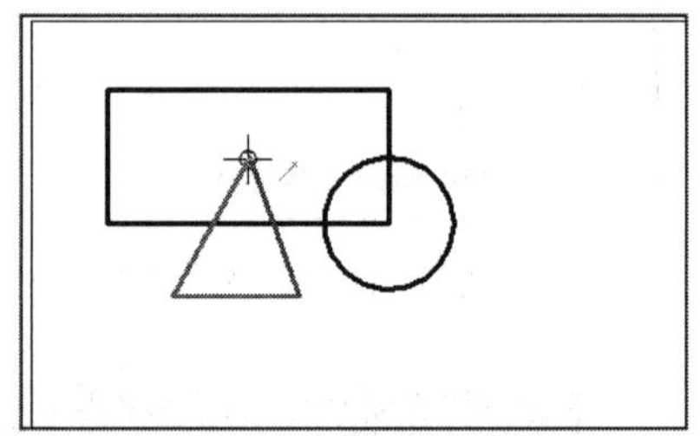

그림 3.8-3 : 기준점 지정

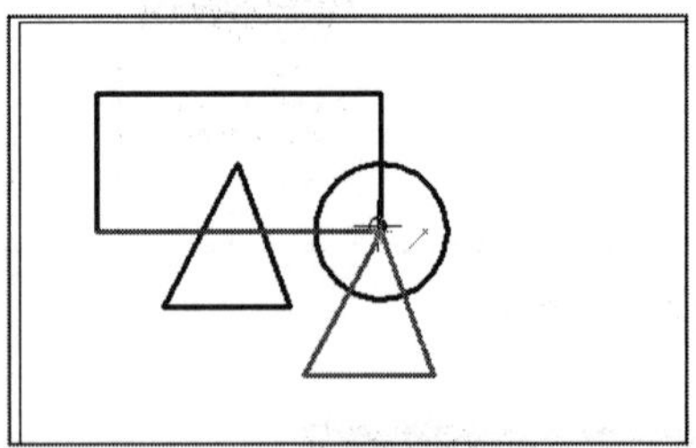

그림 3.8-4 : 이동점 지정

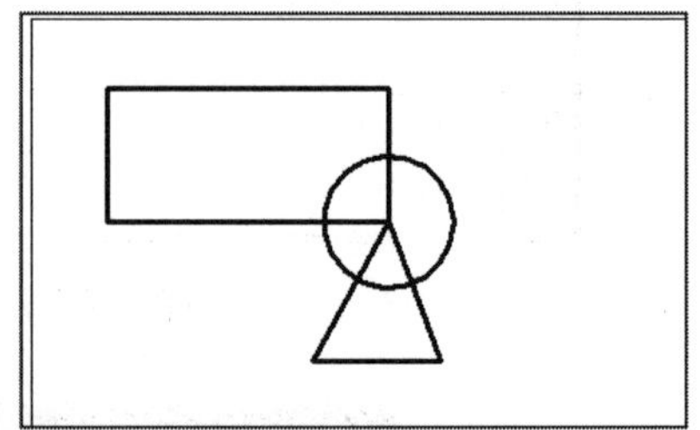

그림 3.8-5 : 작업결과

이동 기준점을 지정할 때는 반드시 요소의 한 부분을 지정할 필요는 없다.

❶ 예를 들면 [그림 3.8-2]에서 이동 대상인 삼각형을 선택한 후

❷ [그림 3.8-6] 및 [그림 3.8-7]과 같이 사각형의 한 변을 지정하면 선택한 삼각형을 사각형의 한 변 길이만큼 이동 시킬 수 있다.

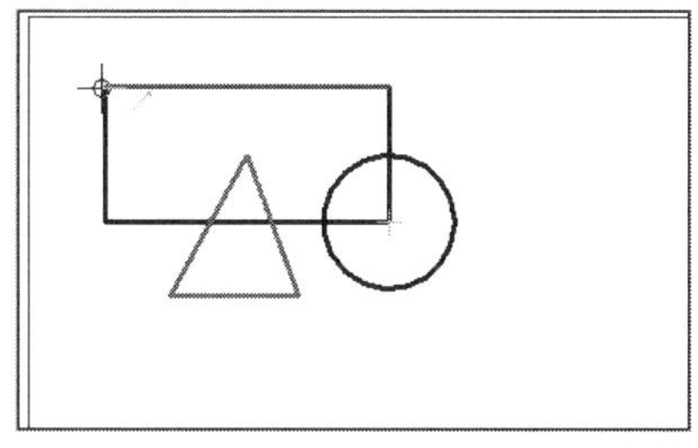

그림 3.8-6 : 기준점 지정

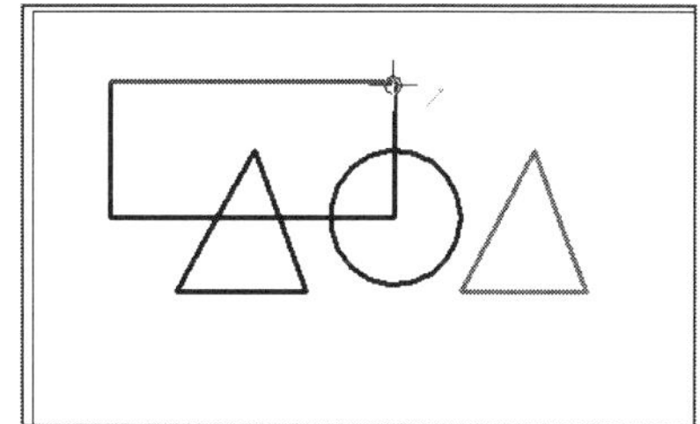

그림 3.8-7 : 이동점 지정

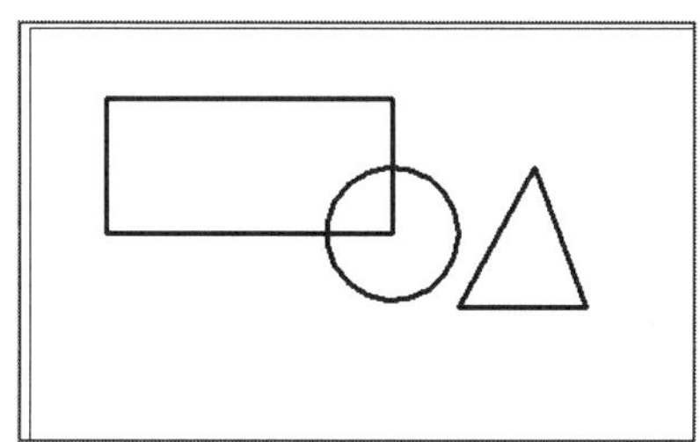

그림 3.8-8 : 작업결과

Ⓐ 만일 [그림 3.8-9]에서 리본-바의 [Step distance]란에 이동 간격 값을 입력한 다음

Ⓑ 이동 작업을 하면 [그림 3.8-11]과 같이 수평으로 또는 [그림 3.8-12]와 같이 수직으로 입력한 값만큼 구간을 건너 뛰어 이동된다.

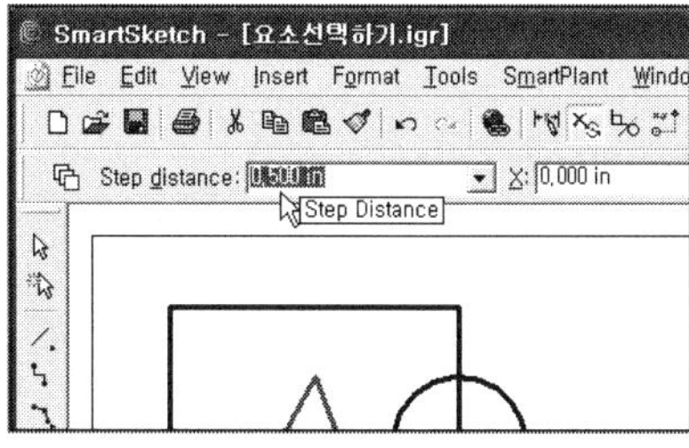

그림 3.8-9 : 이동 간격 입력

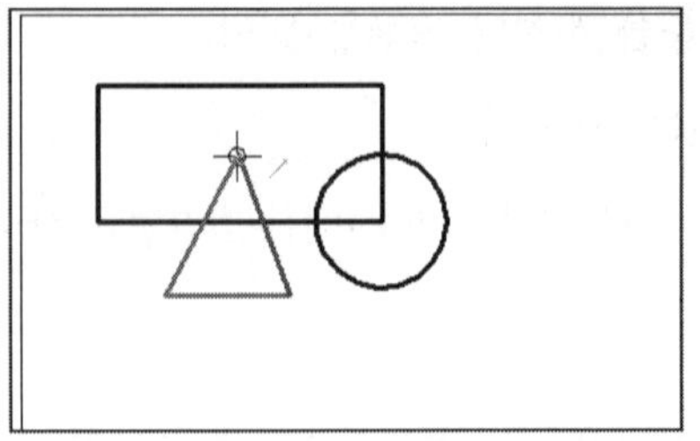

그림 3.8-10 : 대상 지정

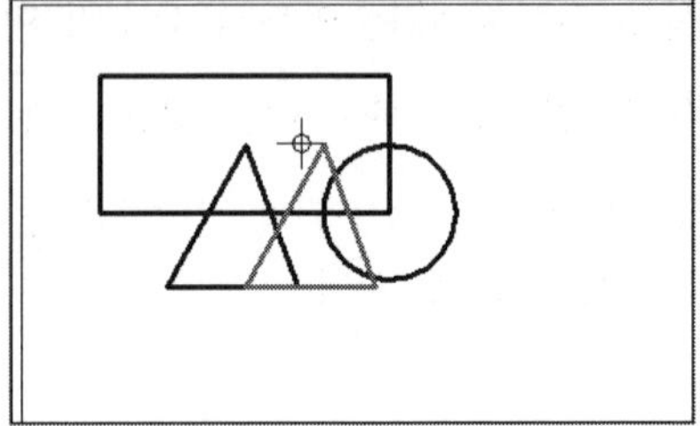

그림 3.8-11 : 수평으로 이동한 경우

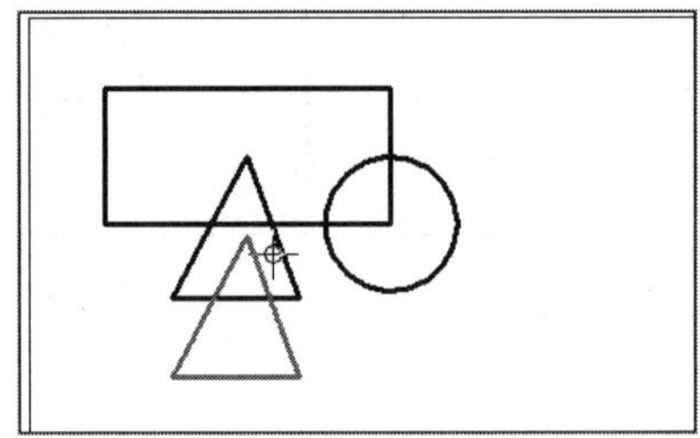

그림 3.8-12 : 수직으로 이동한 경우

(2) 복사(Copy) :

요소의 복사는 [그림 3.8-1]에서 리본-바의 **[Copy]** 옵션을 선택한 상태로 이동(Move)과 동일하게 작업하면 된다.

① [그림 3.8-1]에서 [Copy] 옵션을 지정한 상태에서 [그림 3.9-1]과 같이 복사할 대상을 지정한 다음

② [그림 3.9-2]와 같이 기준점을 지정하고

③ [그림 3.9-3]과 같이 리본-바의 좌표값(상대 좌표값)을 입력하면 [그림 3.9-4]와 같이 입력한 좌표값 만큼 이동되어 복사된다.

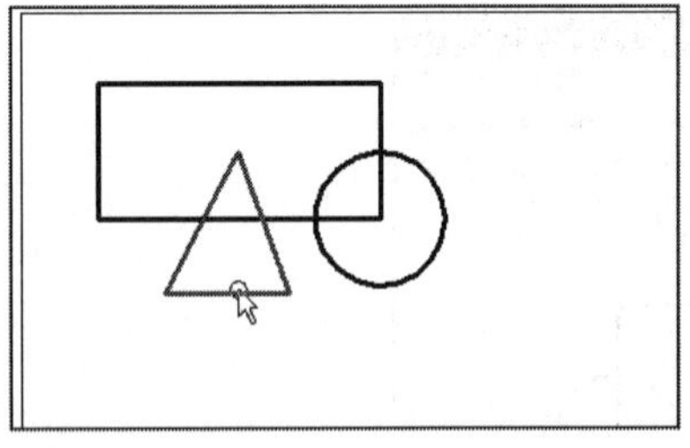

그림 3.9-1 : 대상 지정

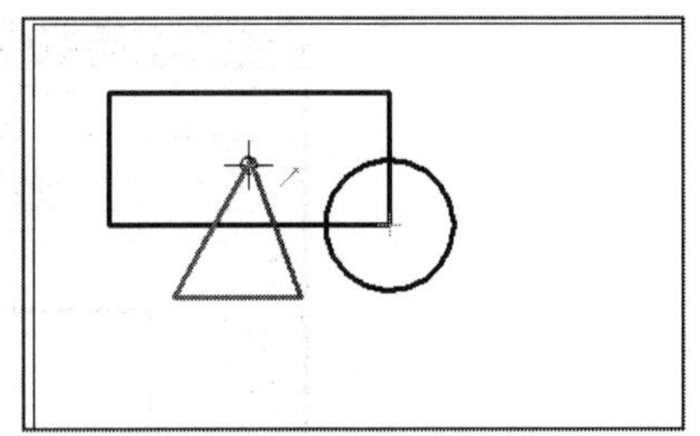

그림 3.9-2 : 기준점

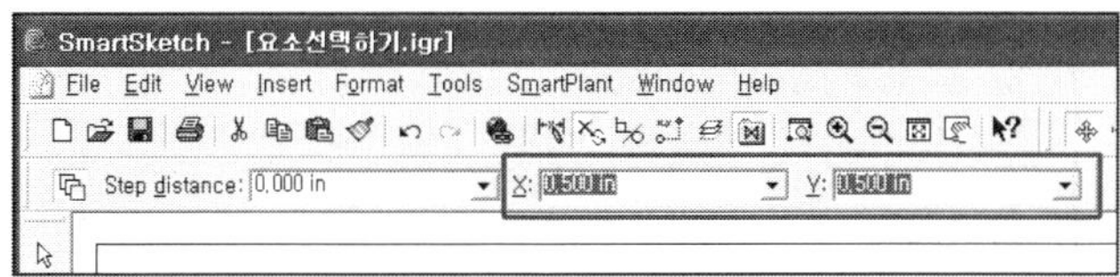

그림 3.9-3 : 이동 좌표값 입력

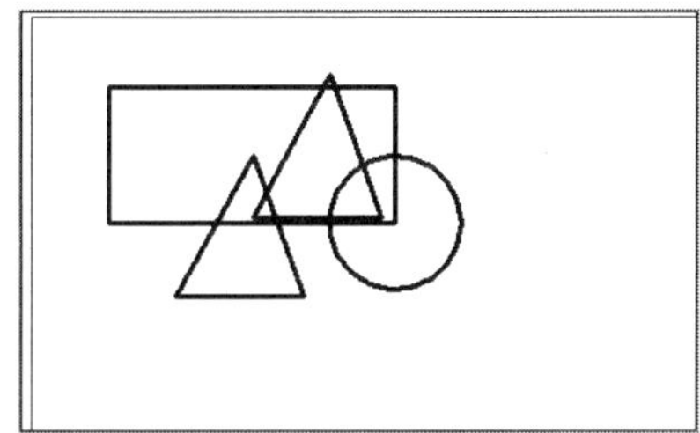

그림 3.9-4 : 작업결과

(3) 키보드의 화살키 사용하여 이동 :

이 도구는 마우스 대신 키보드의 상하좌우 화살키를 이용하여 이동시키는 작업을 할 수 있다.

단, 이동 대상을 먼저 지정하여야 도구가 활성화 된다.

그리고 Ctrl 키를 누르고 있는 상태에서 화살키를 누르면 미세하게 이동된다.

3.5.3 Offset 복사 :

Offset 복사란 기 작성된 요소와 동일한 모양을 지정한 간격(Offset)으로 추가하여 그리는 작업을 말한다. 예를 들면 원의 경우에 동심원을 추가하여 그려진다.

① Offset 복사 도구를 선택한 후

② [그림 3.10-1]과 같이 이격거리(Cumulative offset)를 입력한 다음

③ [그림 3.10-2] 및 [그림 3.10-3]과 같이 마우스 포인터 위치를 지정하면 선택한 요소가 입력한 거리 만큼 이격하여 복사된다.

❶ 만일 리본-바의 [Select Chain]을 선택한 후 작업을 하면

❷ [그림 3.10-4]와 같이 선택한 요소와 연결된 모든 요소가 동시에 복사된다.

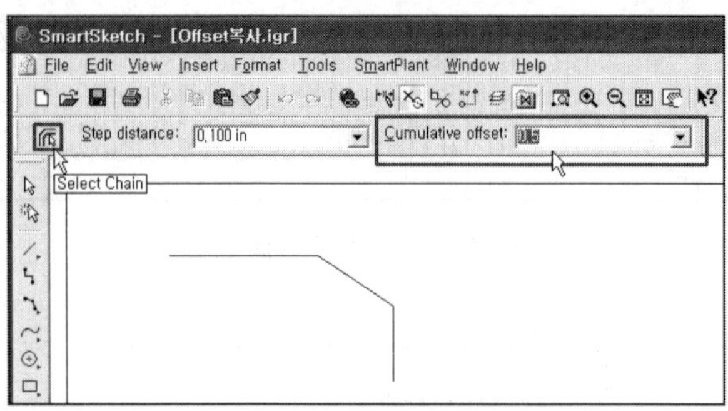

그림 3.10-1 : 이격거리 입력

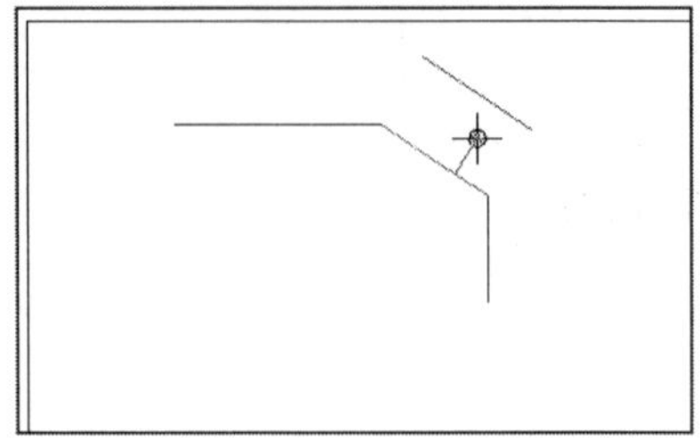

그림 3.10-2 : 대상 지정(위쪽)

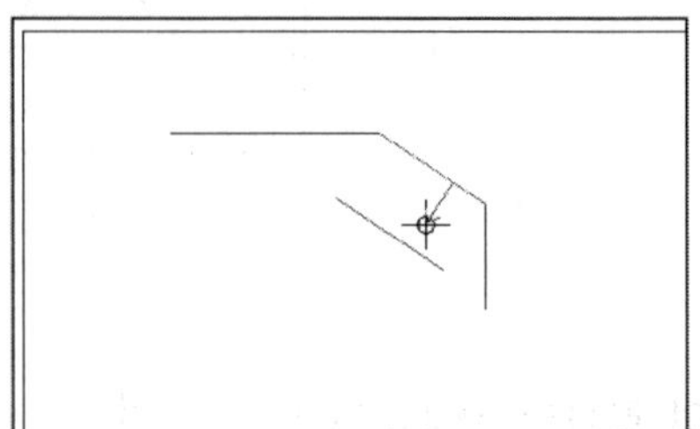

그림 3.10-3 : 대상 지정(아래쪽)

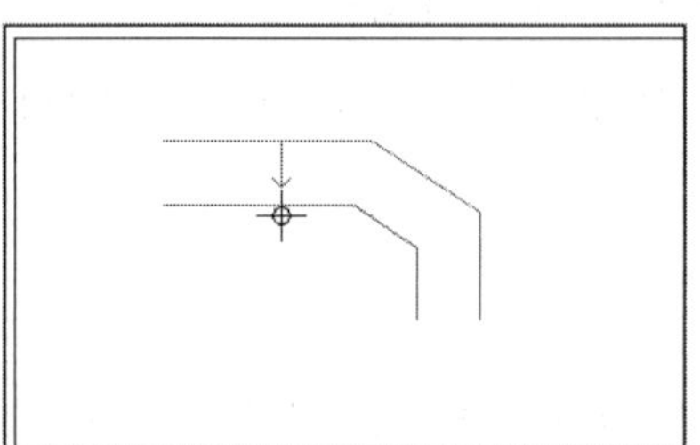

그림 3.10-4 : 대상 지정(전체)

3.5.4 회전(Rotate) :

(1) 단순 회전

① [그림 3.11-1]과 같이 작업 대상을 선택한 후

② [그림 3.11-2]와 같이 회전축의 위치를 지정한 다음

③ [그림 3.11-3]과 같이 회전 시킬 점을 지정하여

④ [그림 3.11-4]와 같이 회전 시키면 최종 [그림 3.11-5]와 같이 회전된다.

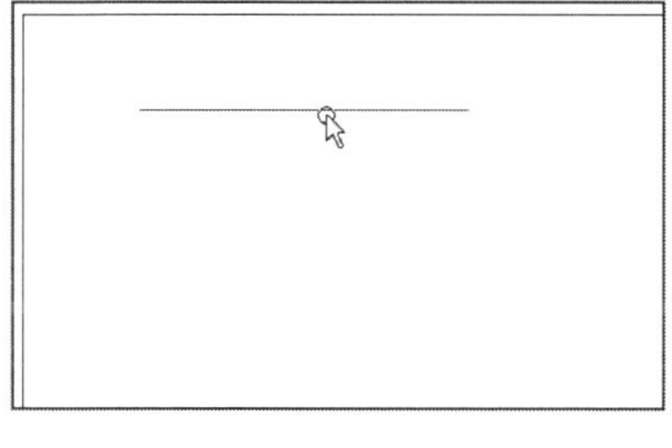
그림 3.11-1 : 대상 지정

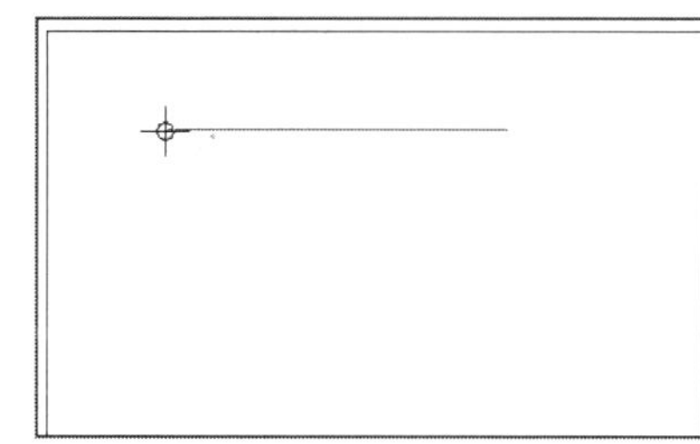
그림 3.11-2 : 회전축 위치 지정

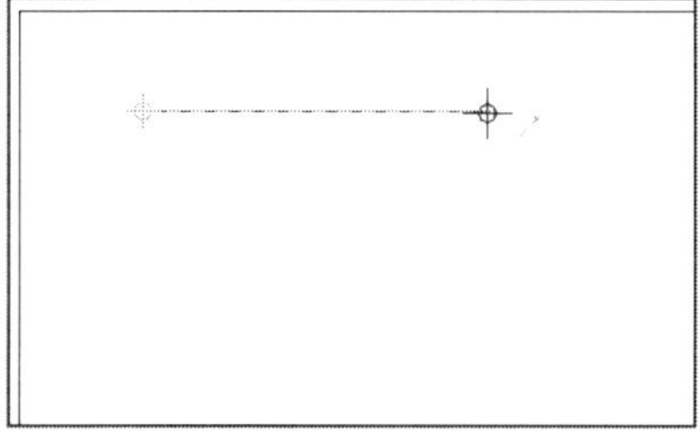
그림 3.11-3 : 회전점 선택

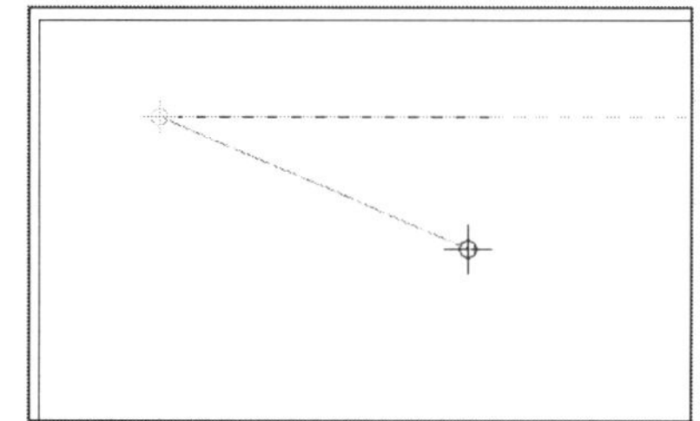
그림 3.11-4 : 회전

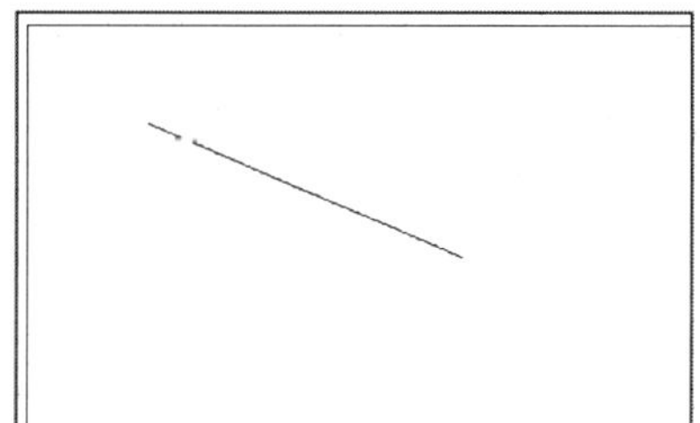
그림 3.11-5 : 작업결과

(2) 회전 복사

① [그림 3.12-1]과 같이 리본-바의 **[Copy]** 옵션을 선택한 상태에서 회전 시킬 대상을 선택한 다음

② [그림 3.12-2]에서 회전 축 지정

③ [그림 3.12-3]에서 기준점을 지정한 후

④ [그림 3.12-4]와 같이 **[Step angle]**란에 회전 시킬 각도를 입력한 후

⑤ [그림 3.12-5]와 같이 회전 위치(위쪽 또는 아래쪽)를 지정하면 최종 [그림 3.12-6]과 같이 수치만큼 회전된 형태로 복사된다(회전각을 지정하면 현 위치로부터 위쪽, 아래쪽의 2 방향 중 하나를 지정하여야 한다.).

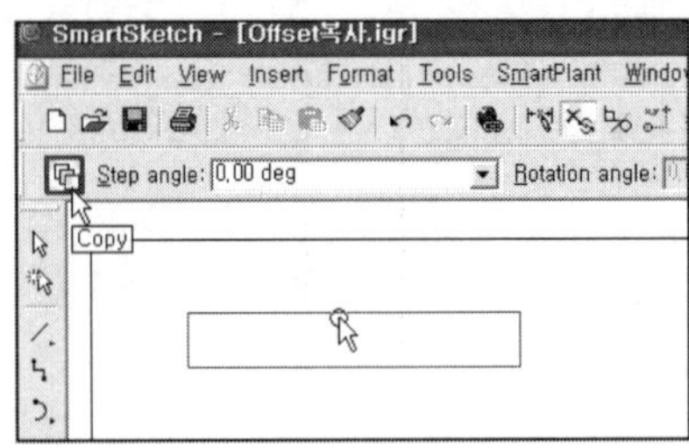

그림 3.12-1 : 대상 지정

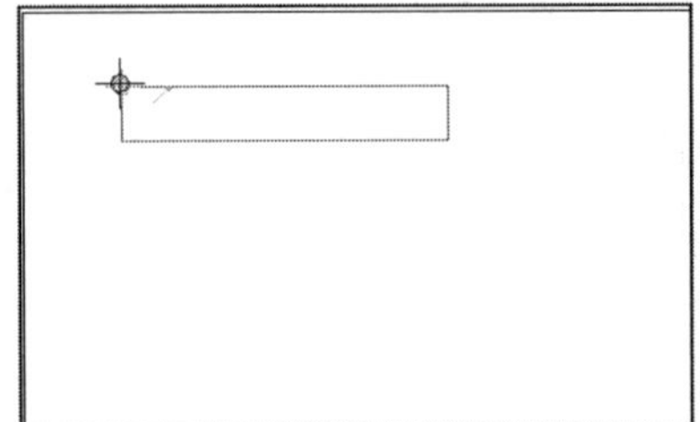

그림 3.12-2 : 회전축 위치 지정

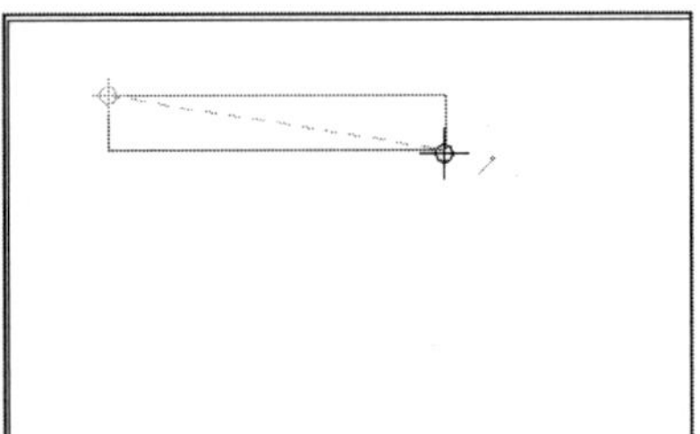

그림 3.12-3 : 회전점 지정

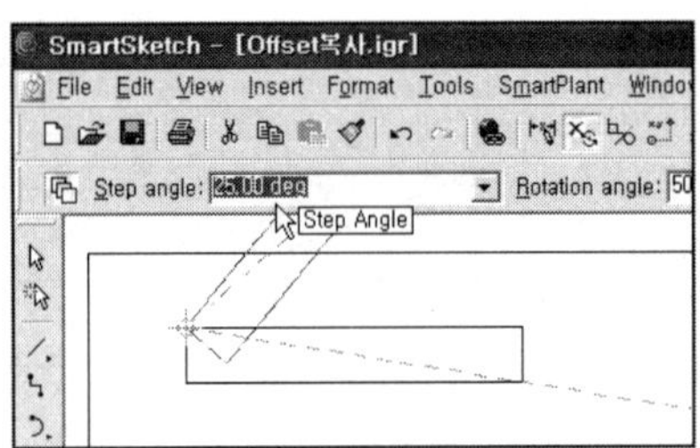

그림 3.12-4 : 회전각 입력

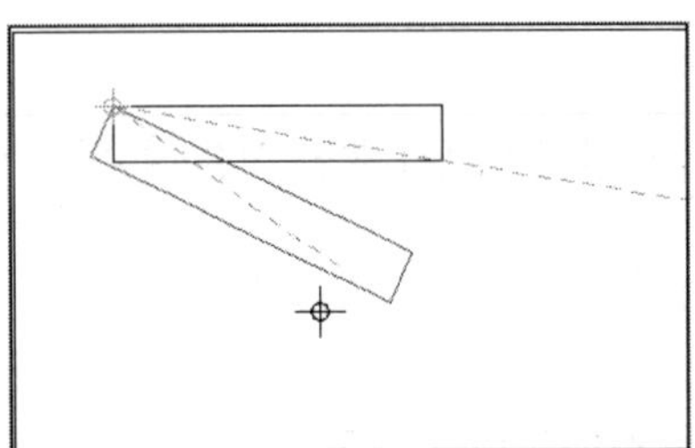

그림 3.12-5 : 방향 지정(아래쪽)

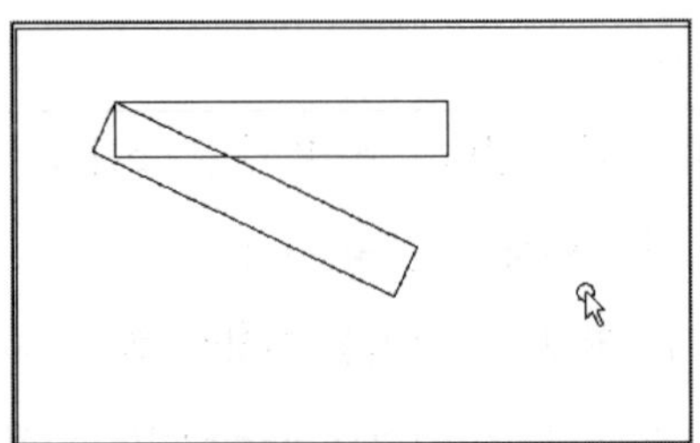

그림 3.12-6 : 작업결과

3.5.5 반사(Mirror) :

반사란 선택한 요소를 기준선을 중심으로 거울에 반사한 것과 같이 이동(또는 복사)한 것을 말한다.

(1) 반사 이동

① [그림 3.13-1]과 같이 반사 대상을 지정한 다음

② [그림 3.13-2]와 같이 반사 기준선 가까이에 마우스 포인터를 위치하면 자동으로 선택한 요소가 반사되며

③ 클릭하면 최종 [그림 3.13-3]과 같이 반사 이동된다.

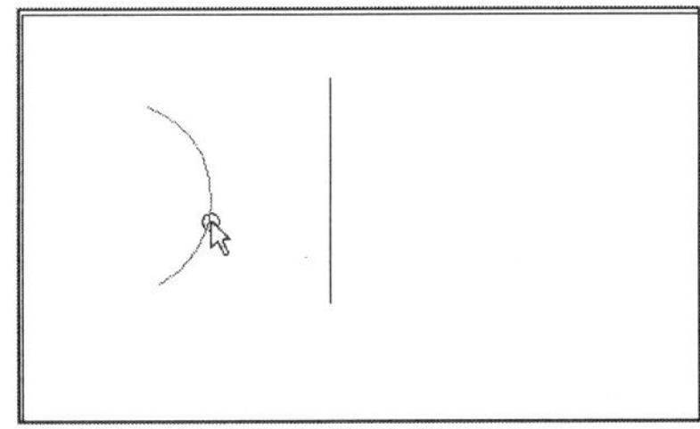

그림 3.13-1 : 대상 지정

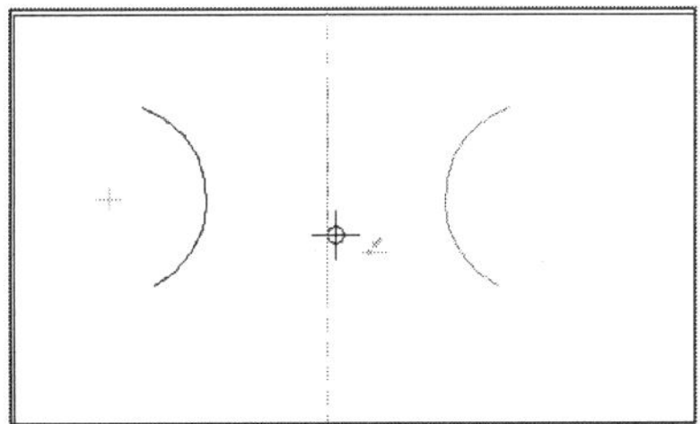

그림 3.13-2 : 기준선 지정

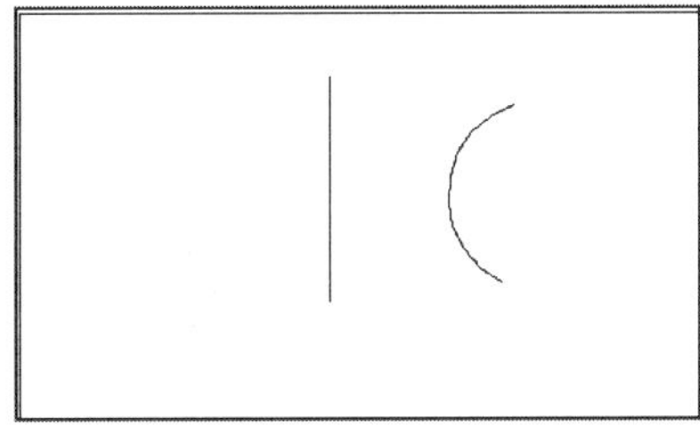

그림 3.13-3 : 작업결과

(2) 반사 복사

만일 [그림 3.13-4]와 같이 리본-바의 **[Copy]** 옵션을 선택한 상태에서 작업을 하면 [그림 3.13-5]와 같이 반사 형태로 복사된다.

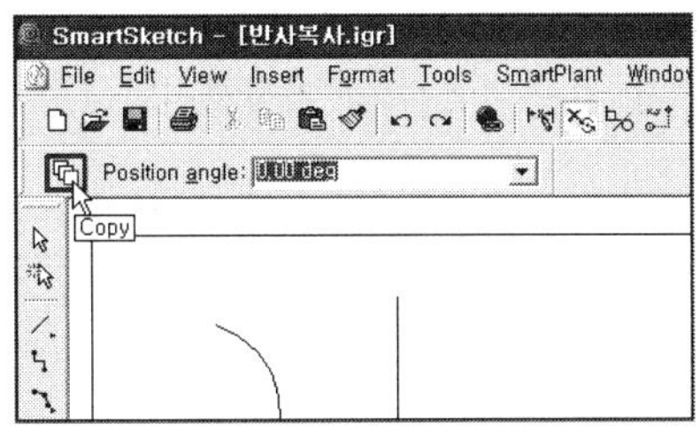

그림 3.13-4 : 복사 옵션

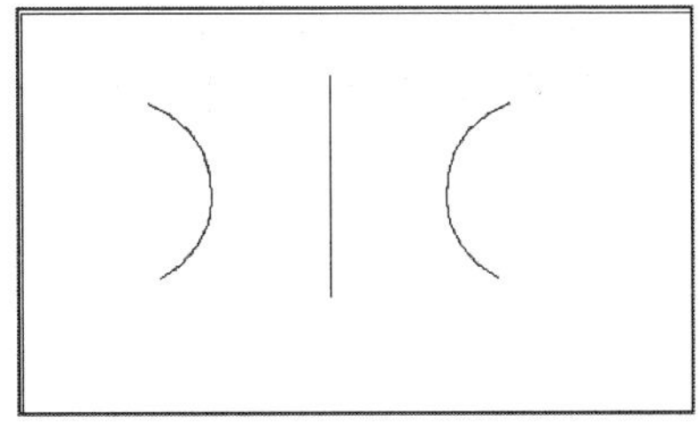

그림 3.13-5 : 작업결과

(3) 임의 축 반사

① [그림 3.13-6]과 같이 요소를 지정한 다음

② [그림 3.13-7]과 같이 기준축의 한 끝점을 지정하고

③ 다시 [그림 3.13-8]과 같이 기준축의 다른 끝점을 지정하면 두 점을 잇는 선분을 기준축으로 반사한다.

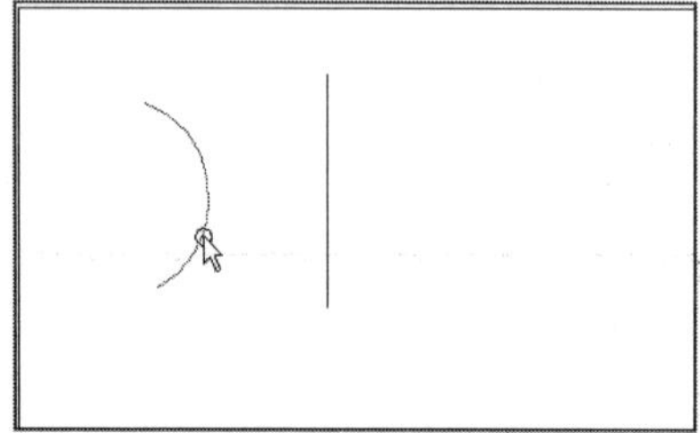

그림 3.13-6 : 대상 지정

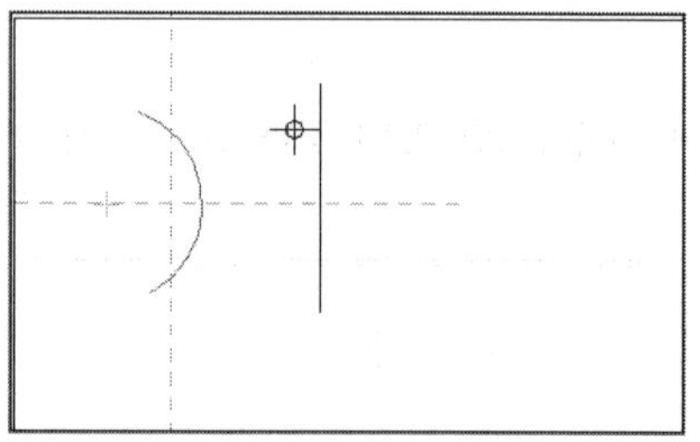

그림 3.13-7 : 기준축 시작점 지정

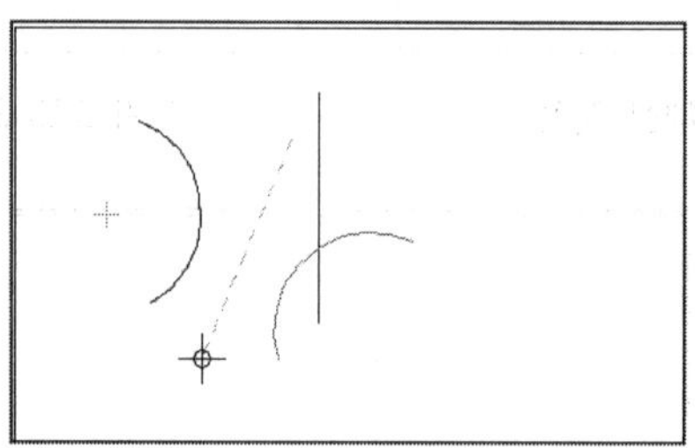

그림 3.13-8 : 기준축 끝점 지정

3.5.6 정렬(Align) :

복수 개의 요소를 왼쪽, 오른쪽, 위, 아래 등으로 정렬하는 작업을 말한다.

① 먼저 정렬한 요소를 모두 선택한 다음

② [그림 3.14-1]과 같이 리본-바의 각 옵션을 선택하면 [그림 3.14-2]부터 [그림 3.14-7]과 같이 선택한 요소의 가장자리를 기준으로 이동된다(수직정렬 및 수평정렬은 양 가장자리의 1/2 위치에 정렬한다.).

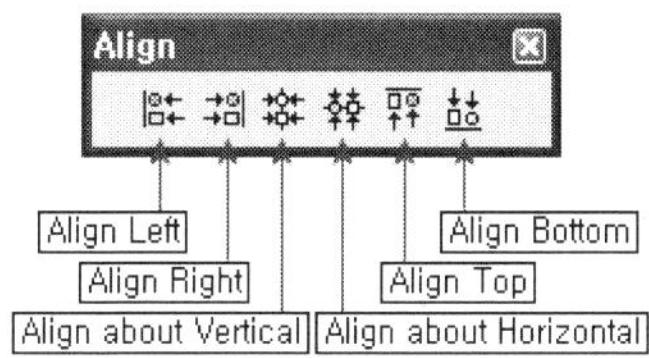

그림 3.14-1 : 정렬도구의 리본-바

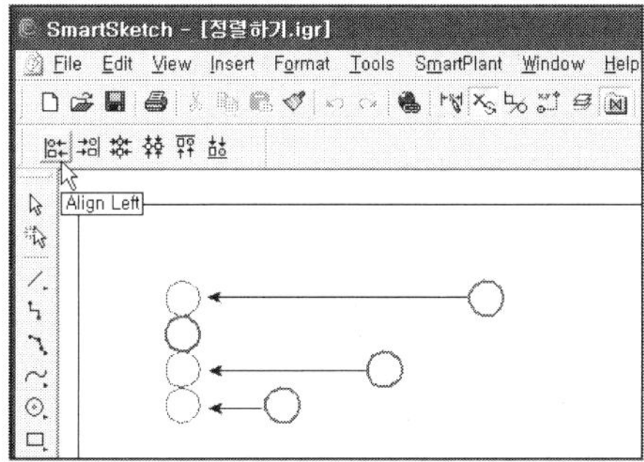

그림 3.14-2 : 왼쪽 정렬 예

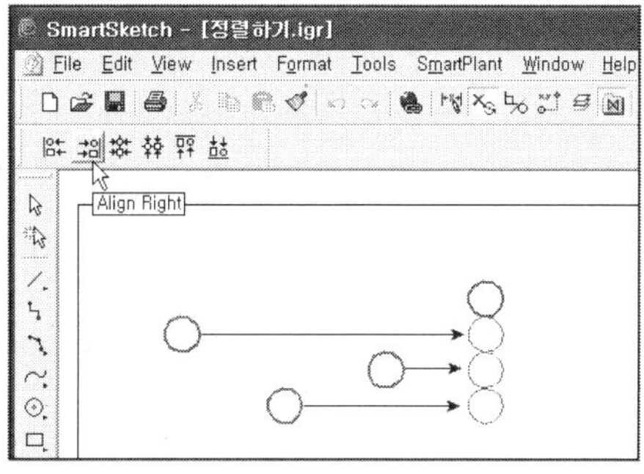

그림 3.14-3 : 오른쪽 정렬 예

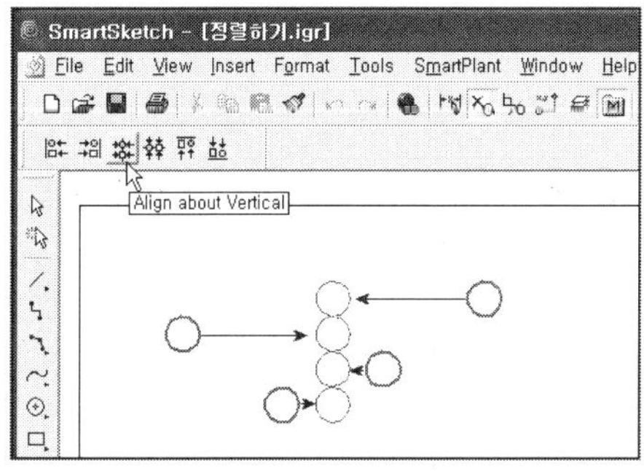

그림 3.14-4 : 수직 정렬 예

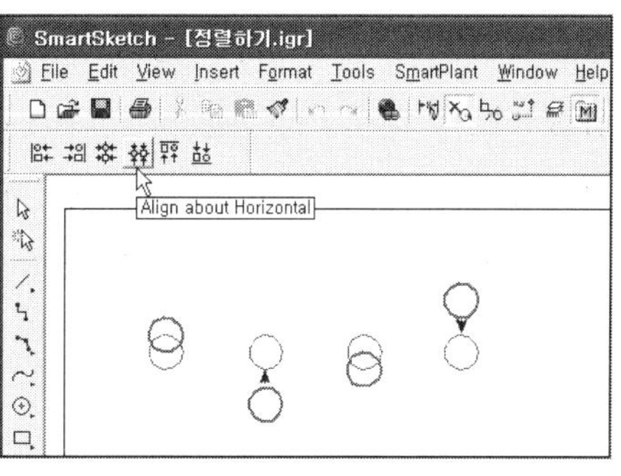

그림 3.14-5 : 수평 정렬 예

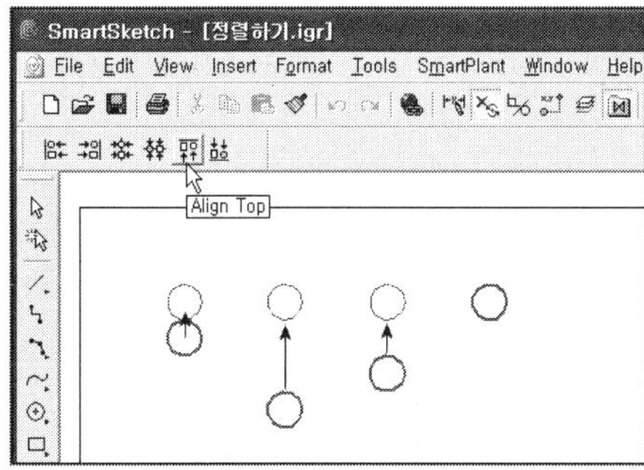

그림 3.14-6 : 위쪽 정렬 예

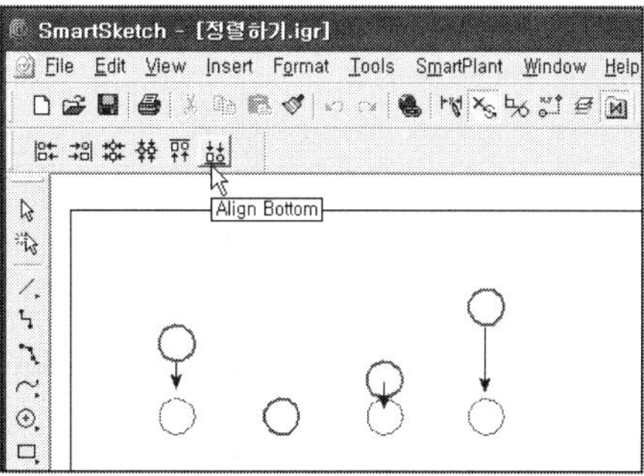

그림 3.14-7 : 아래쪽 정렬 예

3.5.7 축소/확대(Scale) :

작성된 요소의 크기를 변경하는 작업을 말한다.

SmartSketch에서는 다른 CAD와 달리 도면 보기의 확대/축소가 아니라 실제 크기를 변경하는 것이다. 즉, 2배로 확대하면 도면의 크기가 2배로 커질 뿐 아니라 실제 길이가 2배로 커진다.

크기의 변경은 Scale factor 값으로 지정하며, 0~1 사이의 값이면 축소, 1 이상의 값이면 확대된다.

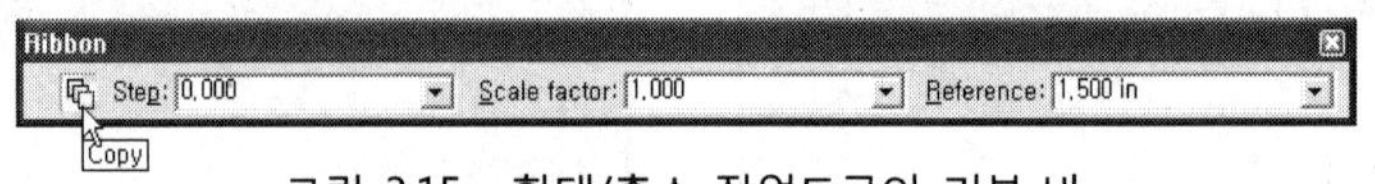

그림 3.15 : 확대/축소 작업도구의 리본-바

Copy	확대/축소 시 복사여부 지정
Step	Scale factor 변위 값(이 크기 단위로 증가/감소한다.)
Scale factor	0 < factor < 1이면 축소, 1< factor이면 확대
Reference	작업선의 길이와 확대/축소 factor값 사이의 비

(1) 작업 방법 1 : 임의의 위치에서 수작업

① [그림 3.16-1]과 같이 대상을 지정한 다음

② [그림 3.16-2]와 같이 기준점을 지정하고

③ [그림 3.16-3]과 같이 마우스를 이동하면 커서의 위치에 따라 선택한 요소의 크기가 변하며, 최종 원하는 크기에서 클릭하면 [그림 3.16-4]와 같이 크기가 수정된다.

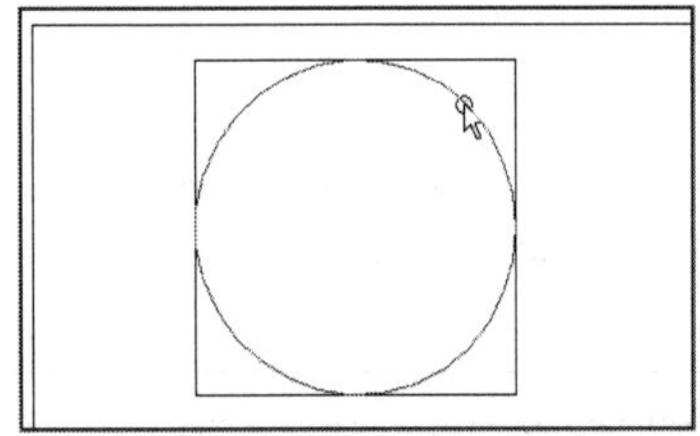

그림 3.16-1 : 대상 지정

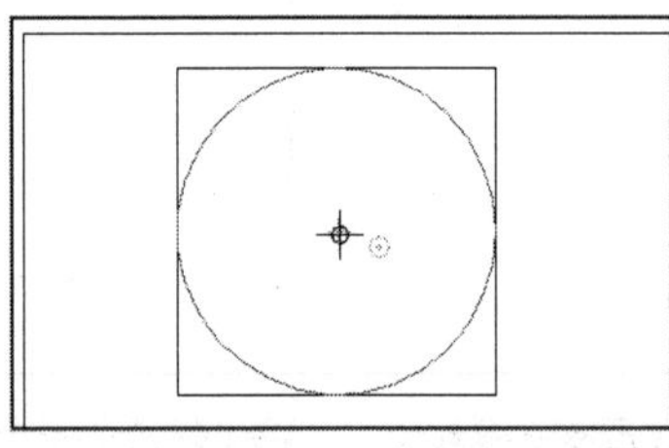

그림 3.16-2 : 기준점 지정

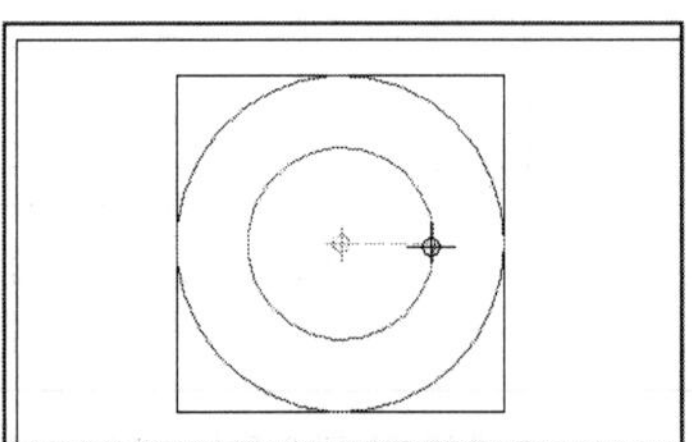

그림 3.16-3 : 크기 지정

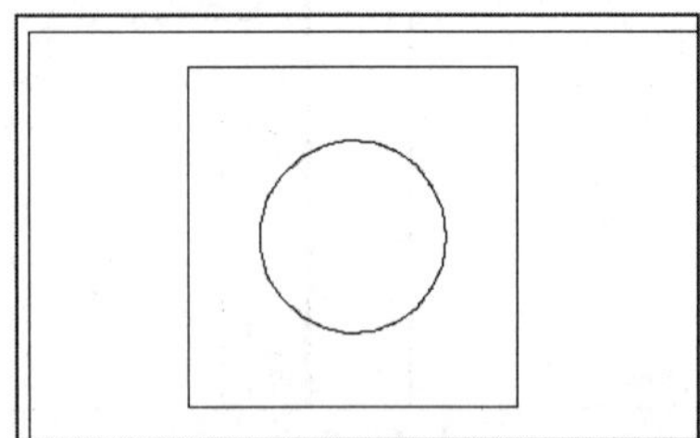

그림 3.16-4 : 작업결과

(2) 작업 방법 2 : 특정 위치에서 수작업

예를 들면 [그림 3.16-5]에서 원을 사각형의 변에 접하는 원이 되도록 수정하는 경우에

① [그림 3.17-1]과 같이 대상을 지정한 다음

② [그림 3.17-2]와 같이 사각형의 모서리를 기준점으로 지정하고

③ [그림 3.17-3]과 같이 커서를 이동하면 선택한 요소의 크기가 변한다. 원하는 위치에서 클릭하면 [그림 3.17-4]와 같이 특정 위치(사각형의 변에 접하는)로 이동하여 크기를 변경할 수 있다.

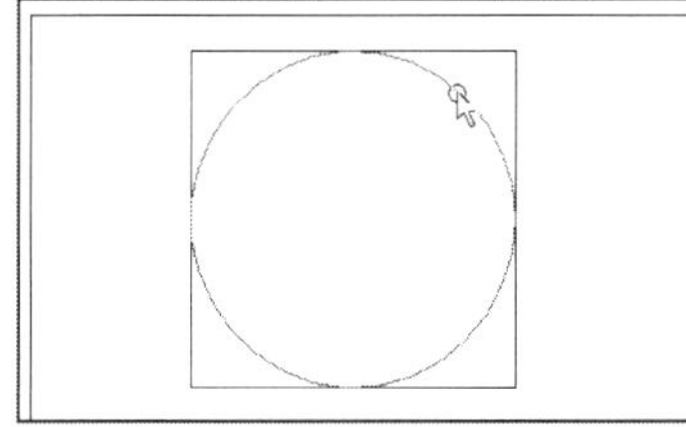
그림 3.17-1 : 대상 지정

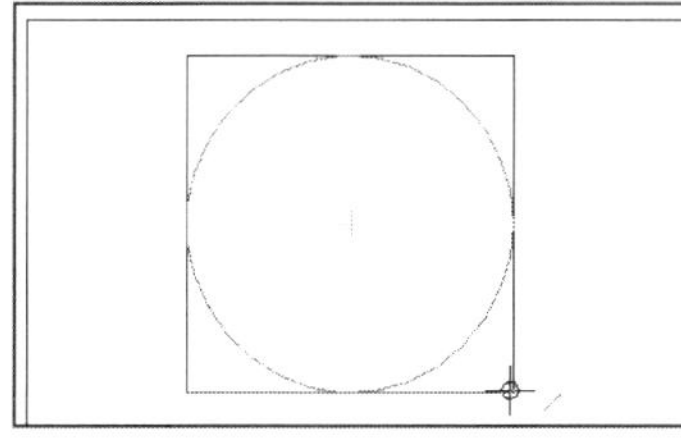
그림 3.17-2 : 기준점 지정

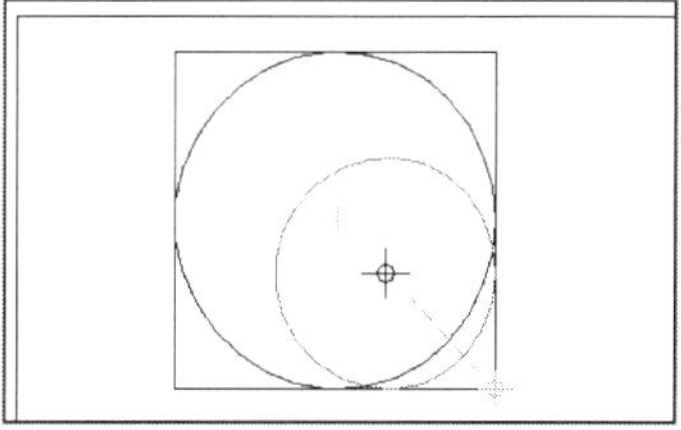
그림 3.17-3 : 크기 지정

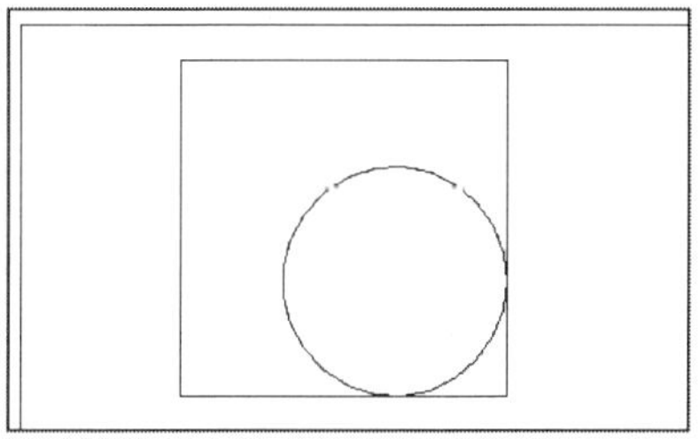
그림 3.17-4 : 작업결과

(3) 작업 방법 3 : Step 지정

선택한 요소를 특정한 간격(Step)의 크기로 수정할 수 있다.

① [그림 3.18-1]에서 Step의 값을 0.3으로 지정한 다음

② [그림 3.18-2]와 같이 기준점을 지정한 후

③ 커서를 이동하면 [그림 3.18-3]과 같이 먼저 0.3배의 그림이 나타나며

④ 계속하여 이동하면 [그림 3.18-4]와 같이 다음 단계인 0.6배의 그림이 나타난다. 즉, 커서의 이동에 따라 0.3의 배수 크기로 변경된다.

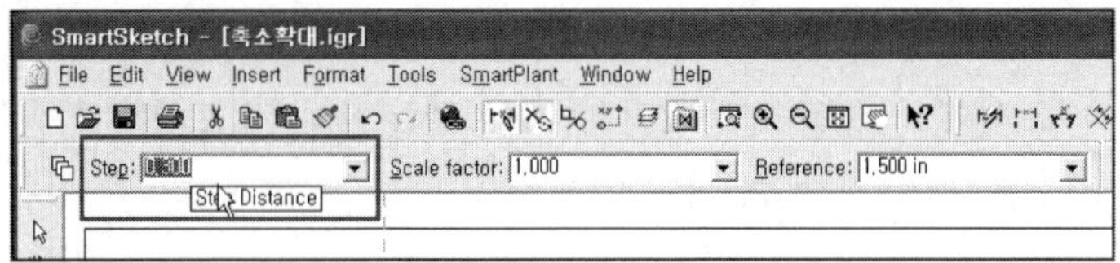

그림 3.18-1 : Step 값 지정(0.3)

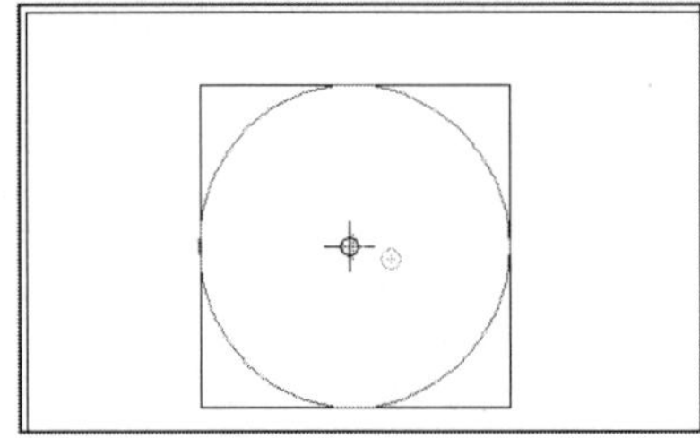

그림 3.18-2 : 기준점 지정

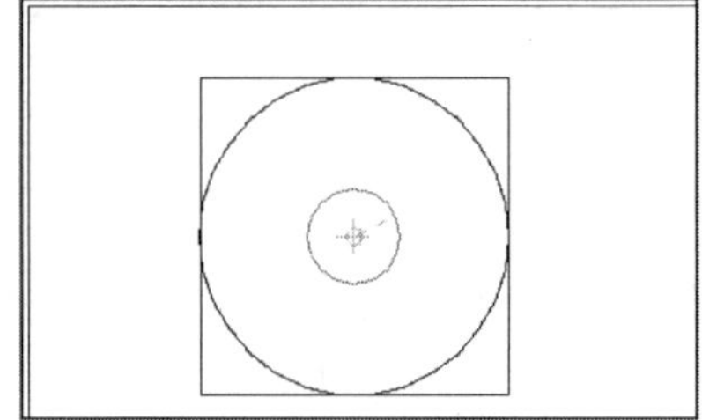

그림 3.18-3 : 0.3 위치의 경우

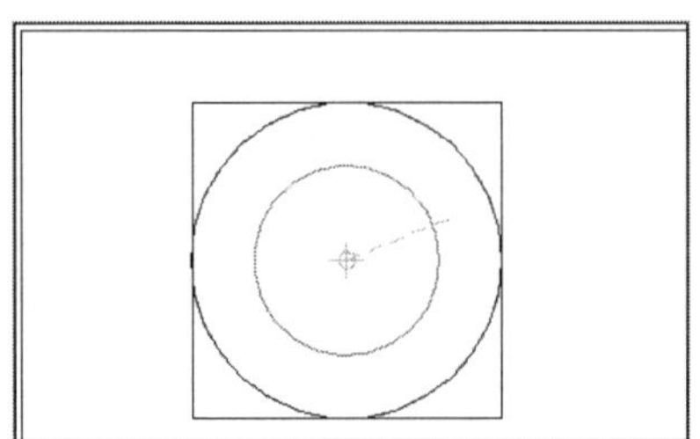

그림 3.18-4 : 0.6 위치의 경우

(4) 작업 방법 4 : Reference 지정

수작업으로 크기를 조정하되 좀 더 정밀하게 작업할 경우에 사용하는 방법으로, 커서 이동거리의 비율을 지정하여 크기를 조정할 수 있다.

즉, 분모의 값을 수치로 지정하고 커서의 이동거리를 분자의 값으로 계산하여 축척비를 계산한다.

① [그림 3.19-1]에서 **[Reference]** 값을 10inch로 지정하고

② [그림 3.19-2]에서 기준점(사각형 1변의 시작점)을 지정한 후

③ 커서를 이동하여 [그림 3.19-3]과 같이 2inch(사각형 1변의 끝점) 만큼 이동하면 실제 거리는 2inch를 이동하였으나 축척비는 2/10인 0.2로 계산되어 변경된다. 결과적으로 **[Scale factor]**를 0.2로 지정한 것이 된다.

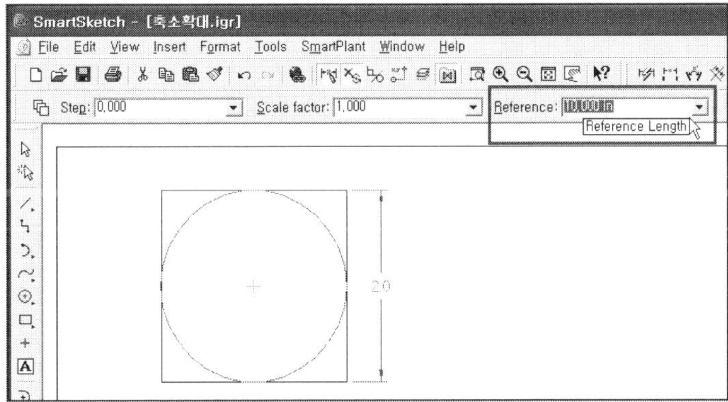

그림 3.19-1 : Reference 값 지정(10inch)

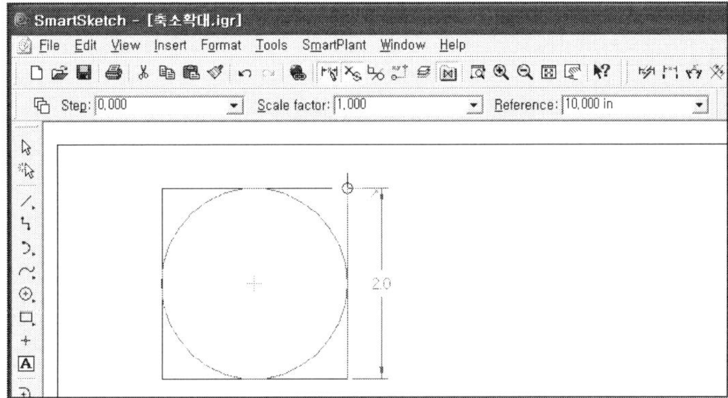

그림 3.19-2 : 기준점 지정

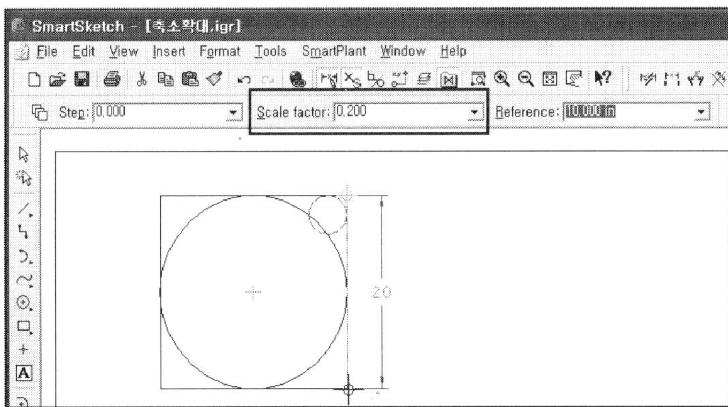

그림 3.19-3 : 작업결과

3.5.8 패턴 복사(Pattern Copy)

패턴 복사란 지정한 요소를 복수 개의 사각형패턴 또는 원형패턴 형태로 복사하는 것을 말한다.

(1) 사각 패턴(Rectangular Pattern) 복사 :

먼저 복사 대상인 요소를 지정하면 패턴복사 작업도구가 활성화 된다. 패턴복사 작업도구 중 사각 패턴 작업도구를 선택하면 [그림 3.20-1]과 같은 리본-바가 나타나며, 리본-바의 [Pattern Options]를 클릭하면 [그림 3.20-2]의 Option 창이 나타난다.

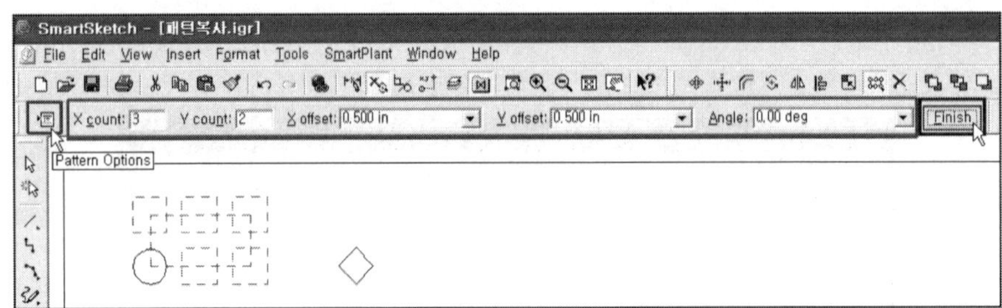

그림 3.20-1 : 패턴복사의 리본-바

항목	설명
X count	X축 방향의 복사 개수
Y count	Y축 방향의 복사 개수
X offset	X축 방향의 이격 거리
Y offset	Y축 방향의 이격 거리
Angle	회전각
Finish	작업완료

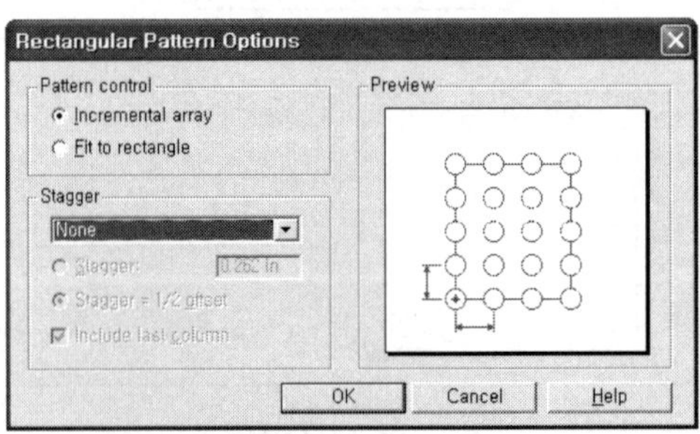

그림 3.20-2 : 옵션 창

① [그림 3.20-1]에서 원을 선택하면 이 도구가 활성화되고, 활성화된 이 도구를 선택하면 [그림 3.20-1]과 같은 리본-바가 나타난다.

② 리본-바에서 Xcount=3, Ycount=3, Xoffset=0.5in, Yoffset=0.5in, Angle=0로 지정하고 **[Finish]**를 클릭하면 [그림 3.20-3]과 같이 복사된다.

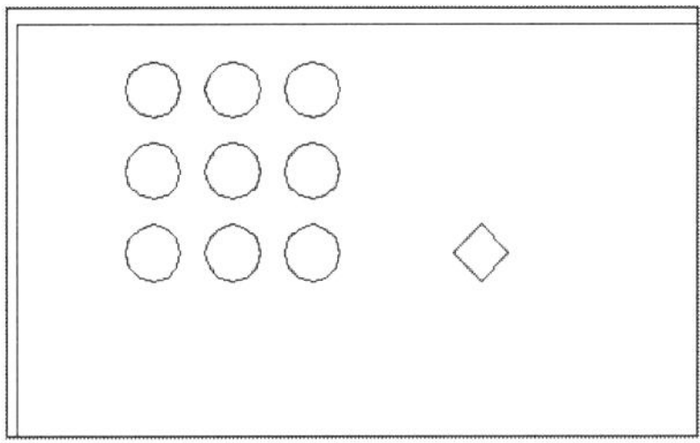

그림 3.20-3 : 작업결과

③ 만일 옵션 창에서 [그림 3.20-4]와 같이 **[Stagger]**를 Row로 지정하면 [그림 3.20-5]와 같이 배치되어 복사된다.

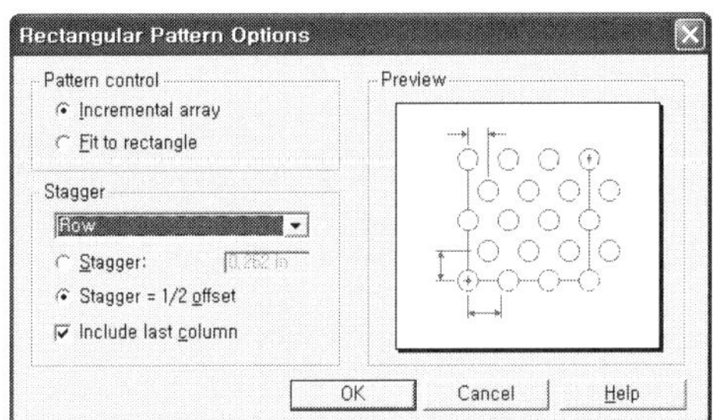

그림 3.20-4 : Row 옵션 지정

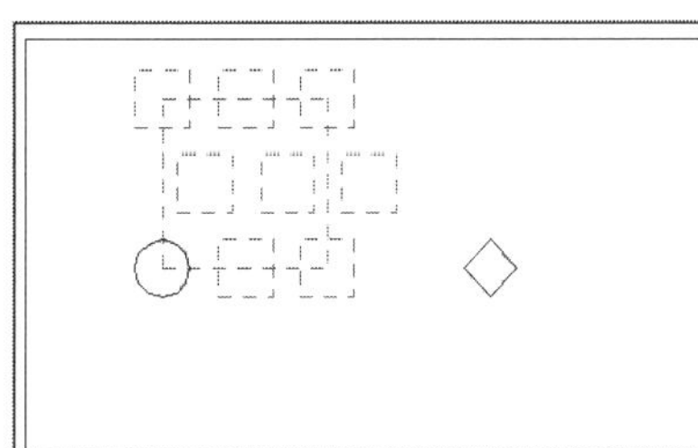

그림 3.20-5 : 작업결과

④ 만일 옵션 창에서 [그림 3.20-6]과 같이 **[Stagger]**를 Column으로 지정하면 [그림 3.20-7]과 같이 배치되어 복사된다.

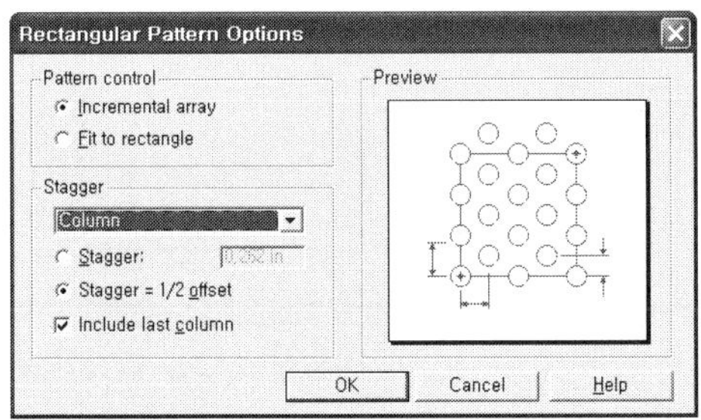

그림 3.20-6 : Column 옵션 지정

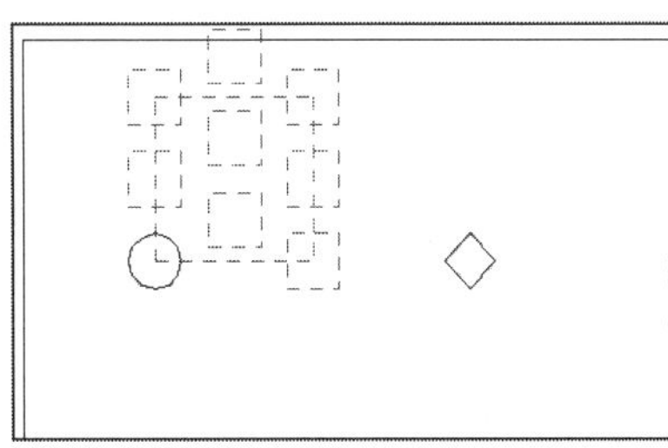

그림 3.20-7 : 작업결과

(2) 원형패턴(Circular Pattern) 복사 :

복사 대상 요소를 선택한 후 확장도구 중 원형패턴 작업도구를 선택하면 [그림 3.21-1]과 같이 리본-바가 나타난다.

만일 Count=4, Angle=90°를 지정한 후 [Finish] 버튼을 클릭하면 [그림 3.21-3]과 같이 복사된다.

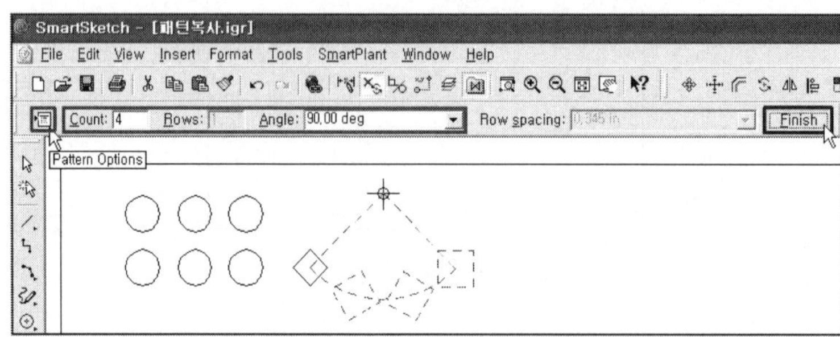

그림 3.21-1 : 원형패턴의 리본-바

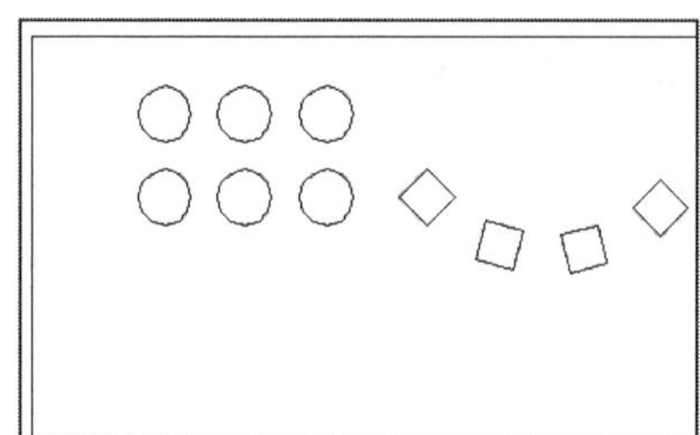

그림 3.21-2 : 원형패턴 복사결과

또 리본-바의 [Pattern Options]를 선택하면 [그림 3.21-3]부터 [그림 3.21-5]까지 3가지의 형태를 지정하여 복사할 수 있다.

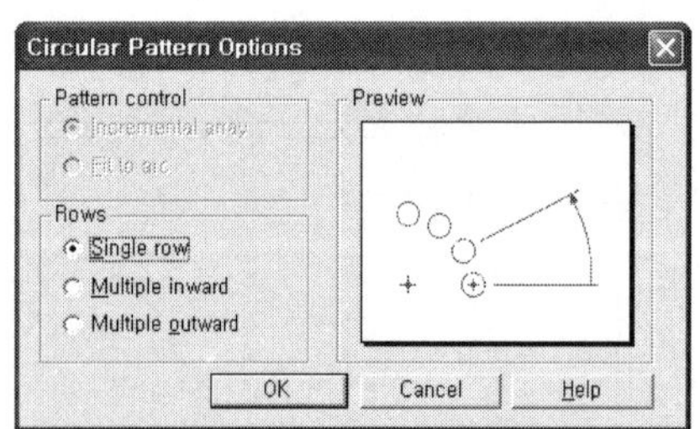

그림 3.21-3 : Single row 옵션

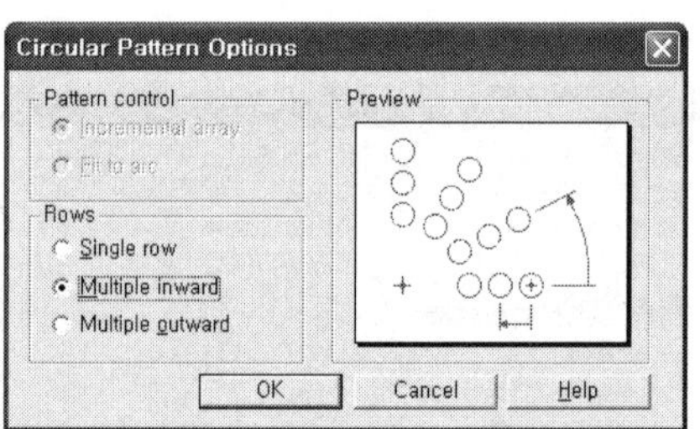

그림 3.21-4 : Multiple inward 옵션

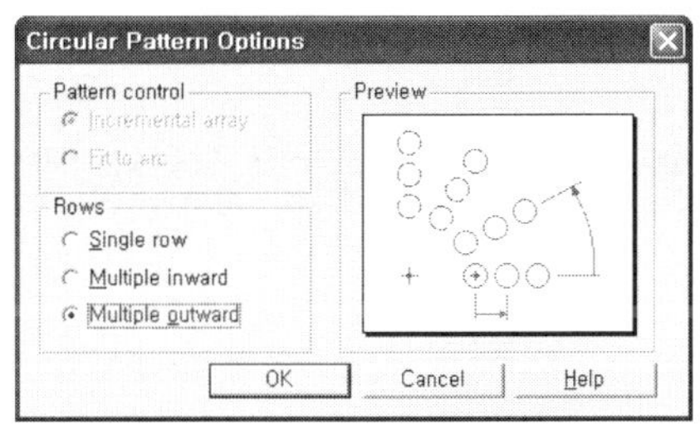

그림 3.21-5 : Multiple Outward 옵션

3.5.9 그룹 묶기/풀기(Group/Ungroup)

SmartSketch에서는 복수 개의 요소를 하나의 그룹으로 묶을 수 있다. 물론 그룹으로 묶여진 요소는 단일 요소처럼 처리된다. 즉, 그룹을 복사, 이동 및 삭제하면 포함된 모든 요소가 처리된다.

그룹 작업은 다음과 같은 특성을 가진다.2)

- 요소는 하나의 그룹으로만 묶을 수 있다.
- 그룹으로 묶여진 요소는 동일한 문서의 동일한 작업 시트에서만 수정할 수 있다.
- 요소뿐 아니라 선, 문자, 원 등과 같은 조합요소(Combination of elements)도 그룹으로 묶을 수 있다.

(1) 그룹 묶기 :

① 먼저 [그림 3.22-1]과 같이 그룹으로 묶을 대상을 지정하면(2개 이상의 요소를 지정) 그룹 묶기(Group) 작업도구가 활성화되며,

② 그룹 묶기 작업도구를 클릭하면 [그림 3.22-2]와 같이 선택한 요소가 하나의 요소로 묶여진다.

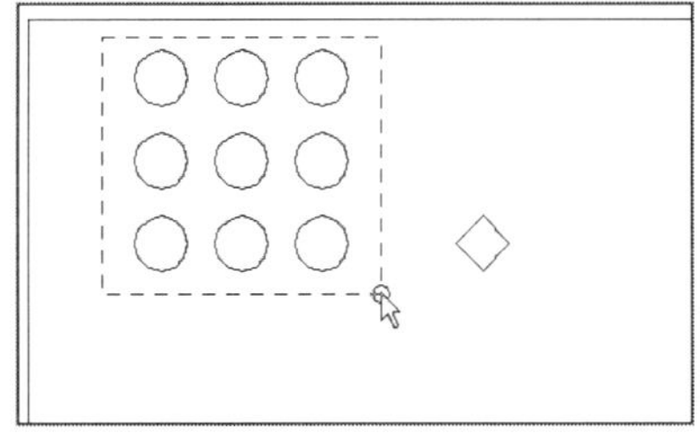

그림 3.22-1 : 그룹영역 지정

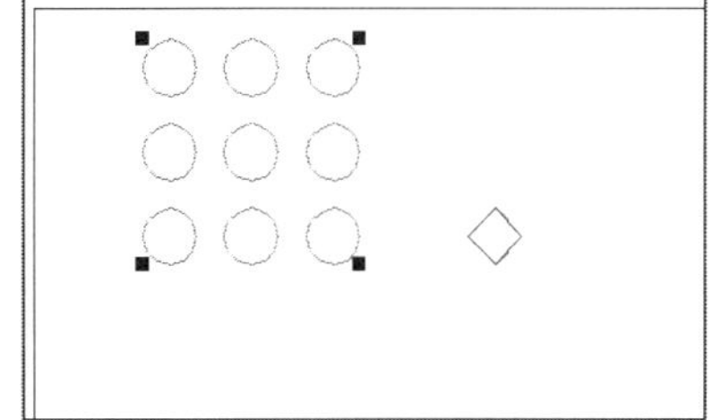

그림 3.22-2 : 작업결과

2) 단일요소와 그룹요소의 차이점 : 그룹요소는 선의 종류, 굵기, 색 및 위치를 수정할 수 있으나 크기(길이)는 변경할 수 없다.

(2) 그룹 풀기 :

그룹요소를 선택하면 그룹풀기(Ungroup) 작업도구가 활성화되며, 이 도구를 클릭하면 묶여진 그룹이 각 요소별로 분리된다.

만일 그룹요소에 소단위 그룹요소가 포함되어 있으면 직전의 소단위 그룹요소로 분리된다.

(3) 그룹 내의 개별요소 선택

원칙적으로 그룹으로 묶여진 요소를 개별적으로 수정(이동, 복사, 삭제 등)하기 위해서는 먼저 그룹을 푼 다음 개별요소를 선택하여 수정작업을 하여야 한다.

그러나 PickQuick 기능을 사용하여 그룹으로 묶여진 상태에서 개별요소를 선택할 수 있다.

① [그림 3.23-1]과 같이 그룹으로 묶여진 상태에서 선택할 요소의 위치에 커서를 위치한 다음

② 일정한 시간을 기다리면 [그림 3.23-2]와 같이 PickQuick 아이콘이 나타나면, 이때 클릭하면 [그림 3.23-3]과 같이 테이블이 나타난다.

③ [그림 3.23-3] 테이블의 번호에 커서를 위치하면 해당 요소의 색상이 붉은색으로 표시된다.

④ 해당 번호를 선택하면 [그림 3.23-4]와 같이 개별요소를 선택할 수 있으며, 선택된 요소를 [그림 3.23-5]와 같이 개별 수정(이동)을 할 수 있다.

⑤ 물론 그룹의 영역은 [그림 3.23-6]과 같이 이동된 요소까지 포함된 영역으로 수정된다.

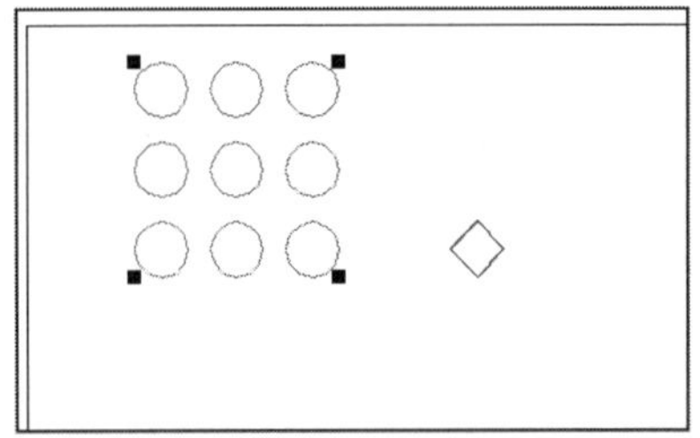

그림 3.23-1 : 그룹요소 지정

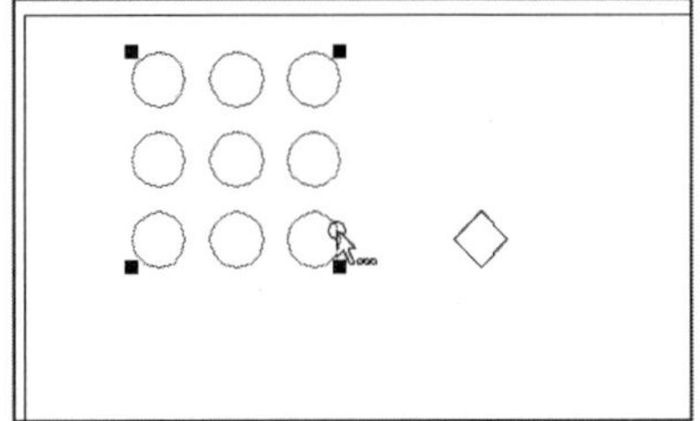

그림 3.23-2 : PickQuick 표시 아이콘

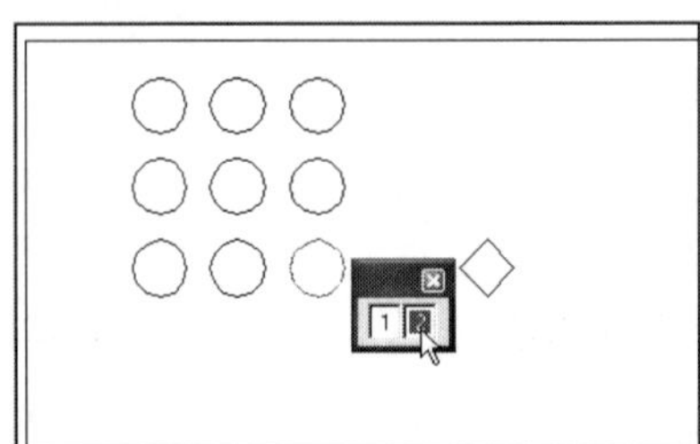

그림 3.23-3 : PickQuick 테이블

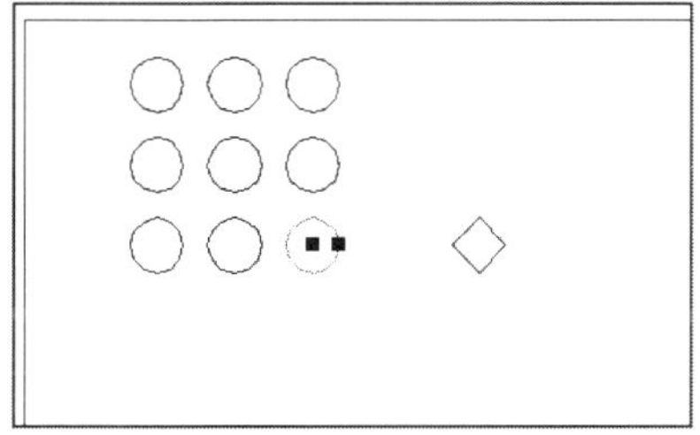

그림 3.23-4 : 개별요소 선택

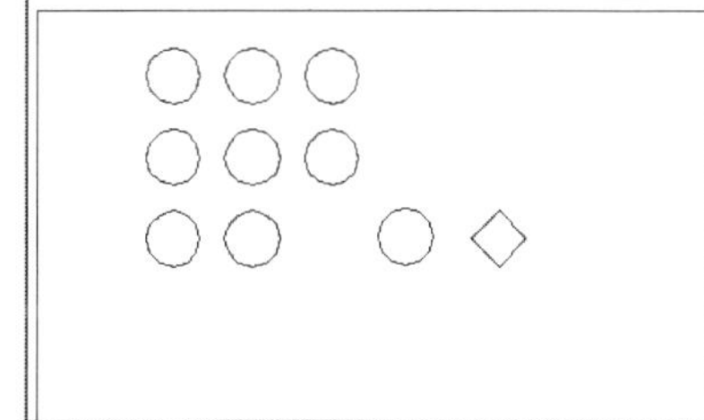

그림 3.23-5 : 개별요소 이동

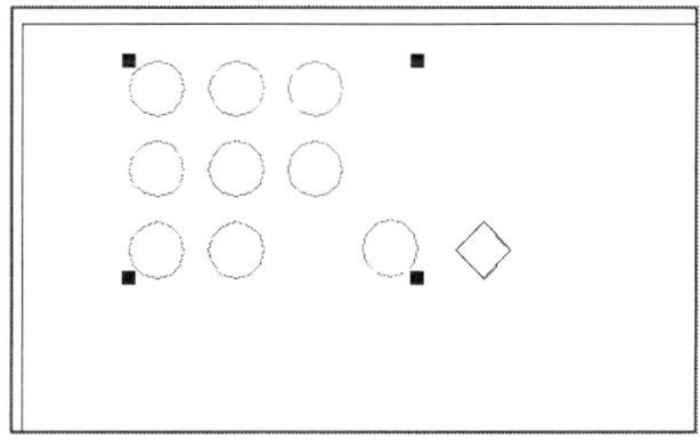

그림 3.23-6 : 작업결과

그룹의 개별요소를 선택하는 또 다른 방법으로는 Ribbon Bar의 [Bottom Up] 옵션을 사용하는 방법이 있다.

그룹의 요소를 지정하기 전에 [그림 3.23-7]에서 리본-바의 옵션 중 [Top Down] 옵션을 선택하면 그룹이 선택되나 [Bottom Up] 옵션을 선택하면 개별요소가 선택된다.

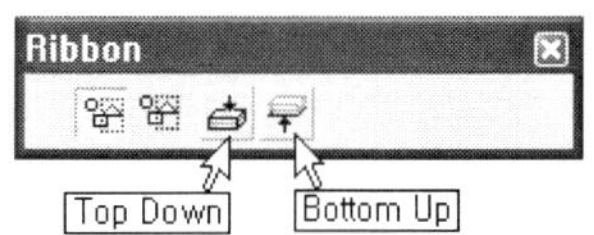

그림 3.23-7 : 선택도구의 리본-바

3.5.10 보기 순서 변경 :

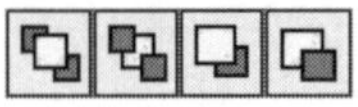

보기 순서란 [그림 3.24-1]과 같이 객체가 서로 중첩되어 배치되어 있을 경우 [그림 3.24-2]와 같이 겹쳐진 부분의 순서를 변경하는 작업을 말한다.

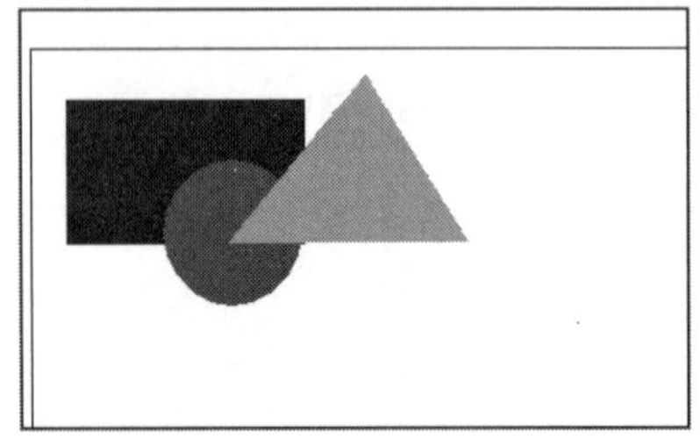

그림 3.24-1 : 요소의 배치 1

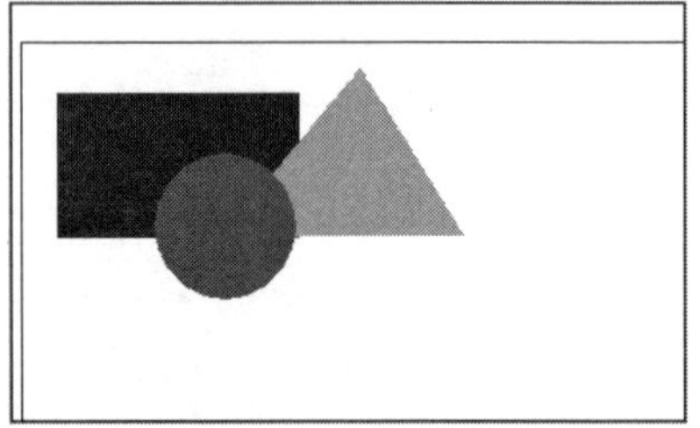

그림 3.24-2 : 요소의 배치 2

이 작업은 개체를 선택한 다음 [그림 3.24-3]과 같이 해당 작업도구를 선택하거나 아니면 [그림 3.24-4]와 같이 Popup 메뉴를 이용하여 작업해도 된다.

도구		설명
	Bring to Front	맨 위로
	Send to Back	맨 아래로
	Pull Up	1단계 위로
	Push Down	1단계 아래로

그림 3.24-3 : 순서변경 작업도구

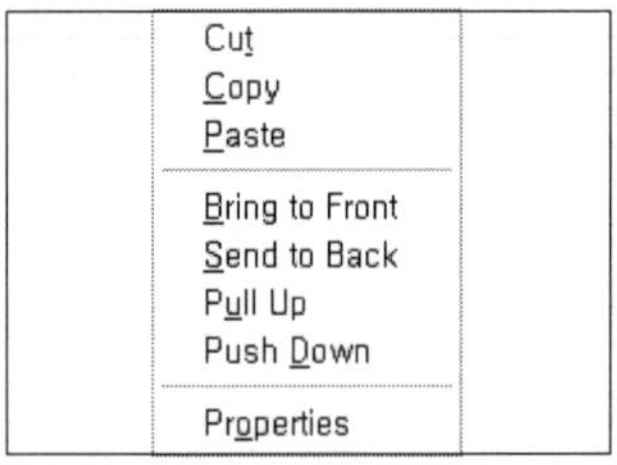

Cut
Copy
Paste
Bring to Front
Send to Back
Pull Up
Push Down
Properties

그림 3.24-4 : Popup 메뉴

실습 19 요소 복사하기

다음 도면은 선박의 선체 중 Transverse Bulkhead(횡격벽)를 작도한 것이다. 지정한 치수로 도면을 작성하고 치수를 기입하시오.

【참고 사항】

1. 치수 단위는 mm임(소수점 이하 2자리 표시)
2. Cutout(가장자리의 패인 부분)은 하나를 작성한 후 나머지 부분은 복사하여 작성
3. 선 굵기는 1mm를 사용(참조선의 굵기는 0.35mm)
4. 점선 사각형 안의 도면은 실제 크기의 2배임(치수문자를 수정하여 작성)

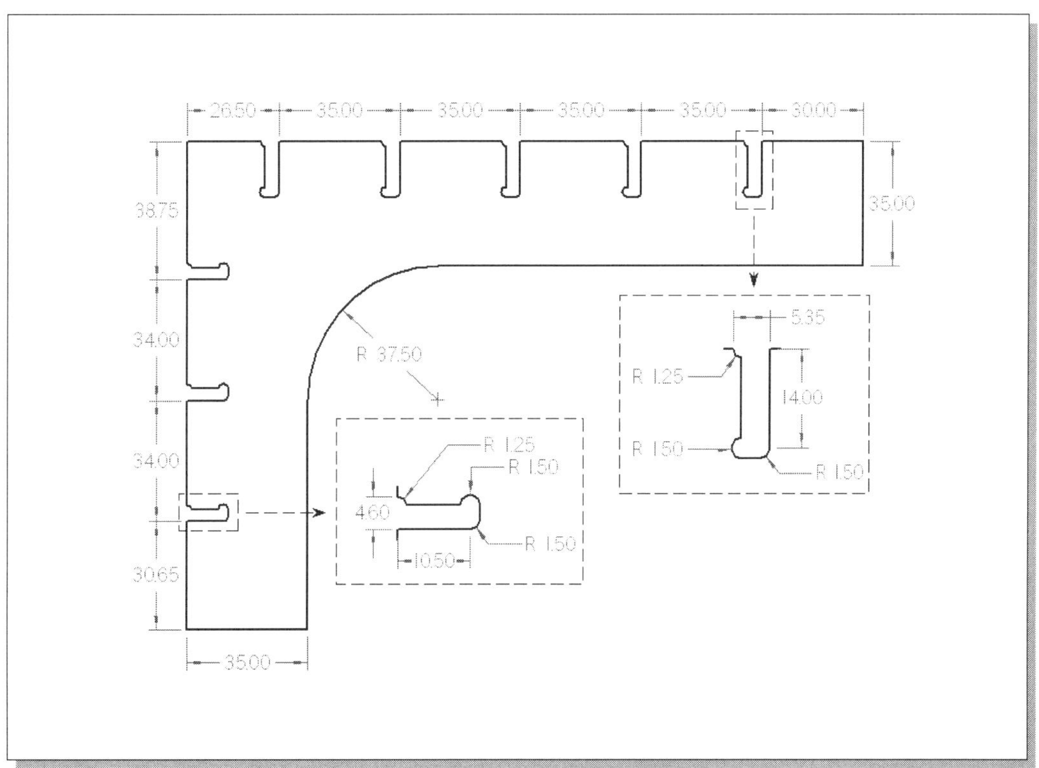

실습 20 파이프라인 그리기

다음 도면은 배관 도면을 축소하여 작성한 것이다. 지정한 치수로 도면을 작성하고 치수를 기입하시오.

【참고 사항】

1. 치수 단위는 mm임(소수점 이하 2자리 표시)
2. 선 굵기는 1mm를 사용(참조선의 굵기는 0.35mm)

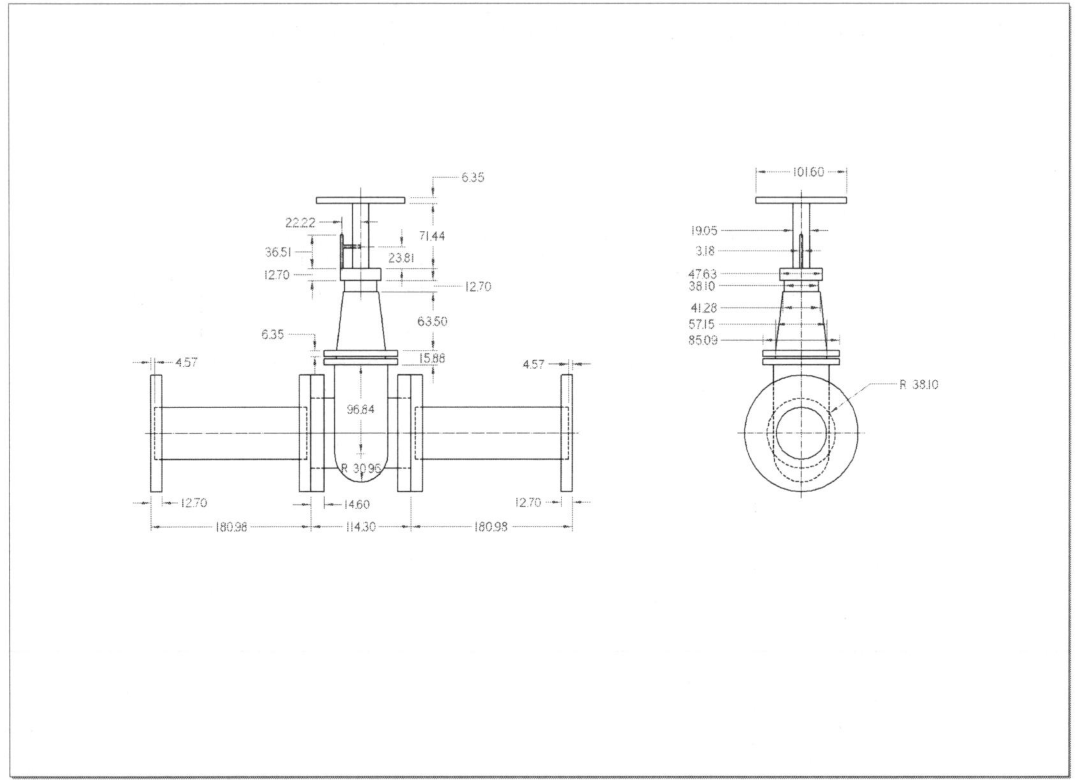

실습 21

받침대 그리기

다음 도면은 선박의 의장(배관) 도면 중 모터와 펌프의 받침대를 그린 것이다. 도면을 작성하고 치수를 기입하시오.

【참고 사항】

1. 치수 단위는 mm임
2. 하단의 Isometric은 참조용이며 표기된 주석은 다음 표를 참고

구분	규격	설명
P#10	두께	지정한 수치의 철판(Plate)
L#60×60×6	폭 × 높이 × 두께	지정한 수치의 Angle(L bar)
L#100×50×10	폭 × 높이 × 두께	지정한 수치의 Angle(L bar)
T#75×75×10	폭 × 높이 × 두께	지정한 수치의 T bar

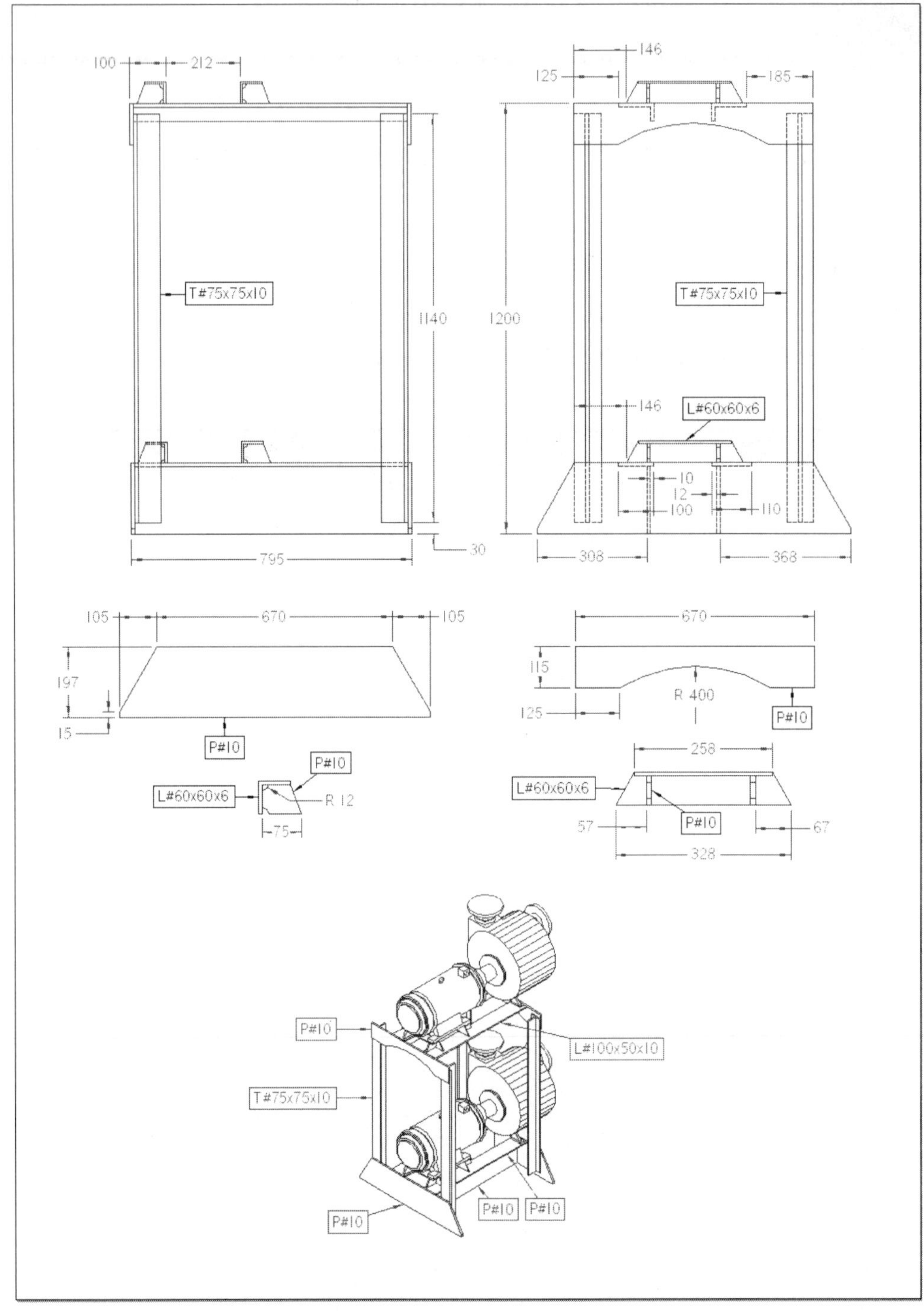
100
212
146
125
185
T#75x75x10
T#75x75x10
1140
1200
146
L#60x60x6
10
12
100
110
795
30
308
368
105
670
105
670
197
15
P#10
115
R 400
125
P#10
P#10
L#60x60x6
R 12
75
258
L#60x60x6
P#10
57
67
328
P#10
L#100x50x10
T#75x75x10
P#10
P#10
P#10

3.6 Relationship 지정하기

Relationship이란 하나의 점에 관계된 연결정보를 말하며, 이 정보를 지정하여 작성된 요소의 연결 상태를 유지 또는 수정할 수 있다.

예를 들면 [그림 3.25-1]과 같이 한 선분의 중점에 직각으로 연결된 선분이 있는 경우에 중점에서 직각으로 교차하는 정보를 유지함으로써 [그림 3.25-2]와 같이 선분을 수정하면 연결된 다른 선분도 기존의 연결 상태를 유지하여 수정된다.

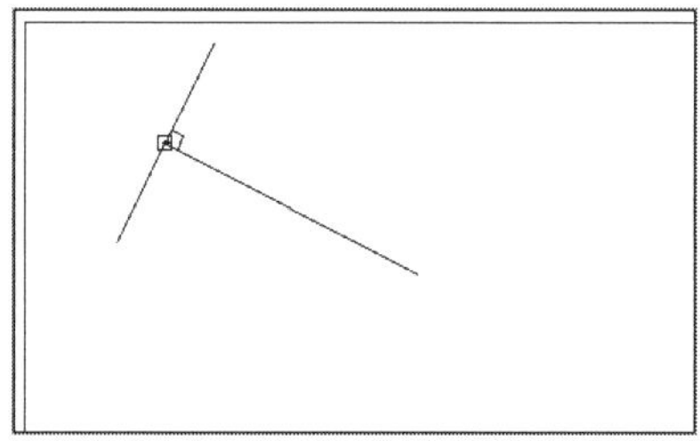

그림 3.25-1 : 수정 전

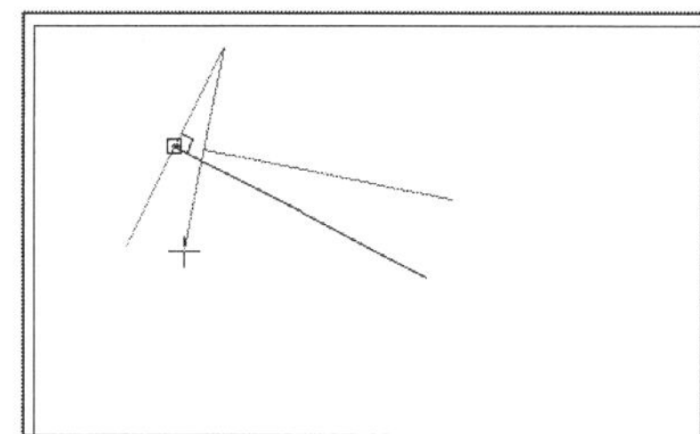

그림 3.25-2 : 수정 후

3.6.1 Relationship 도구 불러내기

Relationship 작업도구를 불러내는 방법은 [그림 3.26-1]과 같이 [View>Toolbars] 메뉴나 아니면 작업도구막대에서 Popup 메뉴에서 선택하여 작업도구를 불러내는 방법과 [그림 3.26-2]와 같이 [Main] 작업도구막대에 있는 아이콘을 클릭하여 작업도구를 불러내는 방법이 있다.

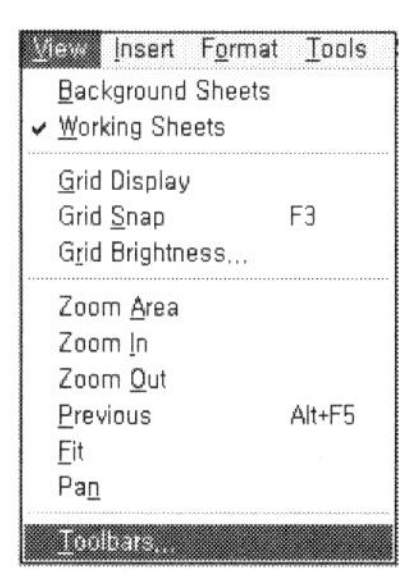

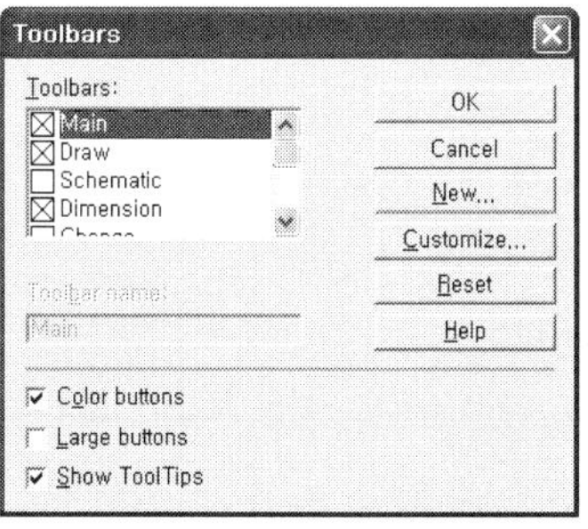

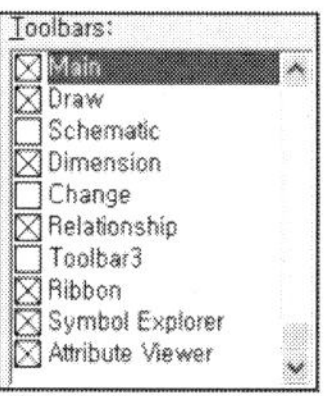

그림 3.26-1 : Relationship 작업도구 메뉴

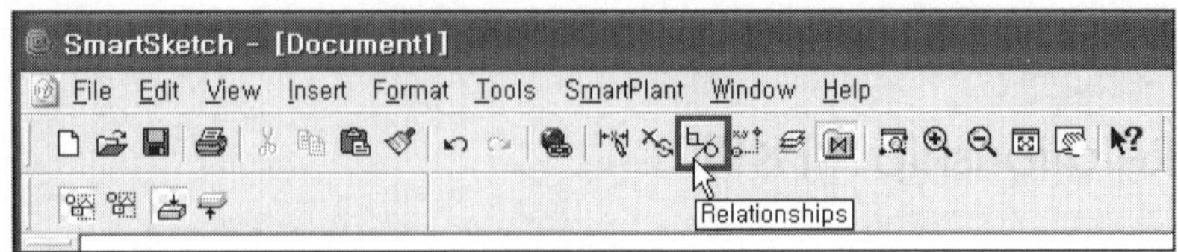

그림 3.26-2 : Relationship 작업도구 아이콘

3.6.2 Relationship 유지 지정 및 표시

(1) Relationship 유지 지정

[그림 3.27-1]과 같이 **[Tools>Maintain Relationships]** 메뉴를 선택(메뉴 앞에 √ 표시)하면 이후 작업한 모든 Relationship 작업은 그 정보를 유지한다. 만일 다시 선택하면 지정이 해제된다.

다른 방법은 [그림 3.27-2]와 같이 Relationship 도구막대의 **[Maintain Relationships]** 아이콘을 클릭하면 [그림 3.27-1]의 메뉴가 자동으로 선택(또는 해제)된다.

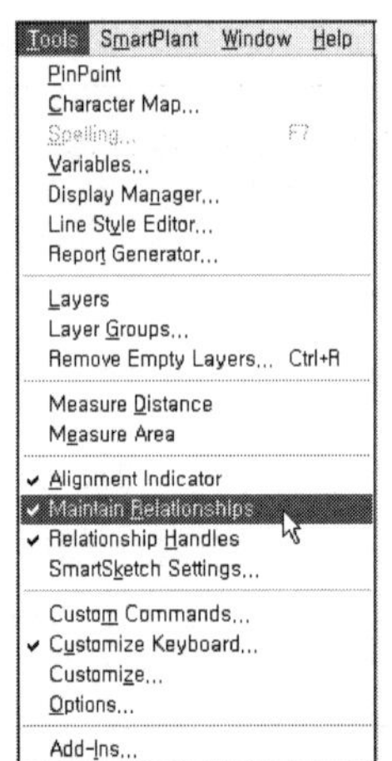

그림 3.27-1 : Relationship 유지 메뉴

그림 3.27-2 : Relationship 유지 아이콘

(2) Relationship 핸들 표시

[그림 3.26-3]과 같이 **[Tools>Relationships Handles]** 메뉴를 선택하면 설정된 Relationship 위치에 각각의 내용에 해당하는 핸들이 나타난다. 물론 다시 선택하면 설정이 해제된다.

다른 방법은 [그림 3.27-4]와 같이 Relationship 도구막대의 **[Relationships Handles]** 아이콘을 클릭하면 [그림 3.27-3]의 메뉴가 자동으로 선택(또는 해제)된다.

핸들 표시 여부는 Relationship 정보 유지와는 별개의 기능으로 단순 핸들의 표시여부를 선택한다. 즉, Relationship 표시를 해제하면 화면에서 표시가 지워지지만 그 정보는 계속 유지한다.

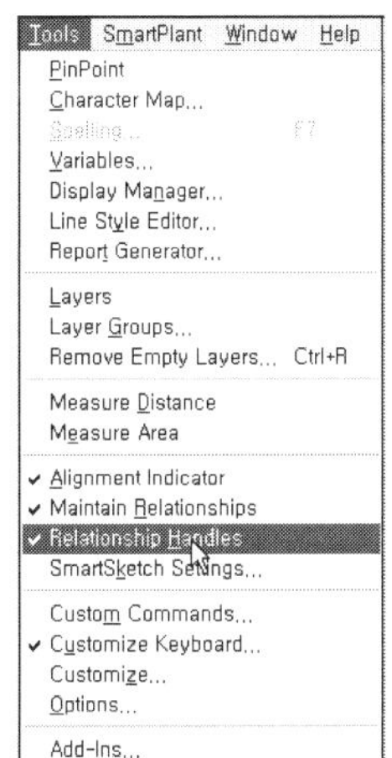

그림 3.27-3 : Relationship 핸들 표시 메뉴

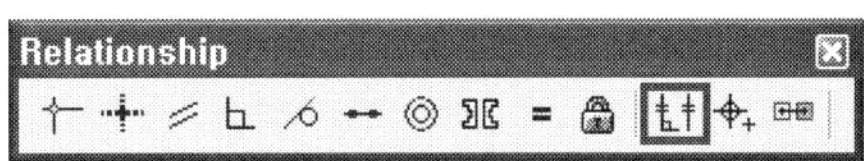

그림 3.27-4 : Relationship 핸들 표시 아이콘

3.6.3 Relationship 종류

Relationship 작업도구는 [그림 3.28]과 같다.

그림 3.28 : Relationship 작업도구

작업도구		설명
	Connect	2개의 요소나 특정점(Keypoint)을 하나의 점으로 연결
	Horizontal/Vertical	하나의 선분을 현 각도에서 가까운 수평 또는 수직으로 회전
	Parallel	먼저 지정한 선분이 나중에 지정한 선분과 평행하게 회전
	Perpendicular	먼저 지정한 선분이 나중에 지정한 선분과 직각이 되도록 회전
	Tangent	선분과 호(원)가 서로 접하도록 수정. 단, 먼저 지정한 요소를 변경
	Collinear	먼저 지정한 선분이 나중에 지정한 선분과 동일 직선상에 위치하도록 이동 및 회전

	Concentric	먼저 지정한 호(원)가 나중에 지정한 호(원)와 동심이 되도록 이동 또는 크기를 변경
	Symmetric	동일 요소를 기준선을 중심으로 대칭이 되도록 크기와 위치를 변경
	Equal	먼저 지정한 요소가 나중에 지정한 요소와 크기가 같도록 변경
	Lock	지정한 요소의 속성을 고정(크기 및 이동 불가) <참고> Unlock : Lock Symbol을 삭제하면 된다.
	Relationship Handles	각 요소에 relationship handle을 표시 또는 감추기
	Alignment Indicator	작업 시 다른 요소와의 정렬선을 표시 또는 감추기
	Maintain Relationships	작업한 relationship 정보의 유지 여부를 지정

3.6.4 Relationship 사용 예

(1) 연결(Connect) :

① [그림 3.29-1]과 같이 한 선분의 끝점(이동 대상)을 지정한 후

② [그림]과 같이 다른 선분의 끝점(연결 기준)을 지정하면

③ [그림 3.29-3]과 같이 첫 번째 지정한 점이 두 번째 지정한 점과 서로 일치되도록 첫 번째 지정한 선분이 수정된다. 물론 연결점에는 Relationship 표시가 나타난다.

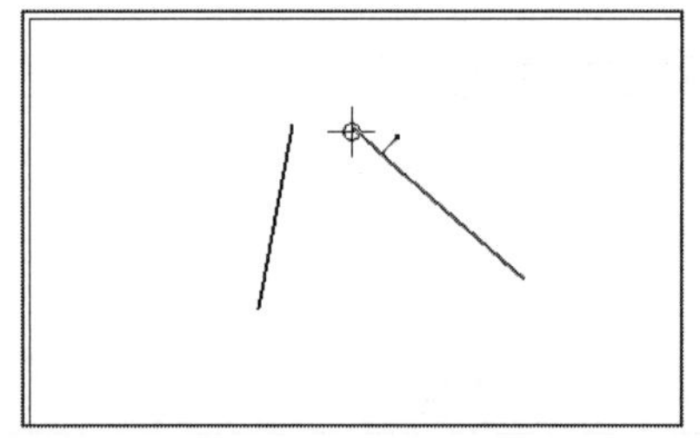
그림 3.29-1 : 연결점1 지정

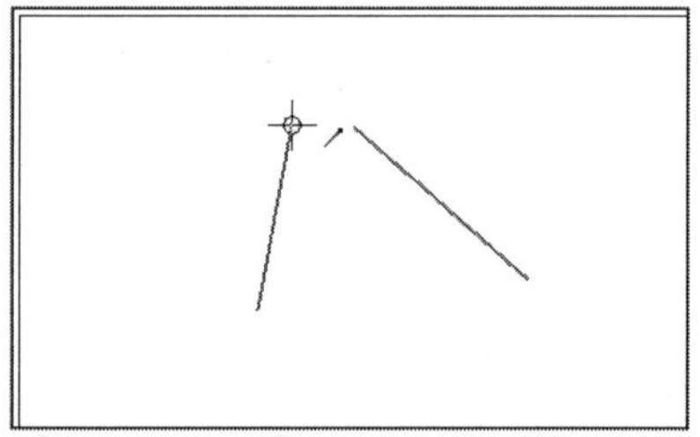
그림 3.29-2 : 연결점2 지정

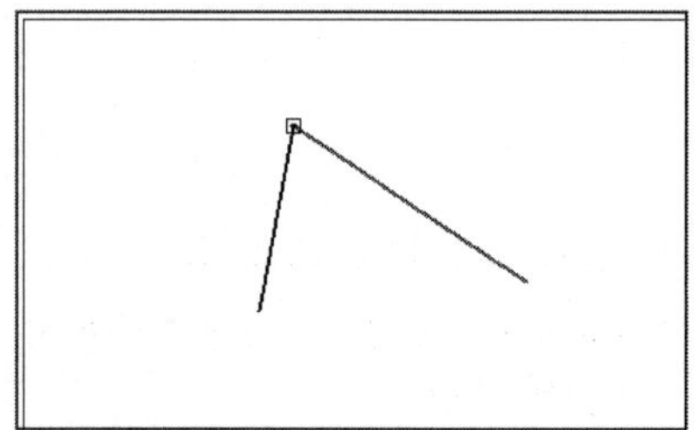
그림 3.29-3 : 작업결과

이렇게 Relationship이 지정된 경우에 하나의 요소를 수정(이동, 크기 변경 등)하면 나머지 요소도 연결정보를 유지한 상태로 같이 수정된다.

❶ 예를 들면 [그림 3.29-4]와 같이 연결된 요소 중 하나를 이동하면

❷ [그림 3.29-5]와 같이 선택한 요소뿐 아니라 연결된 다른 요소까지 연결정보를 유지하는 형태로 수정된다(두 선분이 만나는 각을 유지).

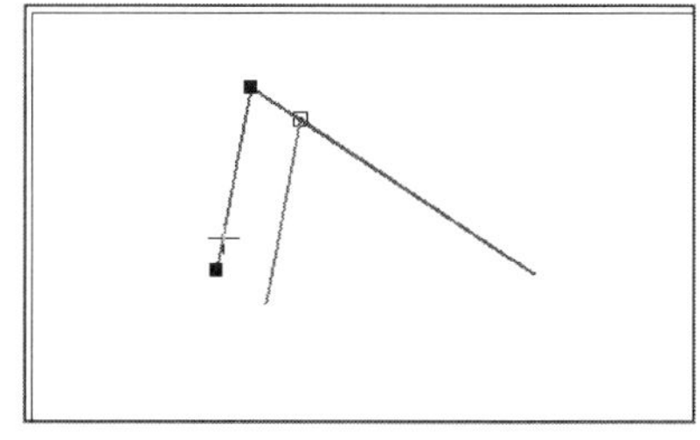

그림 3.29-4 : 요소 이동

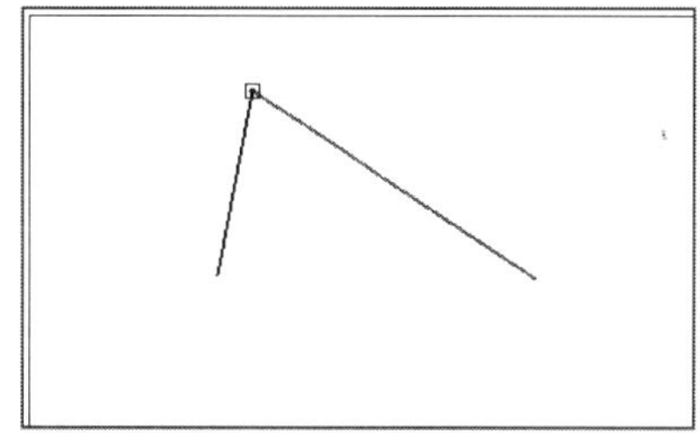

그림 3.29-5 : 작업결과

(2) 수평/수직(Horizontal/Vertical) :

[그림 3.30]과 같이 지정한 선분이 수평 또는 수직으로 수정된다. 단, 수정 때 회전은 요소의 왼쪽 끝점을 기준으로 회전한다.

이렇게 수정된 요소는 Relationship 속성을 제거하기 전까지 계속 유지한다. 즉, 선분의 길이는 수정할 수 있으나 수평 또는 수직 각도는 변경할 수 없다.

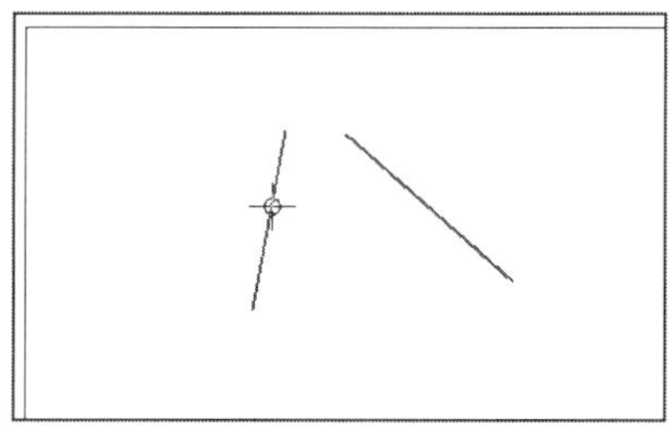

그림 3.30-1 : 수직 지정

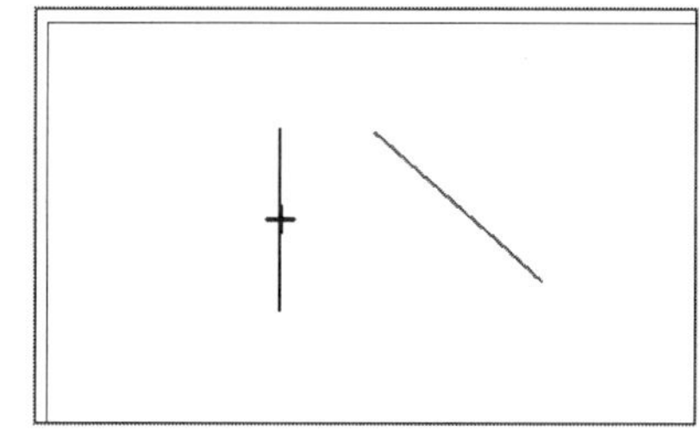

그림 3.30-2 : 작업결과

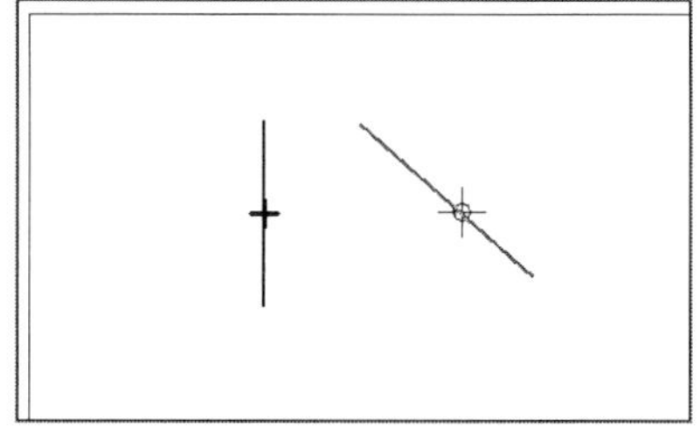

그림 3.30-3 : 수평 지정

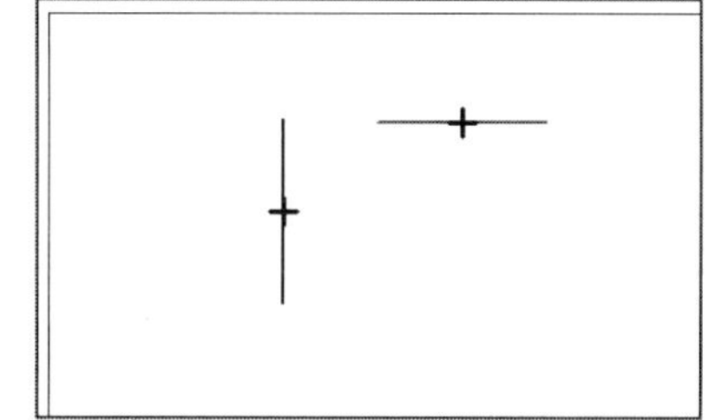

그림 3.30-4 : 작업결과

(3) 평행(Parallel) :

두 선분을 지정하면 먼저 지정한 선분이 나중에 지정한 선분과 평행이 되도록 수정된다. 단, 수정 때 회전은 요소의 왼쪽 끝점을 기준으로 회전한다.

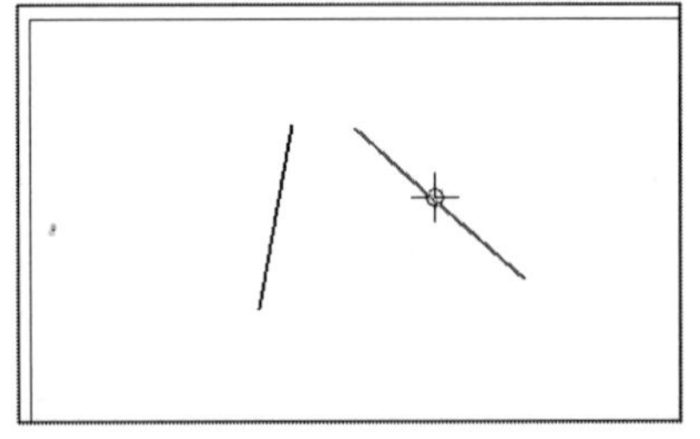

그림 3.31-1 : 대상 지정

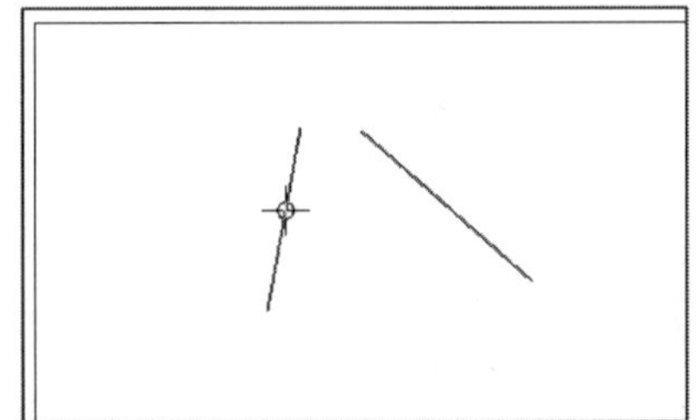

그림 3.31-2 : 기준 지정

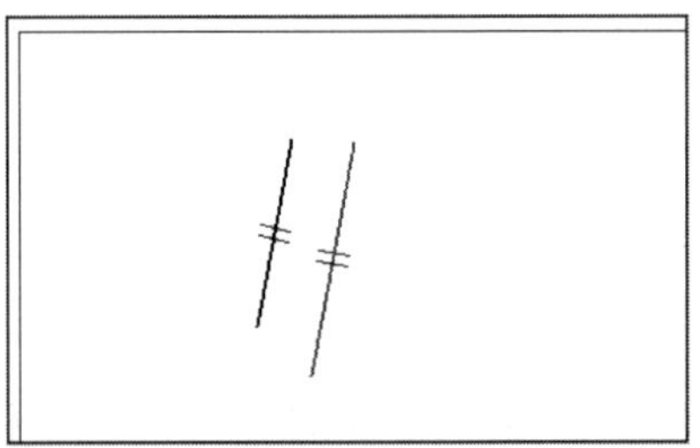

그림 3.31-3 : 작업결과

(4) 직각(Perpendicular) :

두 선분을 지정하면 먼저 지정한 선분이 나중에 지정한 선분과 직각이 되도록 수정한다. 만일 선분이 서로 교차하지 않을 때는 연장선을 기준으로 수정된다. 단, 수정 때 회전은 요소의 왼쪽 끝점을 기준으로 회전한다.

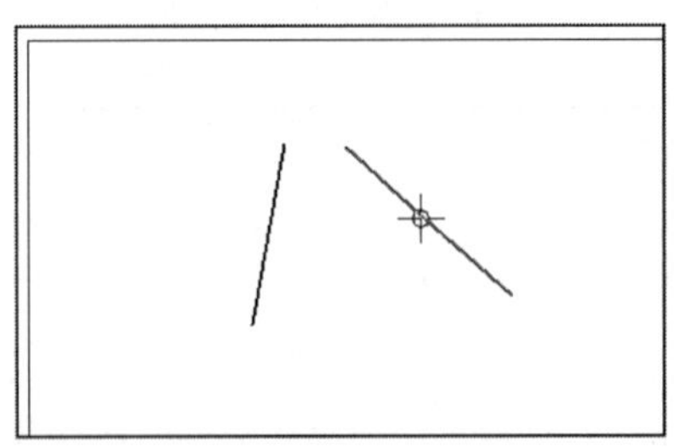

그림 3.32-1 : 대상 지정

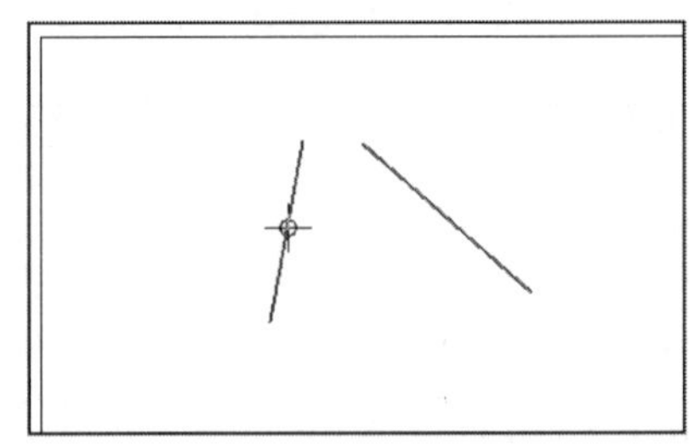

그림 3.32-2 : 기준 지정

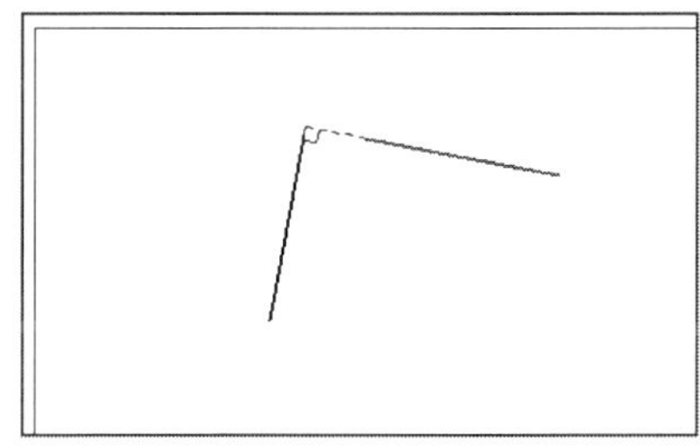

그림 3.32-3 : 작업결과

(5) 접선(Tangent) :

두 요소를 지정하면 먼저 지정한 요소가 나중에 지정한 요소와 접하도록 회전한다. 만일 길이가 짧아 접할 수 없는 경우에는 연장선이 접하도록 수정된다. 단, 수정 때 회전은 요소의 왼쪽 끝점을 기준으로 회전한다.

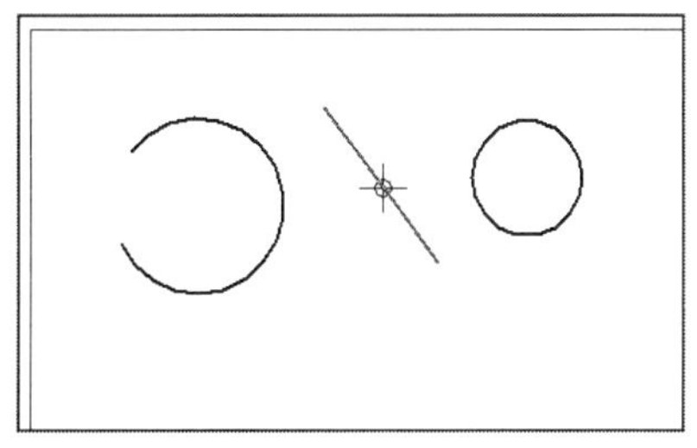

그림 3.33-1 : 대상 지정 1

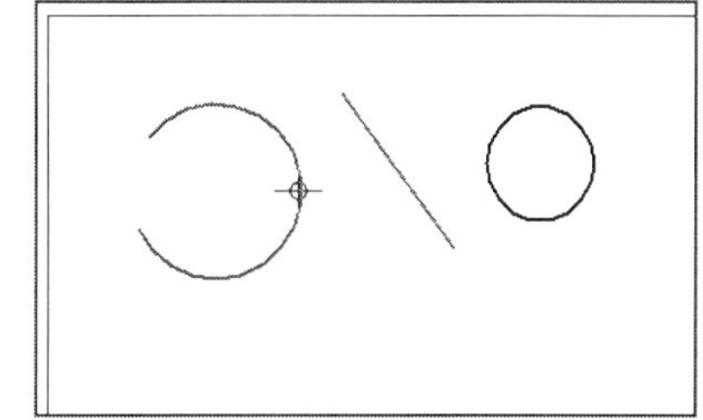

그림 3.33-2 : 기준 지정 1

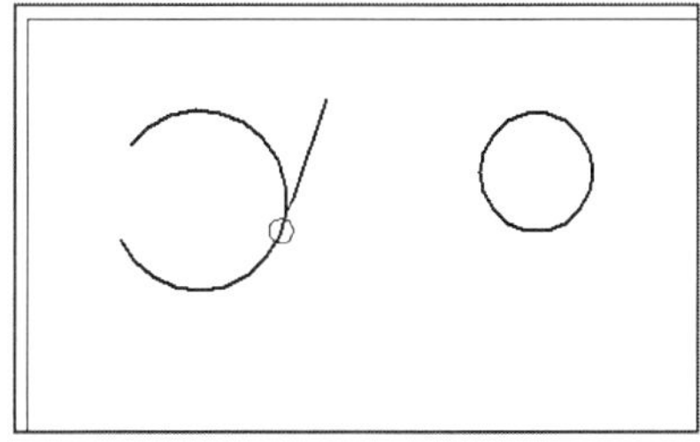

그림 3.33-3 : 작업결과 1

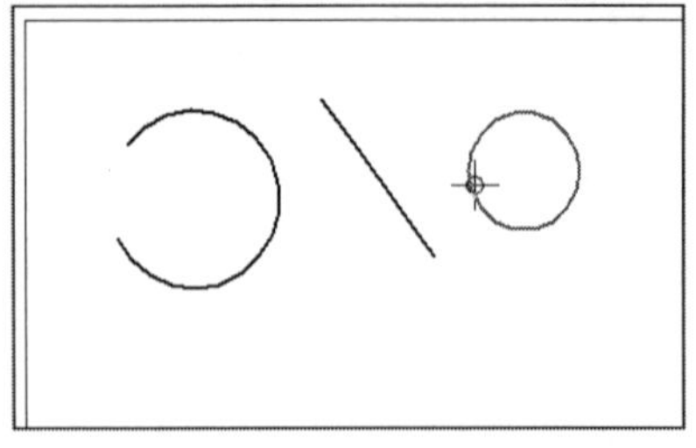

그림 3.33-4 : 대상 지정 2

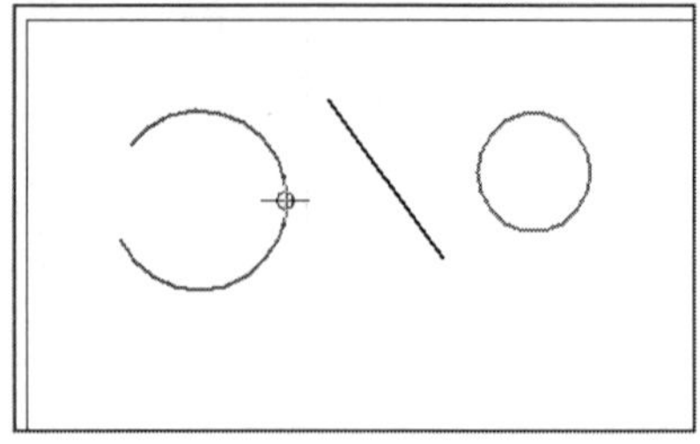

그림 3.33-5 : 기준 지정 2

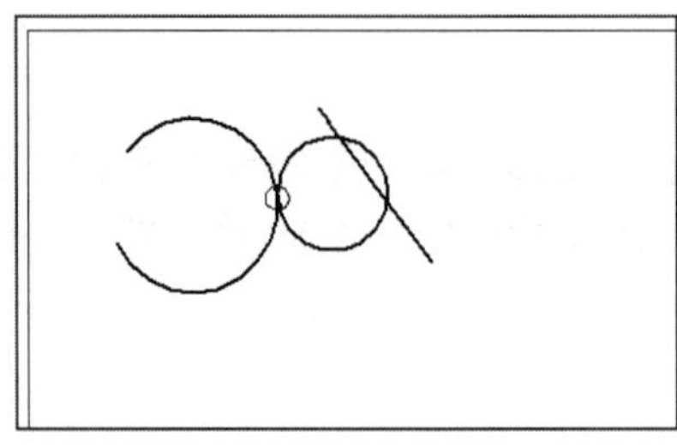

그림 3.33-6 : 작업결과 2

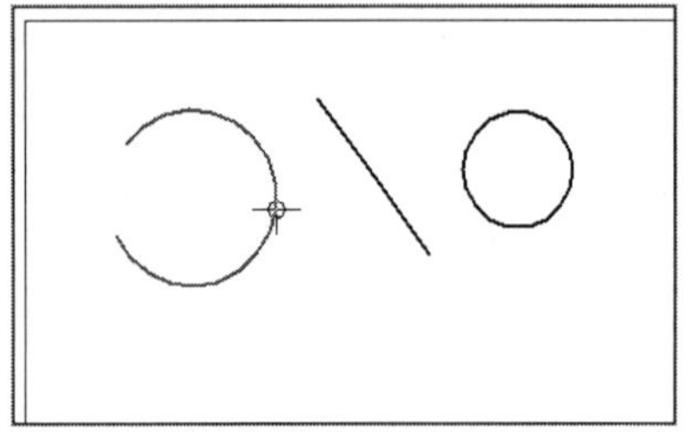

그림 3.33-7 : 대상 지정 3

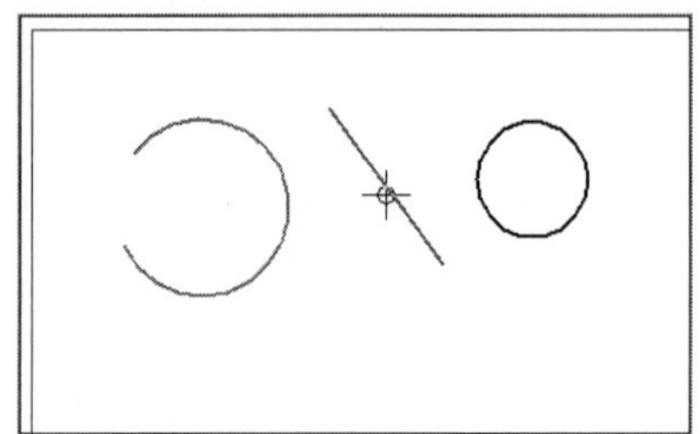

그림 3.33-8 : 기준 지정 3

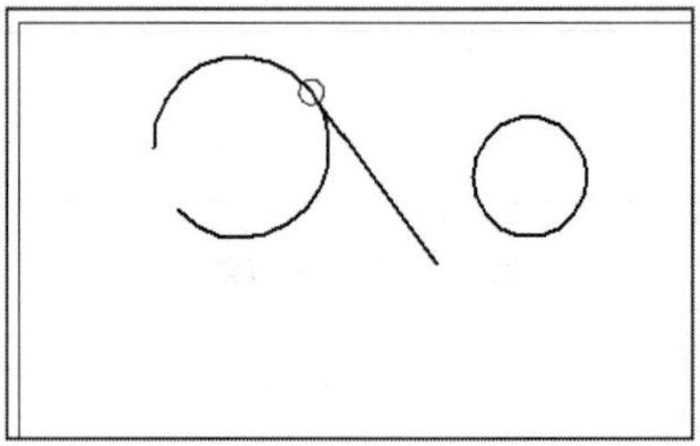

그림 3.33-9 : 작업결과 3

(6) 동일직선(Collinear) :

두 선분을 지정하면 먼저 지정한 선분이 나중에 지정한 선분과 동일 직선상에 위치하도록 수정한다.

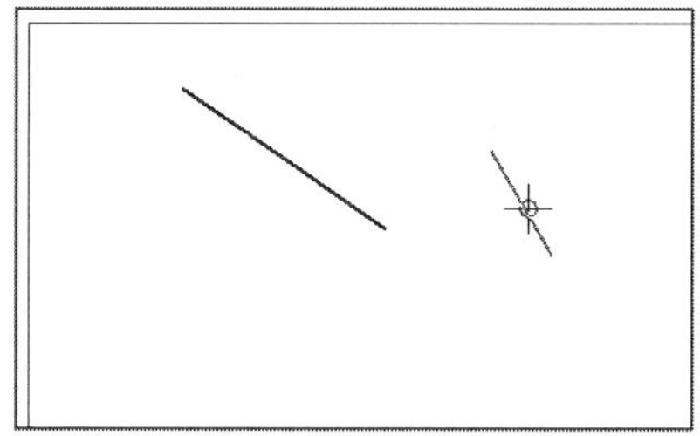

그림 3.34-1 : 대상 지정

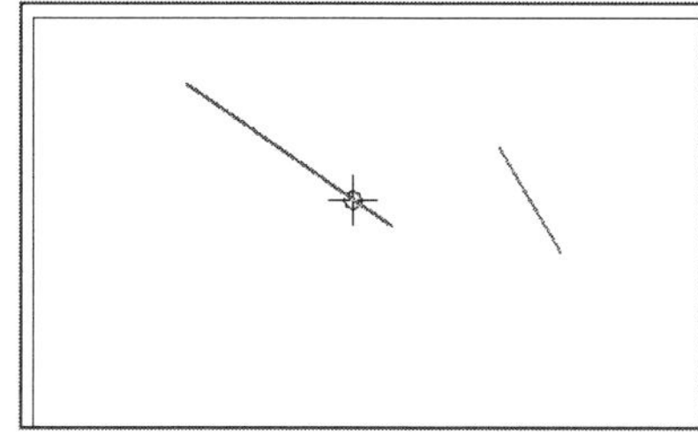

그림 3.34-2 : 기준 지정

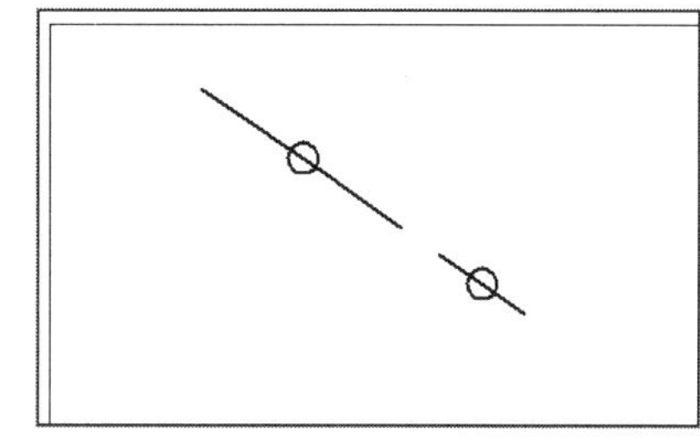

그림 3.34-3 : 작업결과

(7) 동심(Concentric) :

두 개의 호(원)를 지정하면 먼저 지정한 호(원)가 나중에 지정한 호(원)와 동일한 중심이 되도록 이동된다.

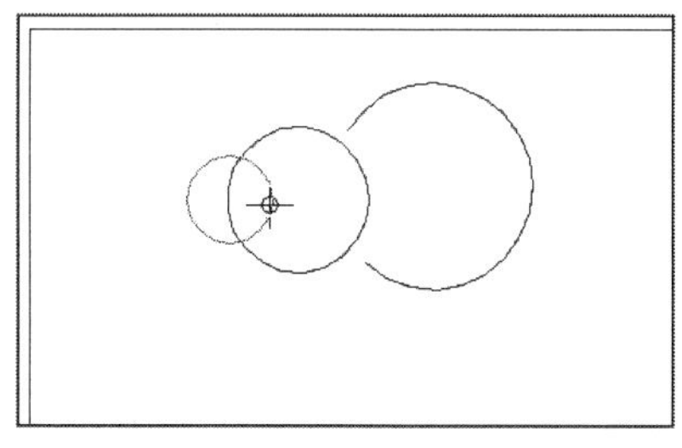

그림 3.35-1 : 대상 지정 1

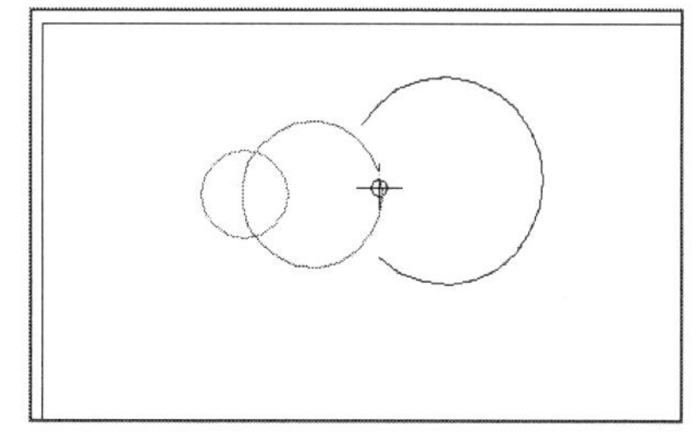

그림 3.35-2 : 기준 지정 1

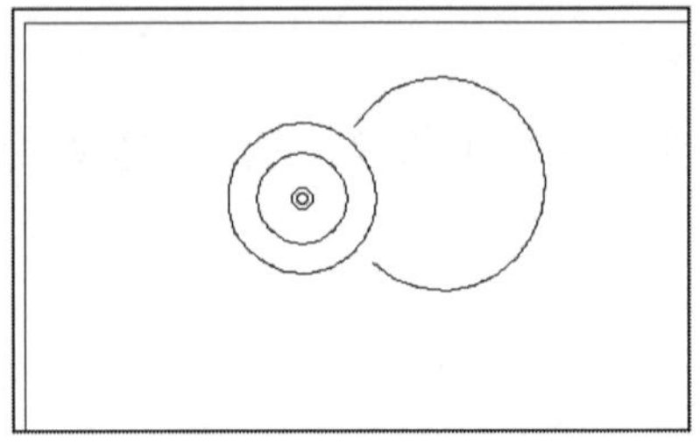

그림 3.35-3 : 작업결과 1

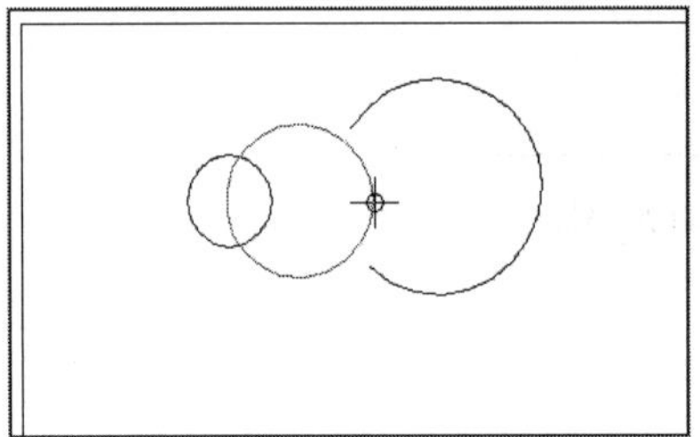

그림 3.35-4 : 대상 지정 2

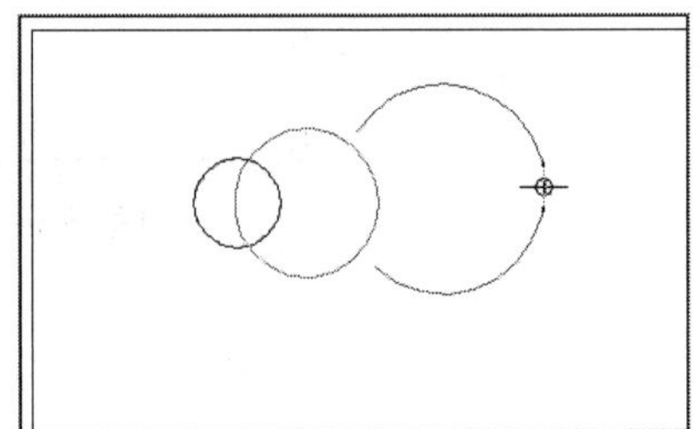

그림 3.35-5 : 기준 지정 2

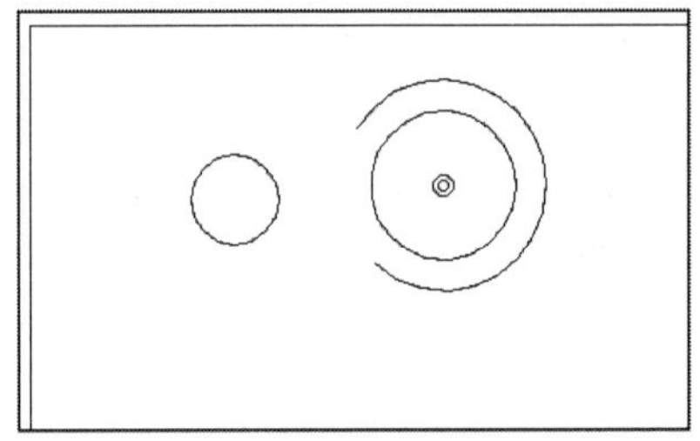

그림 3.35-6 : 작업결과

(8) 대칭(Symmetric) :

대칭선을 지정한 후 두 요소(동일 종류)를 지정하면 먼저 지정한 요소가 나중에 지정한 요소와 대칭이 되도록 크기와 위치가 동시에 수정된다.

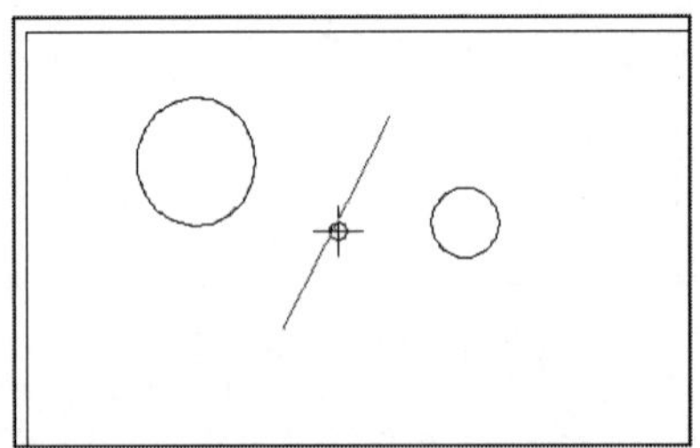

그림 3.36-1 : 대칭선 지정

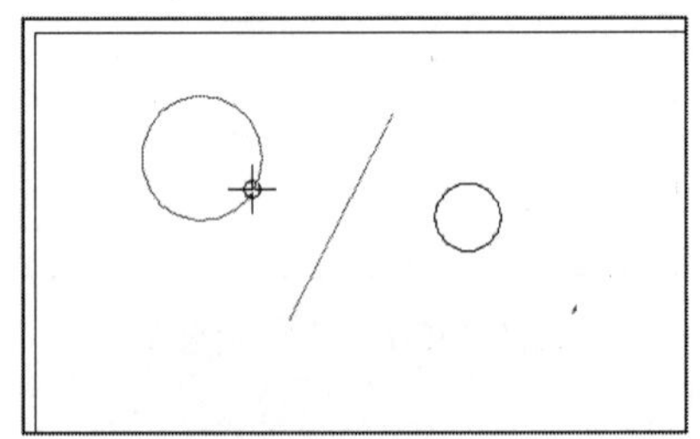

그림 3.36-2 : 대상 지정

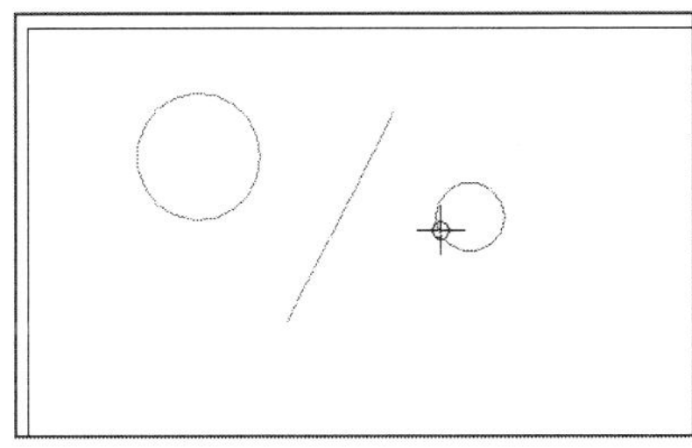

그림 3.36-3 : 기준 지정

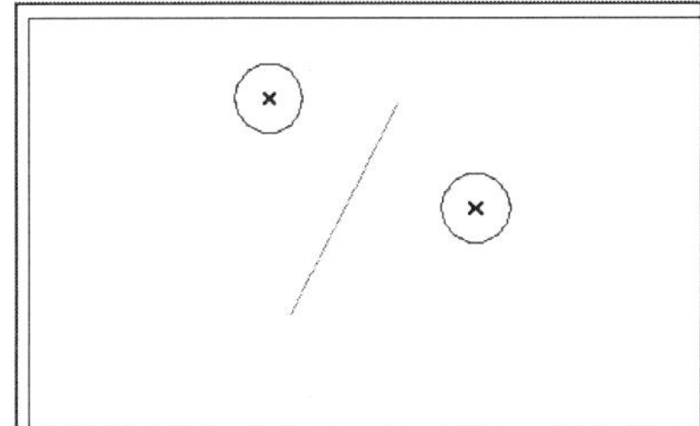

그림 3.36-4 : 작업결과

(9) 일치(Equal) : [=]

동일 종류의 두 요소를 지정하면 먼저 지정한 요소가 나중에 지정한 요소와 같은 크기가 되도록 수정된다.

만일 원과 호 사이인 경우에는 직경이 같도록 수정된다.

단, 요소의 왼쪽 끝점을 기준으로 수정된다.

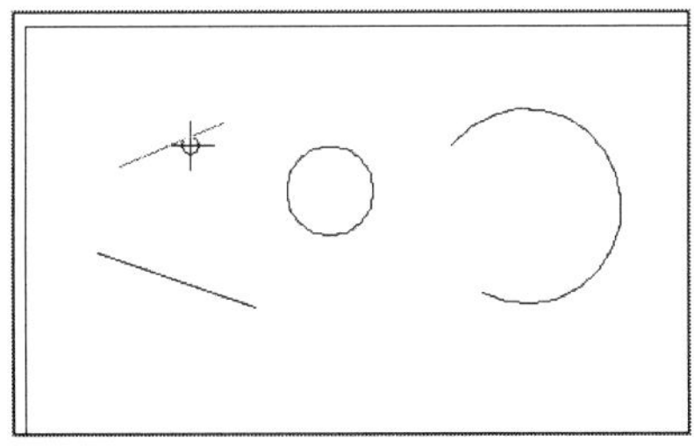

그림 3.37-1 : 대상 지정 1

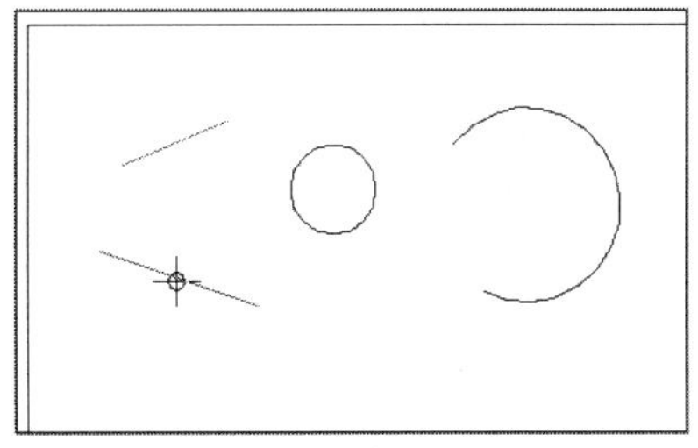

그림 3.37-2 : 기준 지정 1

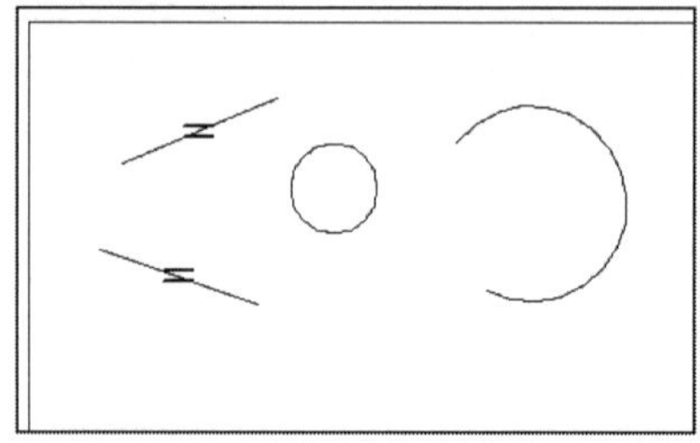
그림 3.37-3 : 작업결과 1

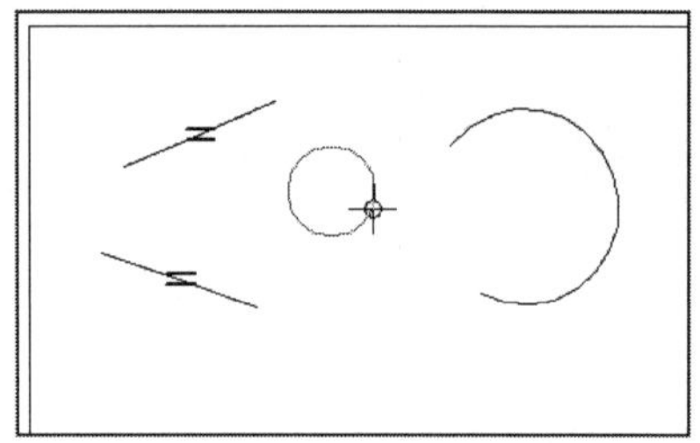
그림 3.37-4 : 대상 지정 2

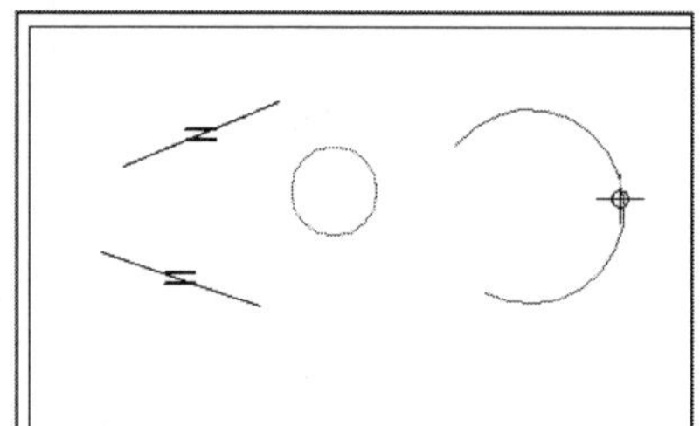
그림 3.37-5 : 기준 지정 2

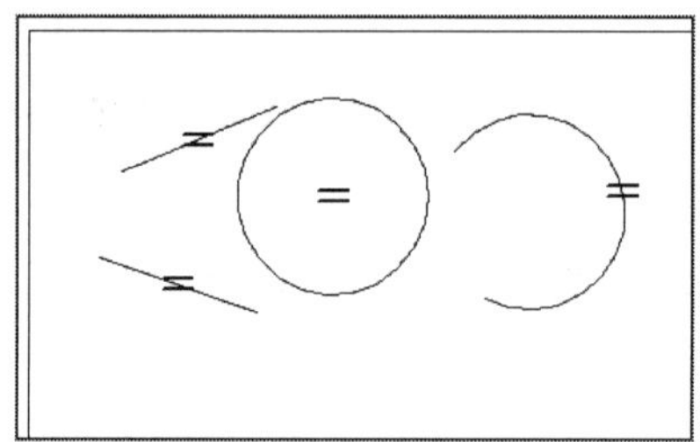
그림 3.37-6 : 작업결과 2

(10) 잠금(Lock) :

잠금으로 지정된 요소는 수정(위치, 크기 변경 및 회전 등)을 할 수 없다. 이 기능은 작업자의 실수로 수정되는 것을 방지할 때 사용한다.

① 먼저 이 도구를 선택한 다음

② [그림 3.38-1]과 같이 대상을 지정하면 [그림 3.38-2]와 같이 지정된 요소에는 잠금 표시(꼬리가 있는 작은 원)가 나타난다.

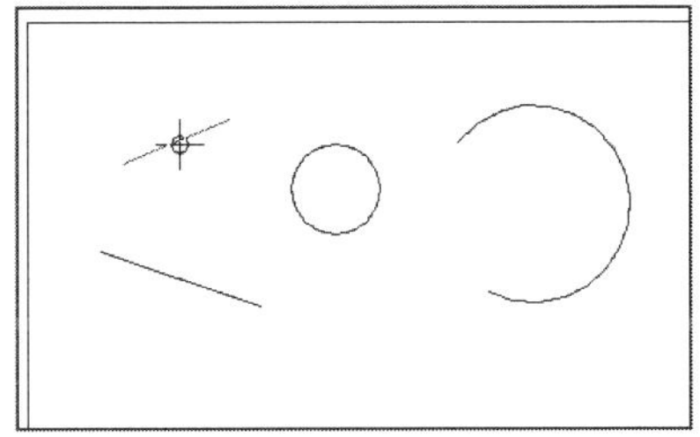

그림 3.38-1 : 대상 지정

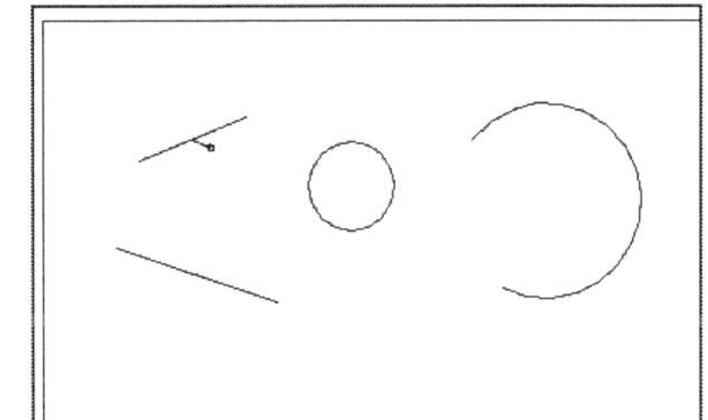

그림 3.38-2 : 작업결과

이렇게 잠금으로 지정된 요소는 수정할 수 없다.

[그림 3.38-3]의 잠금 전의 선택 상태로 수정 핸들이 검은색 사각형으로 표시되나 잠금을 하면 [그림 3.38-4]와 같이 속인 빈 사각형이 표시된다.

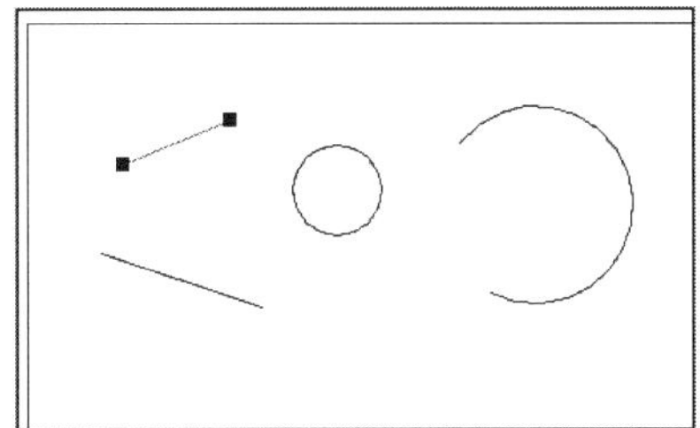

그림 3.38-3 : 잠금 전 선택 상태

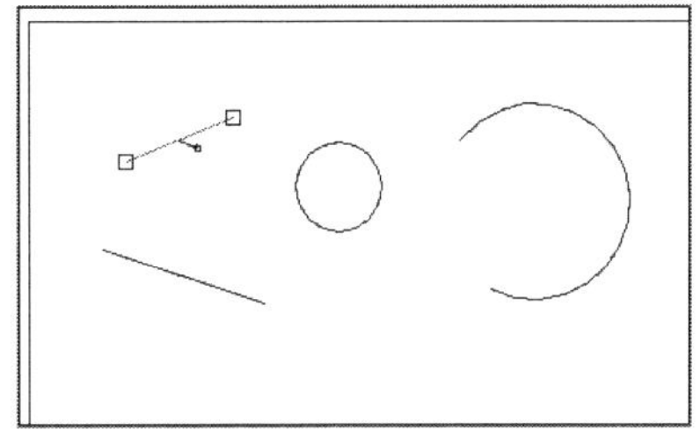

그림 3.38-4 : 잠금 후 선택 상태

❶ 잠금을 해제하는 방법은 [그림 3.38-5]에서 잠금 표시(꼬리가 있는 작은 원)를 선택한 후 삭제(Delete)하면 된다.

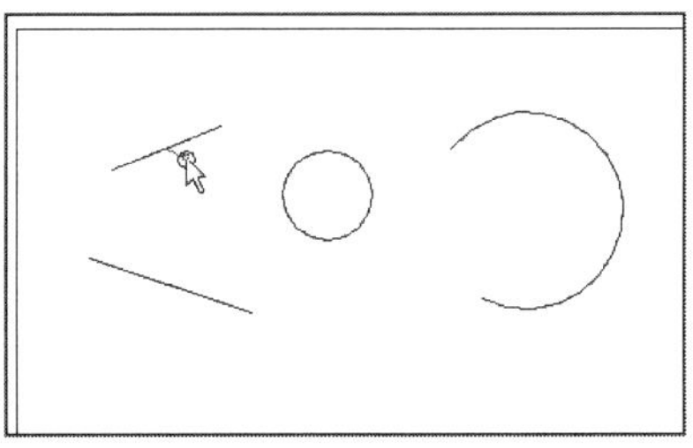

그림 3.38-5 : 잠금 핸들

04

기타 기능

4.1 심벌 사용(Symbol)

표준화된 요소나 빈번히 사용되는 요소는 그 형태와 정보를 미리 작성하여 등록시켜 두고 필요시 등록된 요소를 불러내어 위치만 지정하면 형태가 그려지도록 함으로서 작업의 효율성을 높이고 오류를 방지할 수 있다.

이와 같이 등록된 요소를 심벌(Symbol)이라고 한다.

4.1.1 심벌 탐색창 불러내기(Symbol Explorer)

[그림 4.1-1]과 같이 **[View>Toolbars...]** 메뉴에서 **[Symbol Explorer]**를 지정하거나 [그림 4.1-2]와 같이 **[Main]** 도구막대의 **[Symbol Explorer]**를 선택하면 [그림 4.1-3]과 같이 심벌탐색창(Symbol Explorer)이 나타난다.

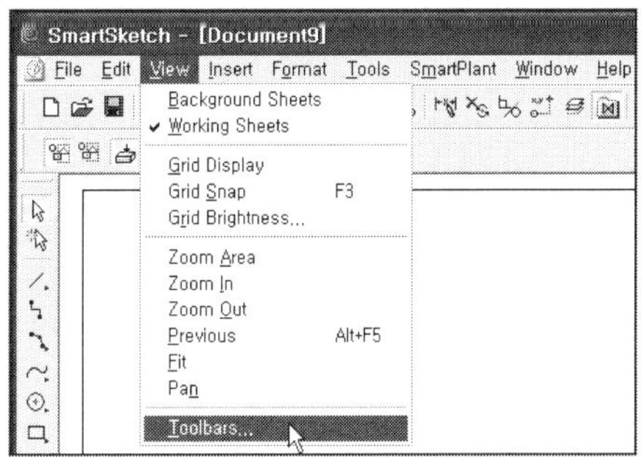

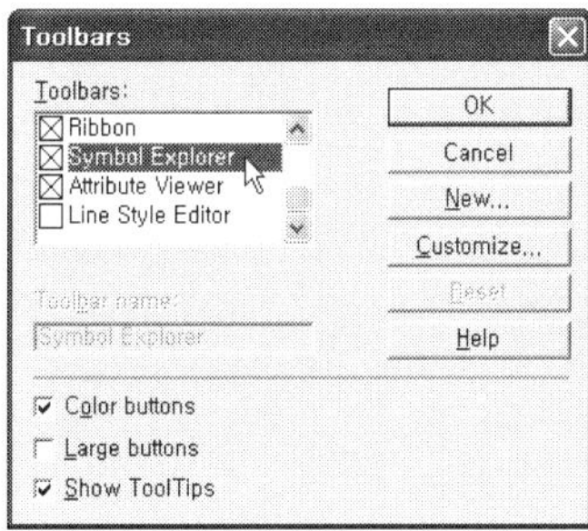

그림 4.1-1 : 심벌탐색창 메뉴

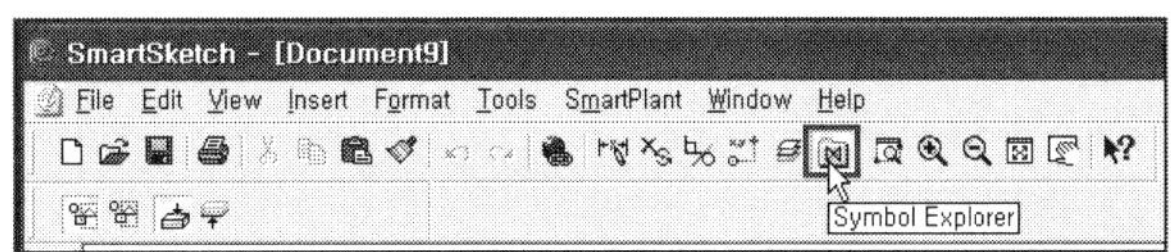

그림 4.1-2 : 심벌탐색창 아이콘

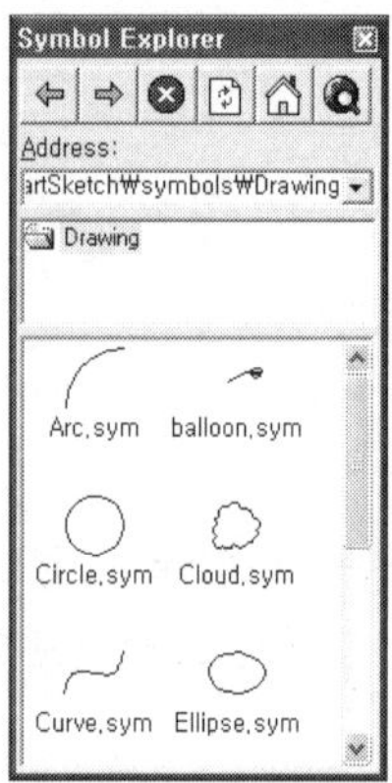

그림 4.1-3 : 심벌탐색창

아이콘		설명
	Back	직전의 심벌 폴더 위치로 되돌아가기
	Forward	앞의 심벌 폴더 위치로 가기
	Stop	폴더로부터 심벌 읽기 중단
	Refresh	폴더로부터 새로 심벌 읽기
	Home	File > Properties 메뉴 창의 [Browser] 탭에 지정한 폴더로 이동
	Explorer	새로운 폴더 찾기

4.1.2 즐겨찾기 창 등록(Favorites)

자주 사용하는 심벌 폴더는 별도의 즐겨찾기 창으로 등록하여 사용하면 편리하다.

먼저 [Explorer] 도구를 이용하여 등록할 폴더로 변경한 다음 [그림 4.2-1]과 같이 폴더지정창이나 아니면 [그림 4.2-2]와 같이 심벌선택창에서 마우스의 오른쪽 버튼을 클릭하면 나타나는 메뉴에서 [Add to Favorites]를 선택하면 [그림 4.2-3]과 같이 현재의 폴더 이름에 해당하는 Shortcut가 만들어진다.

이 Shortcut는 현재 폴더의 위치에 관계없이 클릭하면 바로 등록된 폴더로 이동하며, 그 정보는 저장되어 추후 프로그램을 새로 기동하여도 기억하고 있다.

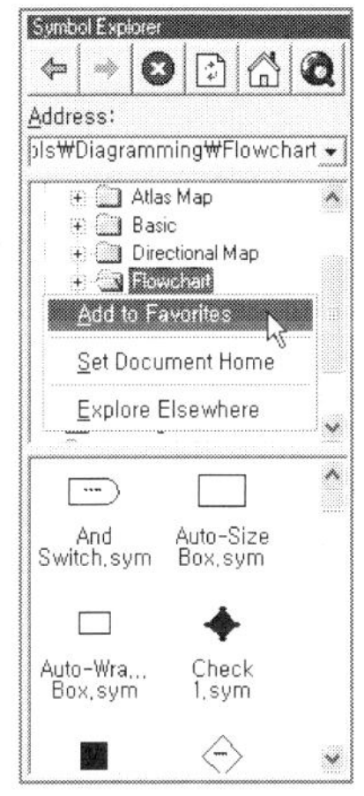

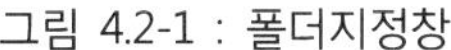
그림 4.2-1 : 폴더지정창

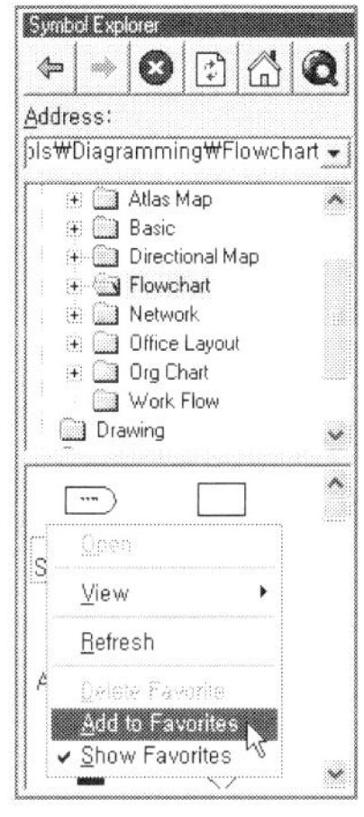

그림 4.2-2 : 심벌선택창

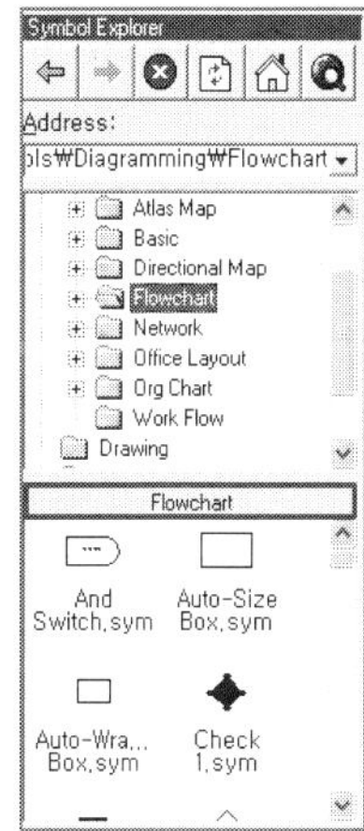

그림 4.2-3 : Shortcut

만일 즐겨찾기 Shortcut를 제거하고 싶으면 [그림 4.2-2]의 메뉴 중 [Delete Favorites] 선택하면 삭제할 수 있다.

4.1.3 심벌 넣기(Embed)

등록된 심벌을 도면에 넣는 작업을 말한다.

① 먼저 [그림 4.3-1]과 같이 도면에 넣을 심벌을 선택(클릭)한 다음

② [그림 4.3-2]와 같이 커서를 도면으로 이동하면 선택된 심벌이 따라 이동된다.

③ 심벌을 넣을 위치에서 클릭하면 [그림 4.3-3]과 같이 심벌이 그려진다.

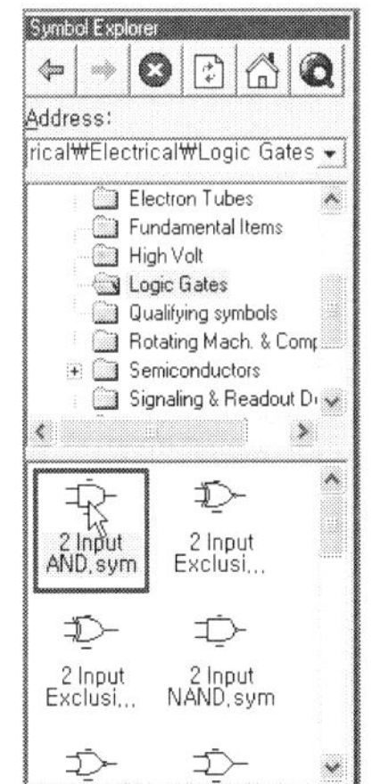

그림 4.3-1 : 심벌 선택

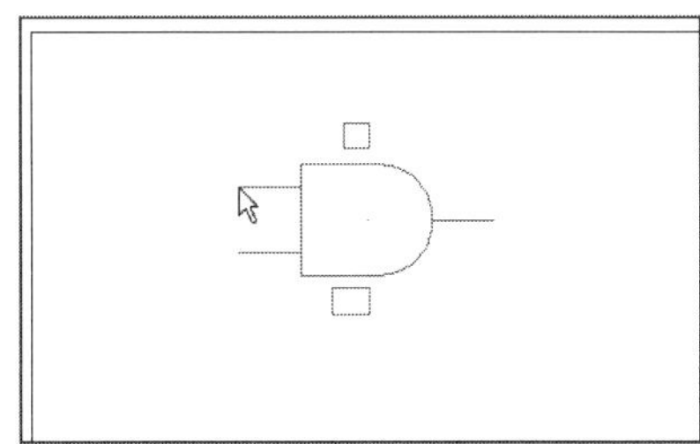

그림 4.3-2 : 위치 지정

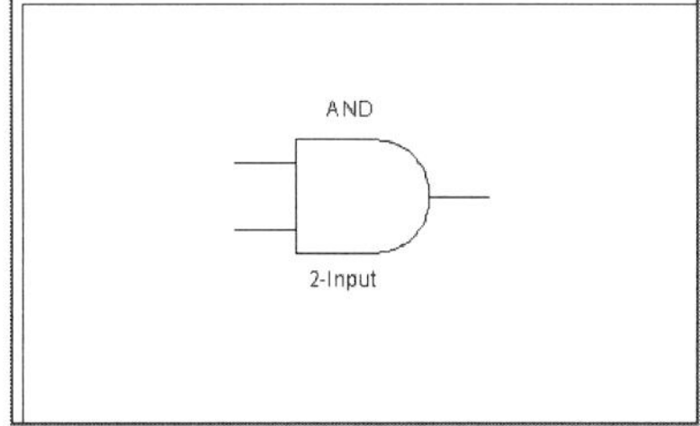

그림 4.3-3 : 작업결과

4.1.4 심벌 수정(Edit)

도면에 작성된 심벌의 수정은 수정 핸들(Handle)을 이용하여야 한다.

작성된 심벌을 선택(Select)하면 [그림 4.4]와 같은 핸들이 표시된다. 수정은 해당하는 핸들을 드래그(또는 클릭)하여 작업하면 된다.

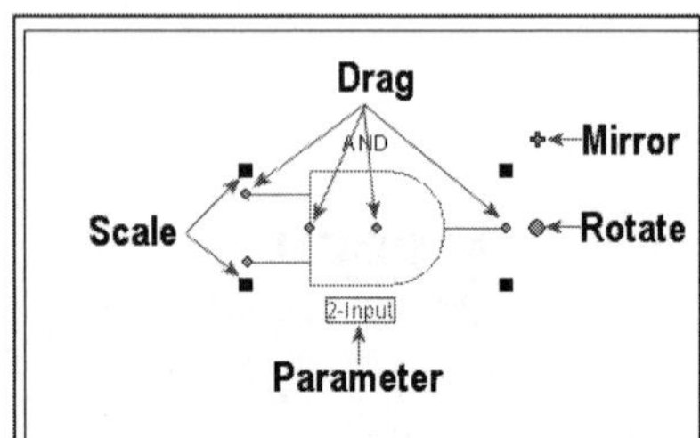

그림 4.4 : 핸들의 종류

핸들 종류	설명
Drag	심벌의 위치를 이동
Mirror	심벌을 대칭 이동
Parameter	인수 값을 입력
Rotate	심벌을 회전
Scale	심벌의 크기 변경

4.2 연결선 그리기(Connector)

연결선이란 요소(Element), 도형(Geometry) 및 심벌(Symbol) 사이를 서로 결선하는 경우에 연결된 하나의 객체를 이동하면 연결선이 자동으로 수정되는 결선을 말한다.

4.2.1 연결선 작업도구

연결선 작업도구는 [그림 4.5-1]과 같이 Draw 도구막대에 있다.

이 도구를 선택하면 [그림 4.5-2]와 같은 리본-바가 나타난다.

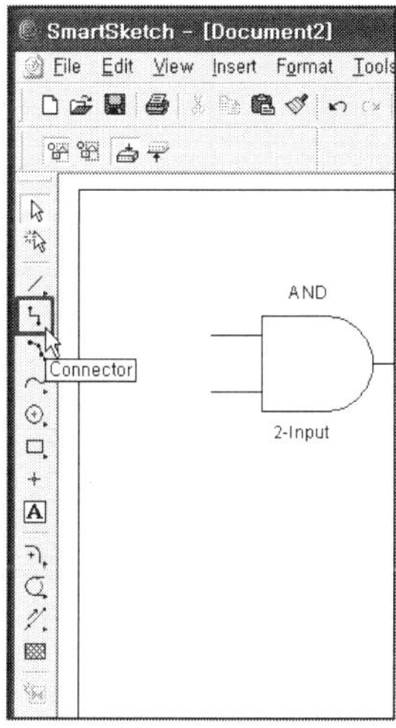

그림 4.5-1 : 연결선 작업도구

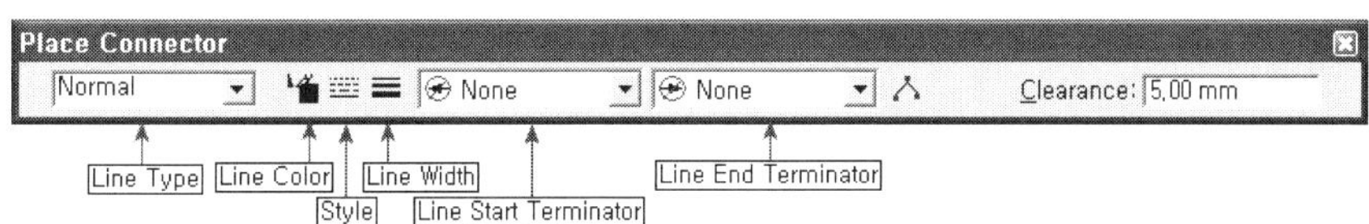

그림 4.5-2 : 연결선 작업도구의 리본-바

옵션	설명
Line Type	연결선의 종류를 선택
Line Color	연결선의 색을 지정
Style	연결선의 종류를 선택(Line Type와 동일)
Line Width	연결선의 굵기를 선택
Line Start Terminator	연결선의 시작점 모양을 선택
Line End Terminator	연결선의 끝점 모양을 선택

Line Terminator의 종류는 [그림 4.5-3]과 같다.

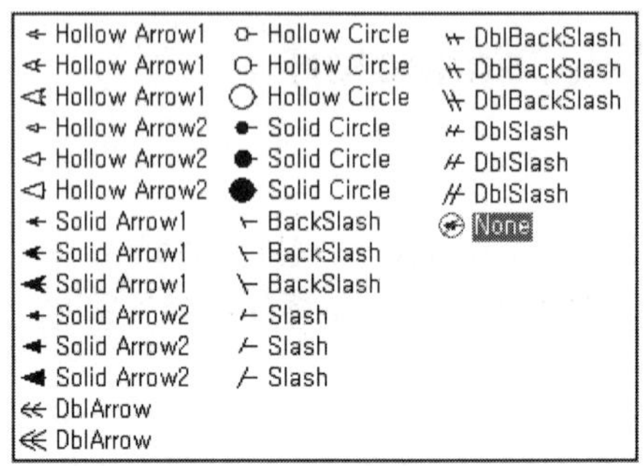

그림 4.5-3 : Terminator 종류

4.2.2 연결점(Connection Point)

연결점이란 객체에 연결선이 결선되는 위치를 말하며, [그림 4.6]과 같이 Key Point, Connect Point 및 Any Point가 있다.

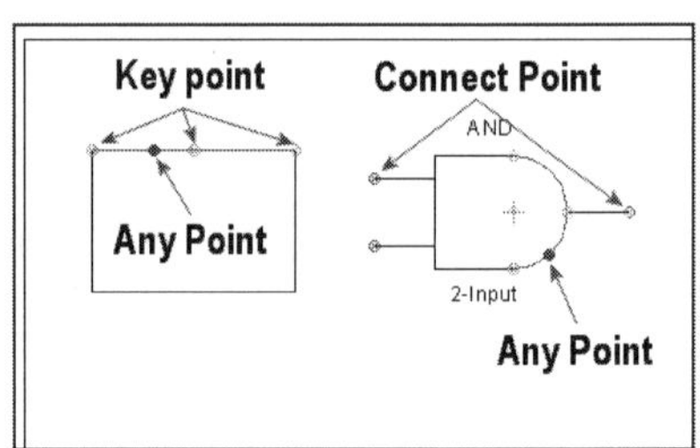

그림 4.6 : 연결점의 종류

종류	설명
Key point	회색 빈 원으로 표시되며, 요소의 특정점(끝점, 중점, 중심점 등)에 표시
Connect Point	붉은색 빈 원으로 표시되며, 심벌의 연결점에 표시
Any Point	붉은색 채워진 원으로 표시되며, 커서가 위치한 요소의 가장 가까운 점

4.2.3 결선 작업

전가산기(Full Adder)의 논리회로를 예를 들어 설명한다.

먼저 [그림 4.7-1]과 같이 논리심벌과 상자문자 등을 적당하게 배치한다.

다음 연결선 작업도구를 선택한 후 리본-바의 속성을 지정한 다음 작업을 하면 [그림 4.7-2]와 같이 각 객체 사이를 결선할 수 있다.

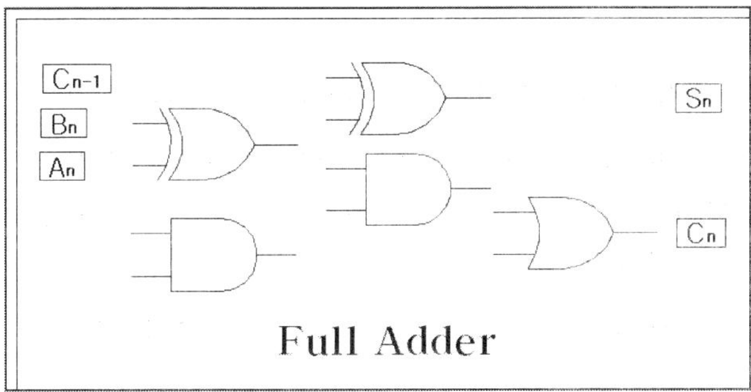

그림 4.7-1 : 연결 작업 전 심벌의 배치 상태

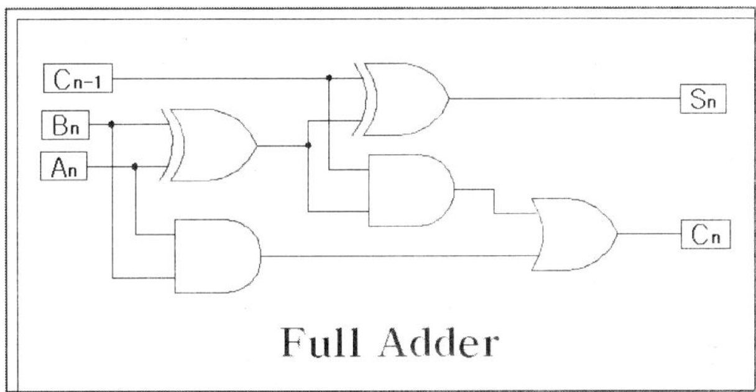

그림 4.7-2 : 연결선으로 결선한 결과

4.2.4 연결선 수정(Modify)

작성된 연결선을 선택하면 [그림 4.8]과 같이 리본-바에 3개의 작업도구가 나타난다.

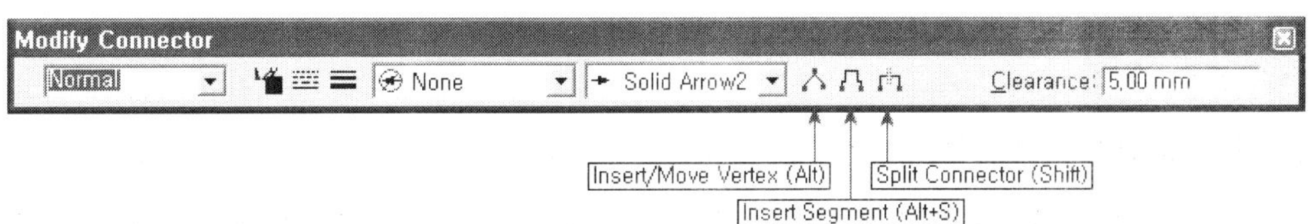

그림 4.8 : 연결선 수정 작업도구

아이콘		설명
	Insert/Move Vertex(Alt)	굴곡점 삽입
	Insert Segment(Alt_S)	요철점 삽입
	Split Connector(Shift)	연결선 분리

(1) 요철경로 삽입

직선의 연결선 중간에 직각 형태의 요철경로를 추가하는 작업을 말한다.

① 먼저 수정할 연결선을 선택하면 리본-바에 수정 작업도구가 나타나며, 이 중 [Insert Segment]를 선택하거나 아니면 Alt Key를 누르고 있는 상태에서 커서를 수정하려는 연결선 위치로 이동하면 마우스포인터 모양이 연필 모양으로 바뀐다.

② 이 상태에서 드래그 기법으로 [그림 4.9-1]과 같이 시작점을 지정하고

③ [그림 4.9-2]와 같이 높이를 지정한 다음

④ [그림 4.9-3]과 같이 폭을 지정하면 [그림 4.9-4]와 같이 직선 부분에 요철 경로를 추가할 수 있다.

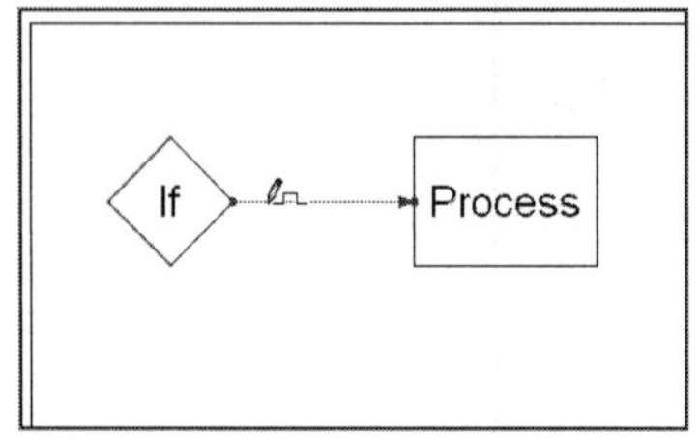

그림 4.9-1 : 시작점 지정

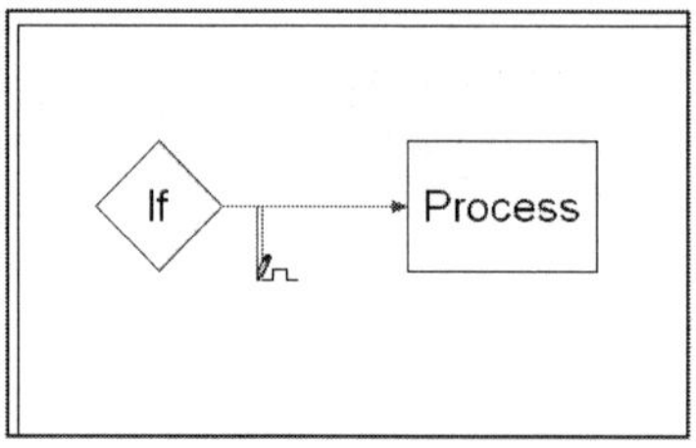

그림 4.9-2 : 높이 지정

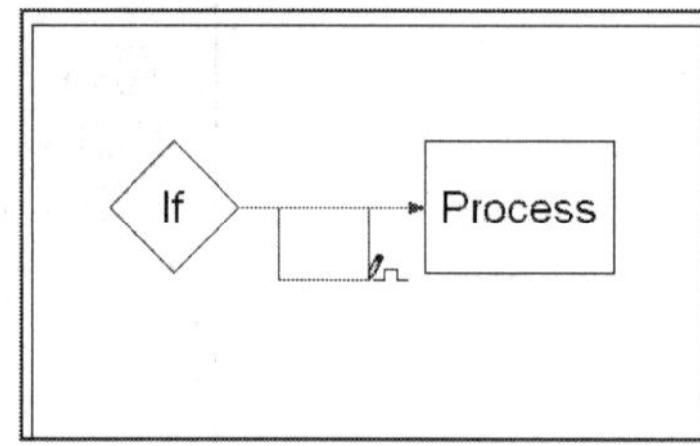

그림 4.9-3 : 폭 지정

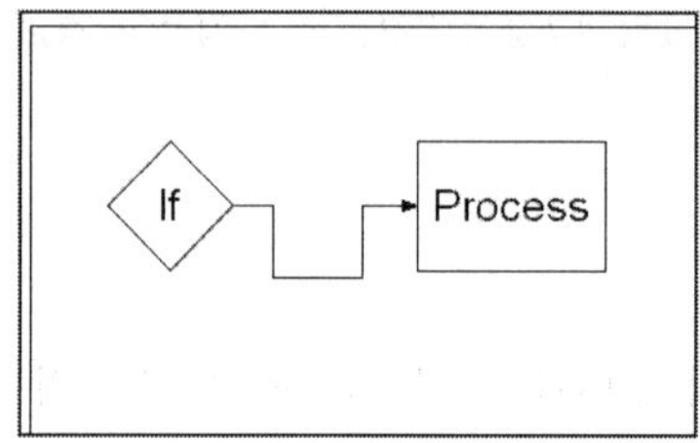

그림 4.9-4 : 작업결과

(2) 연결 경로 수정

① [그림 4.10-1]과 같이 수정할 연결선을 선택한 다음

② 드래그 기법으로 [그림 4.10-2]와 같이 이동하면 [그림 4.10-3]과 같이 경로를 수정할 수 있다.

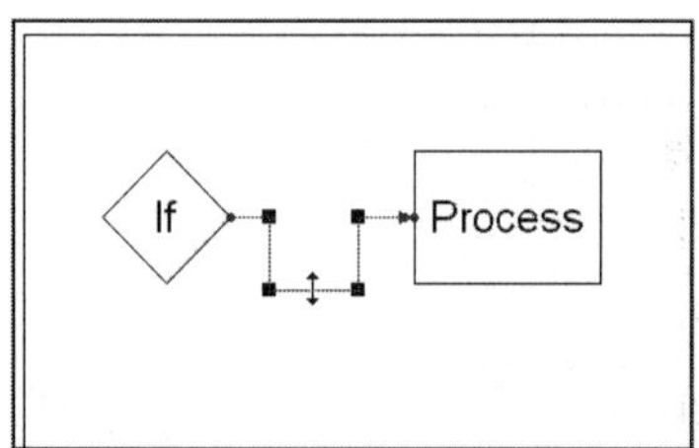

그림 4.10-1 : 연결선 선택

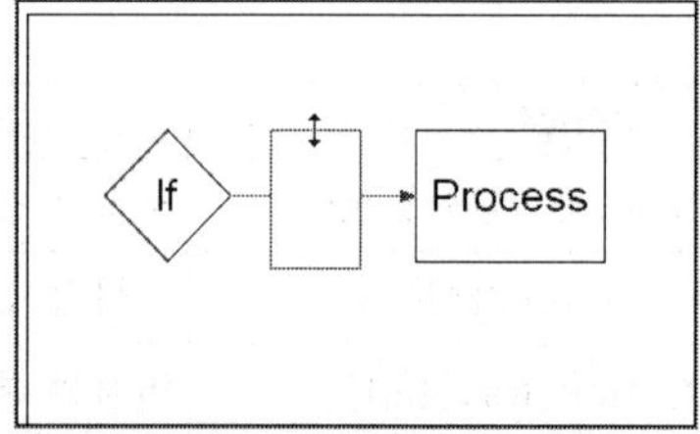

그림 4.10-2 : 경로 수정

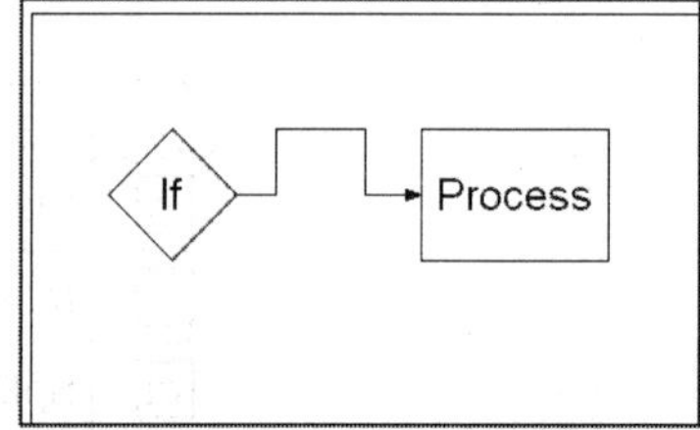

그림 4.10-3 : 작업결과

(3) 삼각 경로 삽입(Vertex)

직선 부분에 삼각형의 변과 같은 경로를 삽입하는 작업을 말한다.

① 연결선을 선택한 다음 [Insert/Move Vertex] 도구를 선택하고 [그림 4.11-1]과 같이 직선 부분에서

② 드래그 기법으로 [그림 4.11-2]와 같이 꼭지점 위치를 지정하면 [그림 4.11-3]과 같이 수정된다.

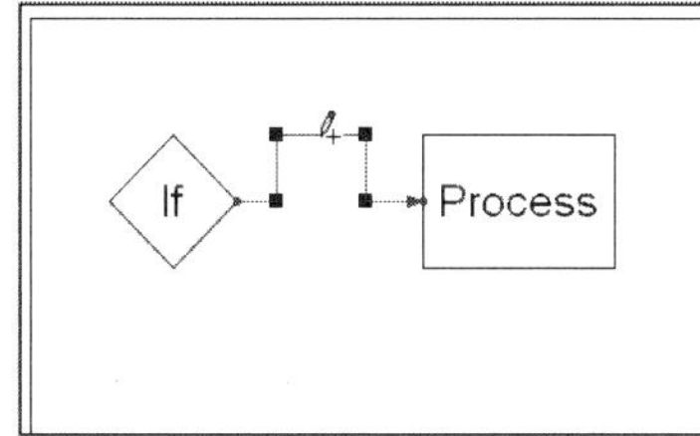

그림 4.11-1 : 위치 지정

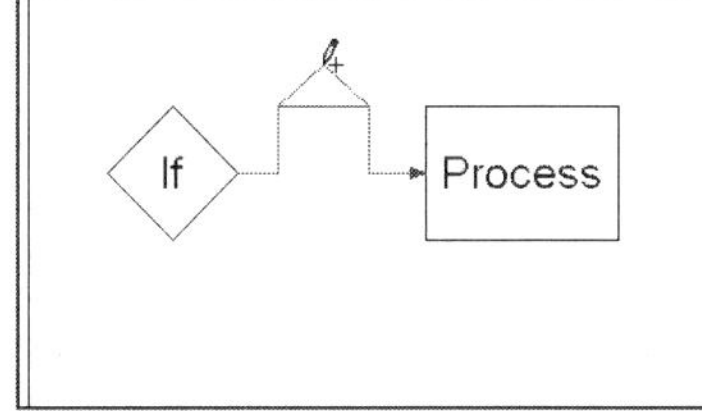

그림 4.11-2 : 높이 지정

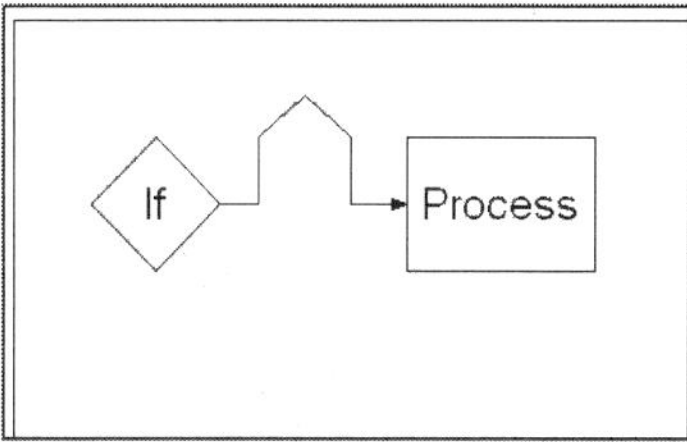

그림 4.11-3 : 작업결과

(4) 기타 수정

연결선을 선택하면 [그림 4.11-1]과 같이 흑색 사각형 점들이 표시되며, 이 점을 드래그 기법으로 이동하면 다양한 형태의 경로를 수정할 수 있다.

[그림 4.12-2]는 [그림 4.12-1]을 수정한 예이다.

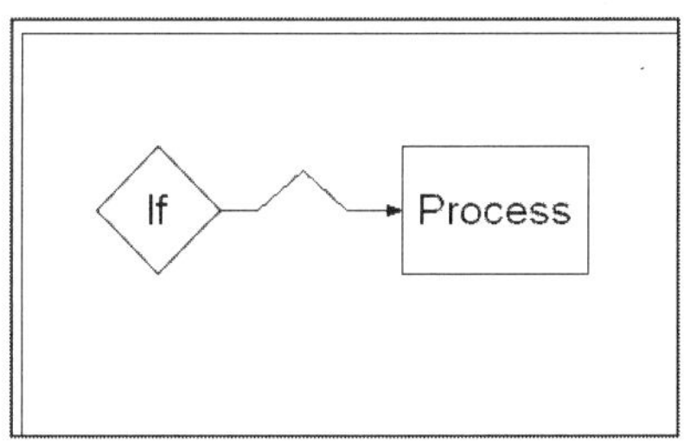

그림 4.12-1 : 경로 수정 전

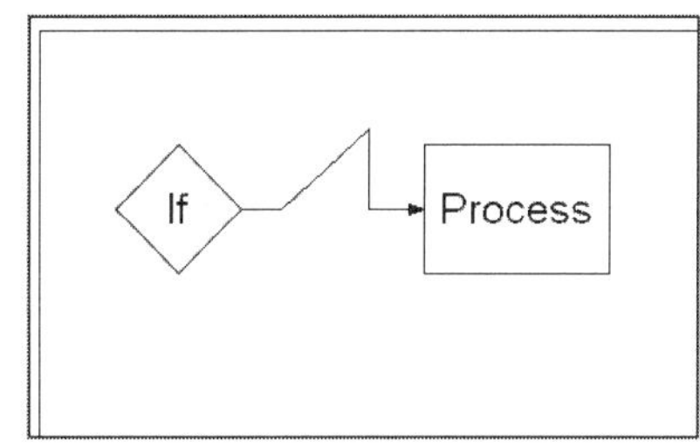

그림 4.12-2 : 경로 수정 후

4.2.5 연결선 분리(Split)

① 먼저 분리할 연결선을 선택하고 [Split Connector] 도구를 선택한 다음

② [그림 4.13-1]과 같이 분리할 위치에서 클릭하면 [그림 4.13-2]와 같이 연결선이 분리된다.

❶ 분리된 연결선은 [그림 4.13-3]과 같이 다른 위치로 이동할 수도 있다.

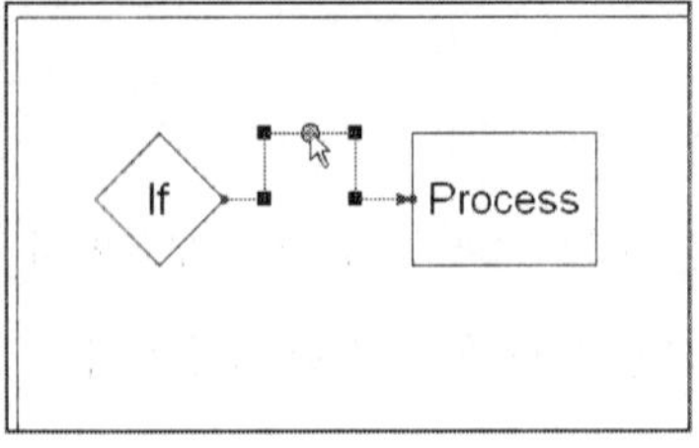

그림 4.13-1 : 분리점 지정

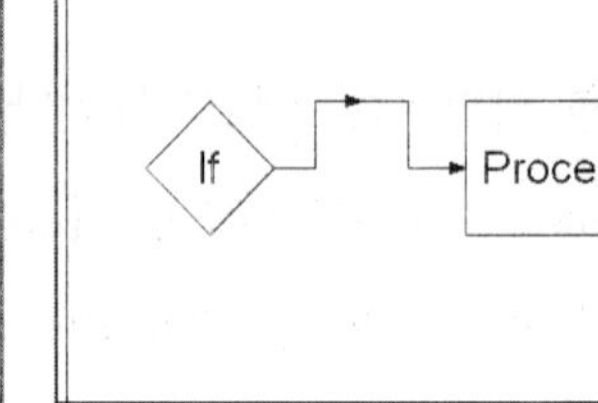

그림 4.13-2 : 작업결과

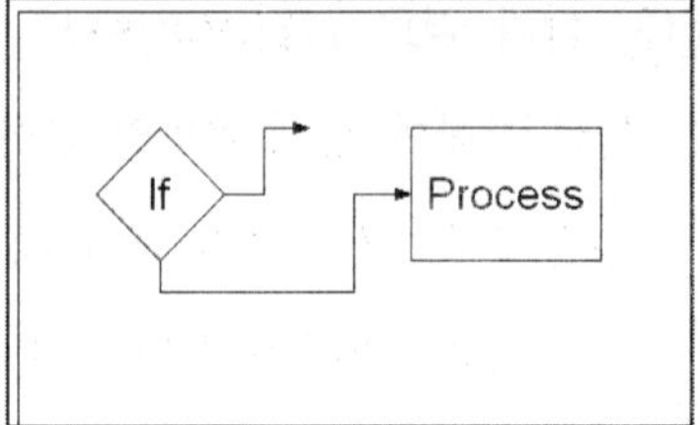

그림 4.13-3 : 경로 변경 결과

4.2.6 연결선 결합(Merge)

① Shift Key를 누르고 있는 상태에서 [그림 4.14-2]와 같이 결합할 두 연결선을 선택하면 리본-바에 [그림 4.14-1]과 같은 작업도구가 나타나며,

② 이 도구를 선택하면 [그림 4.14-3]과 같이 하나의 연결선으로 결합된다.

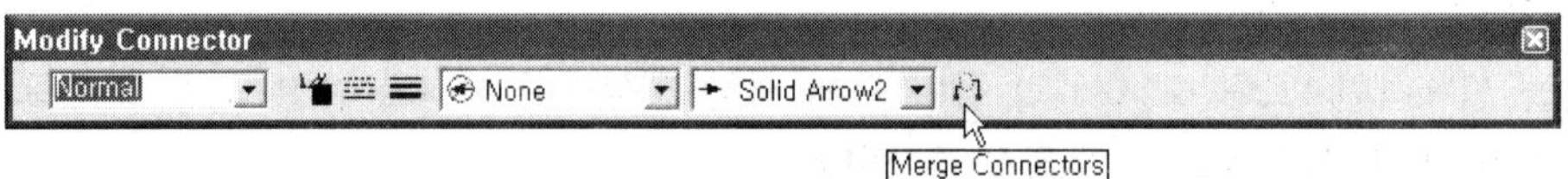

그림 4.14-1 : 연결결합 작업도구

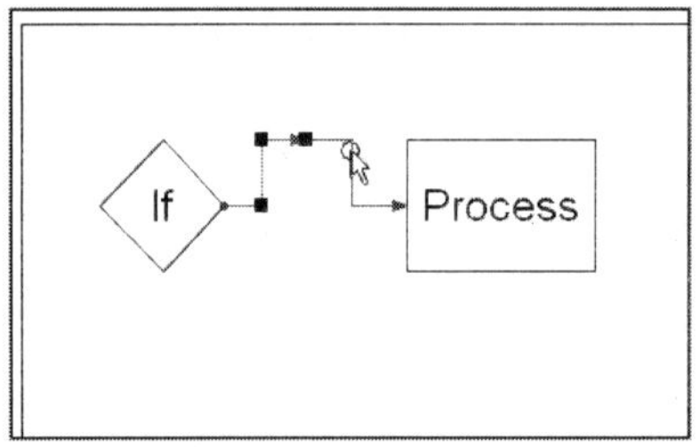

그림 4.14-2 : 연결 대상 지정

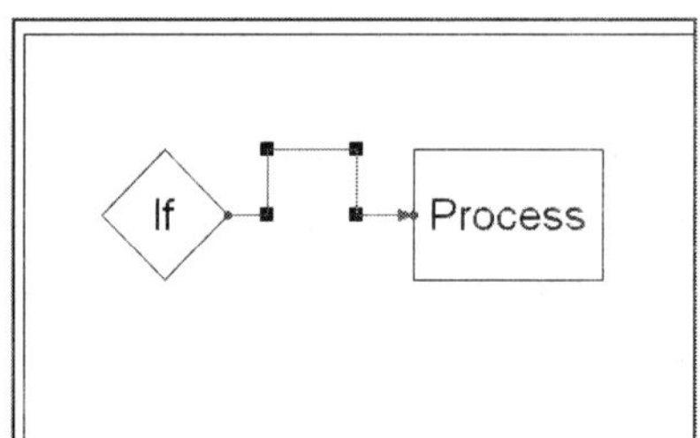

그림 4.14-3 : 작업결과

실습 22

논리회로도 그리기

다음의 논리 회로도를 심벌과 연결선 도구를 사용하여 작도하시오.

【참고 사항】

1. 심벌은 [Logic Gates]를 사용
2. 결선은 연결선 작업도구를 사용
3. 논리회로 출력식은 다음과 같다.

   $W = ABC$

   $X = AB\overline{C} + B\overline{C}\,\overline{D} + A\overline{B}CD$

   $Y = AB\overline{C} + \overline{A}\overline{B}C$

   $Z = ABD + ACD + \overline{A}\overline{B}D$

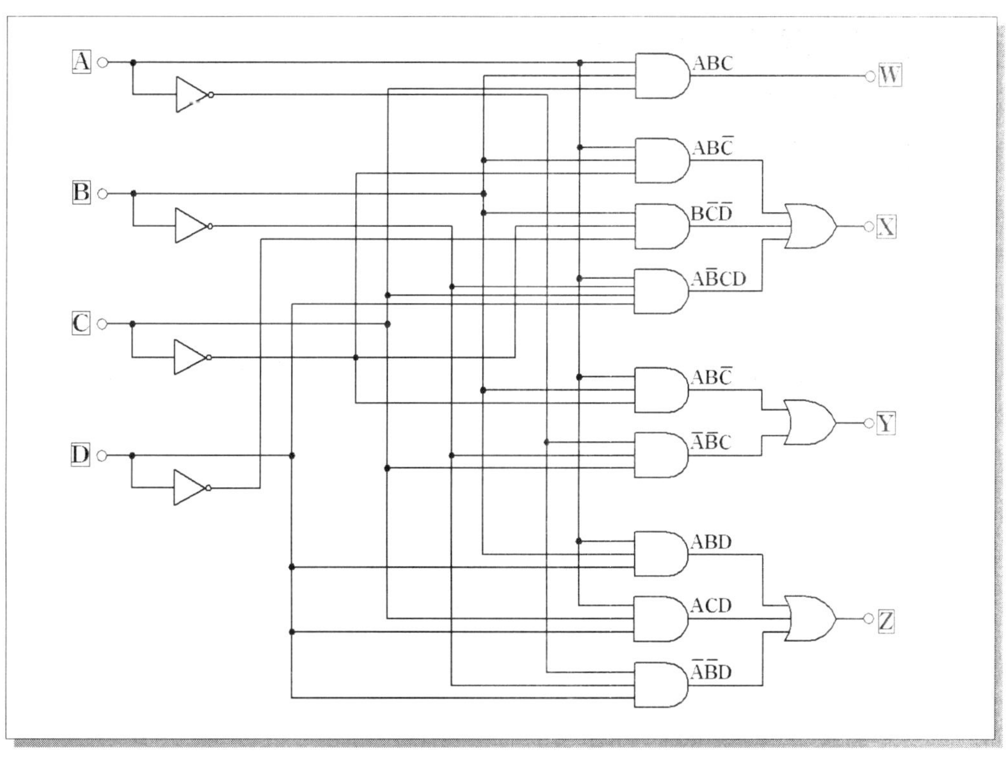

4.3 도구막대(Toolbar) 및 메뉴(Menu) 편집

SmartSketch는 기본 작업도구(Toolbar)나 메뉴(Menu)를 작업자의 취향이나 필요에 따라 추가 또는 삭제 등 수정할 수 있는 기능을 제공하고 있다.

4.3.1 새 도구막대 만들기

① [그림 4.15-1]에서 **[View 〉 Toolbars]** 메뉴를 선택하면 [그림 4.15-2]의 도구막대 편집창이 나타난다.

② 이 창에서 **[New]** 버튼을 클릭하면 [그림 4.15-3]의 창이 나타나며,

③ 이 창에 새로 만들 도구막대의 이름을 입력하면 [그림 4.15-4]와 같이 화면 좌측 상단에 입력한 이름의 도구막대 창과 [그림 4.15-5]와 같은 새 도구막대에 등록할 작업도구창이 동시에 나타난다.

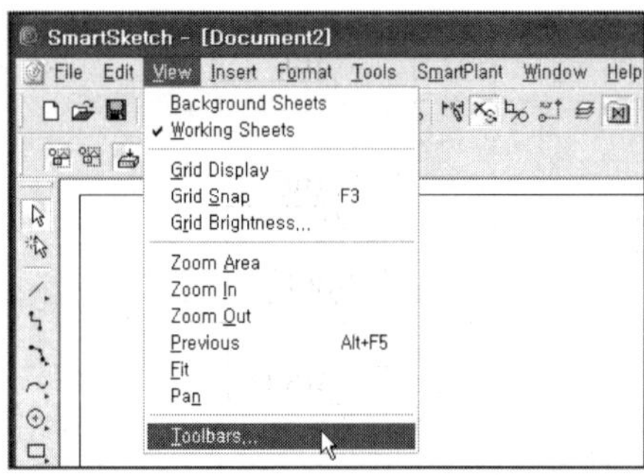

그림 4.15-1 : Toolbars 메뉴

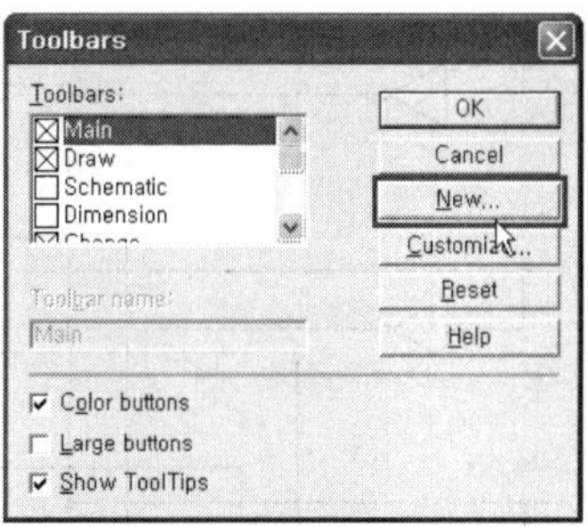

그림 4.15-2 : 도구막대 추가 버튼

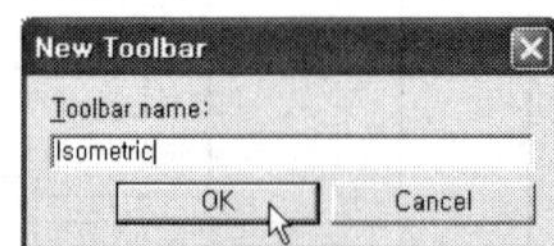

그림 4.15-3 : 작업막대 이름 지정

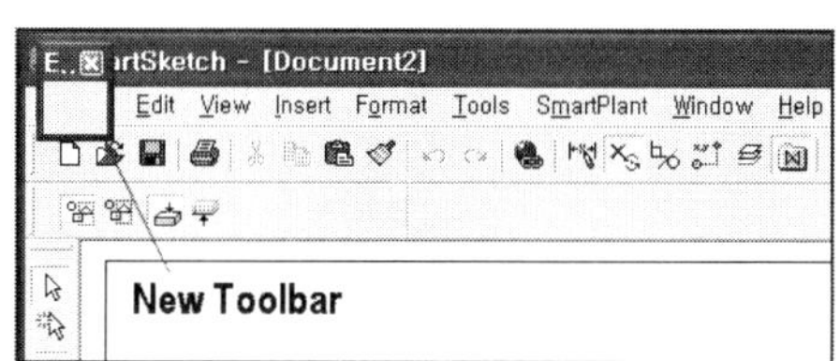

그림 4.15-4 : 새로운 작업막대

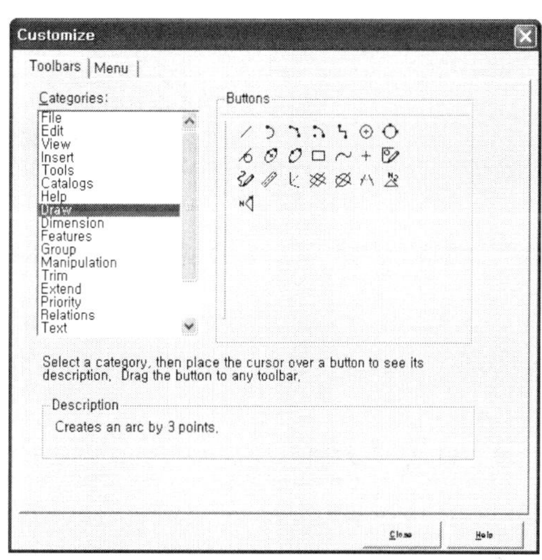

그림 4.15-5 : 작업도구 선택 창

새 도구막대에 도구 추가는 [그림 4.15-6]과 같이 도구창의 도구를 끌기(Drag)하면 [그림 4.15-7]과 같이 추가된다.

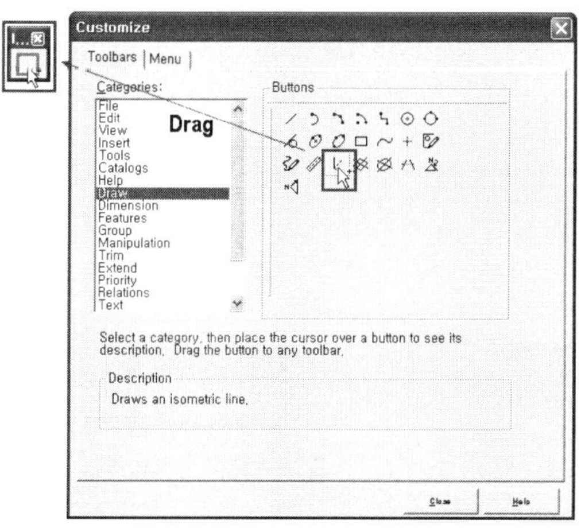

그림 4.15-6 : 작업도구 등록

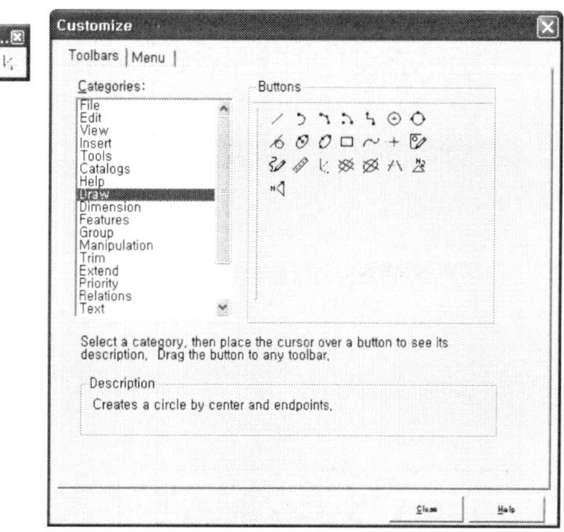

그림 4.15-7 : 작업결과

새로 등록된 도구막대는 [그림 4.15-1]에서 [View 〉 Toolbars] 메뉴를 선택하면 [그림 4.15-8]과 같이 기존의 등록된 도구막대 아래쪽에 등록되어 있다.

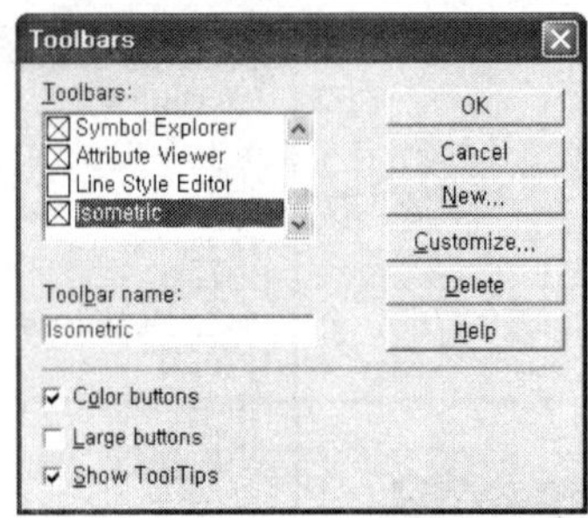

그림 4.15-8 : 등록된 작업도구

새로 추가된 도구막대는 SmartSketch를 종료하여도 계속 정보를 유지하고 있다.

4.3.2 도구막대 편집

① [View 〉 Toolbars] 메뉴를 선택하여 나타난 [그림 4.16-1]의 도구막대 편집창에서 편집할 도구막대를 선택한 다음 [Customize] 버튼을 클릭하면 해당 도구막대가 출력된다.

② 등록된 도구의 제거는 [그림 4.16-2]와 같이 제거할 도구를 창밖으로 끌기하면 [그림 4.16-3]과 같이 제거된다.

③ 도구막대에 새로운 도구 추가는 전 절에서 설명한 방법으로 작업하면 된다.

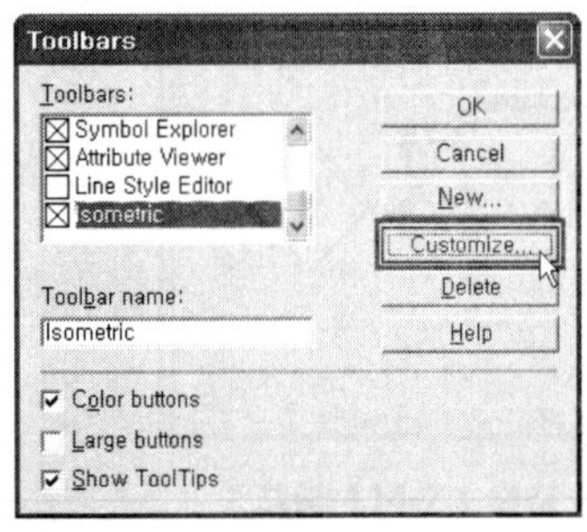

그림 4.16-1 : 도구막대 편집 버튼

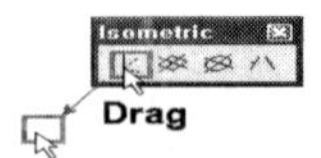

그림 4.16-2 : 제거

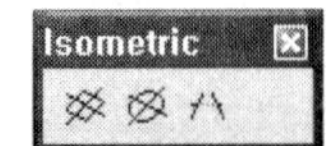

그림 4.16-3 : 작업결과

4.3.3 도구막대 삭제

[그림 4.17]의 도구막대 편집창에서 삭제할 도구막대를 선택한 다음 [Delete] 버튼을 클릭하면 해당 도구막대가 삭제된다.

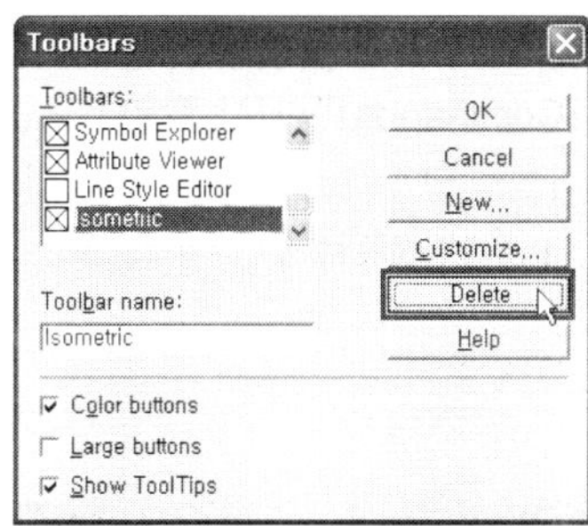

그림 4.17 : 도구막대 제거 버튼

4.3.4 새 메뉴 만들기

[그림 4.18-1]에서 [Tools 〉 Customize] 메뉴를 선택한 후 [Menu] 탭을 선택하면 [그림 4.18-2]의 창이 나타난다.

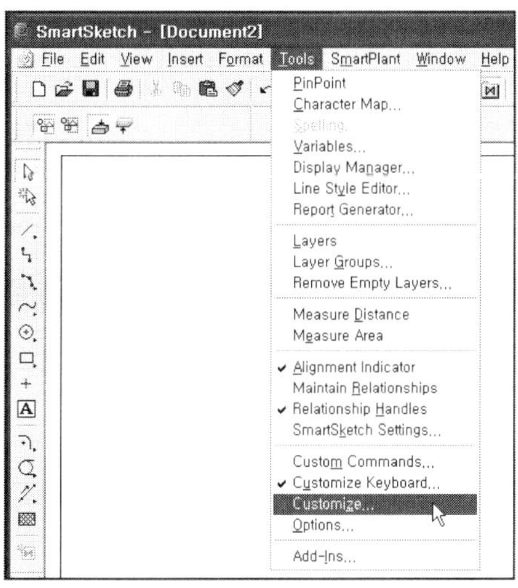

그림 4.18-1 : Customize 메뉴

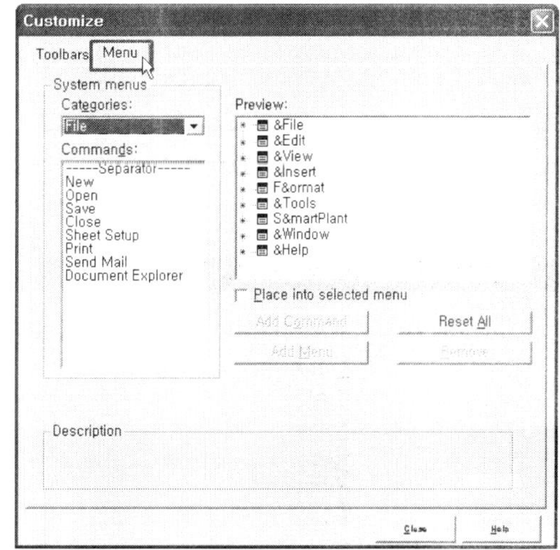

그림 4.18-2 : 메뉴 텝

새 메뉴 등록은 다음과 같은 순서로 하면 된다.

① 먼저 [그림 4.18-3]과 같이 새 메뉴를 등록할 위치를 지정한 다음 [그림 4.18-4]와 같이 [Add Menu] 버튼을 클릭하면 새 메뉴가 등록되면서 메뉴의 이름을 입력할 수 있는 칸이 활성화 된다.

② [그림 4.18-5]와 같이 새 메뉴 입력란에 메뉴의 이름을 입력한다. 단, 메뉴 이름 앞의 "&"문자는 메뉴를 선택할 때 단축키(Hot key)로 사용할 문자를 지정한다([그림 4.18-5]에서는 메뉴의 이름은 "Isometric"이며, 단축키는 Alt_s로 등록된다.).

③ 메뉴의 세부내용 등록은 [그림 4.18-6]과 같이 먼저 [Preview]란에서 메뉴를 지정한 후 [Categories]에서 작업도구 그룹을 선택하고 [Commands]란에서 작업도구를 선택하면 [Add Command] 버튼이 활성화되며, 이 버튼을 클릭하면 [그림 4.18-7]과 같이 등록된다. 단, [Place into selected menu]란을 지정하여야 한다. 만일 이 난을 지정하지 않으면 주 메뉴로 등록된다.

④ [그림 4.18-8]은 주 메뉴에 새 메뉴(Isometric)가 등록된 결과이다.

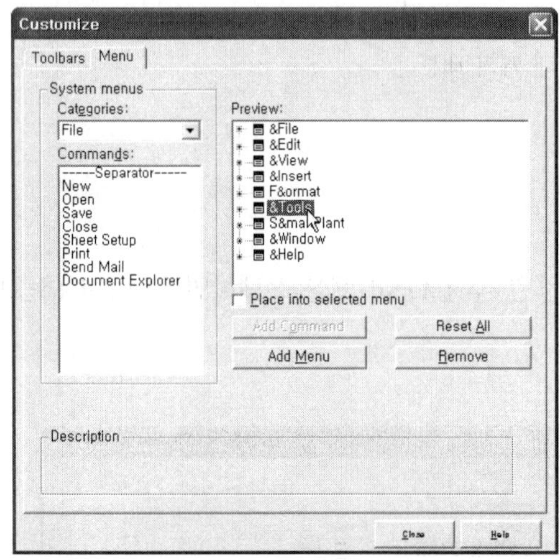

그림 4.18-3 : 등록 위치 지정

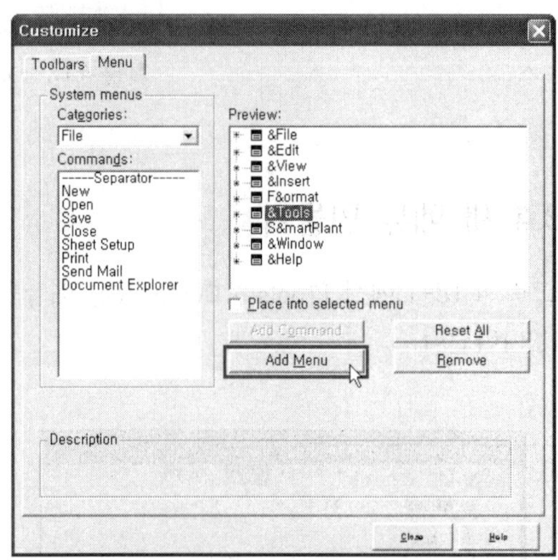

그림 4.18-4 : 메뉴 추가 버튼

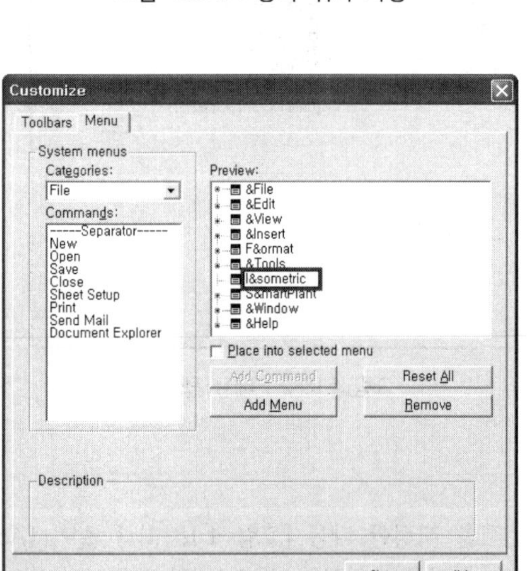

그림 4.18-5 : 새 메뉴명 입력

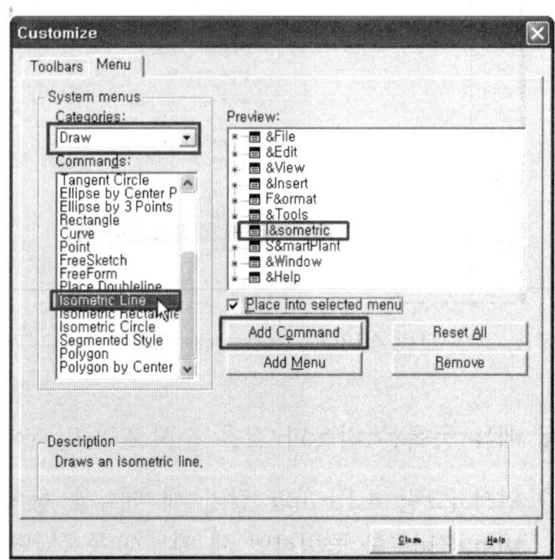

그림 4.18-6 : 세부메뉴 추가 버튼

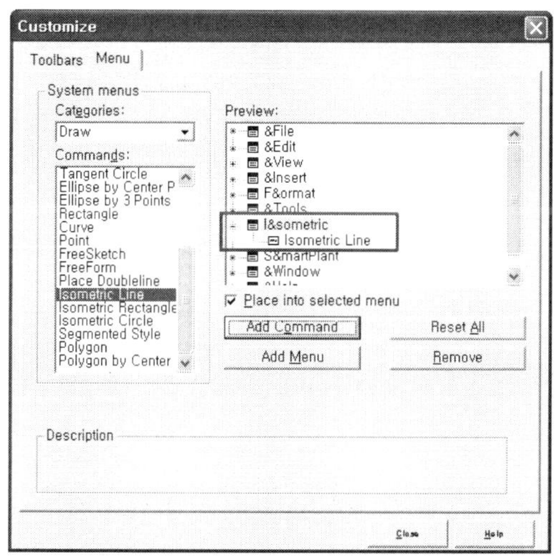

그림 4.18-7 : 작업결과

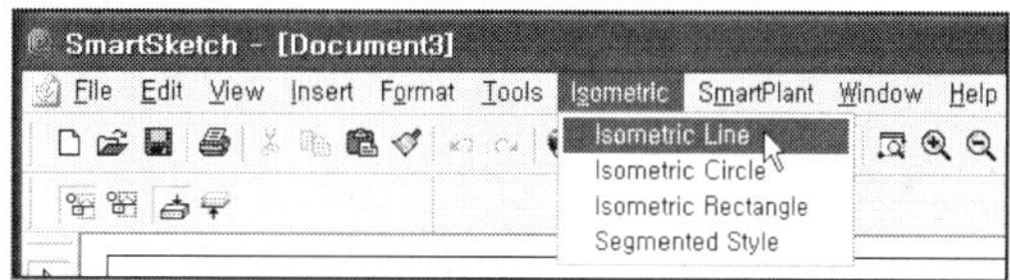

그림 4.18-8 : 주 메뉴에 등록된 결과

4.3.5 메뉴 수정/삭제

[그림 4.19]의 창에서 수정(또는 삭제)할 메뉴를 선택한 다음 [Add Menu], [Reset All], [Remove] 버튼을 사용하여 추가, 수정 또는 삭제할 수 있다.

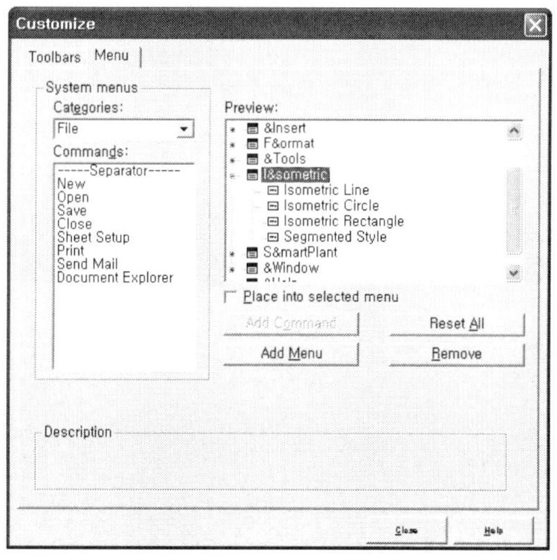

그림 4.19 : 메뉴 수정 버튼

4.4 인쇄(Print)

4.4.1 작업도면 인쇄

[그림 4.20-1]과 같이 [File > Print] 메뉴를 선택하거나 [그림 4.20-2]의 [Print] 도구를 선택하면 [그림 4.20-3]의 창이 나타난다.

출력할 프린터 종류와 복사할 매수 등을 지정한 후 [Ok] 버튼을 클릭하면 해당 도면이 출력된다.

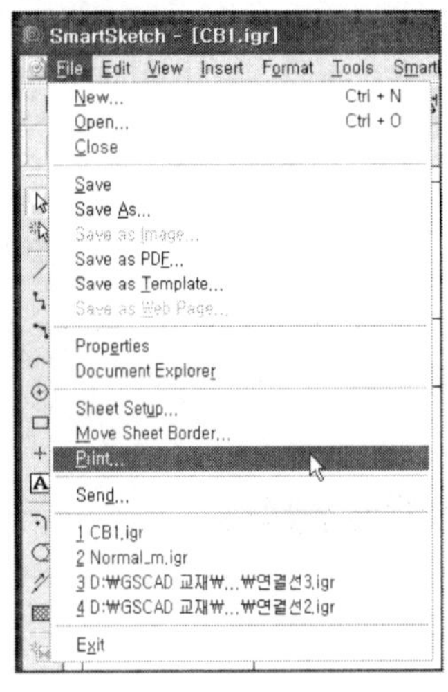

그림 4.20-1 : 인쇄 메뉴

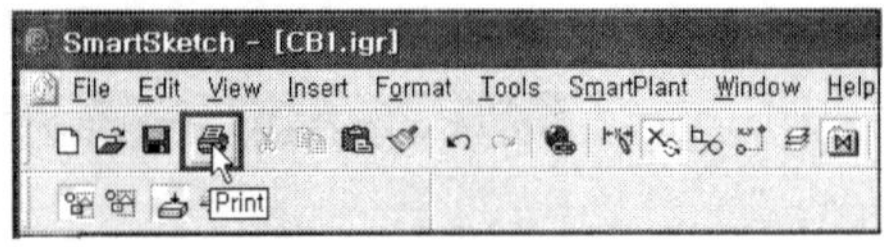

그림 4.20-2 : 인쇄 아이콘

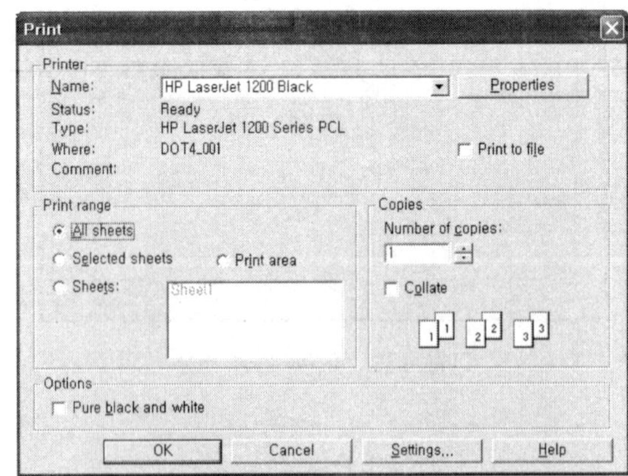

그림 4.20-3 : 인쇄 속성 창

4.4.2 도면 부분 인쇄

도면의 내용 중 일부분만 출력할 경우에는 [그림 4.21-1]에서 [Print area]를 선택한 다음 [Ok] 버튼을 클릭하면 [그림 4.21-2]와 같이 영역을 지정할 수 있다. 영역 지정은 끌기(Drag) 작업을 하면 된다.

영역을 지정하면 [그림 4.21-3]의 창이 나타나며, 필요한 값을 입력한 다음 [Ok] 버튼을 클릭하면 해당 영역의 내용만 출력된다.

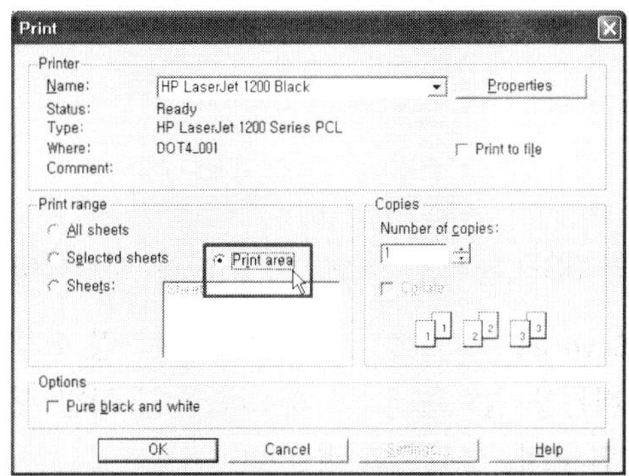

그림 4.21-1 : 영역 지정 옵션

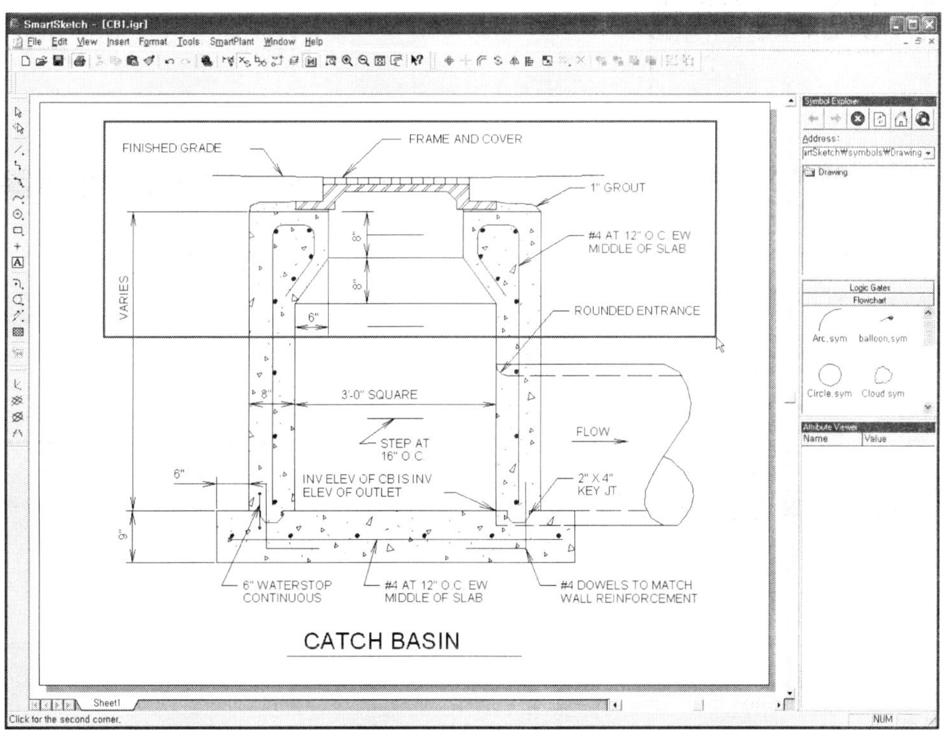

그림 4.21-2 : 인쇄 영역 지정

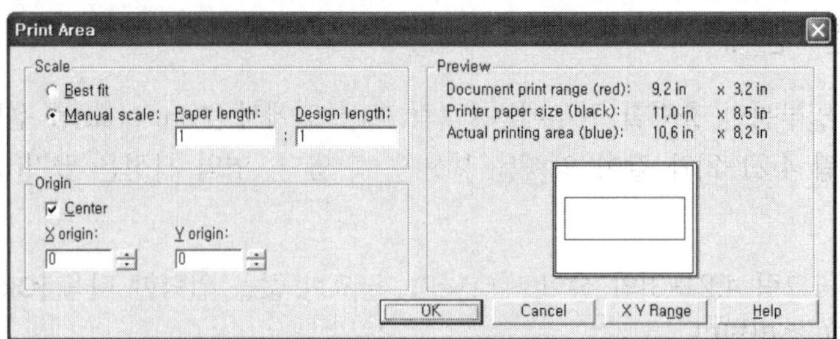

그림 4.21-3 : 인쇄 확인

4.4.3 PDF 파일 출력

SmartSketch는 Adobe사의 PDF 문서로 저장하는 기능을 지원한다.

[그림 4.22-1]에서 **[File 〉 Save as PDF]** 메뉴를 선택하면 [그림 4.22-2]의 창이 나타나며, 필요한 속성 값을 지정한 다음 **[Ok]** 버튼을 클릭하면 [그림 4.22-3]의 파일 지정 창이 나타난다. 이 창에서 파일의 위치와 이름을 입력하면 PDF 형식으로 저장된다.

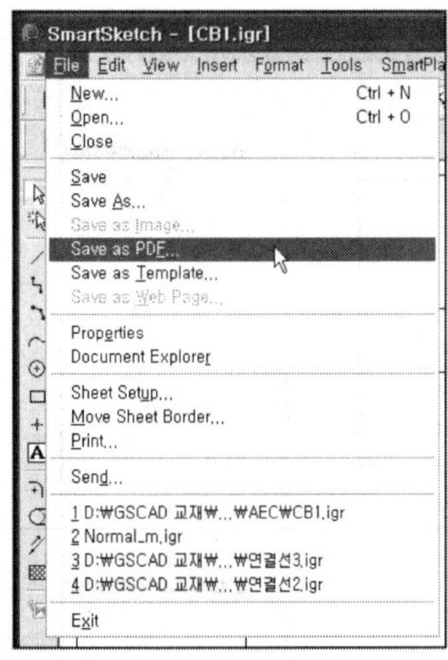

그림 4.22-1 : PDF 인쇄 메뉴

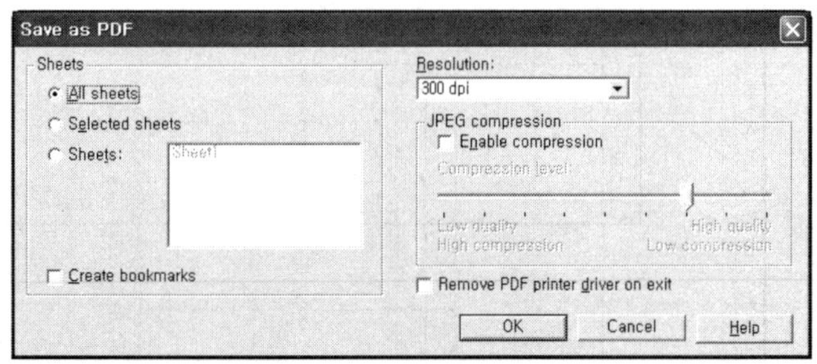

그림 4.22-2 : 옵션 지정

그림 4.22-3 : 파일명 지정

부록

A-1. 커서 모양(Screen Cursors)

커서	기능
	SmartSketch 작업 영역(메뉴 포함) 안에서 커서의 기본 모양
	[그리기 도구]에서 선택도구(select tool)를 선택한 경우의 커서 모양
	PickQuick 도구를 선택한 경우의 커서 모양
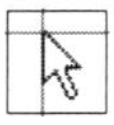	Zoom Area 도구를 선택한 경우의 커서 모양
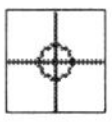	그리기 도구를 선택하여 작업 중인 경우의 커서 모양
	Resize가 가능한 객체의 수직 경계선상에서의 커서 모양
	Resize가 가능한 객체의 수직 경계선상에서의 커서 모양
	Resize가 가능한 객체의 대각 경계선상에서의 커서 모양
	Zoom In 도구를 선택하여 작업 중인 경우의 커서 모양
	Zoom Out 도구를 선택하여 작업 중인 경우의 커서 모양
	Pan 도구를 선택하여 작업 중인 경우의 커서 모양

A-2. 마우스 사용법

마우스 버튼		동 작
왼쪽 버튼	클릭	- 메뉴 또는 작업도구를 선택할 때 - 도면의 요소를 선택할 때 - 선택한 요소를 드래그 할 때
	더블 클릭	- 선택한 요소에 라벨(문자 작성)작업할 때
오른쪽 버튼 클릭		- 복수 개의 선택 요소 중 하나를 취소할 때 - 관련된 작업의 Short-Cut 메뉴를 불러낼 때
휠 버튼	앞으로 굴리기	- 작성된 도면을 확대할 때
	뒤로 굴리기	- 작성된 도면을 축소할 때
	드래그	- Pan 도구 사용 중 위치를 이동할 때
	Ctrl +드래그	- Zoom 영역을 지정할 때(Zoom 도구를 선택한 것과 같음)
	Shift + 클릭	- Fit 도구와 같은 기능
	Alt + 클릭	- 작업 전의 도면 상태로 되돌아 갈 때(Previous view)

A-3. 단축키 종류(Hot key)

Key	동작	Key	동작
Ctrl + A	Select All	F1	Help
Ctrl + C	Copy Text	F3	Grid Snap
Ctrl + N	New	Alt + F4	Exit
Ctrl + O	Open	Ctrl + F4	Close File
Ctrl + P	Print	F5	Update Active View
Ctrl + S	Save	Alt + F5	Previous Zoom Level
Ctrl + V	Paste Text	Ctrl + F7	Paste from Clipboard
Ctrl + X	Cut Text	F9	Toggle Pinpoint Display
Ctrl + Y	Redo	Ctrl + F9	Cut to Clipboard
Ctrl + Z	Undo	F10	Pinpoint Lock X axis
		Shift + F10	Select first Menu item
		F11	Pinpoint Lock Y axis
		F12	Reset Pinpoint Home

A-4. 도구막대 종류(Toolbar)

A-4-1 주 도구막대(Main toolbar)

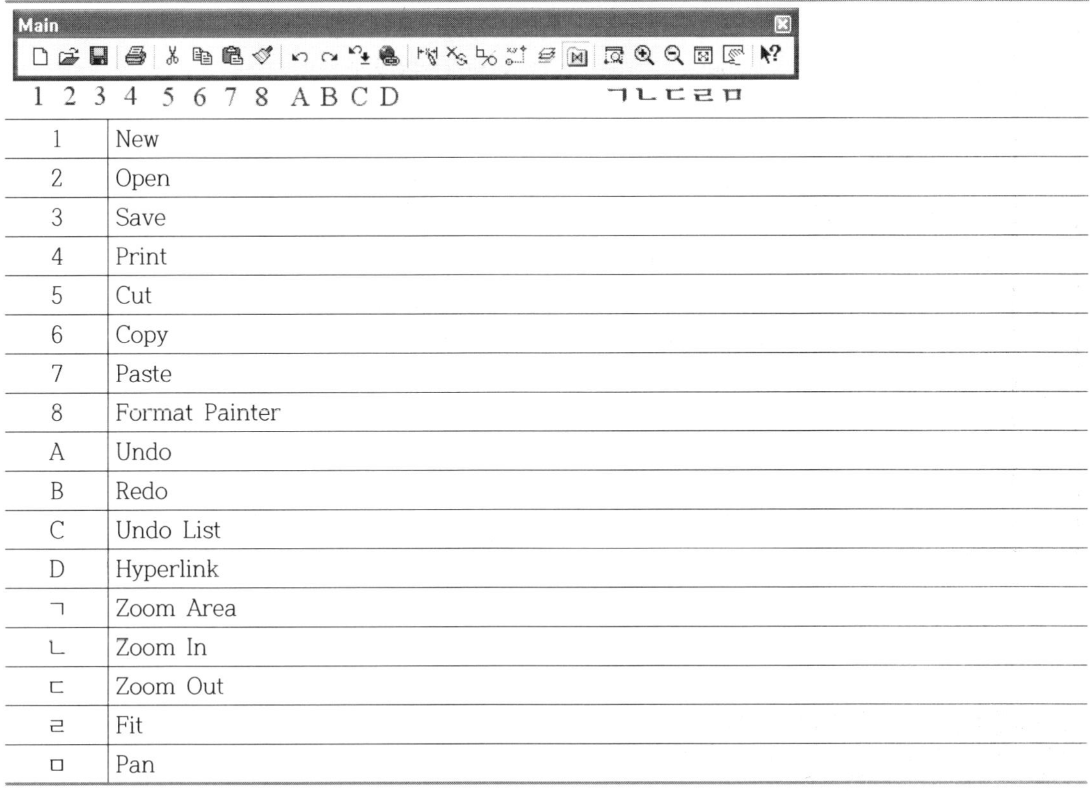

1	New
2	Open
3	Save
4	Print
5	Cut
6	Copy
7	Paste
8	Format Painter
A	Undo
B	Redo
C	Undo List
D	Hyperlink
ㄱ	Zoom Area
ㄴ	Zoom In
ㄷ	Zoom Out
ㄹ	Fit
ㅁ	Pan

A-4-2 그리기 도구막대(Draw toolbar)

Select	객체를 선택
Polygon Fance	영역을 지정하여 객체를 선택
Liner	직선 그리기 작업도구
Connection	객체간 연결정보 지정
Arc	호 그리기 작업도구
Curve	곡선 그리기 작업도구
Circle	원 그리기 작업도구
Rectangle	사각형 그리기 작업도구
Point	점 그리기 작업도구
Text Box	문자 작성 작업도구
Filet	각 처리 작업도구
Trim	선 끝단처리 작업도구
Extend	선 확장 작업도구
Fill	면 채우기 작업도구
Create Symbol	기호 작성 작업도구

A-4-3 치수 도구막대(Dimension toolbar)

Dimension

1 2 3 4 5 6 7 8 9 A B C D

1	Smart Dimension
2	Distance Between two nodes
3	Angle Between two lines
4	Axis
5	Coordinate Dimension
6	Symmetric Diameter
7	Measure Distance
8	Measure Distance Along
9	Measure Area
A	Character Map
B	Leader
C	Ballon
D	Dimension Text

A-4-4 수정 도구막대(Change toolbar)

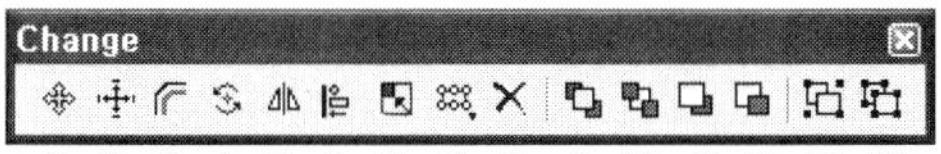

1 2 3 4 5 6 7 8 9 A B C D E F

1	Move/Copy
2	Nudge
3	Offset
4	Rotate
5	Mirror
6	Align
7	Scale
8	Rectangular Pattern
9	Delete
A	Bring to Front
B	Send to Back
C	Pull Up
D	Push Down
E	Group
F	Ungroup

A-4-5 연결관계 도구막대(Relationship toolbar)

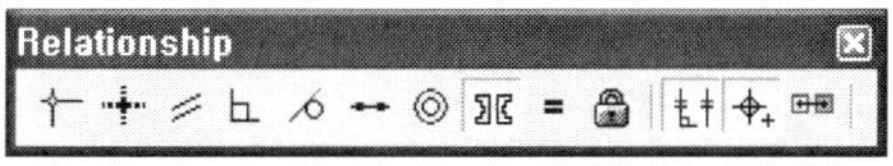

1 2 3 4 5 6 7 8 9 10 11 12 13

1	Connect
2	Horizontal/Vertical
3	Parallel
4	Perpendicular
5	Tangent
6	Collinear
7	Concentric
8	Symmetric
9	Equal
10	Lock
11	Relationship Handles
12	Alignment Indicator
13	Maintain Relationship

A-4-6 핀 포인터 도구막대(Pinpoint toolbar)

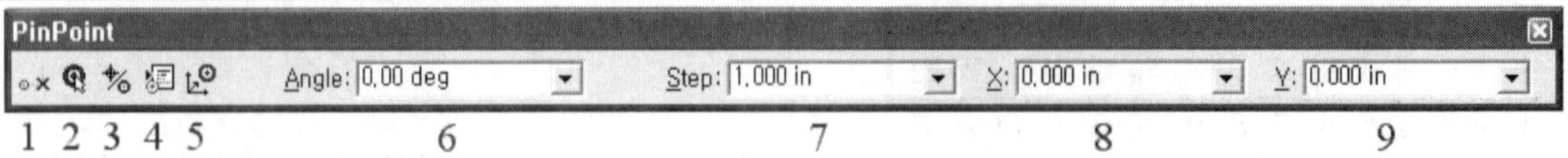

PinPoint
Angle: 0.00 deg　Step: 1.000 in　X: 0.000 in　Y: 0.000 in

1 2 3 4 5　6　7　8　9

1	Display On/Off
2	Reposition Target
3	Relative Tracking
4	Define Pinpoint Origin
5	Reposition Target to Origin
6	Angle
7	Step
8	X Coordinate
9	Y Coordinate

A-4-7 레이어 도구막대(Layer toolbar)

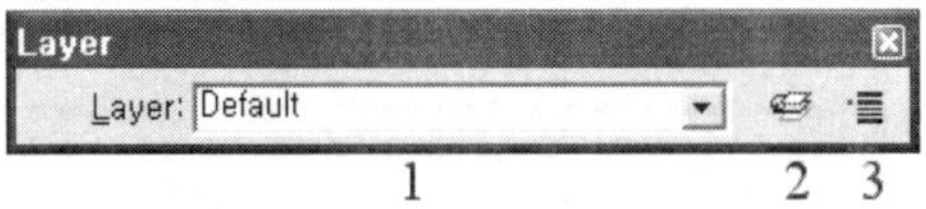

Layer
Layer: Default

1　2 3

1	Layer
2	Change Layer
3	Layer Display

저자_권영철

거제대학 기계공학과 교수(공학박사)

저서

- 선박설계를 위한 도면 그리기(Tribon M3 시리즈 1)
- 선박의장설계(Tribon M3 시리즈 2)
- SM3D Hull Modeling(SM3D 시리즈 2)

감수

- 김현호 : (주)삼성중공업 선체설계팀 부장
- 이진호 : (주)Intergraph Korea 기술영업 상무
- 성완경 : (주)Intergraph Korea 기술지원팀 부장

SM3D SmartSketch

지 은 이	권영철
펴 낸 이	김형근
펴 낸 곳	도서출판 기한재
주 소	경기도 파주시 회동길 56 (파주출판문화정보단지)
전 화	031)955-0900~2
팩 스	031)955-0100
등 록	1990년 3월 15일 제2-968호
발 행	2015년 8월 20일 1판 1쇄
정 가	18,000원

Published by Kihanjae Co.

ISBN 978-89-7018-760-0

http://www.kihanjae.com

E-mail : kihanjae@hanmail.net